中华学术·近思

邱靖嘉 著

天地之间

〔增订本〕

天文分野的
历史学研究

中华书局

图书在版编目（CIP）数据

天地之间：天文分野的历史学研究/邱靖嘉著. —增订本. —
北京：中华书局，2025.5. —（中华学术·近思）. —ISBN 978-7-
101-16997-3

Ⅰ.P1-092

中国国家版本馆 CIP 数据核字第 2025GC9653 号

书　　名	天地之间：天文分野的历史学研究（增订本）
著　　者	邱靖嘉
封面题签	徐　俊
丛 书 名	中华学术·近思
统筹策划	孟庆媛
责任编辑	樊玉兰
装帧设计	周伟伟
责任印制	陈丽娜
出版发行	中华书局
	（北京市丰台区太平桥西里 38 号　100073）
	http://www.zhbc.com.cn
	E-mail:zhbc@zhbc.com.cn
印　　刷	北京盛通印刷股份有限公司
版　　次	2025 年 5 月第 1 版
	2025 年 5 月第 1 次印刷
规　　格	开本/880×1230 毫米　1/32
	印张 21¾　插页 6　字数 395 千字
印　　数	1-4000 册
国际书号	ISBN 978-7-101-16997-3
定　　价	98.00 元

彩插一

图 1-14 马王堆帛书《天文气象杂占》局部

（采自《马王堆汉墓文物》，第 154、155 页）

彩插二

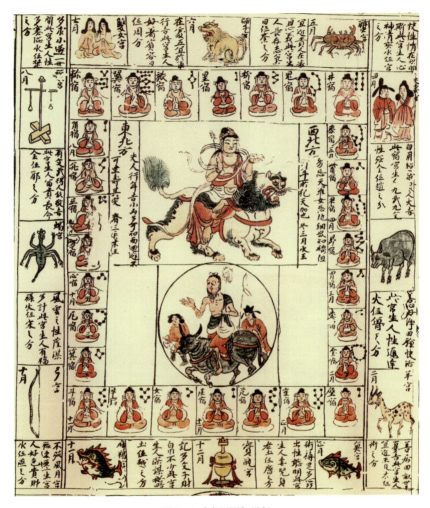

图 3-3 《火罗图》局部

（采自《大正新修大藏经》图像部第 7 卷，第 703 页）

图 5-1　汤若望《赤道南北两总星图》

（中国第一历史档案馆藏）

彩插三

彩插四

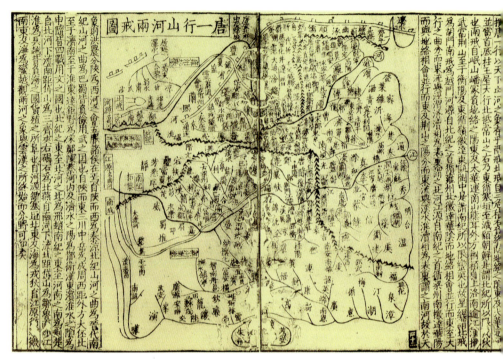

图 6-2 《唐一行山河两戒图》

（采自《中国古代地图集［战国—元］》，图版 98）

彩插五

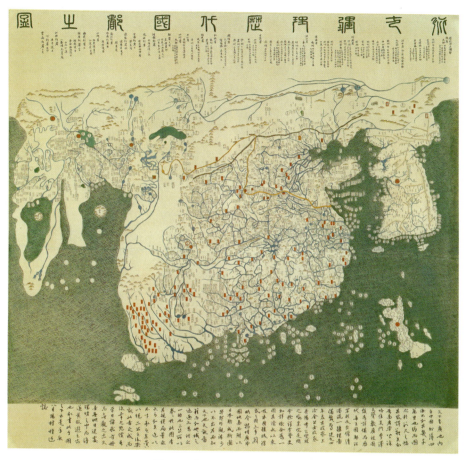

图 6-4 《混一疆理历代国都之图》

（日本龙谷大学藏）

彩插六

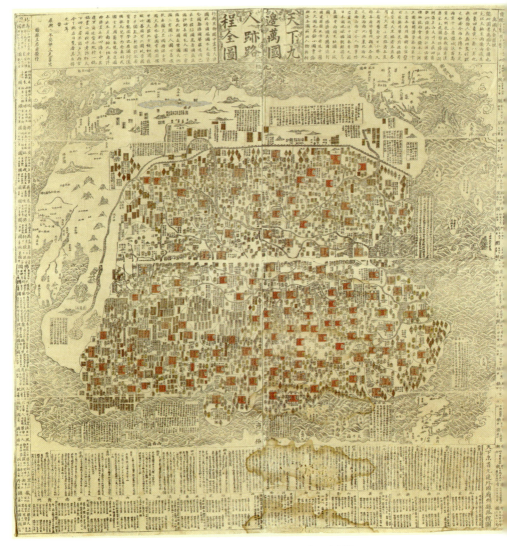

图 6-6 《天下九边万国人迹路程全图》

（美国哈佛大学哈佛燕京图书馆藏）

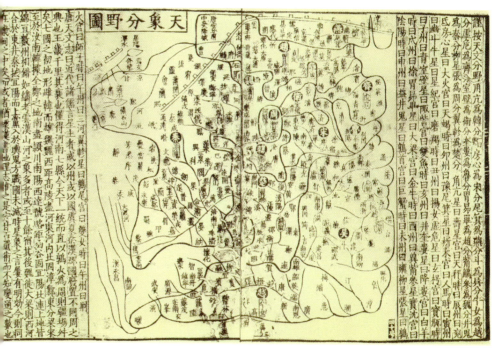

图 7-1　《天象分野图》

（采自《中国古代地图集［战国—元］》，图版 101）

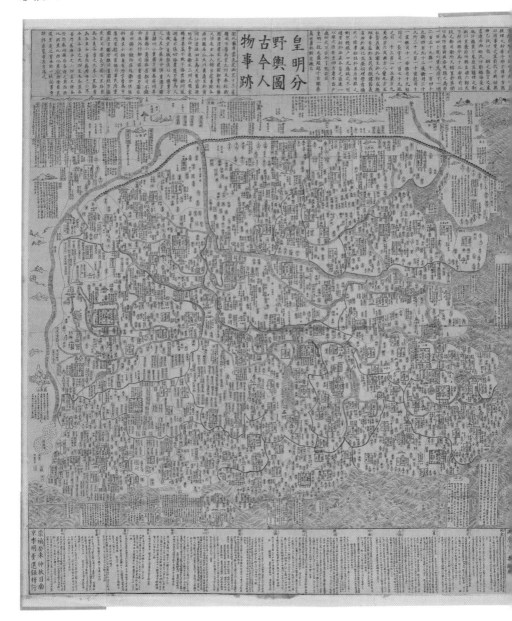

图 7-3 《皇明分野舆图古今人物事迹》

（美国哈佛大学哈佛燕京图书馆藏）

目　录

图表目录

绪　论

　　《易》曰"仰以观于天文，俯以察于地理，是故知幽明之故"[1]，天文和地理构成了人类认知的大千世界。在中国传统历史文化观念中，"在天成象，在地成形"，天地之间存在着严密的对应关系，称之为"分野"，又称"星野"、"星分"或"星土"。这种思想学说肇始于战国，一直延续至明清，在整个中国古代社会都具有十分广泛的影响。本书研究的主旨就是天文分野的历史、理论及其所反映出的思想世界。

一　选题之缘起

　　天文分野是由中国传统星占学衍生出来的一套认知天地

---

[1]《周易正义》卷七《系辞上》，阮元校刻《十三经注疏》本，中华书局，1982年，第77页。

对应关系的理论体系，它在古代社会中的重要性主要表现在以下三个方面。

第一，分野学说是传统星占学的理论基础。自战国秦汉以来盛行于世的传统星占学以天象占测人世间的吉凶祸福，而要将各种休咎之应具体对应于某一地理区域，则必须依赖分野学说，如明人周述学即谓"星曜普临，而应必系于所主分野之吉凶"①，清张永祚称"前人占验，所重在分野"②。故分野学说多见于历代正史《天文志》《五行志》以及其他天文数术类文献记载，并被广泛应用于各种星象占测之中，对各个时期的王朝政治产生了至关重要的影响。

第二，天文分野是古代地理学的重要内容。古人认为分野不仅可以辨禨祥，亦可识地理、正疆域，如唐吕温《地志图序》谓"毫厘之差，而下正乎封略；方寸之界，而上当乎分野"③，明人也有"画分野以正疆域"④、"地理直从分野辨"⑤及"辨分野于

①周述学：《神道大编象宗华天五星》卷一《论分野》，《续修四库全书》影印明抄本，上海古籍出版社，2002年，第1031册，第224页。按该书作者题名为周云渊子，即周述学，《续修四库全书》误题作"周云"。
②张永祚：《天象源委》卷二〇《分野》，《续修四库全书》影印清乾隆抄本，第1034册，第753页。关于此书来历，参见韩琦：《通天之学：耶稣会士和天文学在中国的传播》，生活·读书·新知三联书店，2018年，第28—32页。
③吕温：《吕和叔文集》卷三《地志图序》，《四部丛刊初编》影印述古堂景宋钞本，商务印书馆，1922年，叶8b。
④程敏政：《篁墩程先生文集》卷一三《河间府真武庙记》，明正德二年刻本，叶3b。
⑤王慎中：《遵岩集》卷九《送江山人》诗，明隆庆五年邵廉刻本，叶2b。

毫厘兮,正封疆于方寸"①等说法。因此,分野学说常常被纳入地理类文献的撰述之中,成为古代地理学不可或缺的组成部分。譬如,《汉书·地理志》记述西汉各地人文地理状况,即按照十三国分野区域进行分区;《隋书·地理志》将隋代疆域按《禹贡》九州加以划分,并上应星躔;宋代以后,绝大多数地理总志及各地方志记述地理沿革必首列分野,诸如《历代地理指掌图》等历史地图集往往收录有天文分野图②。甚至许多文学作品中也充斥着以分野代指地理的诗句,如王勃《滕王阁序》"星分翼轸,地接衡庐",李白《蜀道难》"扪参历井仰胁息",即为我们耳熟能详,说明天文分野是古代文人信手拈来的一种地理学常识。以上诸例都是分野学说融入传统地理学的具体表征。

第三,分野体系是古代中国人宇宙观与世界观的一个缩影。传统分野学说将天文与地理紧密联系在一起,构建出一套天地对应的理论体系。这一天地模式既体现了古人"在天成象,在地成形"、天地和谐的传统宇宙观,又承载着人们对于地理世界的认知与想象。从各种分野说所采用的地理系统到历代王朝根据本朝疆域而调整的分野区域,无不体现着当时人的

---

① 孙承恩:《文简集》卷八《一统地理图赋》,台湾商务印书馆影印文渊阁《四库全书》本,1986 年,第 1271 册,第 125 页。
② 北宋税安礼《历代地理指掌图》内共有《天象分野图》《二十八舍辰次分野之图》及《唐一行山河两戒图》三幅分野图,见《宋本历代地理指掌图》,上海古籍出版社,1989 年,第 80—85 页。

世界观和天下观。从这个意义上说，天文分野是我们了解古代中国人思维世界的一个窗口。

由此可见，天文分野在中国古代社会是一种十分重要的思想学说，其研究价值自不待言。有鉴于此，笔者选定"天文分野"作为本书的研究对象，因传统分野学说是沟通天文与地理的一种媒介和桥梁，故本书题为"天地之间：天文分野的历史学研究"。

二　学术史综述

自近代以来，中外学者有关天文分野的研究论述数量颇多，但迄今为止尚无专著问世。回顾这一领域的学术史，大致可以将其分为起步期、沉寂期和繁盛期三个发展阶段。

清末至民国时期是分野研究的起步阶段。这一时期几乎没有什么分野专论，仅有学者在讨论二十八宿、十二辰之起源以及《左传》《国语》等早期文献的成书年代时，附带谈及天文分野的起源时代问题。自19世纪上半叶以来，关于二十八宿、十二辰等中国传统天文学概念究竟是"中源"还是"西源"的问题，一直是中外科技史学界长期争论的一大焦点。因传统分野说的天文系统为二十八宿或十二次（包含十二辰），故有学者也捎带对分野之缘起加以论证，并提出了三种不同的说法。据笔者所见，晚清来华的英国传教士艾约瑟（Joseph Edkins）于1890

年发表的《论二十八宿五行星》一文,最早谈到分野起源问题。他认为二十八宿分野说以角、亢为郑之分野,是因为周宣王封其弟友为郑伯时岁在角、亢,故分野当起源于周宣王时①。而郭沫若作于1929年的《释支干》主张分野西源说,谓分野之说最初创制于古巴比伦,后与十二辰一同传入中国②。1947年,科技史学家钱宝琮所撰《论二十八宿之来历》则又称"十二次分野为春秋时期之术数"③。

除以上诸说之外,还有学者从讨论《周礼》《左传》《国语》成书年代的角度,对分野起源问题提出了不同见解。以康有为为代表的晚清今文学派为鼓吹维新变法、宣扬托古改制,否定儒家经典的神圣性,康氏刊于1891年的《新学伪经考》将《周礼》《左传》《国语》等早期文献均指为西汉刘歆伪造,故称散见于这些书中的分野记载皆出于刘歆之杜撰,遂得出"歆造分野之说"的结论④。康氏之说在清末民初影响较大,如今文学家崔适即信从其说,并为之做了补充论证⑤;日本学者饭岛忠夫

① 〔英〕艾约瑟:《论二十八宿五行星》,连载于《万国公报》1890年11、12月,第22、23期,叶1a—2a、叶2a—3b。
② 郭沫若:《甲骨文字研究》,科学出版社,1962年,第329页。
③ 钱宝琮:《论二十八宿之来历》,原载《思想与时代》第43期,1947年,收入《钱宝琮科学史论文选集》,科学出版社,1983年,第336—337页。
④ 康有为:《新学伪经考》卷一四《刘向经说足证伪经考》,生活·读书·新知三联书店,1998年,第381—382页。
⑤ 崔适:《史记探源》卷一《序证》"十二分野"条,张烈点校,中华书局,1986年,第5—7页。

亦在康说基础之上，进一步论证《左传》《国语》中的所有岁星记事内容皆系刘歆伪造①。至 1910 年代末，天文史学家新城新藏在讨论《左传》《国语》的成书年代问题时，对上述说法予以驳斥，他经过对文献记载的仔细辨析和岁星运行周期的科学推算，证明两书有关岁星纪年的记载皆是以公元前 365 年左右所观测的天象为依据推演出来的，那么书中所见以岁星所行十二次为天文系统的分野学说也应产生于战国时代②，后来新城氏的这一观点得到了学界的普遍赞同。

晚清民国学者论及天文分野，主要是出于研究其他问题的需要而关注分野之起源，几乎无人对分野进行专门研究③，这种状况的出现应与这一时期的社会背景和学术氛围有关。清末至民国，中国正处于由传统社会向近代社会转型的过程之

---

① 〔日〕饭岛忠夫：《漢代の暦法より見たる左伝の偽作》，连载于《东洋学报》第 2 卷 1、2 号，1912 年，第 28—57、181—210 页；《再び左伝著作の時代を論ず》，《东洋学报》第 9 卷 2 号，1919 年，第 155—194 页。直至 20 世纪末，仍有个别学者信从刘歆伪造说，如何幼琦：《"岁在"纪年辨伪》，《西北大学学报（哲学社会科学版）》1990 年第 3 期，第 86—93 页。

② 〔日〕新城新藏：《歳星の記事によりて左伝国語の製作年代と干支紀年法の發達とを論ず》，连载于《艺文》第 9 卷 11、12 号，1918 年；《再び左伝国語の製作年代を論ず》，原载《艺文》第 11 卷 8 号，1920 年。两文皆收入氏著《东洋天文学史研究》，沈璿译，中华学艺出版社，1933 年，第 369—451 页。

③ 民国林奉若《星野疑问》是一篇专门谈论分野的文章（《中国天文学会会务年报》1926 年第 3 期，第 75—76 页）。不过，此文旨在指出传统分野说存在的诸多疑问，并呼吁政府应重定"某地分某星，某星主某地"的星野分配法以供各县修志之用，且"亦可昭示万国"。可见作者深受传统文化影响，不愿放弃陈旧的分野学说，故提出改定分野体系的想法。因此，该文不属于科学研究分野问题的专论。

中,当时的社会思潮以"崇尚科学,反对迷信"为标帜,学术研究以"经世致用"为导向,而天文分野恰恰属于传统文化中的"迷信"、"糟粕"内容,故为世人所鄙夷。如民国《景县志》称"近自科学发明,志疆域者皆不谈星野,为其杳无足据也"①,竺可桢谓"星野之说,求之科学,全属诞妄"②。甚至连民国年间的通俗小说也有类似说法:"古人说什么这是某分野的星,那又是某分野的星,如何有风,如何有雨,都是些迷信之谈,何足凭信?"③在这样一种时代背景之下,中国学者对分野之说不屑一顾,毫无研究兴趣也是很自然的事情。不过,在同一时期的日本东洋史学界,小岛祐马于1936年发表专文《分野説と古代支那人の信仰》,对中国传统分野学说的文献记载情况做了简要梳理,并在此基础之上论证中国古代帝祭与星辰信仰之间的关系④。就笔者所知,这是20世纪上半叶惟一一篇以分野为主题的研究论文。

①耿兆栋、张汝漪修纂:《(民国)景县志》卷一四附载"星野"按语,《中国方志丛书》华北地方第500号影印本,成文出版社有限公司,1976年,第2117页。
②竺可桢:《论通志星野存废问题》,原载《浙江省通志馆刊》第1卷第1期,1945年,收入《竺可桢全集》第2卷,上海科技教育出版社,2004年,第589页。
③蔡东藩、许廑父:《民国通俗演义》第一四三回《战博罗许崇智受困,截追骑范小泉建功》,中华书局,1973年,第8册,第1268页。
④〔日〕小岛祐马:《分野説と古代支那人の信仰》,原载《东方学报》(京都)第6册,1936年,收入氏著《古代支那研究》,(东京)弘文堂,1943年,第55—85页。此文最初为1934年小岛氏为东方文化学院京都研究所开所而做的纪念演讲。

20 世纪 50 至 70 年代是分野研究的沉寂期。这一阶段基本上没有什么与天文分野相关的论著，就连英国科技史学家李约瑟（Joseph Needham）的巨著《中国科学技术史》之天文学卷亦对分野不着一词。惟天文史学家陈遵妫所著《中国古代天文学简史》在介绍"十二次"概念时，略带谈及分野之起源，其观点大体因袭新城新藏之说，仅将十二次分野的产生年代修正为公元前 350 年前后①。

70 年代末以后至今是分野研究的繁盛期。不仅有关天文分野的研究论述日益增多，而且所涉及的问题亦大为扩展。概括起来，这一阶段的研究成果大致可分为以下三种类型。

第一，通论性研究。在 70 年代以前，学者们对于天文分野的研究主要集中在起源时代这一个问题，缺乏全面性的探讨。然而自 80 年代开始，有关分野的通论性研究日渐增多。1980年出版的《中国大百科全书·天文学卷》专列"分野"一条，解释分野的定义及其理论模式，虽叙述非常简略，但却引起了当代学者对分野问题的关注，此后各种研究中国古代天文学史及星占学的著作大多会专辟章节谈及天文分野。如陈遵妫《中国天文学史》，江晓原《天学真原》《历史上的星占学》及《星占学与传统文化》，陈美东《中国科学技术史·天文学卷》及《中国古代天文学思想》，卢央《中国古代星占学》，冯时《中国天文考

①陈遵妫：《中国古代天文学简史》，上海人民出版社，1955 年，第 91 页。

古学》等书，均有专论分野的篇章①，主要涉及分野的定义、起源、理论体系、文献记载及其在传统星占学中的应用等内容。

　　除上述专著之外，还有一些通论分野的单篇论文。如李勇《中国古代的分野观》谈及分野的起源、社会意义及其产生背景，并将历代分野说概括为三种学说、八种模式，且对各种分野模式的文献记载情况做了初步梳理②。其后，徐传武《"分野"略说》及崔振华《分野说探源》两文亦论述了分野的定义、起源、理论体系等内容，并对历代分野学说做出不同于李文的分类：崔文所总结的五种分野类型是二十八宿分野、十二次分野、北斗七星分野、五星分野及"九野"分配法，而徐文则在这五种理论之外，又列出天干分野和散星分野两说③。王颋《躔次十

①陈遵妫：《中国天文学史》，上海人民出版社，1982年，第2册，第419—425页；江晓原：《天学真原》，辽宁教育出版社，1991年，第223—229页；同氏《历史上的星占学》，上海科技教育出版社，1995年，第290—307页；同氏《星占学与传统文化》，广西师范大学出版社，2004年，第62—73页；陈美东：《中国科学技术史·天文学卷》，科学出版社，2003年，第45—47页；同氏《中国古代天文学思想》，中国科学技术出版社，2007年，第735—749页；卢央：《中国古代星占学》，中国科学技术出版社，2008年，第212—224页；冯时：《中国天文考古学》，中国社会科学出版社，2010年，第106—112页。
②李勇：《中国古代的分野观》，《南京大学学报（哲学人文社会科学版）》1990年第5、6期合刊，第169—179页。作者所谓三种分野学说为干支说、星土说、九宫说，八种分野模式为十干分野、十二支分野、十二月分野、单星分野、五星分野、北斗分野、十二次及二十八宿分野、九宫分野。
③徐传武：《"分野"略说》，《文献》1991年第3期，第239—245页；崔振华：《分野说探源》，《中国科学技术史国际学术讨论会论文集》，中国科学技术出版社，1992年，第22—26页。

二——分星与明中期以前的分野划分》一文又对分野学说的文献记载源流进行了简要梳理,并指出不同时代分野说设定分野区域之间的差异,此外王文还谈到宋代以后学者对分野说的质疑以及分野说在文人作品中的引用情况①。

虽然以上关于分野的研究论著数量较多,但基本上都属于通论性质的梳理,对天文分野诸问题的研究深度略显不足,且其观点亦多有可商之处。不过尽管如此,上述论著对于天文分野研究的开拓性贡献仍需给予充分肯定。可以说,今天人们对古代分野学说基本面貌的了解,即得益于这些通论性的著述。

第二,分野文献研究。自70年代末以来,学者们对若干分野文献的整理和研究也取得了一些进展。在传世文献方面,日本学者安居香山最早对纬书中记载的多种分野学说做了辑佚和校勘工作,并将其与正史所记分野理论加以比较,考察其体系之异同②。暨南大学硕士研究生韩道英专门对明初所编《大明清类天文分野之书》进行考释。此书虽是一部明代地理总志,但其编纂宗旨却是要将明朝疆域纳入传统分野体系之中,并明确记有各府州卫所与二十八宿的对应关系,故亦属分野文献。韩文对该书的成书情况、编纂体例、史料来源等问题均有

---

① 王颋:《躔次十二——分星与明中期以前的分野划分》,《荆楚历史地理与长江中游开发:2008年中国历史地理国际学术研讨会论文集》,湖北人民出版社,2009年,第488—498页。
② 〔日〕安居香山:《緯書の分野説について》,《森三樹三郎博士頌壽紀念・東洋學論集》,(京都)朋友書店,1979年,第371—387页。

论证①。后张兆裕又撰文进一步讨论《大明清类天文分野之书》的纂修过程及其部分史源②。近来，曾广敏论及两《唐书·天文志》所载十二次分野的来源问题，并指出二者文本记载中的若干谬误③。

在出土文献方面，长沙马王堆汉墓出土帛书《刑德》中有一段与二十八宿分野相关的记载。刘乐贤在整理校正这段文字的基础之上，对其所记分野说的形成年代做了考证，判定它大约产生于公元前304年至前284年之间，是一种"比较原始或未经整齐划一过的早期分野学说"④。陈松长也曾对帛书《刑德》分野记载的内容做过仔细辨析，但他认为这是汉初的分野文献资料⑤。根据笔者的研究来看，刘乐贤的判断无误，当可信从。除马王堆帛书之外，山东临沂银雀山一号汉墓出土的

①韩道英：《〈大明清类天文分野之书〉考释与历代"星野"变迁》，暨南大学硕士学位论文，2008年。韩文上篇考释《大明清类天文分野之书》，下篇题为"'分星'与明朝中期以前的'分野'划分"，实即分野通论，其内容与上引王颋《躔次十二——分星与明中期以前的分野划分》一文基本相同。

②张兆裕：《〈大明清类天文分野之书〉索隐》，《明史研究论丛》第12辑，中国广播电视出版社，2014年，第243—253页。

③曾广敏：《两〈唐书·天文志〉十二次分野考校》，《古典文献研究》第21辑下卷，凤凰出版社，2018年，第272—280页。

④刘乐贤：《马王堆汉墓星占书初探》，《华学》第1期，中山大学出版社，1995年，第111—120页；《马王堆天文书考释》，中山大学出版社，2004年，第189—193页。

⑤陈松长：《马王堆帛书〈刑德〉研究论稿》"帛书《刑德》的分野占小考"，台湾古籍出版有限公司，2001年，第79—85页；同氏《帛书〈刑德〉分野说略考》，《简帛研究（2006）》，广西师范大学出版社，2008年，第73—80页。

《占书》残简也记有天文分野的内容,陈乃华对其文字记载做了初步分析,并将这一分野说与传世文献所见分野体系进行比较研究,指出它应是战国时期未经系统整理的分野学说①。后连劲名对此提出不同看法,认为这份分野资料当出自秦人之手②。据笔者判断,以上两说均属误解,其实银雀山汉简所记乃是西汉前期的一种二十八宿分野说(参见本书第二章第一节)。尽管前人有关分野文献研究的某些论断未必妥当,但它们在整理原始文献、发掘史料价值方面做出了筚路蓝缕的贡献。

第三,若干专题性研究。近四十年来,就天文分野的某些问题进行专门探讨或深入研究的作品不断增多,是这一时期分野研究持续升温的另一重要表征。在有关天文分野诸问题中,学界讨论最多的主要有两大问题。一是传统二十八宿及十二次分野体系星土对应关系的成因。对此先后有多位科技史学者发表了自己的见解,例如郑文光主张"族星说"③,陈久金提出"图腾崇拜说"④,刘俊男则持"旋转对应说"等⑤。二是天文

---

① 陈乃华:《从汉简〈占书〉到〈晋书·天文志〉》,《古籍整理研究学刊》2000 年第 5 期,第 7—10 页。
② 连劲名:《银雀山汉简〈占书〉述略》,《考古》2007 年第 8 期,第 64 页。
③ 郑文光:《中国天文学源流》,科学出版社,1979 年,第 101 页。
④ 陈久金:《华夏族群的图腾崇拜与四象概念的形成》,《自然科学史研究》1992 年第 1 期,第 9—22 页;李维宝、陈久金:《二十八宿分野暨轸宿星名含义考证》,《天文研究与技术》第 8 卷第 4 期,2011 年 10 月,第 417—420 页;陈久金:《中国十二星次、二十八宿星名含义的系统解释》,《自然科学史研究》第 31 卷第 4 期,2012 年,第 381—395 页。
⑤ 刘俊男:《古星野探秘——上古九州与十二州的变迁》,《华夏上(转下页注)

分野与传统星占学之间的密切联系。如李勇撰文指出分野学说作为星占理论基础的重要性①。美国科技史学家班大为（David W. Pankenier）称中国古代星占学为"分野星占学"，并论证了这类星占学说的基本特征及其在先秦时代的具体应用情况②。近年来，随着数术研究逐渐成为一大学术热点，中外学者关于中国传统星占学的论著大量涌现，其中亦不乏谈及分野者③，兹不赘述。

（接上页注）古史研究》，延边大学出版社，2000年，第139—152页；同氏《上古星宿与地域对应之科学性考释》，《农业考古》2008年第1期，第234—243页。

①李勇：《从"〈左传〉所言星土事"看中国古代星占术》，《天文学报》第32卷第2期，1991年6月，第215—221页。

②David W. Pankenier, " Applied Field – Allocation Astrology in Zhou China: Duke Wen of Jin and the Battle of Chengpu（632 B. C.）", *Journal of the American Oriental Society*, Vol. 119 No. 2, 1999, pp. 262–279; "Characteristics of Field Allocation（fenye）Astrology in Early China", In J. W. Fountain and R. M. Sinclair（Eds.）, *Current Studies in Archaeoastronomy: Conversations across Time and Space*, Durham: Carolina Academic Press, 2005, pp. 499–513. 两文中译本《周代的应用分野星占学：晋文公与城濮之战（前632）》及《中国早期分野星占学的特征》，见〔美〕班大为：《中国上古史实揭秘：天文考古学研究》，徐凤先译，上海古籍出版社，2008年。

③关于这方面研究，如余欣主编：《中古异相：写本时代的学术、信仰与社会》，上海古籍出版社，2015年；孙英刚：《神文时代：谶纬、术数与中古政治研究》，上海古籍出版社，2015年；陈侃理：《儒学、数术与政治：灾异的政治文化史》，北京大学出版社，2015年；甄尽忠：《论汉代十二次及二十八宿分野模式的发展及其政治功能》，《邯郸学院学报》第27卷第1期，2017年3月，第68—76页；赵贞：《唐宋天文星占与帝王政治》，北京师范大学出版社，2016年；吕传益：《中国古代占星术中的分野》，《长江文史论丛》2017卷，湖北人民出版社，2017年，第184—198页；等等。

除以上两方面的研究之外，还有许多学者对与分野相关的其他问题进行了广泛讨论。譬如，邢庆鹤、唐晓峰先后对唐代一行分野学说的体系内容及其体现出来的地理观念做了分析探讨①。吕季明《"分野"考辨》《〈"分野"考辨〉续》两文考察"分野"一词的文献源流②。王胜利论述楚地分野与楚人星神崇拜之间的关系③。李勇将传统分野学说与阜阳双古堆西汉汝阴侯墓出土式盘相结合进行类比研究，论证此物实为一种分野式盘④。孙家洲从区域地理观念的角度，谈及《汉书·地理志》所记十三分野区域对汉武帝设置十三刺史部的影响⑤。宋京生简要介绍了各地方志记述分野的基本情况，并指明其所反

①邢庆鹤：《试论〈天下山河两戒考〉中的天文学》，《安徽大学学报（自然科学版）》1985年第1期，第33—37页。唐晓峰：《跋宋版"唐一行山河两戒图"》，《跋涉集——北京大学历史系考古专业七五届毕业生论文集》，北京图书馆出版社，1998年，第247—251页；同氏《两幅宋代"一行山河图"及僧一行的地理观念》，《自然科学史研究》第17卷第4期，1998年，第380—384页。两文经整合扩充后收入氏著《从混沌到秩序：中国上古地理思想史述论》，中华书局，2011年，第133—155页。
②吕季明：《"分野"考辨》，《语海新探》第2辑，山东教育出版社，1989年，第81—90页；同氏《〈"分野"考辨〉续》，《中国成人教育语文论集》，济南出版社，1991年，第489—499页。按吕文否定先秦文献有关"分野"的明确记载，认为"分野"一词始于西汉末，至东汉年间广为流行，此说漏洞百出，不可信从，参见本书第一章第二节。
③王胜利：《楚国的分野与楚人的星神崇拜》，《东南文化》1991年第3、4期合刊，第98—102页。
④李勇：《对中国古代恒星分野和分野式盘研究》，《自然科学史研究》第11卷第1期，1992年，第27—31页。
⑤孙家洲：《论汉代的"区域"概念》，《北京社会科学》1999年第2期，第98—100页。

映出来的地理文化观念①。李智君《分野的虚实之辨》一文以天、地、人信仰秩序系统为分野之实,以各种具体的星土对应形式为分野之虚,并论述两者之间的分合关系②。乔治忠、崔岩撰文揭示清高宗所作《题毛晃〈禹贡指南〉六韵》诗在摒弃传统分野说、接受西方测绘学方面的学术意义,及其对清代地理学发展的重要影响③。王玉民着重对传统二十八宿分野体系所呈现的地理空间位置加以辨析④。曾蓝莹就新疆尼雅遗址出土的"五星出东方利中国"文字织锦所涉及的星占分野问题做了专门讨论⑤。孟凡松、田天则分别以明清时期贵州和山东方志中的分野记载为中心,指出不同时期分野叙述内容的变化,进而考察时人政区认同、知识体系以及观念、信仰之变迁⑥。

① 宋京生:《旧志"分野"考——评古代中国人的地理文化观》,《中国地方志》2003 年第 4 期,第 76—77 页。

② 李智君:《分野的虚实之辨》,《中国历史地理论丛》第 20 卷第 1 辑,2005 年,第 61—69 页。

③ 乔治忠、崔岩:《清代历史地理学的一次科学性跨越——乾隆帝〈题毛晃《禹贡指南》六韵〉的学术意义》,《史学月刊》2006 年第 9 期,第 5—11 页。

④ 王玉民:《中国古代二十八宿分野地理位置分析》,《自然科学与博物馆研究》第 2 卷,高等教育出版社,2006 年,第 115—126 页。

⑤ 曾蓝莹:《星占、分野与疆界:从"五星出东方利中国"谈起》,《东亚历史上的天下与中国概念》,台湾大学出版中心,2007 年,第 181—215 页。

⑥ 孟凡松:《清代贵州郡县志"星野"叙述中的观念与空间表达》,《清史研究》2009 年第 1 期,第 10—20 页;田天:《因袭与调整:晚期方志中的分野叙述——以山东方志为例》,《中国历史地理论丛》第 25 卷第 2 辑,2010 年,第 84—103 页;孟凡松:《清代贵州方志的星野岐论与政区认同》,《中国历史地理论丛》第 28 卷第 4 辑,2013 年,第 100—111 页;田阡、孟凡松:《空间表达与地域认同——以武陵地区清代方志星野为例》,《文化遗产》(转下页注)

陈万成注意到元代日用类书《事林广记》收录有一幅《十二宫分野所属图》，并对其加以考释①。周亮、李勇采用科学推算的方法，对历代分野学说分星变化的原因进行分析②。陈鹏则对《史记·天官书》所记"辰星四仲躔宿分野"说做了专题研究③。陈研介绍了明闵齐伋版刻《会真图》中的分野内容，并指出星象分野在传统文学、艺术中的表现④。以上这些研究成果极大丰富了我们对古代天文分野的认识。

回顾以上学术史，百余年来，前人对于天文分野的研究取得了重要进展，涌现出很多有价值的研究成果。不过，在笔者看来，目前的天文分野研究在以下三个方面仍有很大的拓展空间。

其一，天文分野的研究领域及学术视角需要进一步拓宽。长期以来，从事天文分野研究的主要是科技史及历史地理学

（接上页注）2013 年第 1 期，第 122—126 页；孟凡松：《晚清知识、观念及其叙事转型——基于贵州万府名志星野志的考察》，《贵州社会科学》2015 年第 3 期，第 59—66 页。

① 陈万成：《中外文化交流探绎：星学·医学·其他》，中华书局，2010 年，第 52—72 页。

② 周亮、李勇：《中国古代分野理论中分星变化的原因考究》，《天文研究与技术》网络优先出版论文，2012 年 11 月，http://www.cnki.net/kcms/detail/53.1189.P.20121113.1644.002.html。

③ 陈鹏：《"辰星正四时"暨辰星四仲躔宿分野考》，《自然科学史研究》第 32 卷第 1 期，2013 年，第 1—11 页。

④ 陈研：《星次分野与西厢姻缘——闵齐伋刊〈会真图〉第四图考》，《新美术》2016 年第 3 期，第 47—59 页。

家,而少有历史学者参与。科技史学者大多是从天文学史的角度,关注分野的起源、星土对应关系的形成、不同理论体系之间的差异及其与传统星占学的关系等问题,而历史地理学者则注重探讨分野学说所反映出来的地理学思想。其实,中国古代的天文分野归根结底应是一个历史问题,如果从历史学的视角去加以考察,我们会发现隐伏于分野背后的更多面相。

其二,研究深度还有很大的开掘余地。上文指出,目前已有研究成果许多仍属于通论性的梳理,显得不够深入。例如,传统分野体系中最为重要的二十八宿及十二次分野说,自战国至隋唐究竟经历了怎样的演变过程,就是一个需要进一步研究的问题。另外,自宋代以降,天文分野如何走向消亡,在思想史上也是一个饶有兴趣的议题。从历史学的角度来看,诸如此类的问题其实还有很多值得我们关注。

其三,有关天文分野的各种史料还有很大发掘空间。已往学者不管是通论天文分野,还是进行专题研究,所依据的史料主要局限于《周礼》《左传》《国语》《淮南子·天文训》《史记·天官书》《汉书·地理志》《晋书·天文志》以及《乙巳占》《开元占经》等传世文献中的分野记载,资料来源稍嫌单一。其实,各类传世及出土文献有关天文分野的文字记载和图像材料极为丰富,如能充分发掘和利用这些史料,不仅有助于深化前人已有的研究成果,而且还可发现更多有价值的问题。

总而言之,尽管前辈学者已对天文分野做了很多开创性的研究,但我们仍可从以上三个方面进一步开拓天文分野研究的空间。本书即试图在前人研究的基础之上,对天文分野的历史进行一番系统考察。

三 研究思路

长期以来,"分野"往往被人们归入天文学史的范畴,属于科技史的研究领域,但实际上,天文分野是中国历史上的一个重要文化现象,与人们的历史活动有着密切联系。那么这就牵涉到一个应予以澄清的基本问题:科技史(或称科学史)究竟是科学还是历史? 我们知道,自近代工业革命以来,随着科学技术的迅猛发展,科学与人文这"两种文化"之间的分离趋势日益加剧,并逐渐演变成为两种相互隔绝、相互对立的文化①。科技史从以历史学为代表的人文科学中分离出来,归属于自然科学的范畴,就是在"两种文化"日趋分裂的社会文化背景下发生的。尽管科技史从其研究对象、研究方法以及研究者的专业背景等方面来看,确与科学有着很高的关联度,然而归根结底,科技史离不开历史的场景,它仍依托于历史,是历史学的一个重要组成部分,在中国古代一向被视为传统史学的一部分,如历

①英国科学家斯诺(C. P. Snow)于1959年提出"两种文化"的概念,并对科学与人文这两种文化之间分裂对立的成因做了系统论述,参见氏著《两种文化》,陈克艰、秦小虎译,上海科学技术出版社,2003年。

代正史中的天文、律历等志就包含有许多科学史的内容。因此,自 20 世纪 80 年代以来,诸如夏鼐、席泽宗、江晓原等多位考古学及科技史学者都倾向于认为科技史理应归属于人文科学中的历史学,而非自然科学①。笔者对此观点深表赞同,本书对于天文分野的研究就是要从历史学的视角着眼,将分野置于历史场景之中去加以考察。

谈到科技史的历史学研究,与之相关的一个方法论问题就是内史与外史的研究取向。所谓内史(internal history)是指以科学本身的发展历程为研究对象,而不关注它与外部社会的联系,这是传统科技史的研究路数。然而自 20 世纪 30 年代以来,国际科技史学界开始日益显现出一种新的外史(external history)研究倾向,它将科学发展与政治、经济、宗教、思想文化等一系列外部社会因素紧密结合起来,侧重考察科技与社会之间的互动关系和交互影响②。受此风潮之影响,80 年代以后,国内的科技史研究也开始由传统的内史取向逐渐向外史转型。先是黄一农教授揭起"社会天文学史"的大旗,主张将天文学史上的问题与社会历史相联系进行综合考察,并充分运用人文社

① 参见夏鼐:《中国考古学和中国科技史》,《夏鼐文集》,社会科学文献出版社,2000 年,中册,第 299—304 页;席泽宗:《科学史与历史科学》,《科学史十论》,复旦大学出版社,2008 年,第 15—27 页;江晓原:《科学史:是科学还是历史——以天文学史及星占学为例》,《上海交通大学学报(哲学社会科学版)》2007 年第 6 期,第 43—47 页。
② 参见席泽宗:《科学史与历史科学》,《科学史十论》,第 22—23 页。

会科学的研究方法,为此他做了一系列具有奠基性的个案研究①。此后,江晓原教授又专门论述了外史取向之于科技史研究的重要性及其学术价值,并呼吁科技史学者转换视角,更多地注意科学在自身发展过程中与社会文化背景之间的相互影响②。时至今日,外史研究取向已成为国内外科技史学界的共识与主流。近年,欧美科技史学家劳埃德(Geoffrey Lloyd)和席文(Nathan Sivin)教授提出将古代科学和社会、政治、经济等因素看作一个芜杂而有机的整体来加以考察的所谓“文化整体(cultural manifold)”概念③,其实就是外史研究取向的一种最新表述。在笔者看来,所谓科技史的研究取向由内向外的转变,实质上就是科技史从科学回归历史的过程中在方法论层面所提出的必然要求。就天文分野研究而言,若要从历史学的视角来加以考察,就不能仅仅在科技史的领域之内谈分野,而必须调动与分野相关的历史地理、思想史、政治史、宗教史以及中西交通史等各方面的知识进行综合性的研究,而这正是本书的学术旨趣所在。

①黄一农:《社会天文学史十讲》“自序”,复旦大学出版社,2004 年,第 1—7 页。
②江晓原:《天学外史》“绪论”,上海人民出版社,1999 年,第 1—14 页。
③参见孙小淳、曾雄生主编:《宋代国家文化中的科学》“导言”,中国科学技术出版社,2007 年,第 6 页。这一概念亦被译为“文化簇”,见席文:《运用“文化簇”概念》,《科学史方法论讲演录》,任安波译,北京大学出版社,2011 年,第 71—87 页。

基于以上所述科技史研究的外史取向,本书的一个主要研究思路,便是寻求分野与各个方面的社会历史相交叉的问题。天文分野所包含的历史信息非常丰富,所涉及的研究领域也十分广泛,已往学者因受自身学科背景所限,大多只是就有关分野的某一方面问题加以探讨,而对其他维度的问题忽焉不察。本书研究天文分野的出发点,就是要在历史学的视野之下去寻找与之相关的多样化问题。譬如,二十八宿及十二次分野说所采用的十三国与十二州地理系统究竟反映了什么样的地理格局,即是一个历史地理命题;历代分野体系所折射出来的中国古代世界观、天下观及其变迁,属于思想史、观念史的范畴;传统分野说对中古时期的王朝政治有何影响,又如何走向末路,则是一个政治文化问题;而隋唐时代源自域外的黄道十二宫与传统分野体系相结合,明清时期西方科学对分野学说的冲击,又皆属中西交通史的考察内容。由此可见,天文分野牵涉到多个史学门类的不同方面问题,有必要对它们予以通盘观照,并综合起来进行系统研究。

除了研究方法之外,研究资料的拓展也是本书一个重要的努力方向。上文提到,历代文献有关天文分野的记载极其丰富,远远超出我们此前的了解,所以本书尤其注意发掘和利用不同种类、不同形式的文献及图像资料,以求进一步深化天文分野的研究。

首先,由于分野说与传统星占学密切相关,所以各种涉及星占的天文数术类文献均有许多分野记载。笔者所说的这种天文数术类文献包含范围很广，大致有以下三部分来源：一是历代正史《天文志》《五行志》及《淮南子·天文训》等常见文献，甚至从广义上说，还可包括《周礼》《左传》《国语》中的分野星占记载，这些是早已为前人所熟知的分野史料；二是以马王堆帛书、银雀山汉简为代表的出土天文数术文献以及敦煌莫高窟所藏星占类文书，这些新资料除文献整理者曾有所考释之外，基本没有引起分野研究者的注意；三是历代天文数术著作，对于这一部分文献，此前学者利用较多的是李淳风《乙巳占》和瞿昙悉达《开元占经》，但其实自唐代以后此类著述数量众多，如《天地瑞祥志》《灵台秘苑》《乾象通鉴》等书多有分野记载，具有很高的史料价值。近四十年来，随着文渊阁本《四库全书》《四库全书存目丛书》《续修四库全书》《四库禁毁书丛刊》以及《中国科学技术典籍通汇》等一系列收录有大量天文数术类著述的丛书影印出版，为我们充分参考和利用此类文献提供了诸多便利。

其次，因天文分野是古代地理学的重要内容，故历代地理类文献中也有大量有关分野的记载。这类文献主要包括正史《地理志》，各种政书、类书的舆地部分，及宋以后修纂的各种地理总志、地方志等。其中尤以明清方志保存的分野资料数量最多，记述内容也颇为丰富，除转载各种分野说外，往往还会收录当时人对于天文分野的种种议论，有时还附有编者按语，它们是讨论明清时期分野观念变迁的重要史料。

上述天文数术类和地理类典籍是记载分野学说最为集中的两大文献系统，可谓是分野史料之渊薮。除此之外，有关分野的各种零星记载和议论还散见于经史子集各部类文献之中，如经部春秋类、史部地理类、子部兵家类、集部别集类诸书以及一些佛教、道教经典等，其分野记载也有很高的史料价值，值得大力发掘和充分利用。

还需指出的是，已往学者比较注重与分野相关的文字记载，而较少利用分野图像资料进行研究。据笔者目前掌握的资料，历代文献所收录的分野图至少有数百幅之多，且图像形式种类繁多，既有天文图，也有舆地图，其研究价值丝毫不逊于文字著述。譬如，晚唐密教星占图《火罗图》即保存有黄道十二宫与传统分野体系相结合的最早记载，日本学者涩川春海所绘《天文分野之图》记载了一种由中国分野体系改造而来的日本分野说，明清时期的某些分野图则反映了当时人的世界观和天下观，这些都是研究相关分野问题的一手材料。总之，尽量搜集各类文献所见分野记载，利用包括文字和图像在内的多样化材料以充实和深化分野研究，是本书不懈的学术追求。

四　研究内容

关于本书写作的主要内容，笔者并不打算对天文分野做面面俱到的探讨，而是采取专题研究的形式，分别讨论前人未曾关注或研究不足的若干问题。下面对各章的主要脉络及基本内容做一简要介绍。

第一章论述天文分野学说的历史与理论，主要讨论分野起源与分野类型两个基本问题。关于分野学说起源于何时，古今学者众说纷纭，先后提出了西周说、春秋说、战国说以及西汉刘歆伪造说四种说法，本章将对以上诸说的文献依据进行辨析，重点论证战国起源说，并解释"分野"一词的定义及其衍生。中国古代的分野学说，除了我们最为熟悉的二十八宿分野和十二次分野之外，还有许多不大流行的分野学说。本章在对历代分野文献进行系统梳理的基础之上，发掘出包括星土分野及其变种在内的历代分野学说达二十二种之多，并对每一种分野说的源流及内涵做了较为系统的考察。

第二、三两章是有关二十八宿及十二次分野的专题研究。第二章主要论述二十八宿及十二次分野体系的形成和定型过程。这两种分野说均起源于战国，至汉代形成严密的理论体系，先后出现了十三国与十二州两套独立的地理系统。那么，这两套截然不同的地理系统分别体现出什么样的地理格局，反映了汉人何种地理观念，自东汉以后这两套地理系统又如何趋于合流，至魏晋时期定型为经典的分野模式？这一系列问题是本章所要重点探讨的内容。此外，本章还将清理分析传统二十八宿及十二次分野体系星土方位淆乱问题。

第三章主要讨论二十八宿及十二次分野体系的变革。在隋唐时代,二十八宿及十二次分野体系衍生出两种新的地理系统,即古九州分野系统与一行山河两戒说。笔者试图对这两种分野说究竟是如何改造传统分野体系的加以分析。另外,隋唐时期由印度传入中国的黄道十二宫天文系统逐渐与二十八宿及十二次分野体系相结合,从而使中国传统分野说融入了某些新的元素,同时这也是黄道十二宫中国化的一个具体表征。

第四章论述天文分野对中古时期王朝国号的影响。《隋书·天文志序》在概述魏晋至隋唐时代天人关系时提到"依分野而命国"一语,其本义是指依据天文分野体系确定人间各国的天命之征,并衍生有直接依据分野命名国号的语义。通过剖析中古时期诸多禅代型王朝和自立型政权的建国历史与国号来源,可知"依分野而命国"乃是它们建国立号时普遍遵奉的一个基本原则。这一贯穿于整个魏晋南北朝隋唐的"依分野而命国"思想来源于深受谶纬学说影响的天命观,同时又体现出象征王朝正统的涵义,是中古时期传统政治文化的重要组成部分,其余绪所及远至五代宋初。

第五章主要从政治文化的角度,论述传统分野学说逐渐沦落以至最终消亡的过程及其原因。天文分野是古代社会的一种普遍观念,然而自宋代以后,就不断有学者对传统分野说提出各种质疑和批判,并在社会上逐渐形成了一股否定分野的思潮,特别是明末清初人们对于分野的抨击尤为激烈,最终导致乾嘉以后分野学说被逐渐摒弃。传统分野说走向末路是在内外双重因素的作用下所产生的必然结果，其内因为宋代以降传统政治文化的崩溃，外因则是明清之际西学东渐的冲击，这是本章所要着重分析论证的核心内容。

第六章主要着眼于中国传统天下观变迁的视角，对历代分野说体现出来的世界图景及其与国家政治版图之间的关系进行考察。中国传统分野体系无论是采用十三国还是十二州地理系统，其所反映的都是一种"分野止系中国"的传统天下观。因中国疆域随历代王朝政治版图的伸缩变化而处于不断变动之中，故历代分野区域的调整亦体现出与王朝疆域相一致的联动性，在此过程中，分野学说又逐渐衍生出某些与国家政治版图相关的特殊政治涵义与政治功能。此外，通过对传统分野体系所见世界观的考察，还有助于我们重新思考中国传统天下观向近代世界观的转变究竟是如何发生的。

第七章从知识史的视角观察中国古代天文分野学说的流变。天文分野说自汉代以后的传衍明显呈现出从天文星占著作向地理类文献扩散传布的现象，乃至自唐宋以后悄然融入地理学，成为人们了解地理沿革的常规性内容，进而下沉入社会大众文化，通过地理志书、诗文、图谱等各种形式广泛传播普及，乃至衍生出相关的地理景观与民间信仰，逐渐完成了从星占秘术向地理常识的转化。梳理天文分野这种神秘主义学说走向社会大众的普及化、常识化过程，不仅有助于我们解释分野之说在古代社会和士民思想世界为何具有长久的生命力，而且还能帮助我们更好地理解历史文献中的大量分野记述、保留至今的物质遗存以及天地谐应的传统观念。

第八章对世界其他古代文明中类似于"分野"那样的天地对应学说及其反映出来的世界观念做一比较，并尝试探究东西方世界观差异的根源。

最后，在余论部分，除总结全书之外，还将略论天文分野学说对中国古代政治文化的影响。

另外，本书末尾还有两篇附录。其一，是对李淳风《乙巳占》成书情况和版本流传的专题研究。希望能够为我们更好地利用这部重要天文星占文献提供帮助，同时亦藉此说明科技史基础文献的研究亟待深化和拓展。其二，是对金华地区天文分野思想流传与当地星神崇拜信仰所作的个案分析。通过这个研究案例，我们可以了解唐宋以降分野学说在民间区域基层社会的传播和流变，以及对人们知识、思想与信仰的深远影响。

第一章　天文分野学说的历史与理论

天文分野是长期流行于中国古代社会的一种天地对应学说，最初源于星占，后逐渐衍变成为一套集中展现古人宇宙观及世界观的理论体系，在社会上具有十分广泛和深远的影响。谈起中国传统分野说的历史与理论，有三个无可回避的基本问题需要讨论辨析，一是分野之说的产生时代，二是"分野"一词的应用及其衍生含义，三是历代分野学说的理论类型及其体系模式。本章即围绕这三个问题，对中国古代的天文分野学说进行一番系统的考察。

第一节　分野之起源

有学者认为中国古代天文分野思想的起源很早，或许可以追溯至新石器时代。日本天文史学家新城新藏指出中国古代将天上的银河比作地上的汉水，称之为"天汉"或"河汉"，犹如古加尔底亚人将天河比拟为底格里斯河和幼发拉底河,并推测这种分野思想发源于原始时代①。新城氏此说只是一种猜度之辞,表述比较模糊,而冯时则通过对新石器时代有关天文观测遗迹和考古文物的研究分析,得出了较为明确的结论。他认为古代分野观念最初源自于一种原始的恒星建时方法,最早的分野形式可能是通过北斗七星斗杓所指的方向与地平方位建立联系,从而使星区与地理区域相互配合,这种分野思想形成的时代至少可以上溯至公元前第三千纪②。不过,冯氏的推断主要基于对考古遗迹和出土文物的解读,而无可靠的先秦文字资料加以佐证,所以天文分野的初始形态是否真的如冯氏所说,恐怕还需要进一步考证③。

尽管原始的天文分野思想可能很早即已产生,但它真正形成比较成熟的理论学说,恐怕是较晚的事情。在传世先秦文献中,仅有二十八宿和十二次两种分野学说见诸记载④,后人根据这些史料得出了对于分野起源时代的不同判断,主要有西周

---

① 〔日〕新城新藏:《东洋天文学史研究》,第 408 页。
② 冯时:《中国天文考古学》,第 107—108 页。
③ 另外,还有学者主张中国古代的天文分野传自域外。如郭沫若作于 1929 年的《释支干》一文认为中国的分野之说创制于古巴比伦(《甲骨文字研究》,第 329 页),但此说并未得到学界的认同。
④ 二十八宿是指分布在天赤道及黄道附近的二十八个星座,包括东方青龙七宿:角、亢、氐、房、心、尾、箕;北方玄武七宿:斗、牛、女、虚、危、室、壁;西方白虎七宿:奎、娄、胃、昴、毕、觜、参;南方朱雀七宿:井、鬼、柳、星、张、翼、轸。十二次是古人根据木星运行规律等分黄、赤道带而成的十二个星区,即星纪、玄枵、娵訾、降娄、大梁、实沈、鹑首、鹑火、鹑尾、寿星、大火、析木。

说、春秋说和战国说三种观点①。分野起源西周说的主要依据是《周礼·保章氏》"以星土辨九州之地，所封封域，皆有分星，以观妖祥"的记载，自汉唐以来，历代学者多将它视为分野之滥觞②，陈美东据以推测分野学说很可能是由西周时期的天文星占家所创立的③。持春秋起源说者，因《左传》《国语》等书所记天文分野皆出自春秋时期的星占故事，故认为分野学说理当起源于春秋时代，如南宋朱熹说"分野之说始见于春秋时"④，今人钱宝琮亦称"十二次分野为春秋时期之术数"⑤。主张战国起源说者，认为以上诸书所见分野记载虽出自春秋时期的星占故事，但均见于战国时代文献，应是出于后人杜撰。故唐杜佑

---

① 此外，康有为、崔适主张西汉刘歆伪造分野说，见康有为《新学伪经考》卷一四《刘向经说足证伪经考》(第 381—382 页)及崔适《史记探源》卷一《序证》"十二分野"条(第 5—7 页)。按这种观点是在晚清今文经学派为鼓吹维新变法、宣扬托古改制而发起疑经运动的时代背景下产生的，此说纯属曲解，早已为学界所摒弃。

② 例如，南宋《(嘉泰)吴兴志》谓"言分野者，权舆于《周官》"(《宋元方志丛刊》影印民国三年《吴兴丛书》本，中华书局，1990 年，第 5 册，第 4685 页)，顾祖禹亦称《周礼·保章氏》为"此后世言星野之始也"(《读史方舆纪要》卷一三〇《分野》，贺次君、施和金点校，中华书局，2005 年，第 5508 页)。

③ 陈美东：《中国科学技术史·天文学卷》，第 45 页。其实，晚清来华的英国传教士艾约瑟(Joseph Edkins)早已提出过类似观点，他认为二十八宿分野说以角、亢为郑之分野，是因为周宣王封其弟友为郑伯时岁在角、亢，故分野当起源于周宣王时，见〔英〕艾约瑟：《论二十八宿五行星》，《万国公报》1890 年 11 月，第 22 期，叶 2a。

④ 黎靖德编：《朱子语类》卷二，王星贤点校，中华书局，1986 年，第 22 页。

⑤ 钱宝琮：《论二十八宿之来历》，原载《思想与时代》第 43 期，1947 年，收入《钱宝琮科学史论文选集》，第 336—337 页。

称"凡国之分野,上配天象,始于周季"①,所谓"周季"即指战国时期;明人黄道周更是明确指出,"星辰分野之说,起于战国而降,非复保章之旧"②。新城新藏通过考证《左传》《国语》所记岁星纪年资料,推测十二次分野的起源不应早于公元前365年(说详下文)③,陈遵妫则认为十二次分野说的出现当在公元前350年前后④。此外,顾颉刚也倾向于"分野之说肇于战国天文家"的看法⑤。

综观以上各家说法,前人在讨论天文分野学说的形成年代时,并未仔细区分二十八宿分野和十二次分野,而只是笼统地泛称"分野",或仅称十二次分野。但实际上,二十八宿分野和十二次分野是先秦时期并存的两种分野学说,我们首先需要厘清这二者的区别,才能更准确地判断早期分野学说的产生时代。

其实,战国时代文献所见二十八宿分野与十二次分野有明确区分,并未将二者混淆。一般认为,在传世文献中,有关分野

---

① 杜佑:《通典》卷一七二《州郡二·序目下》,王文锦等点校,中华书局,1992年,第4488页。又王应麟《通鉴地理通释》卷一"星土"条所引杜佑《理道要诀》,亦谓"周季上配天象,有十三国"(《丛书集成初编》本,中华书局,1985年,第11页)。
② 黄道周:《洪范明义》卷上《庶征章》,明崇祯十六年刊本,叶53a。
③ 〔日〕新城新藏:《东洋天文学史研究》,第418页。
④ 陈遵妫:《中国天文学史》第2册,第421页。
⑤ 顾颉刚:《愚修录》卷二"《越绝书》中之十二分野"条,《顾颉刚读书笔记》第9卷上,联经出版事业公司,1990年,第6689页。

的起源最早见于《周礼》:"保章氏掌天星,以志星辰日月之变动,以观天下之迁,辨其吉凶。以星土辨九州之地,所封封域,皆有分星,以观妖祥。以十有二岁之相,观天下之妖祥。"①所谓"以星土辨九州之地,所封封域,皆有分星",这里的"星"所指并不明确,因《周礼》上文记述冯相氏职掌时提及"二十有八星",即二十八宿,故贾公彦疏认为此句所指应是二十八宿分野;又"以十有二岁之相,观天下之妖祥"句,据汉唐人注疏,当指十二次分野②。尽管《周礼》的上述记载内容比较含混,且"无分野之明文"③,但根据后人注解,此处言及二十八宿分野和十二次分野,似乎没有将二者混为一谈。

在《左传》《国语》《晏子春秋》等书中,我们可以找到有关二十八宿分野和十二次分野的明确记载。下面分别举出这两类例证,并略加辨析。

(一) 十二次分野之例

例一:鹑火—周。《国语·周语》周景王二十三年(前522),王问律于伶州鸠,对曰:"昔武王伐殷,岁在鹑火。……岁

①《周礼注疏》卷二六《春官·保章氏》,阮元校刻《十三经注疏》本,第819页。
②另外,《周礼注疏》卷一〇《地官》记载大司徒"以土宜之法辨十有二土之名物",郑玄注曰:"十二土分野十二邦,上系十二次,各有所宜也。"(第703页)亦指十二次分野。
③叶时:《礼经会元》卷一《注疏》,《通志堂经解》本,广陵书社影印本,2007年,第13册,第548页。

之所在，则我有周之分野也。"①这是传世文献所见"分野"一词的最早记载。此处"岁"指岁星（即木星），伶州鸠谓武王伐纣之时，岁在鹑火，而鹑火为"周之分野"。

例二：实沈—晋。《国语·晋语》记晋文公重耳归晋，董因迎于河，重耳问曰："吾其济乎？"对曰："岁在大梁，将集天行，元年始受实沈之星也。实沈之墟，晋人是居，所以兴也。今君当之，无不济矣。"②据韦昭注，重耳归国之年岁在大梁，次年即位，岁在实沈，而实沈为晋之分野，预示晋国将兴。

例三：鹑尾—楚。《左传》襄公二十八年（前545）八月，裨灶曰："今兹周王及楚子皆将死。岁弃其次，而旅于明年之次，以害鸟帑，周、楚恶之。"③这里需要解释一个天文现象。据《左传》上文可知，是年"岁在星纪，而淫于玄枵"，意为按照岁星纪年之法，此年岁星本应在星纪之次，但实际却已行至下一个星次玄枵，即所谓"岁弃其次而旅于明年之次"④。按照杜预和孔颖达的解释，裨灶系以对冲法占测，因与玄枵相对的鹑火、鹑尾分别为周、楚之分野，故预言其将有灾祸。

---

① 徐元诰：《国语集解》卷三《周语下》，王树民、沈长云点校，中华书局修订本，2008年，第123—125页。
② 《国语集解》卷一〇《晋语四》，第343—344页。
③ 《春秋左传正义》卷三八，阮元校刻《十三经注疏》本，第1999页。
④ 这种现象被称为岁星超次或超辰。古人认为岁星年经一次，每12年行一周天，而岁星的实际运行周期是11.86年，故每过83年左右就会出现岁星超越至下一星次的情况。在先秦时代的星占家看来，这种超次现象预示某种凶恶之兆。

例四:玄枵—齐、薛。《左传》昭公十年(前532)正月,郑裨灶言于子产曰:"今兹岁在颛顼之虚,姜氏、任氏实守其地。"据杜预注及孔颖达正义,颛顼之虚即指玄枵,姜氏为齐,任氏为薛,故"齐、薛二国守玄枵之地"①。如依此说,则玄枵当为齐、薛二国之分野。

例五:大火—宋。《左传》昭公十七年冬,彗星出于"大辰",鲁梓慎预测宋、卫、陈、郑四国将有火灾,其中宋国遭灾的原因是"宋,大辰之虚也"②。所谓"大辰"即大火之次③,知梓慎所言当指大火为宋之分野。

例六:星纪或析木—吴、越。《左传》昭公三十二年夏,吴伐越,晋史墨曰:"不及四十年,越其有吴乎。越得岁而吴伐之,必受其凶。"④服虔注谓是年"岁星在星纪,吴、越之分野……吴、越同次,吴先举兵,故凶也"⑤,后杜预、孔颖达注疏皆因袭此说。而《周礼·保章氏》贾公彦疏则认为是年当岁在析木之次。

(二) 二十八宿分野之例

例一:心—宋、参—晋。《左传》昭公元年(前541)秋,子产

①《春秋左传正义》卷四五,第 2058 页。
②《春秋左传正义》卷四八,第 2084 页。
③《尔雅注疏》卷六《释天》云:"大辰,房、心、尾也,大火谓之大辰。"邢昺疏曰:"大火,大辰之次名也。"(阮元校刻《十三经注疏》本,第 2609 页)
④《春秋左传正义》卷五三,第 2127 页。
⑤《周礼注疏》卷二六《春官·保章氏》贾公彦疏引服注,第 819 页。当出服虔所著《春秋左氏传解》。

曰："昔高辛氏有二子，伯曰阏伯，季曰实沈。……后帝不臧，迁阏伯于商丘，主辰，商人是因，故辰为商星；迁实沈于大夏，主参，唐人是因。……及成王灭唐而封大叔焉，故参为晋星。"①按子产的说法，参为晋之分野，辰（即心宿）为商之分野。后宋封于商丘，故宋景公时荧惑守心，子韦即称"心者，宋之分野也"②。据今人研究，这一有关分野的故事并非完全凭空捏造，它实际上反映了一种十分古老的观象授时活动③。

例二：虚—齐。据《晏子春秋》说，齐景公时曾出现荧惑守虚的天象，晏子曰："虚，齐野也。"④即谓虚为齐之分野。

从以上有关十二次及二十八宿分野的记载来看，这两种分野学说的主要区别在于二者起源不同。上文所举六条十二次分野的例证，几乎都与岁星纪年有关，特别是例一岁在鹑火为周之分野，是所有文献中最原始、最直接的分野记载。这种情况说明十二次分野当源于岁星占测，甚至就连十二次这一天文学概念也是根据岁星运行规律而制定的。而二十八宿分野最初源自于观象授时，《左传》所记辰为商星、参为晋星的典故即

①《春秋左传正义》卷四一，第 2023 页。
②许维遹：《吕氏春秋集释》卷六《制乐》，梁运华整理，中华书局，2011 年，第 145 页。
③参见郑文光：《中国天文学源流》，第 29—31 页；庞朴：《火历钩沉——一个遗失已久的古历之发现》，原载《中国文化》创刊号，1989 年，收入氏著《三生万物——庞朴自选集》，首都师范大学出版社，2011 年，第 141—178 页；冯时：《中国天文考古学》，第 177—196 页。
④吴则虞：《晏子春秋集释》卷一《内篇谏上》，中华书局，1962 年，第 77 页。

为二十八宿分野之滥觞。

根据上文对战国文献所见十二次分野和二十八宿分野两类记载进行的辨析,再结合前人的相关研究,笔者倾向于分野起源战国说。具体说来,主要有以下三个方面的理由。

第一,根据岁星纪年的记载来推算,十二次分野当起源于战国中期。虽然上文举出的《左传》《国语》所见六条十二次分野的例证,均见于它们所记载的春秋时代星占故事,但新城新藏对以上两书中的岁星记事进行了逐条辨证,并根据岁星运行周期加以重新推算,证明两书有关岁星纪年的记载皆是以公元前365年左右所观测的天象为依据推演出来的,而十二次分野也应该是在这一时期产生的①。新城氏的上述观点得到了学界的普遍赞同。

第二,出土文献表明,二十八宿分野的产生当不晚于战国中期。马王堆汉墓出土帛书《刑德》中有一部分专记天象占测的内容,刘乐贤将其题为《日月风雨云气占》②,其中有一段与二十八宿分野相关的记载:

---

① 〔日〕新城新藏:《歳星の記事によりて左伝国語の製作年代と干支紀年法の発達とを論ず》,连载于《芸文》第9卷11、12号,1918年;同氏《再び左伝国語の製作年代を論ず》,原载《芸文》第11卷8号,1920年。两文皆收入氏著《东洋天文学史研究》,第369—451页。

② 刘乐贤:《马王堆天文书考释》,第15—18页。胡文辉则题作《军杂占》,见氏著《中国早期方术与文献丛考》,中山大学出版社,2000年,第160页。

房左骖，汝上也；其左服，郑地也；房右服，梁地也；右
骖，卫。婺女，齐南地也。虚，齐北地也。危，齐西地也。
营室，鲁。东壁，卫。娄（娄），燕。胃（胃），魏氏东阳也。
参前，魏氏朱县也；其阳，魏氏南阳；其阴，韩氏南阳。筚
（毕），韩氏晋国。觜觿，赵氏西地。罚，赵氏东地。东井，
秦上郡。舆鬼，秦南地。柳，西周。七星，东周。张，荆
（楚）北地。①

根据此文所涉诸国的存亡年限及上郡、南阳的地理沿革来
看，刘氏判断这段文字大约撰成于公元前 304 年至前 284 年
之间，系战国文献资料②。这件帛书残卷记有二十八宿中的十
六个星宿，且各星宿所对应的分野区域涵盖了韩、赵、魏、秦、
燕、齐、楚等主要诸侯国，已颇具后世二十八宿分野体系的
雏形。

第三，汉代以后的二十八宿与十二次分野体系均是按照战
国时代的地理格局来划分分野区域的，这也表明它们应产生于
战国时期。上述两种分野学说至汉代逐渐形成完善的理论体

---

① 这件帛书有甲、乙两篇，内容基本相同，此系甲篇录文，见陈松长：《马王堆帛
书〈刑德〉研究论稿》，第 102 页，图版见第 159 页；释文疏证可参见刘乐贤：
《马王堆天文书考释》，第 189—193 页。
② 刘乐贤：《马王堆汉墓星占书初探》，《华学》第 1 期，中山大学出版社，1995
年，第 120 页。陈松长则认为这是汉初的分野文献，见《帛书〈刑德〉分野说
略考》，《简帛研究（2006）》，第 79—80 页，此说出于作者臆测，说服力不强。

系,二十八宿、十二次皆对应于周、秦、韩、赵、魏、齐、鲁、宋、卫、燕、楚、吴、越十三个东周列国。故唐李淳风称汉代分野乃"多因春秋已后,战国所据,取其地名、国号而分配焉"①。宋吕祖谦也说"十二次,盖战国言星者以当时所有之国分配之耳"②。明人王士性亦谓以十三国平分二十八宿,"盖在周末战国时国号,意分野言起于斯时故也"③。前人的这些说法表达的都是同一层意思。

综上所述,二十八宿及十二次分野是先秦时代最早出现的两种分野学说,它们大抵产生于战国时期,此即中国古代天文分野之权舆。

第二节 "分野"释义

上文引述了《左传》《国语》等早期文献有关天文分野的记载。其中,《国语·周语》伶州鸠曰"昔武王伐殷,岁在鹑

①李淳风:《乙巳占》卷三《分野》,清光绪二年陆心源校刻《十万卷楼丛书》本,叶1b。按如无特殊说明,本书《乙巳占》引文均采用此本。
②王应麟:《玉海》卷二《天文门·天文书上》"周九州星土、分星、分野、堪舆郡国所入度"条引吕氏说,广陵书社影印清光绪九年浙江书局刊本,2007年,第32页。按吕祖谦此说不见于现存著述,推测其史源可能来自《春秋讲义》《左传手记》或《春秋集传微旨》三部东莱佚籍之一(吕氏著作存佚情况参见黄灵庚:《〈吕祖谦全集〉前言》,《吕祖谦全集》,浙江古籍出版社,2008年,第1册,第28—57页)。
③王士性:《广志绎》卷一《方舆崖略》,周振鹤编校:《王士性地理书三种》,上海古籍出版社,1993年,第250页。

火。……岁之所在，则我有周之分野也"，是传世文献首次出现
"分野"一词。不过，吕季明对此提出质疑，认为分野观念与
"分野"一词并非同时产生，分野观念虽早已有之，但"分野"一
词则始于西汉末，至东汉年间广为流行。其理由有四：其一，
"分野"一词大量见于东汉人的著述，而东汉以前文献所见"分
野"则寥若星辰；其二，韦昭《国语解叙》谓《国语》"遭秦之乱，
幽而复光。……至于章帝，郑大司农为之训注，解疑释滞，昭析
可观"①，说明今本《国语》经过东汉郑众等人的修订；其三，《国
语》记载"周之分野"，这一国名加"之分野"的词语搭配结构与
屡见于东汉文献中的"分野"用法相同，说明《国语》所记为东
汉人之语；其四，因康有为、崔适指出分野之说实出于刘向，故
"分野"一词也应始于西汉末，此前文献凡出现"分野"二字者，
皆为东汉时所窜入②。

按吕季明之说十分荒谬，近于奇谈怪论，绝不可信。第一，
关于《国语》的成书年代，古今学者虽多有争议，但目前学界一
般认为它应是战国时期成书的著作，韦昭所言只是说郑众曾为
《国语》作注，并无修订《国语》正文之意。第二，不能仅凭用法
相同的"分野"一词大量见于后代典籍，而去否定前代文献的记
载。事实上，《国语》所见"周之分野"正是后世有关"分野"记

①韦昭：《国语解叙》，《国语集解》，第594—595页。
②吕季明：《"分野"考辨》，《语海新探》第 2 辑，第 81—90 页；同氏《〈"分野"
　考辨〉续》，《中国成人教育语文论集》，第 489—499 页。

载的源头,战国晚期成书的《吕氏春秋》记宋景公时子韦言"心者,宋之分野也",也可佐证"分野"一词出现较早。第三,晚清今文经学兴起,今文学家为鼓吹维新变法、宣扬托古改制,提出"六经皆伪",发起疑经运动,康有为所谓天文分野系刘歆伪造说就是在这种特定的历史背景下产生的,其论断存在严重偏颇,不足取信,早已为学界所摒弃。因此吕氏之说荒诞不经,"分野"一词应当是与天文分野观念同时产生的。

关于"分野"一词的含义,古今学者的解释基本一致。例如,唐萨守真《天地瑞祥志》卷一《明分野》定义称"夫分野者,九州之田野也,并仰系上天矣"①,已指明天地之间的对应关系,但未具体说明"上天"是指星宿还是星区。明章潢《图书编》卷二九《分野总叙》谓"分野之说盖以星之在天者,而分在地之土也"②,这里说的是天上之星宿与地土相匹配。清末崔适《春秋复始》言"何谓分野? 以地之十二国,系天之十二次"③,乃是以十二次星区对应地上诸国。《中国大百科全书·天文学卷》"分野"条云:"将地上的州、国与星空的区域互相匹

---

① 萨守真:《天地瑞祥志》卷一《明分野》,《稀见唐代天文史料三种》影印日本昭和七年抄本,国家图书馆出版社,2011 年,下册,第 20 页。
② 章潢:《图书编》卷二九《分野总叙》,明万历四十一年涂镜源刻本,叶 2a—2b。
③ 崔适:《春秋复始》卷三五《比例类·灾异篇上》,《续修四库全书》影印民国七年北京大学铅印本,第 131 册,第 628 页。

配对应，称为分野。"①陈遵妫《中国天文学史》的解释是："把天上星宿对应于地上区域的分配法，就是所谓分野。"②以上各家说法都指出"分野"的本义就是天文系统与地理区域之间的相互对应，从历代分野说来看，其实无论是星宿，还是星区，都有各自的分野体系，所以我们不妨将"分野"之义表述为天上星宿或星区与地理区域之间的对应学说。在历代文献中，"分野"有时又被称为"星野"、"星分"或"星土"。

然而吕季明因见《吕氏春秋》有"天有九野"的记载，遂认为"分野"最初专指天官星宿的界域③。按此说亦不足信。"野"，古字写作"壄"或"埜"，本义应是指地理区域，这在早期文献中俯拾即是。《吕氏春秋》只是藉用"野"的概念来描述天域中的九片星区（说详下文），并非专称，所以"分野"也并非专指天星。实际上，在分野体系中，指称天星的专用词汇乃是"分星"，《周礼·保章氏》"以星土辨九州之地，所封封域，皆有分星，以观妖祥"即为最早用例。

"分野"本身表示天地之间的对应，但在具体使用该词时，根据语境的不同，其所指可能会有所侧重。如上引《国语·周语》"岁在鹑火……则我有周之分野也"，《吕氏春秋》"心者，宋

①中国大百科全书总编辑委员会编：《中国大百科全书·天文学卷》，中国大百科全书出版社，1980年，第75页。
②陈遵妫：《中国天文学史》第2册，第419页。
③吕季明：《〈"分野"考辨〉续》，《中国成人教育语文论集》，第493页。

之分野也",这里的"分野"分别是指与周对应的星次鹑火及与宋相配的天星心宿,知其重在天文系统。然《汉书·地理志》记"秦地,于天官东井、舆鬼之分壄也"①,此处"分壄"即"分野"之异写,乃谓与井、鬼二宿相对应的秦地,则侧重于指称地理系统("壄"、"埜",本书下文均写作"野")。当"分野"具体指地域时,亦可作"分土",如《后汉书·陈蕃传》谓"夫诸侯上象四七,垂耀在天,下应分土,藩屏上国",李贤注曰:"上象四七,谓二十八宿各主诸侯之分野,故曰下应分土,言皆以辅王室也。"②由此可见,在记述具体的对应关系时,天星与地域可以互称为"分野"③。不过,如果"分星"与"分野"相对举,则"分星"指天星,"分野"指地域④。

在文献记载中,"分野"一词还可以拆分为"分"和"野",单独使用。清人汪绂解释此二字谓"分者,分占于宿,以天言也;

①《汉书》卷二八下《地理志下》,中华书局,2009 年,第 1641 页。按如无特殊说明,本书《汉书》引文均采用此本。
②《后汉书》卷六六《陈蕃传》,中华书局,1973 年,第 2161—2162 页。
③参见徐传武:《"分野"略说》,《文献》1991 年第 3 期,第 239 页。
④清初毛奇龄《经问》卷一三记载,李庚星问:"敢问分野与分星,在诸经何所据乎?"毛奇龄答曰:"分野即是分星。……大抵古人封国,上应天象,在天有十二辰,在地有十二州,上下相应,各有分属,则在天名分星,在地名分野,其实一也。"(阮元编《皇清经解》本,凤凰出版社影印本,2005 年,第 1 册,第 1283 页)指出"分星"与"分野"是一体两面的关系,只是在对举时所指不同而已。

野者,所居之野,以地言也"①,他认为"分野"拆开后,"分"指分星,"野"指分土。但其实,"分"和"野"皆可单独表示"分野"的完整含义,既可指天星,也可指地域。如《汉书·地理志》"自井十度至柳三度,谓之鹑首之次,秦之分也"②,《三国志·魏书·武帝纪》"桓帝时有黄星见于楚、宋之分"③,这里的"分"都是指与地上之国相对应的星区。而东汉纬书《春秋元命苞》"虚、危之精流为青州,分为齐国"④,《灵台秘苑》角、亢二宿"于分在郑"⑤,此两处"分"乃指地理区域。又《晏子春秋》记"虚,齐野也",银雀山汉墓出土《占书》残简见"地观其野,以授其国"⑥,此处"野"系指天星之例。而马王堆帛书《五星占》谓"若用兵者,攻伐填之野者"⑦,这是指填星所对应的分野之国,东汉张衡言"众星列布,体生于地,精成于天,列居错峙,各有所属,在野象物"⑧,更是明确将"野"指代地理空间。以上例证说

①汪绂:《戊笈谈兵》卷五上《九州分野论》,《中国兵书集成》影印清光绪刻本,解放军出版社、辽沈书社,1990年,第44册,第683页。

②《汉书》卷二八下《地理志下》,第1646页。

③《三国志》卷一《魏书·武帝纪》,中华书局,2004年,第22页。

④《艺文类聚》卷六州部引《春秋元命苞》,上海古籍出版社,2010年,第113页。

⑤北周庾季才原撰、北宋王安礼等重修:《灵台秘苑》卷三《十二分野》,文渊阁《四库全书》本,第807册,第25页。

⑥银雀山汉墓竹简整理小组:《银雀山汉墓竹简(贰)》,文物出版社,2010年,第242页,图版及摹本分别见第117、313页。

⑦刘乐贤:《马王堆天文书考释》,第50页。

⑧张守节《史记正义》引张衡语,见《史记》卷二七《天官书》,中华书局,1982年,第1289页。

明,在文献记载中,"分"和"野"往往可被用作"分野"的简称,屡见不鲜。

此外,值得一提的是,"分野"一词的本义是天文系统与地理区域之间的对应,但在人们长期使用过程中,又逐渐衍生出其他三种义项①,需要注意。其一,表示分界、界限。如纬书《春秋命历序》曰"《河图》,帝王之阶,图载江河、山川、州界之分野"②,这里的"分野"显然不是天地相应之义,而是指江河、山川的区域界限以及九州边界。其二,表示差别。如《宋史·律历志》载"至王普重定刻漏,又有南北分野、冬夏昼夜长短三刻之差"③,此处"南北分野"当与长短之差相对而言,意谓南北方昼夜长短不同,进行历法推算时应有所区分。至近代,又由此引申为思想观点上的差异分歧,使用很广。其三,表示类别、领域、范围。1932 年,陈望道出版《修辞学发凡》一书,创立了科学的修辞学体系,提出著名的"两大分野"理论,即修辞学中的消极修辞法和积极修辞法④。其所谓"分野"实指两类修辞手法,这与该词古义已有很大偏差。实际上,"分野"一词的这

①今《汉语大词典》对"分野"一词的解释只有"与星次相对应的地域"和"分界、界限"两种义项(上海辞书出版社,1986 年,第 2 册,第 580 页),并不全面。
②陈桥驿:《水经注校证》卷一"河水"引《命历序》,中华书局,2007 年,第 3 页。
③《宋史》卷八二《律历志一五》,中华书局,1977 年,第 1940 页。
④陈望道:《修辞学发凡》,大江书铺,1932 年。

种新用法是从日语中引进而来的①，自陈望道在中文著述中首次明确使用之后，遂广为流行，为文学、艺术、政治学等众多人文社会学科所借鉴。

时至今日，"分野"一词屡屡见诸报端，往往被人用来任意指称不同事物之间的差异，甚至还有人将其视为"分化"的同义语，用词之滥，一至于此。现代人实已对"分野"一词原本所承载的历史文化意义不甚了然，本书研究希望能够重拾古典，全面认识"天文分野"在中国古代的历史影响。

第三节　分野类型诸说辨析

天文分野自战国产生以来，除二十八宿及十二次分野之外，又陆续出现了各种各样的理论学说。关于历代分野学说的具体类型，我们不妨先来考察前人对此所做的分类总结。

就目前所知，北宋元祐年间成书的陈祥道《礼书》最早对历代分野说加以归类。《礼书》卷三四"十二分"条云：

> 盖九州十二域，或系之北斗，或系之二十八宿，或系之五星。则雍主魁，冀主枢，青、兖主机，扬、徐主权，荆主衡，

---

① 参见霍四通：《中国现代修辞学的建立——以陈望道〈修辞学发凡〉考释为中心》，上海人民出版社，2012年，第89—91页。按这种从日语汉字中直接引入某种概念的做法，在中国近代十分普遍。

梁主开阳,豫主摇光,此系之北斗者也。星纪,吴越也;玄枵,齐也;娵訾,卫也;降娄,鲁也;大梁,赵也;实沉,晋也;鹑首,秦也;鹑火,周也;鹑尾,楚也;寿星,郑也;大火,宋也;析木,燕也,此系之二十八宿者也。岁星主齐、吴,荧惑主楚、越,镇星主王子,太白主大臣,辰星主燕、赵、代,此系之五星者也。……班固曰:"丙、丁,江淮、海岱;戊、己,中州、河济;庚、辛,华山以西;壬、癸,常山以北。一曰甲齐,乙东夷,丙楚,丁南夷,戊魏,己韩,庚秦,辛西夷,壬燕、赵,癸北夷。子周,丑翟,寅赵,卯郑,辰邯郸,巳卫,午秦,未中山,申齐,酉鲁,戌吴越,亥燕、代北。"(按此说出自《汉书·天文志》)又以方位辨州土也。①

这段记载首句即明确提到北斗分野、二十八宿分野和五星分野三种学说,并于其后分别举例说明此三说的具体内容。不过需要指出的是,其所举二十八宿分野的例子实际上说的却是十二次分野,这是因为自唐代以后二十八宿分野与十二次分野往往被杂糅在一起(详见本书第二章第四节),所以后人很容易将二者混淆。此外,陈祥道又引述《汉书·天文志》以天干、地支配属地理区域的记载,称这也是一种"以方位辨州土"的分野说。

---

① 陈祥道:《礼书》卷三四"十二分"条,《中华再造善本》影印元至正七年福州路儒学刻明修本,北京图书馆出版社,2006 年,叶 7a—8a。

其实,严格说来,这种干支配地域的学说与讲究天界星区与地理区域相对应的星土分野并不完全相符,它只能算作天文分野的衍生变种,但由于它的对应形式与分野理论十分相近,所以古人大多也将其视为一种分野之说,称"干支分野"。因此,上引陈祥道《礼书》共提及四种分野学说。

南宋王应麟在陈祥道的基础之上,更为系统地对各种分野学说进行了梳理。《玉海》卷一《天文门·天文图》"周易分野星图"条依次举出十二次分野、二十八宿分野、五星分野、北斗分野、干支分野、河汉分野及诸星分野共七种理论,并于每条下征引若干条史料以说明其具体内容①。譬如"北斗之分野"条,其下即列有《史记·天官书》《续汉书·天文志》刘昭注引《星经》《春秋文耀钩》《晋书·天文志》《新唐书·天文志》等文献所见与北斗分野相关的记载。

尽管王应麟的整理汇总工作做得较为全面,但也存在两个问题。一是对分野类型的划分不够细致,其所谓"诸星之分野"说得过于笼统,从他所举的例子来看,其中既包括《隋书·天文志》所记女宿下十二国星分野,又有《晋书·天文志》所见东瓯、青丘等夷狄诸星分野。二是各条分野下所举例证与其附属的分野类型不符。如二十八宿分野条引《汉书·天文志》"昴、毕间为天街,其阴阴国,阳阳国",即与二十八宿分野无关,当属

---

① 王应麟:《玉海》卷一《天文门·天文图》"周易分野星图"条,第7—8页。

天街二星分野;河汉分野条又引《汉志》"南戒为越门,北戒为胡门",此当为南北河戍星分野,而非河汉分野。又如《玉海》将《续汉书·天文志》注引《星经》有关北斗九星分别以不同地支纪日进行占候的记载归入干支分野一类,然而《星经》所记实为一种北斗分野说,其所见"某星以某日候之"云云是附属于北斗分野的内容(说详下文)。另外,《汉书·艺文志》著录《海中二十八宿臣分》二十八卷,王应麟亦将其归入二十八宿分野之例,但其实该书记载的是一种将二十八宿对应二十八功臣的理论,与严格意义上的星土分野说有所不同,似乎不应混为一谈。

　　明章潢所编类书《图书编》也曾对历代分野学说做过系统整理。此书在总论十二次分野说之后,附记北斗分野、南斗六星分野、三台六星分野、五车五星分野、五星分野、天市垣墙二十二星分野、女宿十二诸侯国星分野以及十干分野、十二支分野等九种理论,且每种分野说下均列出一具体例证,但未注明史料出处①。章潢前后共提及十种分野学说,因唐以后二十八宿及十二次分野相杂糅,故此处所谓十二次分野,其实是包含二十八宿分野在内的,而其他诸种分野说则多有前人未曾留意者,如南斗分野、三台分野、五车分野即不见于上述陈祥道和王应麟的分类。不过,《图书编》在此将天干、地支分别对应地理

---

①章潢:《图书编》卷二九《分野分配总说》及其后所附"诸星分野",叶23b—24b。按《图书编》此处另记有一组紫微垣墙诸星,然该组星官实与分野无关,故置而不论。

区域的理论视为两种独立的分野学说，则似有欠妥当。因为从文献记载来看，它们大多是连成一体的，在星象占测中需相互配合运用①，所以二者不宜拆分，应合称为干支分野。

清代乾嘉时人李林松所撰《星土释》，是一部全面总结评论古代分野学说的专著。此书在胪列历代文献有关二十八宿与十二次分野的记载之后，又谓分野之说另有系之北斗者、系之五纬星（即五星）者、系之三台者、系之南斗者、系之五车者、系之牛女下十二国者及以二十八宿分系《禹贡》十二山者，并分别举例说明②。换言之，李林松认为分野学说主要有二十八宿分野、十二次分野、北斗分野、五星分野、三台分野、南斗分野、五车分野、女宿下十二国星分野以及二十八宿与《禹贡》十二山分野共计九种理论。其中，前八种与《图书编》的分类大致相同，惟二十八宿与《禹贡》十二山分野一说仅见于此。其实，这种学说亦与星土分野的本义不尽相符，当属天文分野的衍生变种。而且李林松称此说"以二十八宿分系《禹贡》十二山"也不准确，从其所据《乙巳占》引《洛书》的记载来看，它应是一种以二十八宿对应《禹贡》二十八山川的理论，并非"十二山"。

以上所述是古人总结历代分野类型的四种代表性观点，此

---

① 李淳风《乙巳占》卷三《日辰占》记有运用干支分野进行占测的范例，叶25b—26b。
② 李林松：《星土释》卷一《星土源流异同》，北京大学图书馆藏清光绪十年刻本，叶20a—22a。

外当代学者也对历史上的诸种分野学说做过整理分类。李勇《中国古代的分野观》一文在未参考前贤成果的情况下,就其所知,将历代分野理论概括为三种学说、八种模式:

> 星土说:单星分野、五星分野、北斗分野、十二次与二十八宿分野
> 干支说:十干分野、十二支分野、十二月分野
> 九宫说:九宫分野①

李氏所谓星土、干支、九宫"三种学说"是对历代分野说大类的划分,而"八种模式"则指的是八种具体的分野种类,其数量尚不及《图书编》与《星土释》的分类。他将二十八宿与十二次分野归为一类,并与单星分野、五星分野及北斗分野一并列为严格意义上的星土分野说。不过,从李文所举例证来看,其所谓"单星分野"实指《乙巳占》引《诗纬推度灾》所记十一星对应《诗经·国风》十一国,以及引《洛书》所载二十八宿配属《禹贡》山川两种理论,然而后者似乎不当列入"星土说"。李文所称"干支说"包括十干分野、十二支分野及十二月分野,此处十

---

① 李勇:《中国古代的分野观》,《南京大学学报(哲学人文社会科学版)》1990年第5、6期合刊,第169—175页。相同内容又见于李勇:《对中国古代恒星分野和分野式盘研究》,《自然科学史研究》第11卷第1期,1992年,第22—25页。又陈美东编著《中国古代天文学思想》有关分野学说类型的内容(第735—740页)均取自李文。

二月分野清人称为"月建分野"①,实与干支无关。另外,这里提到的九宫分野说是一种以八卦九宫对应古九州的理论,它与干支说均属天文分野的衍生产物。需要说明的是,前人在整理历代分野说时往往将星土分野学说与非星土对应理论相混淆,而李文则有意识地将二者区分开来,把分野学说分为星土、干支、九宫三大类,这种分类思路值得肯定,但他将星土分野之变种归结为干支说和九宫说,以与星土说相并列似乎有欠妥当,前两者与后者其实并不属于同一层级。

继李文之后,徐传武《"分野"略说》及崔振华《分野说探源》两文也曾先后对传统分野学说做过归类工作。徐、崔二人均提及二十八宿分野、十二次分野、北斗七星分野、五星分野以及"九野"分配法共五种理论。除此之外,徐文还谈及天干分野和散星分野,合而言之,徐文共指出七种分野学说②。不过,他们所说的"九野"分配法其实并不是一种分野学说。所谓"九野"分配法,源出《吕氏春秋·有始览》:

---

① 刘光宿、詹养沈等纂修《(康熙)婺源县志》卷一《疆域志·分野》大概辗转依据陈祥道《礼书》,谓分野之说或系之北斗,或系之二十八宿,或系之五星,此外,他又补充说"又有月建分野、十干分野、十二支分野"(《中国地方志丛书》华中地方第 676 号影印清康熙三十二年刊本,成文出版社有限公司,1985 年,第 1 册,第 167 页),此处"月建分野"即指十二月之分野。
② 徐传武:《"分野"略说》,《文献》1991 年第 3 期,第 241—245 页;崔振华:《分野说探源》,《中国科学技术史国际学术讨论会论文集》,第 23—24 页。

天有九野，地有九州，土有九山，山有九塞，泽有九薮，风有八等，水有六川。

何谓九野？中央曰钧天，其星角、亢、氐。东方曰苍天，其星房、心、尾。东北曰变天，其星箕、斗、牵牛。北方曰玄天，其星婺女、虚、危、营室。西北曰幽天，其星东壁、奎、娄。西方曰颢天，其星胃、昴、毕。西南曰朱天，其星觜嶲、参、东井。南方曰炎天，其星舆鬼、柳、七星。东南曰阳天，其星张、翼、轸。

何谓九州？河、汉之间为豫州，周也。两汉之间为冀州，晋也。河、济之间为兖州，卫也。东方为青州，齐也。泗上为徐州，鲁也。东南为扬州，越也。南方为荆州，楚也。西方为雍州，秦也。北方为幽州，燕也。[1]

古今学者均认为以上所记乃是一种将天分为九区以对应九州的分野理论。然而《有始览》篇总叙天地万物，揆诸上下文义，此处仅仅胪列了一些基本的天文地理知识，除九野、九州之外，还有九山、九塞、九薮、八风、六川等，其具体名目亦依次列于下文，而并不表示它们之间有何固定的对应关系，故不属于分野学说[2]。另外，据徐文解释，所谓"散星"是指二十八宿以外的

---

[1]《吕氏春秋集释》卷一三《有始览》，第276—281页。
[2]《淮南子》将《吕氏春秋·有始览》关于九野、九州的记载分别写入《天文训》和《墬形训》，显然没有表示相互对应的分野涵义。

其他星宿，从其所举例证来看，"散星分野"实际包括《隋书·天文志》所记狗国星分野和五车五星分野，这种分类过于笼统，显得不够细致。

李智君发表的《分野的虚实之辨》一文，其中亦有对分野学说进行分类的内容①。他自称按照"天"之系统，将历代分野说分为四种形式：(1)行星、星座、星区与地对应，具体包括行星分野(即五星分野)、北斗分野、十二次及二十八宿分野三种理论；(2)气象与地对应，如马王堆帛书《天文气象杂占》有关云气分野的记载；(3)时间与地对应，即指月建分野；(4)抽象概念与地对应，例如干支分野和九宫分野。总而言之，李文共提到七种分野说。但实际上，这里只有第一类分野形式属于星土分野，可以根据天文系统的不同区分具体学说，而其余三类则应属星土分野之变种，故无法完全按照天文系统加以划分。

以上所举出的八家观点，就是古今学者有关历代分野学说类型划分的代表性研究成果。尽管前人已经对历代分野说做过不少整理汇总的开创性工作，但就总体而言，他们的研究普遍存在两个问题。第一，对历代分野说的搜集整理很不全面，且未区分严格意义上的星土分野说与星土分野诸变种这两大类型。在以上诸说中，最少者如陈祥道《礼书》仅指出四种分野

①李智君：《分野的虚实之辨》，《中国历史地理论丛》第 20 卷第 1 辑，2005 年，第 64—65 页。

说,最多者如章潢《图书编》共提及十种分野理论。如将上述诸种分类相归并,共有二十八宿分野、十二次分野、北斗分野、五星分野、南斗六星分野、三台六星分野、五车五星分野、天市垣墙二十二星分野、女宿十二国星分野、河汉分野以及干支分野、月建分野、九宫分野、云气分野、二十八宿与《禹贡》山川分野等十五种分野说①。如仔细区分起来,前十种均为周天星宿与地理区域相对应的理论,属严格意义上的星土分野说;而后五种则皆非天星与地域之间的对应,当为星土分野说之变种。据笔者研究,历代文献所见分属这两大类的"分野"理论均多于前人之汇总,有的甚至还从未有人提及。第二,对于各种分野说的理论体系仅胪列若干史料简略说明,而缺乏细致的分析研究。其实,许多分野理论的体系是相当复杂的,需要仔细梳理辨析才能识别其分野系统,进而探究其所反映出来的政治背景及思想文化观念。鉴于前人有关分野类型诸说的上述缺陷,笔者对历代天文分野学说的种类重新做了全面清理,并详加辨正,现将整理所得诸种分野说考述如下。

第四节　历代星土分野学说

　　所谓"星土分野"是指周天星宿或星区与地理区域相对应

---

①其余如诸星分野、单星分野、散星分野等类别因说法过于笼统,故未计入。

的理论体系,此为"分野"之本义,是严格意义上的分野学说。经笔者检索历代天文数术类文献,共查出十六种星土分野说,即二十八宿分野、十二次分野、五星分野、北斗分野、天街二星分野、南北河戍星分野、南斗六星分野、天市垣墙二十二国星分野、五车五星分野、五诸侯五星分野、夷狄诸星分野、三台六星分野、《诗经》十一国分野、十二国星分野、河汉分野以及三垣二十八宿分野。以下分别对这些分野理论的产生时代及体系内容进行仔细考辨。需要说明的是,在所有分野学说中,二十八宿分野与十二次分野是中国古代流传最广、影响最大的两种分野说,其理论体系经历了一个漫长而又复杂的演变过程,本书第二、三两章将专门讨论二十八宿及十二次分野体系之流变,故本节仅略作介绍。

（一）二十八宿分野说

二十八宿分野说起源于战国,至汉代形成严密的理论体系,先后出现了十三国与十二州两套独立的地理系统。十三国系统是指以二十八宿对应韩(郑)、宋、燕、吴、越、齐、卫、鲁、魏(晋)、赵、秦、周、楚十三个东周列国,这是最早产生的一种分野模式,始见于《淮南子·天文训》的记载[1],反映了春秋战国以

---

[1] 何宁:《淮南子集释》卷三《天文训》,中华书局,2010年,第272—274页。

来的传统文化地理观念。十二州系统则首见于《史记·天官书》①,其分野模式是以二十八宿对应兖、豫、幽、扬、青、并、徐、冀、益、雍、荆以及三河(又称中州)等十二州,它产生于汉武帝时期,主要体现的是"大一统"的政治地理格局。自东汉以后,这两种地理系统逐渐趋于合流,至西晋已被完全整合于同一分野体系之中,确立了以十二州为主并兼容十三国的分野模式。隋唐以后,传统二十八宿分野说所采用的地理系统又产生过一些变化,出现了古九州系统以及一行山河两戒说。

(二)十二次分野说

十二次分野说的衍变过程与二十八宿分野十分相似,它最初亦产生于战国,其理论体系形成于汉代,并同样存在十三国与十二州两套地理系统。东汉至魏晋,十二次分野说逐渐趋于定型,其天文系统与十二辰相融合,其地理系统则确立了以十二州兼容十三国的分野模式,这一分野体系以《晋书·天文志》的记载最具代表性:寿星,辰,郑,兖州;大火,卯,宋,豫州;析木,寅,燕,幽州;星纪,丑,吴越,扬州;玄枵,子,齐,青州;娵訾,亥,卫,并州;降娄,戌,鲁,徐州;大梁,酉,赵,冀州;实沈,申,魏,益州;鹑首,未,秦,雍州;鹑火,午,周,三河;鹑尾,巳,楚,荆

<hr>

①《史记》卷二七《天官书》,第 1330 页。

州①。唐代以后，十二次分野往往与二十八宿分野杂糅于一体。

（三）五星分野说

五星分野说始见于战国末期。金、木、水、火、土五星，古称太白、岁星、辰星、荧惑、填星（又称镇星），是中国古代天文学体系中的重要星体。在星占家看来，五星之运动预示着人世间的各种休咎祸福②，故五星分野是仅次于二十八宿及十二次分野的另一种影响较大的分野学说。五星分野所对应的地理区域共有四种系统（参见表1-1），以下逐一进行辨析。

1. 列国系统

有关五星主列国的分野学说起源于战国末。马王堆帛书《五星占》记载战国末期的五星占测理论，将五星分别对应于五方之国，如荧惑，"南方之（国）有之"；填星，"中国有之"；辰星，"北方国有之"；太白，"西方国有之"③。因帛书残损，此处未见

---

① 《晋书》卷一一《天文志上》，中华书局，1974年，第307—309页。
② 如瞿昙悉达《开元占经》卷一八《五星占·五星所主》引《荆州占》曰："（五星）行于列舍，以司无道之国。王者若施恩布德，正直清虚，则五星顺度，出入应时，天下安宁，祸乱不生。人君无德，信奸佞，退忠良，远君子，近小人，则五星逆行、变色、出入不时，……天下大乱，主死国灭，不可救也。"〔文渊阁《四库全书》本（按如无特殊说明，本书《开元占经》引文均采用此本），第807册，第319页，据《中国科学技术典籍通汇·天文卷》影印明大德堂抄本（河南教育出版社，1993年。以下简称"明抄本"）校正〕
③ 刘乐贤：《马王堆天文书考释》，第47、50、56、86页。帛书《五星占》由五星占测和五星行度两部分内容组成，后者作于汉初，而前者当成于战国末期，参见《马王堆天文书考释》，第21页。

岁星所主之国,不过根据以上四星分野的记载,可推知岁星当为"东方国有之"。《五星占》记述的是一种较为原始的五星分野说,它仅将五星泛泛地对应五方之国,而未加细分,但这一分野模式奠定了此后五星主列国体系的基本框架,为后世五星分野说之滥觞。

表1-1　五星分野体系一览表

| 五星 | 列国系统 | | 东汉十三州系统 | 河西五郡系统 | | 古九州系统 |
	《五星占》	《天官书》	《星经》	五星占	五星符	《观象玩占》
岁星	〔东方国〕	宋、郑	徐州、青州、兖州	张掖	敦煌	青州、徐州、扬州、兖州
荧惑	南方之（国）	吴、楚	扬州、荆州、交州	酒泉	武威	荆州
填星	中国	〔周、梁〕	豫州	晋昌	酒泉	豫州
太白	西方国	秦	凉州、雍州、益州	武威	张掖	梁州、雍州
辰星	北方国	燕、齐、晋	冀州、幽州、并州	敦煌	晋昌	幽州、冀州

在传世文献中,有关五星分野之列国系统的记载最早见于《史记·天官书》:"秦之疆也,候在太白,占于狼、弧。吴、楚之疆,候在荧惑,占于鸟衡。燕、齐之疆,候在辰星,占于虚、危。宋、郑之疆,候在岁星,占于房、心。晋之疆,亦候在辰星,占于

参罚。"①这段文字记述的是秦、吴、楚、燕、齐、宋、郑、晋等东周列国与太白、荧惑、辰星、岁星之间的对应关系，并附记这些诸侯国各以其他星宿占测的情况。尽管历代学者多将以上记载视为一种五星分野学说②，但需要指出的是，这里其实仅见四星分野，而缺载填星所候之疆。根据张守节《史记正义》的解释，上述分野理论是按照四星所代表的方位来分配各方诸侯国的，如太白为西方之星，故主西秦；荧惑为南方之星，故属吴、楚。这种分野模式显然源自上引帛书《五星占》所见战国末期的五星分野说，只不过这里将原本笼统的五方之国细化为具体的列国而已。因《五星占》已有以填星对应"中国"的记载，故据此推测，承自战国的西汉五星分野理论似乎也应有填星所主之国。

那么，《天官书》所失载的是填星与何国的对应关系呢？李淳风《乙巳占》转载这段文字，将末句径改作"晋之疆，亦候在填星"③，即认为晋国当为填星之分野，而《天官书》误记作辰星，但此说并无任何版本依据，系李淳风之臆测，难以令人信服。其实，我们可以在汉代文献中找到有关填星分野的明确记载。唐代《开元占经》卷三八《填星占》引《甘氏》曰填星"主周、

---

① 《史记》卷二七《天官书》"太史公曰"，第 1346 页。《汉书·天文志》略同。
② 如王应麟《玉海》、章潢《图书编》以及李勇所总结的分野类型说，均以此为五星分野的例证。
③ 《乙巳占》卷三《分野》，叶 12a。

梁",注云:"《海中占》曰:'周、梁,中国也。'"①所谓《甘氏》是指相传由战国人甘德所作的《甘氏星经》,此书始见于《汉书·天文志》及《说文解字》,推测其成书年代可能是在西汉末或东汉初。《海中占》或即《隋书·经籍志》著录《海中星占》及《星图海中占》二者之一,其史源盖为《汉书·艺文志》所记之《海中星占验》②。《甘氏星经》谓填星主周、梁,此处"梁"当指位于成周附近的南梁国,即河南梁县③,周、梁于东周地理格局正属中央之国,其为填星分野,或可补《天官书》之所阙④。因此,复原之后的西汉五星分野说应是太白—秦,荧惑—吴、楚,辰星—燕、齐、晋,岁星—宋、郑,填星—周、梁。

　　西汉以后流传的五星分野说,其列国系统大体沿袭了《史记·天官书》记载的分野模式,惟不同文献所记五星与列国的对应关系有所变动。譬如,东汉末《荆州占》以荧惑主荆楚及吴

①《开元占经》卷三八《填星占·填星名主》引《甘氏》曰,第476—477页。又敦煌文书 P.2512《星占》写卷所记五星分野说亦称"镇星主周、梁"或"土主周、梁"(《二十八宿次位经和三家星经》,《法国国家图书馆藏敦煌西域文献》第15册,上海古籍出版社,2001年,第36、40页),从该写卷所记整体内容来看,当为西晋陈卓的天文星占理论,参见潘鼐:《敦煌卷子中的天文材料》,《中国古代天文文物论集》,文物出版社,1989年,第223—242页。

②参见姚振宗:《隋书经籍志考证》卷三四《海中星占》及《星图海中占》条,《二十五史补编》本,中华书局,1986年,第4册,第5569页。

③罗泌《路史·国名纪》卷戊上《周氏》云:"梁,平王子唐封南梁也。"〔《四部备要》本,(上海)中华书局,1936年,第369页〕按战国时期确有南梁一地,汉代文献屡有记载。

④至于《史记·天官书》为何漏记填星分野,尚不得而知。

越以南①；《晋书·天文志》以岁星主齐、吴，以辰星主燕、赵、代以北及夷狄②；隋萧吉《五行大义》以太白为秦、晋、郑之分野③；唐《谯子五行志》以填星为周、宋、卫、陈、郑之分野④。敦煌文书 P. 2512《星占》残卷则记有"岁星主吴、齐，荧或主楚、越，镇星主周、梁，太白主秦、郑，辰主燕、赵"的分野系统⑤。以上诸说乃是后人在遵循五星主五方之国的原则下，按照各自对列国方位的认识所做的调整，就本质而言，它们与战国及西汉的五星分野说是一脉相承的。

　　还需附带说明的是，除五星本身与地上列国存在固定的对应关系之外，在五星占理论中，还有五星运行至某些特定星区位置分别对应不同邦国的学说。其中，以《史记·天官书》所记"辰星四仲躔宿分野"说最为典型，对此已有学者做过专题研究⑥，兹不赘述。

<hr/>

①《开元占经》卷三〇《荧惑占·荧惑名主》引《荆州占》，第 396 页。据《晋书·天文志》，《荆州占》乃东汉末荆州牧刘表命武陵太守刘叡所作。

②《晋书》卷一二《天文志中》，第 318—320 页。

③〔日〕中村璋八：《五行大义校注》卷四《论七政》，（东京）汲古书院，1998 年，第 139 页。

④濮阳夏：《谯子五行志》卷三"填星"，《续修四库全书》影印明抄本，第 1049 册，第 615 页。

⑤《二十八宿次位经和三家星经》，《法国国家图书馆藏敦煌西域文献》第 15 册，第 36 页。文字校正参见关长龙辑校：《敦煌本数术文献辑校》，中华书局，2019 年，中册，第 510 页。

⑥陈鹏：《"辰星正四时"暨辰星四仲躔宿分野考》，《自然科学史研究》第 32 卷第 1 期，2013 年，第 1—11 页。

2. 东汉十三州系统

五星分野之十三州系统产生于汉魏之际。《续汉书·天文志上》萧梁刘昭注引《星经》曰："岁星主泰山,徐州、青州、兖州。荧惑主霍山,扬州、荆州、交州。镇星主嵩高山,豫州。太白主华阴山,凉州、雍州、益州。辰星主恒山,冀州、幽州、并州。"①这部《星经》或即梁阮孝绪《七录》著录的郭历《星经》②,以上这段文字主要记载的是一种五星对应汉代五岳的星占理论,但也附记有五星配属徐、青等十三州的分野学说。根据汉代州制,东汉设有徐、青、兖、扬、荆、豫、凉、益、冀、幽、并十一州,以及交阯刺史部和司隶校尉辖区共十三大政治区域。兴平元年(194)汉献帝分凉州河西四郡置雍州,建安八年(203)又改交阯刺史部为交州,从而使东汉末年的实际州数增至十三州,这一地理格局一直延续至建安十八年曹操改行《禹贡》九州制之前③。经笔者比对,上引《星经》分野记载所见十三州恰好与汉献帝所行之十三州制完全吻合,说明这种以五星对应十三州的分野说很可能产生于汉魏之际,由此推测这部《星经》或许亦成书于同一时代。

---

① 见《后汉书》志一〇,第 3213 页。
② 《隋书》卷三四《经籍志三》于"《星占》一卷"下注曰梁有"《星经》七卷,郭历撰。亡"(中华书局,2011 年,第 1019 页)。
③ 参见辛德勇:《两汉州制新考》,原载《文史》2007 年第 1 辑,收入氏著《秦汉政区与边界地理研究》,中华书局,2009 年,第 162—178 页。

3. 河西五郡系统

以五星对应河西五郡的分野学说流行于唐代敦煌地区。敦煌文书 P. 3288 晚唐写卷的第一部分题为《立（玄）像西秦五州占第廿二》，专门集录有关河西五郡的各种占测之法，其中卷首五星占和卷末五星符分别记有两种五星主五郡的分野理论。前者的分野体系是岁星—张掖，荧惑星—酒泉，镇星—晋昌，太白星—武威，辰星—敦煌；后者的对应关系为武威—荧惑，张掖—太白，酒泉—镇星，晋昌—辰星，敦煌—岁星①。五星符这部分内容又见于敦煌文书 S. 2729 V《悬象占》和 P. 2632《手诀一卷》②。据《旧唐书·地理志》，唐初于河西置凉、甘、肃、瓜、沙五州，天宝元年(742)改名为武威、张掖、酒泉、晋昌、敦煌五郡，至乾元元年(758)复州名。由此推断，以上两种五星分野说的产生时代上限当不早于天宝年间，下限不晚于 S. 2729 V《悬象占》的抄写年代贞元十六年(800)③。

———————————

① 《法国国家图书馆藏敦煌西域文献》第 23 册，第 66、78 页。
② 沙知主编：《英藏敦煌文献（汉文佛经以外部份）》第 4 册，四川人民出版社，1991 年，第 228 页；《法国国家图书馆藏敦煌西域文献》第 17 册，第 9 页。据尾题可知，S. 2729 V《悬象占》和 P. 2632《手诀一卷》两件文书分别抄写于大蕃国庚辰年（即吐蕃占领敦煌时期的唐德宗贞元十六年，800）和唐咸通十三年(872)。
③ 黄正建根据上述地理沿革，认为 P. 3288 写卷有关河西五郡星占的内容皆编成于唐天宝年间，但这件文书是经过整理的本子，其抄写年代可能晚于 S. 2729 V《悬象占》，见氏著《敦煌占卜文书与唐五代占卜研究（增订版）》，中国社会科学出版社，2014 年，第 36—39 页。按唐代中后期河西地区仍长期沿用敦煌等五郡郡名，故以上五星配五郡的分野学说也有可能产生于天宝以后。

至于五星占与五星符所见星土对应关系的差异问题，或许可以从这两种分野说的性质方面加以理解。五星占是一种星象占测理论，而五星符则是道教的一种符箓解除之术，往往配有道符和咒语（参见图1-1）。因唐代敦煌地区道教的发展明

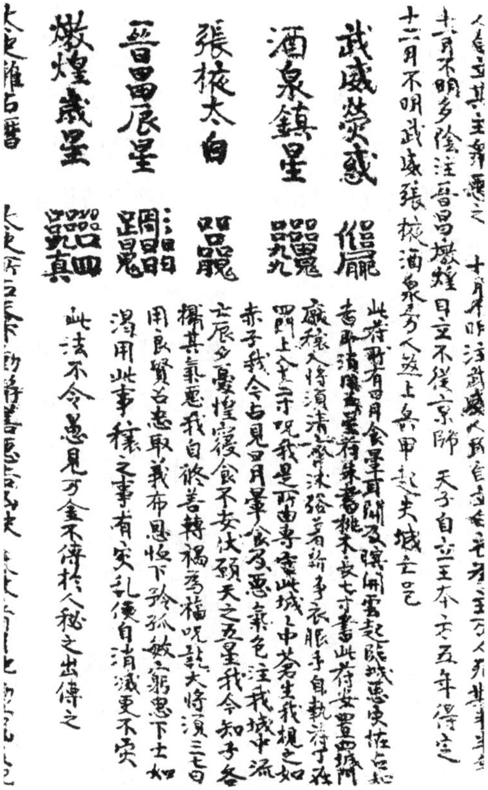

图1-1　五星符

（采自敦煌文书 S. 2729 V《悬象占》，《英藏敦煌文献（汉文佛经以外部份）》第4卷，第228页）

显呈现出与星占理论紧密结合的特点①，故笔者揣测，敦煌文献所见之道教五星符可能是在吸收五星占分野理论的基础之上，重新调整星土对应关系而成，所以才会造成二者分野体系的差异。

此外，还需特别指出的是，与上述列国系统及十三州系统不同，这种以河西五郡为地理系统的分野学说在唐代疆域范围内并无普适性，而是一种专用于河西地区的极具封闭性和地方性的分野说②。从中可以反映出，中唐以后河西民众在闭塞的地理环境和割据政权长期统治双重因素作用下，自然形成的一种狭隘的世界观。

4. 古九州系统

五星分野之古九州系统出现很晚，目前所能见到的最早记载出自明初《观象玩占》③。此书所记五星分野体系将列国系统和古九州系统相杂糅，经剔抉整理，可知五星与古九州的对

---

① 参见刘永明：《S. 2729 背〈悬象占〉与蕃占时期的敦煌道教》，《敦煌学辑刊》1997 年第 1 期，第 103—108 页；余欣：《唐宋之际"五星占"的变迁：以敦煌文献所见辰占辞为例》，《史林》2011 年第 5 期，第 73—75 页。

② 参见王重民：《金山国坠事零拾》，原载《北平图书馆馆刊》第 9 卷第 6 期，1935 年，收入氏著《敦煌遗书论文集》，中华书局，1984 年，第 93—94 页；赵贞：《敦煌遗书中的唐代星占著作：〈西秦五州占〉》，《文献》2004 年第 1 期，第 55—58 页。

③ 关于《观象玩占》的作者，历来有唐李淳风和明刘基两种说法。按此书始见于明初，宋元文献皆无著录，所谓李淳风撰者盖系后人伪托，而有关刘基著《观象玩占》的记载则见于洪武十三年吴从善撰《故参政刘君孟藻（刘基子琏）哀辞》（见刘琏：《自怡集》附录，文渊阁《四库全书》本，第 1233 册，第 349 页），或可信从。不过，高寿仙认为此书出于刘基恐亦为假托，见《刘基与术数》，何向荣主编：《刘基与刘基文化研究》，人民出版社，2008 年，第 481 页。

应关系为:岁星主青、徐、扬、兖四州,荧惑主荆州,镇星主豫州,太白主梁、雍二州,辰星主幽、冀二州①。此处与五星相对应的共有十州,除幽州属《周礼·职方》九州以外,其余均为《禹贡》九州,故这一地理格局可泛称为古九州系统。因唐以后,古九州系统在二十八宿及十二次分野说中得到广泛应用,故五星分野之古九州系统可能是受此影响而产生的。

（四）北斗分野说

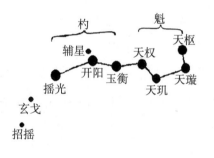

图 1-2　北斗诸星示意图

（据清乾隆二十一年刻本《钦定仪象考成》卷一《恒星总纪》附《赤道北恒星图》绘制）

北斗分野说最早出现于汉武帝时期。一般来说,北斗共有

①《观象玩占》卷六"岁星行色变异占"、"荧惑行色变异占"以及卷七"镇星行色变异占"、"太白行色变异占"、"辰星行色变异占",《续修四库全书》影印明抄本,第1049册,第217、221、225、229、236页。"豫州",《观象玩占》误作"预州"。

天枢、天璇、天玑、天权、玉衡（又名天衡）、开阳、摇光（一作瑶光）七星，其中第一至第四星为斗魁，第五至第七星为斗杓（参见图1-2）①。在古人的天文学观念中，北斗居天之中，临制四方，其运转变动与阴阳四时、天下安危皆休戚相关②，故北斗分野也是一种比较重要的分野学说。历代文献所见北斗分野的理论体系比较复杂，根据分星星数的不同，可以分为以下三类北斗分野说（参见表1-2）。

表1-2 北斗分野体系一览表

北斗诸星	斗纲三星分野	北斗七星分野				北斗九星分野	
	《史记·天官书》	七国系统	《禹贡》九州系统	汉代七州系统	山河两戒系统	东汉九州系统	九国系统
		《石氏星经》	《春秋文耀钩》	《浑天图》	《新唐书·天文志》	《星经》	《图书编》
一天枢	海岱以东北	秦	雍州	徐州	中州四战之国	徐州	秦
二天璇		楚	冀州	益州		益州	楚
三天玑		梁	兖州、青州	冀州		冀州	齐
四天权		吴	徐州、扬州	荆州		荆州	吴

①《太平御览》卷五《天部五》引《春秋运斗枢》云："北斗七星，第一天枢，第二璇，第三玑，第四权，第五衡，第六开阳，第七摇光。第一至第四为魁，第五至第七为杓，合而为斗。"（中华书局，1995年，第26页）
②如《史记·天官书》云："斗为帝车，运于中央，临制四乡。分阴阳，建四时，均五行，移节度，定诸纪，皆系于斗。"（第1291页）又《五行大义校注》卷四《论七政》引《尚书纬》谓北斗于"州国分野、年命，莫不政之"（第141页）。

北斗诸星	斗纲三星分野 《史记·天官书》	北斗七星分野				北斗九星分野	
		七国系统	《禹贡》九州系统	汉代七州系统	山河两戒系统	东汉九州系统	九国系统
		《石氏星经》	《春秋文耀钩》	《浑天图》	《新唐书·天文志》	《星经》	《图书编》
五玉衡	中州、河济之间	赵	荆州	兖州	南方负海之国	兖州	燕
六开阳		燕	梁州	扬州		扬州	赵
七摇光	自华以西南	齐	豫州	豫州		豫州	宋
八玄戈						幽州	代
九招摇						并州	周

1. 斗纲三星分野

斗纲三星分野是目前所见最为原始的北斗分野学说,见于《史记·天官书》:"北斗七星,所谓'旋、玑、玉衡以齐七政'。杓携龙角,衡殷南斗,魁枕参首。用昏建者杓;杓,自华以西南。夜半建者衡;衡,殷中州、河济之间。平旦建者魁;魁,海岱以东北也。"[1]这里提到的杓、魁与以上介绍的基本概念有所不同,根据孟康、徐广及张守节等人的注解,此处杓、衡、魁分别特指北斗第七、第五和第一星,宋人黄度将此三星称之为"斗纲",而所谓"用昏建者杓"、"夜半建者衡"、"平旦建者魁"则说的是初

---

[1]《史记》卷二七《天官书》,第 1291 页。《汉书·天文志》同。

昏、夜半、平旦三个时刻分别以上述三星指示月建的方法①。《史记正义》解释以上分野记载，谓杓主华山西南之地，衡主黄河、济水之间地，魁主海岱之东北地，但却对此处所见之"中州"避而不谈。辛德勇教授指出，"中州"是汉武帝所置十二州之一，其地理范围包括三河、三辅及弘农郡②，故所谓"衡殷中州、河济之间"应是指衡星为中州及河济地区之分野。由此推断，《天官书》记载的这种以斗纲三星对应三大地理区域的分野说可能产生于汉武帝时期。

2. 北斗七星分野

北斗七星分野产生于西汉后期，其理论体系与斗纲分野相比更为成熟完善。不过，这类北斗分野说具有一定的复杂性，北斗七星所对应的地理系统有四种之多，需要仔细考辨。

第一，七国系统。《晋书·天文志》（以下简称《晋志》）引《石氏》曰："（北斗七星）一主秦，二主楚，三主梁，四主吴，五主

---

① 王应麟：《六经天文编》卷上"玑衡"条引黄氏曰："斗有七星，第一星曰魁，第五星曰衡，第七星曰杓，此三星谓之斗纲。假如建寅之月（正月），昏则杓指寅，夜半衡指寅，平旦魁指寅，他月放此。"（《丛书集成初编》本，中华书局，1985年，第34页）当出黄度所著《周礼说》，此书有清人陈金鉴辑本。北京大学中文系博士研究生王雨桐考证认为古人对上引《史记·天官书》的这段记载注解有误，所谓"魁"当指北斗第一至第四星整个斗魁部分，"衡"即指第五星玉衡，"杓"实含括第六和第七星，因其研究尚未发表，不便评骘，特此说明，感谢王雨桐同学告知！
② 参见辛德勇：《两汉州制新考》，《秦汉政区与边界地理研究》，第106—107页。

燕,六主赵,七主齐。"①所谓《石氏》是指相传由战国人石申夫所作《石氏星经》②,此书始见于《汉书·天文志》,亡于唐宋以后,然该书所记周天星宿坐标值仍较为完整地保存于《开元占经》之中,据今人研究,这些数据的观测年代当在公元前 1 世纪③。由此推测该书当成于西汉后期,那么此书所载北斗七星分野理论或许也产生于同一时代。

上引《石氏星经》的这段文字又见于《隋书·天文志》(以下简称《隋志》)。但关于北斗第五、第六两星之分野,《隋志》作"五主赵,六主燕"④,正与《晋志》相反,二者当有一误。其实,《隋志》的这种记载并非孤例,它可以得到其他文献的印证。成书于南宋建炎元年(1127)的李季编《乾象通鉴》卷二〇《北斗星统占》引《石申》曰⑤,以及《开元占经》卷六七《北斗星占》

---

① 《晋书》卷一一《天文志上》,第 291 页。
② 关于《石氏星经》的作者,后世多传为"石申",钱宝琮早已考证"石氏"原名当为"石申夫",参见《甘石星经源流考》,原载《浙江大学季刊》第 1 期,1937年,收入《钱宝琮科学史论文选集》,第 280—281 页。
③ 关于石氏星官的观测年代,科技史学者颇有争议,不过目前学界倾向于认同西汉后期说,参见〔日〕薮内清:《漢代における観測技術と石氏星経の成立》,原载《东方学报》(京都)第 30 册,1959 年,收入氏著《中国の天文暦法》,(东京)平凡社,1969 年,第 50—54 页;孙小淳:《汉代石氏星官研究》,《自然科学史研究》第 13 卷第 2 期,1994 年,第 123—138 页;陈美东:《中国科学技术史·天文学卷》,第 148—152 页。
④ 《隋书》卷一九《天文志上》引《石氏》曰,第 531 页。
⑤ 李季:《乾象通鉴》卷二〇《北斗星统占》引《石申》,《续修四库全书》影印明抄本,第 1051 册,第 401 页。

引《黄帝占》所记北斗七星分野体系①，均与《隋志》相同。《乾象通鉴》乃增损北宋杨惟德所编《景祐乾象新书》而成②，该书征引前代古占书甚多③，此处所引石氏语想必有比较可靠的史料依据。而《黄帝占》成书于萧梁以前④，其所记北斗分野的史源或即《石氏星经》。因此，据笔者判断，见于《隋志》的这一北斗七星分野体系当可信赖，而《晋志》记载有误⑤。

第二，《禹贡》九州系统。这一地理系统见于东汉纬书《春秋文耀钩》：

> 布度定记，分州系象。华岐以北龙门、积石，西至三危之野，雍州，属魁星。太行以东，至碣石、王屋、砥柱，冀州，属璇星。三河、雷泽东至海岱以北，兖、青之州，属玑星。蒙山以东，至羽山，南至江、会稽、震泽，徐、扬之州，属权星。大别以东，至云泽、九江、衡山，荆州，属衡星。荆山西

---

① 《开元占经》卷六七《北斗星占》引《黄帝占》，第 660 页。
② 孙星衍：《平津馆文稿》卷下《〈乾象通鉴〉跋》，《丛书集成初编》本，中华书局，1985 年，第 51—52 页。
③ 莫友芝盛赞此书"多引古占书，盖《开元占经》之亚也"，见《宋元旧本书经眼录》卷三《乾象通鉴》条，张剑点校，中华书局，2008 年，第 99—100 页。
④ 《黄帝占》或即《隋书·经籍志》著录之《黄帝五星占》，此书始见于《续汉书·天文志》刘昭注，故知其当成于萧梁以前。
⑤ 另外，《太平御览》卷六《天部六》引李淳风《大象列星图》云："（北斗七星）一主秦，二主楚，三主梁，四主吴，五主隋，六主燕，七主齐。"（第 29 页）这一分野体系显然源自《石氏星经》，其中"五主隋"，"隋"疑为"赵"字之误。

南至岷山,北距鸟鼠,梁州,属阳星。外方、熊耳以东,至泗水、陪尾,豫州,属摇(一作杓)星。此九州属北斗,星有七州有九,但兖青、徐扬并属二州,故七星主九州也。①

这段记载不仅指出了北斗七星与《禹贡》九州之间的对应关系,而且还详细说明其具体的地理范围。其中,除第三星天玑和第四星天权分别对应二州之外,其余五星均各与一州相配属。因《春秋文耀钩》多有东汉前期人宋均注文,故推测此书可能成于东汉初,那么以上所记北斗七星主九州之说或亦同时产生。

第三,汉代七州系统。《开元占经》卷六七《北斗星占》引孙吴陆绩《浑图》曰:"魁星第一星主徐州,第二星主益州,第三星主冀州,第四星主荆州,第五星主兖州,第六星主扬州,第七星主豫州。"②据《三国志·吴书·陆绩传》,陆绩"博学多识,星历算数无不该览",作《浑天图》③,即此处所引之《浑图》。由此推测,以上所见北斗七星主汉代七州的分野说盖为陆绩所创。

第四,山河两戒系统。唐一行对自汉代以来传统分野体系

①《周礼注疏》卷二六《春官·保章氏》贾公彦疏引《春秋文耀钩》,第819页,据《开元占经》卷六七《北斗星占》引文(第660—661页)校正。有关以上北斗七星分野体系的记载又见于《广雅·释天》、《五行大义》卷四《论七政》引纬书《春秋合诚图》及《开元占经》卷六七《北斗星占》引皇甫谧《年历》。
②《开元占经》卷六七《北斗星占》引《浑图》,第661页。
③《三国志》卷五七《吴书·陆绩传》,第1328页。

进行了理论革新,提出山河两戒、云汉升降的分野学说(详见本书第三章第二节)。尽管一行之说主要针对的是二十八宿及十二次分野,但也包含有一小部分北斗分野的内容:"杓以治外,故鹑尾为南方负海之国。魁以治内,故陬訾为中州四战之国。"①意谓斗杓三星对应鹑尾之次,其分野为南方负海之国;斗魁四星对应陬訾之次,其分野为中州四战之国。所谓"负海之国"和"四战之国"则是根据以山河两戒为基础的自然地理界限而划定的②,故可称之为山河两戒系统。

3. 北斗九星分野

在古代天文学体系中,除了我们所熟知的北斗七星之外,还流传着一种北斗九星说。此说始于汉代,刘向的楚辞名作《九叹》有"讯九鬿与六神"句,东汉王逸注曰:"九鬿,谓北斗九星也。"③又如东汉纬书《春秋纬》云:"彗星出北斗九星中,九卿反。"④汉人所说的北斗九星是指,北斗七星以及位于杓尾附近的另外两颗隐星玄戈、招摇(参见图1-2)⑤。北斗九星分野可能最早产生于东汉,曾出现过两种地理系统。

---

①《新唐书》卷三一《天文志一》,中华书局,1975年,第819页。
②详见《新唐书》卷三一《天文志一》,第817页。
③洪兴祖:《楚辞补注》卷一六刘向《九叹章句·远逝》,白化文等点校,中华书局,1983年,第292页。
④《开元占经》卷九〇《彗星占·彗孛犯北斗》引《春秋纬》,第846页。
⑤张衡《西京赋》有"建玄戈,树招摇"句,孙吴薛综注谓"玄弋(戈),北斗第八星名","招摇,第九星名"(萧统编,李善注:《文选》卷二,上海古籍出版社,1986年,第67页)。

其一,东汉九州系统。《续汉书·天文志上》刘昭注引《星经》曰:

玉衡者,谓斗九星也。玉衡第一星主徐州,常以五子日候之,甲子为东海,丙子为琅邪,戊子为彭城,庚子为下邳,壬子为广陵,凡五郡。第二星主益州,常以五亥日候之,乙亥为汉中,丁亥为永昌,己亥为巴郡、蜀郡、牂牁,辛亥为广汉,癸亥为犍为,凡七郡。第三星主冀州,常以五戌日候之,甲戌为魏郡、勃海,丙戌为安平,戊戌为钜鹿、河间,庚戌为清河、赵国,壬戌为恒山(即常山),凡八郡。第四星主荆州,常以五卯日候之,乙卯为南阳,己卯为零陵,辛卯为桂阳,癸卯为长沙,丁卯为武陵,凡五郡。第五星主兖州,常以五辰日候之,甲辰为东郡、陈留,丙辰为济北,戊辰为山阳、泰山,庚辰为济阴,壬辰为东平、任城,凡八郡。第六星主扬州,常以五巳日候之,乙巳为豫章,辛巳为丹阳,己巳为庐江,丁巳为吴郡、会稽,癸巳为九江,凡六郡。第七星为豫州,常以五午日候之,甲午为颍川,壬午为梁国,丙午为汝南,戊午为沛国,庚午为鲁国,凡五郡。第八星主幽州,常以五寅日候之,甲寅为玄菟,丙寅为辽东、辽西、渔阳,庚寅为上谷、代郡,壬寅为广阳,戊寅为涿郡,凡八郡。第九星主并州,常以五申日候之,甲申为五原、雁门,丙申为朔方、云中,戊申为西河,庚申为太原、定襄,壬申为上党，凡八郡。……凡有六十郡，九州所领，自有分而名焉。①

此处所记分野体系比较庞杂，其核心是北斗九星与徐、益、冀、荆、兖、扬、豫、幽、并等汉代九州之间的对应，但同时又掺入了一套干支占测理论，即各州分别与五个地支相同之日相配属，且这五日又与各州下属郡国形成固定的对应关系，从而构建出一套内容繁复的分野学说。如北斗第一星主徐州，配以五子日，此五日又分别与徐州所属东海、琅邪、彭城、下邳、广陵五个郡国相对应。从以上所见六十郡国的建置年代来判断，这一分野体系反映的是东汉时期的政治地理格局。譬如，徐州下之下邳、彭城二国，分别设于明帝永平十五年（72）和章帝章和二年（88）②；益州下之永昌郡，置于永平十二年③；冀州下之安平国，建于安帝延光元年（122）④，而渤海本属幽州，和帝永元六年（94）改属冀州⑤；兖州下之任城、济北二国，分别设于章帝元和元年（84）和永元二年⑥；扬州下之吴郡，乃顺帝永建四年（129）

---

① 见《后汉书》志一〇，第3213—3214页。
② 《后汉书》卷二《显宗孝明帝纪》及卷四《孝和帝纪》，第119、165页。
③ 《后汉书》卷二《显宗孝明帝纪》，第114页。
④ 《后汉书》卷五《孝安帝纪》，第235页。
⑤ 《后汉书》卷四《孝和帝纪》，第180页。
⑥ 《续汉书·郡国志三》，见《后汉书》志二一，第3452、3454页。

从会稽郡分置①；又代郡本属并州，建武二十七年（51）改属幽州②。从这些东汉郡国来看，有晚至顺帝朝方设立者，说明这应是东汉中期的政区地理制度。因此，以上这套北斗九星分野体系很可能产生于东汉中后期，后为汉魏之际成书的《星经》抄录其中。

其二，九国系统。这一地理系统出现很晚，见于明代类书《图书编》："天枢主秦，天璇主楚，天玑主齐，天权主吴，天衡主燕，阎（开）阳主赵，瑶光主宋，玄戈主代，招摇主周。"③这段记载的史源不详，此分野体系应是在上述《晋书·天文志》引《石氏星经》所记北斗七星分野之七国系统的基础上改造而来的，即将原来天玑所主之梁改为齐，摇光所主之齐改为宋，并增加玄戈主代、招摇主周二星分野。此处北斗第五星天衡主燕、第六星开阳主赵，仍袭《晋志》之误。

（五）天街二星分野说

天街二星分野说产生于西汉前期。天街在昴、毕二宿间，居月星东，有南北二星，黄道恰好从两星之间穿过（参见图1-3）④。

---

① 《后汉书》卷六《孝顺帝纪》，第 257 页。
② 《续汉书·郡国志五》刘昭注引《古今注》，见《后汉书》志二三，第 3527 页。
③ 《图书编》卷一七《北斗北辰十二辰总论》，叶 76b。
④ 如《晋书》卷一一《天文志上》云："昴、毕间为天街，……黄道之所经也。"
　（第 302 页）

正是由于天街二星的这一特殊位置,以致其被汉代的星占家赋予了分主夷夏的分野涵义。

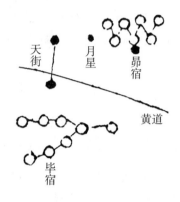

图 1-3　天街二星图

（采自苏颂:《新仪象法要》卷中《浑象西南方中外官星图》,《守山阁丛书》本,叶 8b）

有关天街二星分野的记载首见于《史记·天官书》。《天官书》记述周天星官体系,云:"昴、毕间为天街。其阴,阴国;阳,阳国。"①此处所记天街分野语焉不详,颇为费解,不过幸运的是,司马迁留下了有关天街二星分野涵义的详细解释:"及秦并吞三晋、燕、代,自河、山以南者中国。中国于四海内则在东南,为阳;阳则日、岁星、荧惑、填星;占于街南,毕主之。其西北则胡、貉、月氏诸衣旃裘引弓之民,为阴;阴则月、太白、辰星;占

---

①《史记》卷二七《天官书》,第 1306 页。

于街北,昴主之。"①参照《史记正义》的注解可知,司马迁意谓天街南星主毕为阳,其分野为东南华夏之国;天街北星主昴为阴,其分野为西北夷狄之国②。

关于这种分野学说,后来其他文献也多有记载。如《乾象通鉴》引《甘德占》曰:"(天街二星)街南,华夏国;皆(街)北,夷狄国。"③《汉书·天文志》记有许多史传事验之类的星占故事,其中一则说:"(汉高祖)七年,月晕,围参、毕七重。占曰:'毕、昴间,天街也。街北,胡也;街南,中国也。昴为匈奴,参为赵,毕为边兵。'"④这是后人对天街二星分野说的一种具体应用。而佚名《古今星释》则对天街二星分主中国、夷狄的具体征兆做了说明:"天街乃日月五星经行之道也,主天下关梁、中外之疆界也。街之南北以分中国、夷狄之境。二星明润光泽,天下和平。南星亡,则中国有兵丧,北星亡则夷狄有兵丧。二星俱亡,中国、夷狄互相攻伐。"⑤

以天街南北二星分别对应中国和夷狄,"分中外之境"⑥,这种分野思想的产生有着特定的时代背景。司马迁称"及秦并

---

① 《史记》卷二七《天官书》"太史公曰",第 1347 页。
② 《史记正义》谓"天街二星,主毕、昴,主国界也。街南为华夏之国,街北为夷狄之国,则毕星主阳","则昴星主之阴也"(《史记·天官书》,第 1347 页)。
③ 《乾象通鉴》卷九〇《天街星统占》引《甘德占》,第 197 页。当源出《甘氏星经》。
④ 《汉书》卷二六《天文志》,第 1302 页。
⑤ 《乾象通鉴》卷九〇《天街星统占》引《古今星释》,第 197 页。
⑥ 《魏书》卷九一《张渊传》所载《观象赋》,第 1947 页。

吞三晋、燕、代，自河、山以南者中国"，然后才有天街分野之说，说明这一分野学说出现于秦统一六国之后，显然与秦汉时期中国与夷狄之间冲突加剧、人们的华夷观念不断强化的社会背景存在明确的因果关系。因此，据笔者推断，《天官书》记载的这种天街二星分野说很可能产生于汉初至武帝朝汉匈冲突最为激烈的历史时期，它鲜明地反映了汉人的夷夏观念。

（六）南北河戍星分野说

南北河戍分野说的产生时代很可能也在西汉前期。南北河戍是指位于井宿南北两侧的南河、北河两个星座。南河三星，又称南河戍，或南戍；北河三星，亦名北河戍，或北戍①。与天街二星的情况相似，黄道恰好也从两河戍星之间穿过（参见图1-4），故南北河戍亦被汉人赋予了夷夏之防的分野涵义。

关于南北河戍星分野，文献记载有两种不同的说法。一说见于《石氏星经》："南戍主夷狄，北戍主中国，两戍之间天关门。"②另一说出自《汉书·天文志》："元封中，星孛于河戍。占曰：'南戍为越门，北戍为胡门。'"③这两种说法的区别在于，前

---

① "河戍"，如《史记》等文献多误作"河戒"。关于"河戍"、"河戒"二者之正误，王念孙已有十分精审的考订，参见《读书杂志·史记》卷二"河戒"条，清同治九年金陵书局重刊本，叶24a—26a。
② 《开元占经》卷六六《南北河戍占》引《石氏》曰，第650页。
③ 《汉书》卷二六《天文志》，第1306页。

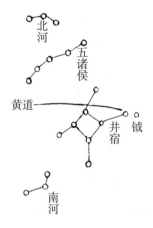

图 1-4　南北河戍星图

（采自《新仪象法要》卷中《浑象西南方中外官星图》,叶 9a）

者以南北河戍分主华夷,而后者则将两星皆对应于夷狄,以北
河主北方之胡,以南河主南方之越。后来,第二种南北河戍分
野说在各种具体的星占理论中得到了较为广泛的应用。例如,
《黄帝占》曰"太白乘北河戍,若出北河北,皆为胡王死",《海中
占》称"彗星出南河,蛮越兵起"①,《史记正义》谓南北河戍动则
"胡、越为变"②,这些星象占测之辞显然都是源自于上述南北
河戍分主胡、越的分野学说。

　　无论是以上哪一种说法,南北河戍分野说都明确体现出汉
人强烈的华夷观念。自汉初以来,北方匈奴和南方百越是汉王

①《开元占经》卷五一《太白占・太白犯南北河》引《黄帝占》曰,第 554 页;卷
　九○《彗星占・彗孛犯南北河戒》引《海中占》曰,第 842 页。
②见《史记》卷二七《天官书》,第 1302 页。

朝的两大边患,而"南戍为越门,北戍为胡门"的分野说反映的
正是这样一种地缘政治格局。直至汉武帝北伐匈奴、南平百
越,才最终解除了胡、越对汉朝的威胁。因此,上述南北河戍分
野说亦可能产生于汉初至武帝时期。

（七）南斗六星分野说

南斗六星分野说首见于西汉后期。南斗,即二十八宿之斗
宿,共有六星(参见图1-5)。《石氏星经》记载:"南斗,魁第一星
主吴,第二星主会稽,第三星主丹阳,第四星主豫章,第五星主庐
江,第六星主九江。"①据《汉书·地理志》,吴地为斗宿之分野,
其地理区域包括会稽、九江、丹阳、豫章、庐江等郡②。由此可
见,上述南斗分野体系其实就是将斗宿内六星分别对应于吴地及
其属郡,从这个意义上来说,这种南斗分野说可谓是二十八宿分
野进一步细化的产物。由于丹阳(一作"杨"或"扬")系武帝元封
二年(前109)更改故鄣郡郡名而来③,故这一南斗六星分野说的
产生时代当在元封以后。至南北朝时期,仍运用于星占。如《宋
书·天文志》谓"案江左来,南斗有灾,则吴越会稽、丹阳、豫章、
庐江各随其星应之"④,显然采用的就是南斗六星分野说。

---

① 《开元占经》卷六一《南斗占》引《石氏》曰,第606页。
② 《汉书》卷二八下《地理志下》,第1666页。
③ 《汉书》卷二八上《地理志上》,第1592页。
④ 《宋书》卷二五《天文志三》,中华书局,1974年,第730页。

图 1-5　南斗六星图

（采自北宋重修《灵台秘苑》卷一《步天歌星图》，第 4 页）

（八）天市垣墙二十二星分野说

天市垣墙二十二星分野说亦始于西汉后期。中国古代周天星官体系由三垣二十八宿共三十一片星区构成，天市垣即"三垣"之一，垣内有东、西两组星宿环布四周，拱卫众星，形如藩墙，此即天市垣墙二十二星（参见图 1-6）。

与上述诸种分野学说有所不同，天市垣墙二十二星分野并没有什么复杂的理论，而是直接以国名或地名来命名这二十二星。有关这方面的记载最早见于《石氏星经》："天市垣二十二星，主四方边国。门左星宋也，次星卫，次星燕，次星东海，次星徐，次星太山，次星齐，次星河中，次星九河，次星赵，次星魏，次星中山，次星河间。市门右一星韩，次星楚，次星梁，次星巴，次星蜀，次星秦，次星周，次星郑，次星晋也。"①此处将天市垣墙分为左垣十三星和右垣九星，整个二十二星分野体系下的地理

①《开元占经》卷六五《天市垣占》引《石氏》曰，第 639 页。

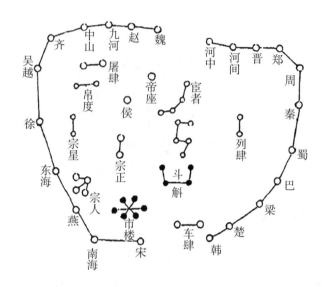

图 1-6　天市垣墙二十二星图

（采自《灵台秘苑》卷一《步天歌星图》，第 11 页）

系统十分芜杂，既有宋、卫、燕、徐、齐、赵、魏、中山、韩、楚、梁、巴、蜀、秦、周、郑、晋等东周列国，又有太山、东海、河间等汉代郡国，此外，还有泛称为河中的区域名以及《禹贡》之九河，可见其内部系统之凌乱。

　　上引《石氏星经》所记天市垣墙二十二星，反映的可能是西汉后期石氏星官体系初成之时的情况，实际上，此二十二星系统后来又有所调整。《乾象通鉴》卷二四《天市东垣所主》及《天市西垣所主》引《传》曰：

东垣十一星，从门左第一星主宋，第二星主南海，第三星主燕，第四星主东海，第五星主徐，第六星主吴越，第七星主齐，第八星主中山，第九星主九河，第十星主赵，第十一星主魏。

西垣十一星，从门右第一星主韩，第二星主楚，第三星主梁，第四星主巴，第五星主蜀，第六星主秦，第七星主周，第八星主郑，第九星主晋，第十星主河间，第十一星主河中。①

此处所称之"传"当指自《汉书·天文志》以来常常见于文献征引的《星传》。关于该书作者及时代，目前已难以考证，不过笔者注意到，《周礼》贾公彦疏曾同时提到过武陵太守《星传》和《石氏星传》两部文献②。所谓"武陵太守"或指东汉末武陵太守刘叡，因荆州牧刘表曾命刘叡作《荆州占》③，想必此人精于天文星占之术，所以这部《星传》占书很可能出自刘叡之手。而《石氏星传》从书名来看，应该与《石氏星经》存在某种渊源关系，故后人托以石氏之名。由于《乾象通鉴》引《星传》所记天市垣墙二十二星与《石氏星经》并不相同，故据笔者推断，此《星传》或不属于《石氏星经》文献系统，而有可能是指武陵太

①《乾象通鉴》卷二四《天市东垣所主》《天市西垣所主》，第460页。
②《周礼注疏》卷二〇《春官·天府》贾公彦疏，第776页。又司马贞《史记索隐》也曾明确提及《石氏星传》一书，见《史记》卷一一《孝景本纪》，第448—449页。
③《晋书》卷一二《天文志中》，第322页。

守《星传》一书。由上可知,《星传》记载的天市垣墙二十二星,
已经改变了《石氏星经》左垣十三星、右垣九星的分组形式,将
原东垣第十二和第十三星改为西垣第十一和第十星,这样东西
两垣星数相等,皆为十一星,从而使整个体系显得更为整齐均
衡。此外,以上诸星星名也有所变化。东垣第二星改卫为南
海,第六星改太山为吴越,第八星改河中为中山,西垣第十一星
改中山为河中(参见表1-3),但二十二星分野地理系统混乱的
状况一仍其旧。此后,历代文献记载天市垣墙二十二星,其体
系多与《星传》相同①。

表1-3　天市垣墙二十二星分野体系一览表

序次	东垣诸星		西垣诸星	
	《石氏星经》	《星传》	《石氏星经》	《星传》
第一星	宋	宋	韩	韩
第二星	卫	南海	楚	楚
第三星	燕	燕	梁	梁
第四星	东海	东海	巴	巴
第五星	徐	徐	蜀	蜀
第六星	太山	吴越	秦	秦
第七星	齐	齐	周	周

---

① 如《灵台秘苑》卷二《星总》,第16页;《文献通考》卷二七八《象纬考一》引
《宋两朝天文志》,中华书局,1986年,第2210页。

序次	东垣诸星		西垣诸星	
	《石氏星经》	《星传》	《石氏星经》	《星传》
第八星	河中	中山	郑	郑
第九星	九河	九河	晋	晋
第十星	赵	赵		河间
第十一星	魏	魏		河中
第十二星	中山			
第十三星	河间			

（九）五车五星分野说

五车五星分野说大概也产生于西汉后期。五车位于昴、毕二宿以北,共有天库、天狱、天仓、司空及卿星五星(参见图 1-7)。

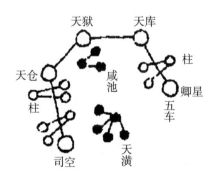

图 1-7　五车五星图

（采自《灵台秘苑》卷一《步天歌星图》,第 7 页）

有关五车五星分野的记载，最早见于《石氏星经》："（五车）凡五星，在毕、昴北，大陵东。其西北端一大星，曰天库。天库，将军也，秦也，太白也，其神名曰令尉。次东北星，名曰（天）狱，燕、赵也，辰星也，其神名曰风伯。次东星，名曰天仓。天仓，卫、鲁也，岁星也，其神名曰雨师。次东南星，名曰司空，楚也，镇星也，其神名曰雷公。次西南星，名曰卿。卿星，韩、魏也，荧惑也，其神名曰丰隆。"①此处将五车五星分别对应于秦、燕、赵、卫、鲁、楚、韩、魏八国，其中，天狱、天仓及卿星各主二国，天库、司空各主一国。另外，这里还将五车五星与太白、辰星、岁星、镇星、荧惑五星相配属。

西汉以后，以上这种五车五星分野体系又见于多种文献记载，但稍有不同的是，第五星卿星所主之国，后世文献均仅作"魏"，却无"韩"，从而改八国地理系统为七国系统②。此外，《宋史·天文志》记载上述五车分野学说，于列国之后又附记所属州名，如天库，"秦分及雍州"；天狱，"燕、赵分及幽、冀"；天仓，"鲁分徐州，卫分并州"；司空，"楚分荆州"；卿星，"魏分益

---

①《开元占经》卷六六《五车星占》引《石氏》曰，第 648 页。以上文字据明抄本、文津阁本及清末恒德堂刻本校正。
②如李凤：《天文要录》卷四一《石内宫占》"五车"条引《巫咸》曰（《稀见唐代天文史料三种》影印日本昭和七年抄本，中册，第 258 页）、《晋书》卷一一《天文志上》（第 297 页）、《史记正义》（《史记》卷二七《天官书》，第 1304—1305 页）等文献均有记载。

州"①。按照十二州与十三国系统合流之后的二十八宿分野说，秦、燕、赵、鲁、卫、楚、魏七国分星恰好又分别与雍、幽、冀、徐、并、荆、益七州相对应，说明《宋志》所见州名应是后人根据传统二十八宿分野增补于此的注释性内容，它实际反映的仍是七国地理系统。

还需在此附带一提的是，唐代某些佛教文献所记疑似五星分野的理论，其实源出五车五星分野说。题名一行禅师修述《梵天火罗九曜》记五星之分野为：

二中宫土宿星……属楚国之分。

三嘀北辰星……属燕、赵之分野。

四西方大白星……属秦国之分野。

六南方荧惑星……属魏国之分。

九东方岁星……属鲁、卫之分。②

---

①《宋史》卷五一《天文志四》，第 1044 页。

②《大正新修大藏经》第 21 卷密教部四,(台北)财团法人佛陀教育基金会，1990 年，第 459—461 页。关于《梵天火罗九曜》之真伪，学界尚存争议，参见吕建福：《一行著述叙略》，《文献》1991 年第 2 期，第 107 页；钮卫星：《〈梵天火罗九曜〉考释及其撰写年代和作者问题探讨》，《自然科技史研究》2005 年第 4 期，第 319—328 页。不过，此卷卷首题记有"大唐武德元年起戊寅，至咸通十五年甲午"一语，至少可以说明它应是一部晚唐密教文献。

相同记载亦见于敦煌文书 P.3779《推九曜行年容厄法》①及传世密宗画卷《火罗图》②，惟二者所记五星分野并不完整。这一分野体系与上文讨论的各种五星分野说均不相符，却与五车诸星对应五星及七国的分野理论完全吻合（参见表1-4），这说明唐代密教文献所见之五星分野应当是从汉代以来的五车五星分野学说中截取出来的，它实际反映的是五车五星分野体系，故笔者未将其归入五星分野说。

表1-4　五车五星分野体系对照表

五车五星	五星	八国	七国	七州
天库	太白	秦	秦	雍州
天狱	辰星	燕、赵	燕、赵	幽州、冀州
天仓	岁星	卫、鲁	鲁、卫	徐州、并州
司空	镇星	楚	楚	荆州
卿星	荧惑	韩、魏	魏	益州

———————

①《推九曜行年容厄法》谓"中宫土星，属楚国之分"，《法国国家图书馆藏敦煌西域文献》第28册，第33页。赵贞认为此篇内容可能是根据《梵天火罗九曜》简化改编而来，见《"九曜行年"略说——以 P.3779 为中心》，《敦煌学辑刊》2005年第3期，第27页。

②参见《火罗图》五星神图像旁的说明文字，图中漏记土星之分野，《大正新修大藏经》图像部第7卷，第694页。该图摹绘于日本平安时代，但其所据底图成于晚唐。

（十）五诸侯五星分野说

五诸侯五星分野说同样出现于西汉后期。五诸侯五星在井宿东北,靠近北河三星(参见图1-8)。历代文献仅有一条与

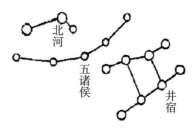

图1-8 五诸侯五星图

（采自《灵台秘苑》卷一《步天歌星图》,第7页）

五诸侯五星分野相关的记载。《石氏星经》曰:"五诸侯五星,在北戌之南,东西列。东端第一星齐也,西端一星秦也,其余星皆为诸国。"①此处所谓东齐、西秦、中夹列国的地理形势,反映的正是战国时代的政治地理格局。由于这种五诸侯五星分野学说在汉代以后除《开元占经》征引之外,几乎没有任何记载,故前人从未提及这样一种分野理论。

（十一）夷狄诸星分野说

夷狄诸星分野并不是一种单一的分野学说。在历代天文

---

① 《开元占经》卷六六《五诸侯占》引《石氏》曰,第650页。

数术类文献中，有不少将某星对应于夷狄之地的分野记载，这些说法多达十余种，它们是从西汉至魏晋间陆续出现的，其理论十分零散，并无统一的体系。笔者姑且将这些分野之说归为一类，统称为夷狄诸星分野说，并对其略作考述。

1，昴宿七星分野。昴宿除在二十八宿分野学说中为赵及冀州之分野外，还有单独的分野涵义。《史记·天官书》谓"昴曰髦头，胡星也"，《史记正义》解释说："昴七星为髦头，胡星。……摇动若跳跃者，胡兵大起。"①即以昴宿对应北方之胡，这可能与戎狄"髦头"的披发之俗有关②，此说当产生于西汉前期。

2，败臼四星分野。《乾象通鉴》引《石申占》曰："败臼四星，赤，在天田南，主北夷、匈奴之类。"③此说盖源自《石氏星经》，可能产生于西汉前期。关于败臼四星主匈奴的具体征兆，西晋陈卓有详细说明："星暗，则北夷顺命。星明大，则匈奴犯塞。星端列，则中外不通好，边有急兵。星疏坼，夷狄有不庭之方。星就聚，其国疆盛大，寇中土。星俱亡，主匈奴失国。"④

3，牵牛南三星分野。牵牛即二十八宿之牛宿，共有六星。

①《史记》卷二七《天官书》，第 1305—1306 页。
②参见胡鸿：《能夏则大与渐慕华风——政治体视角下的华夏与华夏化》，北京师范大学出版社，2017 年，第 91—94 页。
③《乾象通鉴》卷八八《败臼星统占》引《石申占》，第 150 页。
④《乾象通鉴》卷八八《败臼星统占》引《陈卓叙占》，第 150 页。

《甘氏星经》曰:"牵牛上二星主道路,次南星主关梁,次南三星主南越。"①按南越亡于汉武帝元鼎六年(前111),则此牵牛南三星主南越之说当出现于元鼎以前。

4,天庙十四星分野。天庙十四星在张宿之南,《乾象通鉴》引《甘德占》曰:"天庙一十四星,主东越三夷。"②此说可能源出《甘氏星经》。据《史记·东越列传》,东越即东瓯,亡于汉武帝元封元年(前110),则此天庙主东越三夷之说似当产生于元封以前。

5,东瓯五星分野。东瓯五星在翼宿之南,《乾象通鉴》引《甘德占》谓其主"主东方三夷"③。既然东瓯星直接以瓯越之族为名,则此东瓯分野说的产生年代亦当在元封以前,所谓"东方三夷"应指东瓯之越族,如祖暅《天文录》即云:"东瓯,东越也,今永嘉郡永宁县是也。"④不过,后来又出现了东瓯五星主蛮夷的说法,如《晋书·天文志》谓"翼南五星曰东区(瓯),蛮

①《开元占经》卷六一《牵牛占》引《甘氏》曰,第607页。
②《乾象通鉴》卷九四《天庙星统占》引《甘德占》,第249页。
③《乾象通鉴》卷九四《东瓯星统占》引《甘德占》,第250页。
④《宋史》卷五一《天文志四》引《天文录》,第1064页。不过,《开元占经》卷七〇《东瓯星占》引《甘氏(星经簿)赞》曰:"君居穿骨、越裳、东瓯。"(第694页。"君居"原作"康居",据明抄本、文津阁本及清末恒德堂刻本校正)似以东瓯对应于穿骨、越裳、东瓯三夷,然"穿骨"于史无征,疑有讹误,而"越裳"相传位于交阯以南,非东方之夷,故这种解释与东瓯星主东方三夷之说的本义不符。

夷星也"①。

6，青丘七星分野。青丘七星在轸宿之东，《乾象通鉴》引《甘德占》谓其"主东方三夷，占同东瓯"②。由此推测，青丘分野说最初的产生年代及分野区域或同于上述东瓯分野说。不仅如此，后来青丘星也同样衍生出主蛮夷的分野涵义，《晋书·天文志》即云："青丘七星，在轸东南，蛮夷之国号也。"③

7，玄戈、招摇分野。玄戈、招摇二星除在北斗九星分野说中具有特定的分野涵义外，另有一套与之相关的分野学说。《开元占经》引《石氏赞》曰："招摇、玄戈，主胡兵。"④此《石氏赞》当指《旧唐书·经籍志》著录的《石氏星经簿赞》，陈振孙称此书并非纯粹采自《石氏星经》，乃是后人刺取石氏、甘氏及巫咸氏三家星占之说而成⑤，实即现存于日本的《三家簿

---

① 《晋书》卷一一《天文志上》，第 307 页。《乾象通鉴》卷九四《东瓯星统占》引《古今星释》略同。

② 《乾象通鉴》卷九四《青丘星统占》引《甘德占》，第 260 页。

③ 《晋书》卷一一《天文志上》，第 307 页。《开元占经》卷七〇《青丘星占》引《甘氏（星经簿）赞》曰"南夷蛮貊，大赫青丘"（第 689 页），其意当与《晋志》同。后一行以东瓯、青丘二星对应安南诸州（《旧唐书》卷三六《天文志下》，中华书局，1975 年，第 1315 页。按如无特殊说明，本书《旧唐书》引文均采用此本）。

④ 《开元占经》卷六五《招摇占》引《石氏赞》，第 635 页。

⑤ 陈振孙：《直斋书录解题》卷一二《星簿赞历》解题云："《唐志》称《石氏星经簿赞》。《馆阁书目》以其有徐、颖、婺、台等州名，疑后人附益。今此书明言依甘、石、巫咸氏，则非专石申书也。"（徐小蛮、顾美华点校，上海古籍出版社，2006 年，第 363 页）《星簿赞历》，《宋史·艺文志》著录作《石氏星簿赞历》。

赞》之类①。据笔者判断,以上所谓招摇、玄戈主胡之说可能源出《甘氏星经》,《开元占经》引《甘氏》曰"玄戈主胡兵",及《乾象通鉴》引《甘氏占》曰"招摇一星在梗河之北,主胡兵"②,可以为证。此外,其他文献也有类似记载。如《黄帝占》曰"玄戈主北夷"③,《天文别录》谓招摇一星主胡兵,"一曰招摇,匈奴之分也"④。《古今星释》则云:"招摇一星为天子矛楯,主夷狄之兵,星明则胡兵强,暗则胡兵衰,星亡则天下交兵。"⑤这种玄戈、招摇分野说的产生年代不大明确,不过因《史记·天官书》有将"星茀招摇"对应于太初元年(前104)"兵征大宛"一事的记载⑥,故推测此说可能起源于西汉武帝时期。

8,狗国四星分野。狗国四星在斗宿东南,《乾象通鉴》引《甘德占》谓其"主乌桓、猃狁"⑦。此说或亦出自《甘氏星经》,猃狁早已见于先秦,即指犬戎,而乌桓源出东胡,至汉武帝击破

①关于《三家簿赞》一书的基本情况,参见〔日〕山下克明:《若杉家文书"三家簿讚"の研究》,(东京)大东文化大学东洋研究所编,2004年;潘鼐:《中国恒星观测史(增订版)》,学林出版社,2009年,第154—176页。
②《开元占经》卷六五《玄戈占》引《甘氏》曰,第635页;《乾象通鉴》卷八三《招摇星统占》引《甘氏占》,第68页。
③《开元占经》卷六五《玄戈占》引《黄帝占》,第635页。
④《乾象通鉴》卷八三《招摇星统占》引《天文别录》,第68页。科技史学者一般认为《天文别录》所记诸星入宿度乃是宋景祐年间杨惟德经实测而得的数值,则此书似成于北宋中后期。
⑤《乾象通鉴》卷八三《招摇星统占》引《古今星释》,第69页。
⑥《史记》卷二七《天官书》,第1349页。
⑦《乾象通鉴》卷八六《狗国统占》引《甘德占》,第120页。

匈奴之后始臣属于汉，并迁于辽东塞外与汉接境，故推测以上有关狗国分野的说法可能最早出现于西汉后期。此后，这种狗国分野说又有所变化。《开元占经》引《甘氏赞》曰："狗国，鲜卑、乌丸、沃沮。"①所谓《甘氏赞》是指《甘氏星经簿赞》，此书不见著录，推测与上述《石氏星经簿赞》类似，也是采摭诸家之说而成的天文占书。因鲜卑、沃沮至东汉始为边患，故《甘氏赞》所记狗国分野说当产生于东汉时代。至唐宋时期，狗国星所主之地又有所扩大。如《宋史·天文志》云："狗国四星，……主三韩、鲜卑、乌桓、獫狁、沃且之属。"②不仅将獫狁与鲜卑、沃沮整合在一起，且又多出三韩一地。《新唐书·天文志》甚至还说"岛夷蛮貊之人，声教所不暨，皆系于狗国云"③。

9，狼星分野。狼一星在参宿东南，《荆州占》曰："狼星，秦、南夷也。"④此说仅见于此，大概出现于东汉。此处以狼星对应秦地，当源于战国晚期至汉代普遍称秦为"虎狼之国"的历史观念⑤，在这种特定的语境之下，这里的"秦"也被视为夷狄来看待，故与南夷并列为狼星所主之分野。至唐代，一行又提出"狼星分野在江、河上源之西"，且与弧矢、天狗、野鸡等星类似皆为"徼外之象"，并注明狼星具体对应的区域是"今之西

---

① 《开元占经》卷七〇《狗国星占》引《甘氏赞》，第 690 页。
② 《宋史》卷五〇《天文志三》，第 1013 页。
③ 《新唐书》卷三一《天文志一》，第 825 页。
④ 《开元占经》卷六八《狼星占》引《荆州占》，第 676 页。
⑤ 参见何晋：《秦称"虎狼"考》，《文博》1999 年第 5 期，第 41—50 页。

羌、吐蕃、蕃浑及西南徼外夷"①。

10,天狗七星分野。天狗七星在鬼宿之南,《乾象通鉴》引《陈卓叙占》曰:"天狗星主边兵,亦主外夷。星不欲明大,则中国失势,夷狄内侵,边民不宁。"②陈卓乃魏晋间人,尝任晋太史令,精于天文星占之学,著述颇丰,多见著录。此处所记天狗分野说盖始于西晋,可能出自《天文集占》《天官星占》《天文要录》及《悬总纪》等某一部陈卓著作③。

11,天垒城十三星分野。天垒城十三星在虚宿之南,有关天垒城分野的记载出现较晚。《晋书·天文志》谓天垒城"主北夷丁零、匈奴"④,则此说或产生于晋代。不过,后代文献记述天垒城分野,说法有所不同,如《灵台秘苑》称天垒城"主鬼方、北夷",《古今星释》曰"天垒城星主夷狄之国"⑤。

12,长垣四星分野。长垣四星在太微垣内,《晋书·天文志》谓其"主界域及胡夷,荧惑入之,胡入中国"⑥,《古今星释》

---

①《旧唐书》卷三六《天文志下》,第 1313 页。
②《乾象通鉴》卷九二《天狗星统占》引《陈卓叙占》,第 231 页。
③以上诸书见于《隋书》卷三四《经籍志三》(第 1018—1019 页)、《日本国见在书目录》(光绪十年刊《古逸丛书》本,叶 30a)及《天文要录》卷一《采例书名目录》(《稀见唐代天文史料三种》,上册,第 25 页)。
④《晋书》卷一一《天文志上》,第 305 页。《开元占经》卷七〇《天垒城星占》引《巫咸赞》同(第 697 页),巫咸星官体系成于西晋,故此《巫咸星经簿赞》的成书年代当在西晋以后。
⑤《灵台秘苑》卷二《星总》,第 19 页;《乾象通鉴》卷八八《天垒城统占》引《古今星释》,第 149 页。
⑥《晋书》卷一一《天文志上》,第 299 页。

亦曰长垣星"主中外界域之象"①。此说亦当始于晋代。

13,翼宿二十二星分野。翼宿除在二十八宿分野学说中为楚及荆州之分野外,也有单独的分野涵义。《开元占经》引佚名《列宿说》曰:"翼主蛮夷,其星动,则蛮夷来见天子者。"②《史记正义》亦谓翼二十二星主夷狄③。此翼宿分野说的产生年代不详,不过至少当在唐代以前。

以上分别对文献所见十三种夷狄诸星分野说做了简要介绍,此外还需附带一提的是,唐代以后另有某些以多个星官对应夷狄外邦之地的记载。如《旧唐书·天文志》记一行分野学说,称"逾岭徼而南,皆东瓯、青丘之分",据此句下小注可知,所谓"逾岭徼而南"主要是指"安南诸州"④。又明代《天文秘略》云:"天垒、狗国、伐星,属鬼方、北夷、匈奴。青邱、东瓯,属朝鲜、日本、琉球。"⑤此处以朝鲜、日本、琉球等明朝属国为青丘、东瓯之分野,显然是晚至明代才出现的一种分野说。

（十二）三台六星分野说

三台六星分野说可能产生于东汉前期。三台六星位于北

---

①《乾象通鉴》卷九四《长垣星统占》引《古今星释》,第 254 页。
②《开元占经》卷六三《翼宿占》引《列宿说》,第 622 页。
③见《史记》卷二七《天官书》,第 1303—1304 页。
④《旧唐书》卷三六《天文志下》,第 1315 页。
⑤胡献忠:《天文秘略》之《分野属》,《四库全书存目丛书》影印清初抄本,齐鲁书社,1995 年,子部第 60 册,第 360 页。

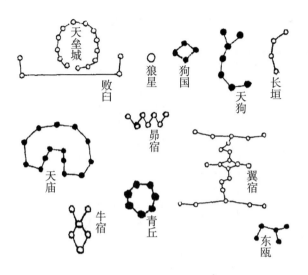

图 1-9　夷狄诸星总汇图

（以上诸星均采自《灵台秘苑》卷一《步天歌星图》，汇集拼合为此图）

斗斗魁之下，因其六星"两两相比"，呈阶梯之状，故名三台，亦称"天子之三阶"（参见图 1-10）①。有关三台六星分野的明确记载，最早见于东汉谶纬之书。《论语谶》曰："上台上星主兖、豫，下星主荆、扬。中台上星主梁、雍，下星主冀州。下台上星主青州，下星主徐州。"《论语摘辅象》所记略同②。此处所见之兖、豫、荆、扬、梁、雍、冀、青、徐等州即《禹贡》九州，可知这一三台六星分野体系采用的是古九州地理系统。因以上两部纬书

———————

① 《史记》卷二七《天官书》引司马贞《索隐》，第 1294 页。
② 《开元占经》卷六七《三台占》引《论谶》，第 656 页；《太平御览》卷一五七《州郡部三》引《论语摘辅象》，第 761 页。

多有宋均注文,推测可能成书于东汉前期,故此三台六星分野
说或许亦出现于东汉初。

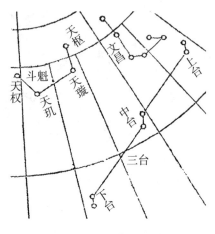

图 1-10　三台六星图

（采自蒋德钧:《三才略》卷一《赤道北恒星总图》,清光绪十五年蒋
氏求实斋刻本）

除以上这种三台主《禹贡》九州的分野说外,唐代星占文献
还曾提到过另一种三台分野体系。《天文要录》引《九州分野
星图》谓"三台主三州分野"①。据《天文要录》卷一《采例书名
目录》,《九州分野星图》题名"前汉李房造",但此书及其作者
均仅见于此,于史无征,因这份《采例书名目录》著录有不少伪
书,所以这部所谓西汉李房撰《九州分野星图》的真伪尚需存

①《天文要录》卷四三《石内宫（官）占》"三台"条引《九州分野星图》,《稀见唐
　代天文史料三种》,中册,第 324 页。

疑。以上记载提及三台六星主三州的分野体系，但遗憾的是，这条佚文并未言明此"三州"之所指，故无从判断其具体内容。

（十三）《诗经》十一国分野说

《诗经》十一国分野说亦始见于东汉。《乙巳占》引《诗纬推度灾》记有一种将周天众星对应春秋十一国的分野理论："鄁国，结蝓之宿（宋均注曰'谓营室星'）。鄘国，天汉之宿（注曰'天津也'）。卫国，天宿斗衡。王国，天宿箕、斗。郑国，天宿斗衡。魏国，天宿牵牛。唐国，天宿奎、娄。秦国，天宿白虎，气生玄武。陈国，天宿大角。桧国，天宿招摇。曹国，天宿张、弧。"[1]此处所记诸星并不统属于某一星座，而是散布于周天。如结蝓之宿（即室宿）、箕、斗、牵牛、奎、娄、张、白虎（即参宿）属二十八宿，所谓"天汉之宿"即指女宿以北之天津九星，"斗衡"指北斗第五星，"弧"为井宿东南之弧矢九星，而大角、招摇则是亢宿星区内的两颗单星。至于以上所见各诸侯国，则皆出自《诗经》。《诗经·国风》依次记有周南、召南、邶、鄘、卫、王、郑、齐、魏、唐、秦、陈、桧、曹、豳十五国民歌，除去周南、召南、齐、豳，余下十一国即与上述分野记载之地理系统完全吻合，其中"王国"是指平王东迁后的都城雒邑地区。因此，以上这种分

---

①《乙巳占》卷三《分野》引《诗纬推度灾》，叶 11a—11b。

野理论可称之为《诗经》十一国分野说①。由于《诗纬推度灾》亦有宋均注文，推测可能成书于东汉前期，故此分野说或许也同样出现于东汉初。

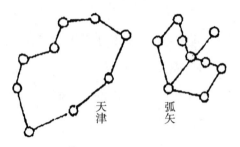

图1-11　天津与弧矢星图

（两星图分别采自《灵台秘苑》卷一《步天歌星图》，第4、7页，拼合为此图）

（十四）十二国星分野说

十二国星分野说产生于西晋。所谓"十二国星"是指位于女宿星区之下的十六颗散星，它们分别以春秋战国时代的十二个诸侯国命名，或两星主一国，或一星主一国，故合称"十二国星"（参见图1-12）。这种直接以星名来表示该星分野区域的方式，与上述天市垣墙二十二星分野说如出一辙。

女宿十二国星不见于汉代即已形成的石氏和甘氏星官系

---

①江晓原教授将此分野说称之为"国次星野"，见《历史上的星占学》，第300—
　301页。

统，而最早出现于巫咸星官系统。《开元占经》记云："齐一星，
在九坎东。赵二星，在齐西北。郑一星，在赵东北。越一星，在
郑西北。周二星，在越东北。秦二星，在周东南。代二星，在秦
东南。晋一星，在代西南。韩一星，在晋之北。魏一星，在韩西
南，近秦星。楚一星，在魏西南，近郑星。燕一星，在楚东南，近
晋星。"并引《巫咸》曰："齐、赵诸国应天列宿，土地九州，其星
有变，各为其国。"①科技史学界一般认为，巫咸星官是经西晋

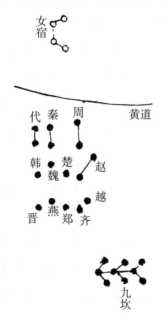

图 1-12　女宿十二国星图

（采自《新仪象法要》卷中《浑象北方中外官星图》，叶 8a）

---

①《开元占经》卷七〇《巫咸中外官占》，第 697 页。据明抄本及文津阁本校正。

陈卓汇集整理,并假托殷商巫咸之名而最终确立的星官系统①。据此推测,以齐、赵、郑、越、周、秦、代、晋、韩、魏、楚、燕十二国对应女宿下十六星的分野学说可能亦产生于西晋。此后,历代文献记载这十二国星②,尽管所述诸星相对方位互有出入,但十六星与十二国的对应关系始终保持不变。

(十五) 河汉分野说

河汉分野说系唐代僧一行所创。一行鉴于自汉代以来的二十八宿及十二次分野体系存在严重弊病,遂对传统分野说进行了全面革新,提出山河两戒、云汉升降之说(详见本书第三章第二节),而"河汉分野"就是一行分野学说中的一项重要内容。

"河汉"又名"云汉",即指银河。一行将河汉比拟为地上的黄河、长江,并按照银河流向的曲直升降及其与周天众星的相对位置,将这条天河划分为不同的区间,以与"两河"的类似河段相对应,从而确定其分野区域(参见图1-13)。因一行本人非常推崇《周易》,所以这一河汉分野说又掺杂着许多阴阳八卦的易学原理,显得格外高深莫测。例如,他描述云汉初象,谓"于《易》,五月一阴生,而云汉潜萌于天稷之下,进及井、钺间,

---

① 参见潘鼐:《中国恒星观测史(增订版)》,第150—151页。
② 如《魏书》卷九一《张渊传》,第1949页;《隋书》卷二〇《天文志中》,第550页;《灵台秘苑》卷二《星总》,第19页;《宋史》卷五〇《天文志三》,第1018页。

得坤维之气,阴始达于地上,而云汉上升,始交于列宿,七纬之气通矣。东井据百川上流,故鹑首为秦、蜀墟,得两戒山河之首"①。此以云汉起始之星区对应于以两河为代表的百川上流发源之地,并将属于该星区的鹑首之次确定为秦、蜀之分野。通过类似这样的理论建构,一行便可将天界星区与地理区域完整对应,所以他声称"观两河之象,与云汉之所始终,而分野可知矣"。

(十六) 三垣二十八宿分野说

三垣二十八宿分野说由清初周于漆提出。周氏之所以要另创分野新说,也是源自于对传统二十八宿分野学说固有缺陷的检讨。他认为传统二十八宿分野体系存在的问题是,传统十二州地理系统与后代的政区地理建置不相符合,这主要是由历代地方行政制度变迁及地名沿革所造成的②。有鉴于此,周氏遂自行创制了一种独具特色的分野学说,载于康熙十四年(1675)撰成的《三才实义·天集》。限于篇幅,以下仅举角宿分野一例以说明其体系特征。

---

①《新唐书》卷三一《天文志一》,第 817 页。
②周于漆:《三才实义·天集》卷二〇《直省分野分星考定躔度》云:"自晋以后,为州益多,所统益狭。唐改三辅十道,宋又更制。历元及明,日路、日布政,虽三百年已不啻三更。今制纷繁,欲以今日之府州县为昔日之分州,置野且不合,而况上应之列宿乎?且古者相沿之旧名,已非其故,不自今日始。"(《续修四库全书》影印清乾隆二十年汤濲抄本,第 1033 册,第 423 页)

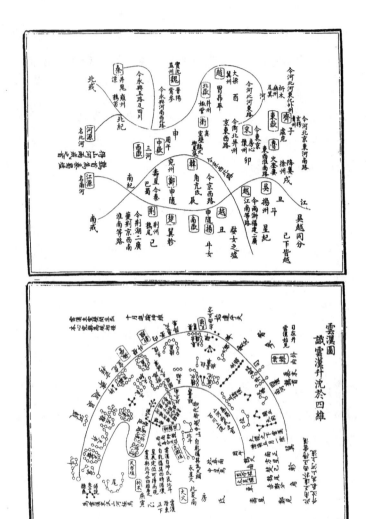

图 1-13 《云汉图》

（采自旧题郑樵：《六经奥论》卷六，文渊阁《四库全书》本，第 184
册，第 110 页）

北斗杓星,角一度,开封府祥符县。

平道、阊阳,角二,陈留县、封丘县。

辅星、天田,角三,尉氏县、洧川县。

阊阳(按疑衍),角四,延津县。

　　角五,扶沟县、鄢陵县。

三公,角六,中牟县。

周鼎,角七,原武县、阳武县。

　　角八,通许县。

摇光,角九,郑州荥阳县、汜水县。

阳门,角十,河阴县、荥泽县、陈州、西华县、沈丘县。

　　角十一,商水县、项城县。

　　角十二,汝宁府汝阳县、上蔡县、真阳县。

　　……①

从上引《三才实义》的记载来看,周于漆的分野学说主要有三个特点。第一,此说最大的独特之处在于,它并非仅有二十八宿分野,而是将附属于紫微垣、太微垣、天市垣三垣之内以及二十八宿星区之下的全天诸星皆配以分野区域。如以上引文所见之北斗杓星、阊阳、辅星、三公、摇光均为紫微垣内之星,而平

① 详见《三才实义·天集》卷二〇《直省分野分星考定躔度》所附分野列表,第
　425—438 页。

道、天田、周鼎、阳门诸星则附于角宿星区之内。第二，将二十八宿度数加以析分，分别对应地理区域。如角一度属开封府祥符县，角二度为陈留、封丘二县之分野。这种分野之法当源自《晋书·天文志》所记陈卓分野体系。第三，这里的地理系统完全采用的是清代的州府县行政区划。据周氏自称，他发明的这套分野体系可以将周天列宿与清朝舆地完整对应，即"北至幽陵，南至交趾，西尽流沙，东抵蟠木，无不统于三垣二十八宿之布列"[1]。因此，我们不妨称这种分野理论为三垣二十八宿分野说，这是目前所知产生年代最晚的一种分野学说。

综观以上所述历代一十六种星土分野学说，绝大多数都产生于两汉，这与汉代数术文化的繁盛密不可分。包括分野学说在内的天文星占历来属于数术的范畴。中国古代的数术文化起源于商周，后随春秋战国时期阴阳五行学说的发展而兴盛，至秦汉时代，数术文化高度发达，它不仅是学术文化体系中的重要门类，而且还成为人们文化知识结构的重要组成部分。例如，《汉书·艺文志》所见"六略"图书分类法，专有数术略一门，其下著录一百九十家，共二千五百二十八卷，占《艺文志》所收五百九十六家图籍总数的近三分之一，这亦可与出土秦汉简牍保存有相当多数术类文献的情况相印证[2]，秦汉时期数术文

---

[1]《三才实义·天集》卷二〇《分野分星论》，第 423 页。
[2] 参见李学勤：《简帛佚籍与学术史》，江西教育出版社，2001 年，第 22 页。

化之繁盛由此可见一斑。正是在这样一种社会文化氛围的影响之下，汉代的政治文化和思想潮流也逐渐被浸染上了数术的色彩，如灾异政治文化的兴起、《五行志》怪异书写模式的确立①以及谶纬神秘主义思想的泛滥无不与数术之学相贯通。因此，与天文星占、五行灾异相关联的分野学说之所以在汉代臻于极盛，各种分野理论不断涌现，即缘自于汉代数术文化之发达。

以上诸种星土分野说除产生年代以外，其地理系统所反映的地理格局也同样值得考究。总的来说，上述诸种分野学说主要有列国与州域两套地理系统，前者反映的是自春秋战国以来的一种文化地理观念（参见本书第二章第一节），而后者又可分为两种情况：一是以众星对应汉代州制，如五星分野之东汉十三州系统、北斗七星分野之汉代七州系统，这体现的是一种基于现实政区制度的政治地理格局；二是以诸星对应古九州，如北斗七星分野及三台六星分野之《禹贡》九州系统，这反映了汉人受经典记载影响而形成的一种地域观念。至于天街二星分野、南北河戍分野以及夷狄诸星分野说，所折射出的则是汉人强烈的夷夏观。

---

①参见游自勇：《天道人妖：中古〈五行志〉的怪异世界》，首都师范大学博士学位论文，2006 年；陈侃理：《儒学、数术与政治：灾异的政治文化史》。

第五节　星土分野诸变种

　　所谓星土分野说之"变种"，是指由星土分野衍生出来的非星土对应理论。它或以天星对应山川、人物，或以云气、干支、月建、九宫等事物对应地理区域，皆与严格意义上的星土分野说有所区别，但由于这类理论的对应模式与星土分野颇为相近，故古今学者均将其混同为分野学说，并以"分野"称之。因此，我们也有必要了解这些星土分野诸变种的具体内容。需要说明的是，本文亦沿袭前人成说，姑且仍将这些理论统称为分野说。

　　上文提到，在前人所总结的历代分野类型中，有五种学说可归入星土分野之变种的范畴，即云气分野、干支分野、月建分野、九宫分野及二十八宿与《禹贡》山川分野。然据笔者所知，除此之外，"二十八宿臣分"之说也是星土分野的衍生产物，王应麟即将其笼统地归入二十八宿分野之例；又周天众星配属地理山川的理论，亦不啻二十八宿与《禹贡》山川分野一说。以下分别对这些星土分野诸变种进行梳理和考辨。

（一）云气分野说

　　云气分野说最早出现于战国时代。马王堆汉墓出土帛书《天文气象杂占》（图1-14［彩插一］）以图文并茂的形式记录了一种有关云气分野的占卜学说。该帛书第一部分于各种云气图像之下注以占文,其中有"楚云如日而白,赵云,中山云,燕云,秦云,戎云,浊(蜀)云,韩云,䰟(魏)〔云〕,卫云,〔周云〕,宋云,齐云,越云"等文字①。这里记载的是一种将不同形状的云气对应于列国的云气占理论,如此处谓"楚云如日"即是显例,其余各国之云的具体形状虽未在此言明,但仍可从帛书所绘图像上加以分辨。这一云气分野之说提及周、中山、戎、蜀、卫、越以及战国七雄共十四国,明显反映的是战国时期的政治地理格局,又因刘乐贤已指出此件帛书所记大部分内容形成于战国时代②,故据此推断,以上云气分野说亦当产生于战国,其具体年代似乎不应晚于赵灭中山的公元前296年。由前文可知,二十八宿分野与十二次分野最早可能产生于公元前4世纪的战国中期,故上述以云气主列国的理论可能是受早期分野学说的影响而产生的。

战国以后,这种云气分野说仍有流传,最为通行的说法见于隋以前成书的佚名《兵书》:"韩云如布,赵云如牛,楚云如日,宋云如车,鲁云如马,卫云如犬,周云如轮,秦云如行人,魏云如鼠,齐云如绛衣,越云如龙,蜀云如囷。"③此说应是在战国

---

① 参见刘乐贤:《马王堆天文书考释》,第100—102页,录文据《马王堆汉墓文物》所刊彩色图版校正(湖南出版社,1992年,第154—156页)。

② 《马王堆天文书考释》,第22页。

③ 《艺文类聚》卷一天部上"云"条引《兵书》,第14页。相同引文又见于隋杜公瞻《编珠》卷一天地部"绛衣云素扇月"(清康熙三十七年刻本,叶4b)。《隋书·经籍志》著录有七卷本与二十五卷本两种《兵书》,然作者及年代不详。

云气占理论的基础之上整理而成的,如"楚云如日"等说法均与马王堆帛书的记载相同,然其不同之处在于,这一体系剔除了"中山云"与"戎云",从而调整为十二国地理系统。此后,诸如《晋书·天文志》《乙巳占》《开元占经》等文献所记云气分野皆与《兵书》之说一脉相承①。

(二) 干支分野说

干支分野说产生于西汉,年代最早的完整记载见于景帝末至武帝初成书的《淮南子》。《淮南子·天文训》共记有两种与干支分野相关的理论。一是分别以天干、地支对应东周列国及夷狄之地:"甲,齐;乙,东夷;丙,楚;丁,南夷;戊,魏;己,韩;庚,秦;辛,西夷;壬,卫;癸,越。子,周;丑,翟(狄);寅,楚;卯,郑;辰,晋;巳,卫;午,秦;未,宋;申,齐;酉,鲁;戌,赵;亥,燕。"②据李淳风称,这种干支分野说主要应用于以岁、月、日、时之干支占测灾应之地的场合③。元人王恽又称之为"以日辰分配国土为占"④。

二是直接以干支对应列国及胡戎:"甲戌,燕也;乙酉,齐也;丙午,越也;丁巳,楚也;庚申,秦也;辛卯,戎也;壬子,赵(一

---

① 《晋书》卷一二《天文志中》,第 335—336 页;《乙巳占》卷九《九土异气象占》,叶 19a—19b;《开元占经》卷九四《云气杂占·九土异气》,第 878 页。
② 《淮南子集释》卷三《天文训》,第 276 页。
③ 参见《乙巳占》卷三《日辰占》,叶 25b—26b。
④ 王恽:《玉堂嘉话》卷二,杨晓春点校,中华书局,2006 年,第 57 页。

作代)也;癸亥,胡也。戊戌;己亥,韩也;己酉;己卯,魏也;戊午,戊子,八合天下也。"①这一干支分野说内容比较复杂,且以上文字存有脱误,需要稍作解释。根据前人对《淮南子》所做的注解,在古代天文学理论中,北斗左旋,其斗柄所指十二辰(即十二支)表示月建,亦称阳建。同时堪舆家又构拟出一个反向右旋的雌北斗,以其斗柄指示代表八方的八个天干(除去居中之戊、己),是为阴建,并将阴建所指之日干与阳建所指之支辰相配,称为"八合",又称"八会",即甲戌、乙酉、丙午、丁巳、庚辰、辛卯、壬子、癸亥,故清代学者钱塘指出上引"庚申,秦也","申"当为"辰"字之误。按照堪舆家的说法,除以上八大会之外,如将上述八个干支中的甲、丙、庚、壬替换为戊,乙、丁、辛、癸替换为己,则又可得八小会,即戊戌、己酉、戊午、己巳、戊辰、己卯、戊子、己亥,然以上引文仅见六个小会干支,故钱塘又谓此处当脱己巳、戊辰二合②。由此可知,上引《淮南子》的这段记载说的是将堪舆术中的八大会与八小会分别对应于地理区域的理论学说。其中,八大会对应燕、齐、越、楚、秦、赵六国及戎、胡,体系严整,而八小会所主之国仅见己亥—韩及己卯—魏,疑有夺文,如王念孙即谓其余干支亦"皆当有所主之国,而今脱之","未知以何国当之也"③。尽管战国文献记有个别以

---

① 《淮南子集释》卷三《天文训》,第 280—281 页。
② 以上皆参据《淮南子集释》卷三《天文训》注文,第 278—281 页。
③ 《读书杂志·淮南内篇》卷三"庚申、戊戌、己亥"条,叶 39a—39b。

日辰干支进行占卜的事例,但并无以干支对应地理区域的记载,故推测《淮南子》所记上述两种干支分野说可能是流传于汉初的堪舆理论。

在《淮南子》所见以上两种干支分野说中,后者属堪舆之术,在社会上影响不大,后来不再见于文献记载,而前者则流行于世,并且还出现了多种对应关系不尽相同的类似学说。

在出土文献中,我们能找到大致与《淮南子》同时代的干支分野说。山东临沂银雀山一号汉墓出土的《占书》残简记有一种残缺不全的二十八宿分野理论,其中亦有干支分野的内容。

> 郑受角、亢、抵(氐),其日……龇(魏)受房、心、尾,其日辛……牛、婺女,其日丁……□,其辰□。鲁受奎、娄女、胃……日庚,其辰申。秦受东井、舆鬼,其日甲,其辰子。周受柳、七星、□(张),其日丙,其辰午。楚受翼、轸,其日癸,其辰巳。□寅赢五月,凡廿八宿三百九(六)十五度四分度之一……①

有学者推断这批银雀山汉简的书写时代当在文帝至武帝初年之间②。从这段记载来看,二十八宿分野下的列国除与星宿相

---

① 银雀山汉墓竹简整理小组:《银雀山汉墓竹简(贰)》,第242页,图版及摹本分别见第118、313页。
② 吴九龙:《银雀山汉简释文》"叙论",文物出版社,1985年,第13页。

配以外,还分别与日干及支辰存在对应关系,如以上所见之"魏,其日辛","秦,其日甲,其辰子","周,其日丙,其辰午","楚,其日癸,其辰巳"。这里的干支分野说应是星占家在二十八宿分野的主体框架下增益而来的内容,它反映的仍是二十八宿分野之十三国系统(参见本书第二章第一节),故此处列国与干支的对应关系与上述《淮南子》所记独立的干支分野说有很大差异。

除银雀山汉简外,《史记·天官书》记载的天干分野也与《淮南子》完全不同。《天官书》在谈及日月蚀占时,仅提到一种十干分野:"甲、乙,四海之外,日月不占。丙、丁,江淮、海岱也。戊、己,中州、河济也。庚、辛,华山以西。壬、癸,恒山以北。"①此处大致是按照十干所代表的方位与地理区域相对应,如戊、己居中,故为中州、河济之分;庚、辛为西,故分华山以西;壬、癸为北,故分恒山以北。惟丙、丁居南,然其所主之地包括南方江淮及东方海岱;甲、乙指东,而主四海之外,与天干方位不尽吻合。由前文可知,"中州"系汉武帝所置十二州之一,故以上干支分野说或许产生于武帝时期,可能是星占家因受《淮南子》所记干支分野的影响,改换地理系统而成的一套理论体系。

以上两种干支分野说均与《淮南子》所记大相径庭,而《石

---

① 《史记》卷二七《天官书》,第 1332—1333 页。

氏星经》及《汉书·天文志》有关干支分野的记载则大体沿袭
了《淮南子》的理论框架，但在若干具体的对应关系上亦颇有出
入。《石氏星经》云："甲，齐；乙，东夷；丙，楚；丁，南夷；戊，魏；
己，韩；庚，秦；辛，西夷；壬，燕；癸，北夷也。子，周；丑，翟（一云
丑、魏、翟、梁）；寅，赵；卯，郑；辰，晋（一云辰为赵也）；巳，卫；
午，秦；未，中山；申，齐（一云申为晋、魏）；酉，鲁；戌，赵；亥，燕
也。"①此处壬、癸、丑、寅、辰、未、申所主之国均与《淮南子》有
所不同。而《汉书·天文志》所记干支分野虽基本与《石氏星
经》相同，然壬—燕、赵，辰—邯郸，戌—吴、越，亥—燕、代，四组
对应关系又皆与《淮南子》及《石氏星经》有别②。

西汉以后，干支分野说的衍变情况较为复杂，需要将天干
分野和地支分野区分开来加以说明。后世天干分野之流变不
外乎以下三种情况。一是直接沿袭《石氏星经》的记载，如元代
《太乙统宗宝鉴》所记天干分野与《石氏星经》基本相同③，仅改
称南夷、西夷、北夷为南蛮、西戎、北狄。二是参酌《淮南子》及
《石氏星经》而用之，如《广雅·释天》虽大体沿用《石氏星经》

---

① 《开元占经》卷六四《日辰占邦》引《石氏》曰，第 628—629 页，据萨守真《天
地瑞祥志》卷一《明分野》引文校正（《稀见唐代天文史料三种》，下册，第
24—25 页）。
② 见《汉书》卷二六《天文志》，第 1288 页。
③ 晓山老人：《太乙统宗宝鉴》卷一二"十干所属分野"，《续修四库全书》本影
印明抄本，第 1061 册，第 508 页。

的理论体系,但仍从《淮南子》以壬主卫①。三是杂糅以上诸书加以改造,如《乙巳占》谓"乙为海外、东夷","丁为江淮、南蛮、海岱","戊为韩、魏、中州、河济","癸为常山已北北夷、燕、赵之国"②,这些说法显然是将上述《淮南子》《史记·天官书》等书所记糅合而成的(参见表1-5)。

表1-5　文献所见天干分野一览表

天干	《淮南子》	《汉书·天文志》	《史记·天官书》	《乙巳占》
甲	齐	齐	四海之外	齐
乙	东夷	东夷		海外、东夷
丙	楚	楚	江淮、海岱	楚
丁	南夷	南夷		江淮、南夷、海岱
戊	魏	魏	中州、河济	韩、魏、中州、河济
己	韩	韩		韩、魏
庚	秦	秦	华山以西	秦
辛	西夷	西夷		华山已西,西夷之国
壬	卫	燕、赵	恒山以北	燕、赵、魏
癸	越	北夷		常山已北,北夷、燕、赵

　　至于后代文献所见地支分野,则基本都是将以上诸书的记载杂糅在一起并稍作更改而成。如《乙巳占》言"丑为翟、魏,亦主辽东","寅为楚、赵","辰为晋、邯郸、赵国","未为中山、

---

①王念孙:《广雅疏证》卷九上《释天》,中华书局,1983年,第285页。
②《乙巳占》卷三《日辰占》,叶25b。

梁、宋"，"申为齐、晋、魏"，"戌为赵、吴、越"①，此说即是综合《淮南子》《汉书·天文志》及《石氏星经》注文的不同记载而来的，并将梁改属于未，又增补丑主辽东一说（参见表1-6）。《乙巳占》的这种记载又为唐以后数术文献所因袭。

以上所述皆为包括天干分野和地支分野在内的干支分野说的演变情况，除此之外，还有两种单独的十二支分野说，亦需在此略加说明。

其一，《孝经雌雄图》十二支分野。该书记述日蚀占，谓日蚀在子日，燕国王死；丑日，赵国王死；寅日，齐国王死；卯日，鲁国王死；辰日，楚国王死；巳日，宋国王死；午日，梁国王死；未日，沛国王死；申日，陈国王死；酉日，郑国王死；戌日，韩、卫王死；亥日，秦、魏王死②。此即以十二辰对应燕、赵等十四国③。按《孝经雌雄图》的作者及年代不详，猜测此类谶纬之说有可能产生于东汉。

其二，《黄帝龙首经》十二支分野。该书云："子，齐，青州；丑，吴、越，杨州；寅，燕，幽州；卯，宋，豫州；辰，晋，兖州；巳，楚，

---

① 《乙巳占》卷三《日辰占》，叶25b—26a。
② 《开元占经》卷一〇《日十二辰蚀》引《孝经雌雄图》，第261页。
③ 李凤：《天文要录》卷四《日占》引贾逵《东晋纪》曰："子日蚀，燕分；丑日蚀，赵分；寅日，齐分；卯日，鲁分；辰日，魏分；巳日，宋分；午日，韩分；未日，沛分；申日，陈分；酉日，郑分；戌日，韩分；亥日，燕分。"（《稀见唐代天文史料三种》，上册，第55页）这套十二辰日蚀占应当源出《孝经雌雄图》的日蚀占体系，但今传本《天文要录》文字错讹较多，如此处两见"燕分""韩分"，辰日又误作"魏分"。

荆州;午,周,三河;未,秦,雍州;申,蜀,益州;酉,梁州;戌,徐州;亥,卫,并州。"①这里记载的应是一种以十二支对应十三国及十二州的理论,但此处漏记了酉、戌所主之国。因《龙首经》始见于葛洪《抱朴子》,故推测此说或出现于东晋。总的来看,以上所记与十二次分野体系下的十二辰与十三国、十二州的对应关系颇为相似。例如,此处子、丑、寅、卯、巳、午、未、戌、亥所主之州、国均同于十二次分野,惟辰、申所主之国及酉所主之州与十二次分野有所出入(参见表1-6),可见这一十二支分野说应是在十二次分野体系的基础之上改造而成的。

表1-6 文献所见十二支分野一览表

地支	《淮南子》	《汉书·地理志》	《石氏星经》	《乙巳占》	《孝经雌雄图》	《黄帝龙首经》		十二次分野	
子	周	周	周	周	燕	齐	青州	齐	青州
丑	翟	翟	翟(魏、翟、梁)	翟、魏、辽东	赵	吴越	扬州	吴越	扬州
寅	楚	赵	赵	楚、赵	齐	燕	幽州	燕	幽州
卯	郑	郑	郑	郑	鲁	宋	豫州	宋	豫州
辰	晋	邯郸	晋(赵)	晋、邯郸、赵	楚	晋	兖州	郑	兖州
巳	卫	卫	卫	卫	宋	楚	荆州	楚	荆州
午	秦	秦	秦	秦	梁	周	三河	周	三河

---

① 《五行大义校注》卷二《论配支干》引《龙首经》,第60页。

续表

地支	《淮南子》	《汉书·地理志》	《石氏星经》	《乙巳占》	《孝经雌雄图》	《黄帝龙首经》		十二次分野	
未	宋	中山	中山	中山、梁、宋	沛	秦	雍州	秦	雍州
申	齐	齐	齐(晋、魏)	齐、晋、魏	陈	蜀	益州	魏	益州
酉	鲁	鲁	鲁	鲁	郑		梁州	赵	冀州
戌	赵	吴、越	赵	赵、吴、越	韩、卫		徐州	鲁	徐州
亥	燕	燕、代	燕	燕、代	秦、魏	卫	并州	卫	并州

（三）月建分野说

月建分野说始于西汉刘歆。《春秋》及《左传》共记有三十七次日食，《汉书·五行志》系统记录了后人对这些日食征应所做的各种解释，其中就有刘歆运用月建分野理论进行解说的占辞。他认为《春秋》所记为鲁历，但由于春秋时周王衰弱，天子不颁朔，故"鲁历不正"，所以刘歆占测日食，首先要根据《三统历》的推步规则，将发生日食之日校算为周历，然后再依据当时太阳运行位置的变化，参照二十八宿分野学说来确定日食之月所对应的"分野之国"①。例如，桓公三年（前709）七月壬辰朔

---

① 《汉书》卷二七下之下《五行志下之下》谓隐公三年二月己巳日食，"刘歆以为正月二日，燕、越之分野也。凡日所躔而有变，则分野之国失政者受之。……周衰，天子不班朔，鲁历不正，置闰不得其月，月大小不得其度"（第1479页）。

日食，"刘歆以为六月，赵与晋分"。晋灼注曰："周之六月，今之四月，始去毕而入参。参，晋分也。毕，赵也。日行去赵远，入晋分多，故曰与。计二十八宿分其次，度其月及所属，下皆以为例。"①意思是说，桓公三年七月，当为周历六月，即夏历四月，太阳去毕宿入参宿，参为晋分野，毕为赵分野，故六月为赵、晋之分，其余各条日食占所述刘歆月建分野，皆与此同理②。

据钱大昕归纳总结，刘歆所述十二月与分野之国的对应关系是：正月为燕、越，二月为齐、越，三月为齐、卫，四月为鲁、卫，五月为鲁、赵，六月为晋、赵，七月为秦、晋，八月为周、秦，九月为周、楚，十月为楚、郑，十一月为宋、郑，十二月为宋、燕③。这一理论共涉及燕、越、齐、卫、鲁、赵、晋、秦、周、楚、郑、宋十二国，且各国皆与两月相对应，体系较为严密。不过，这种月建分

①《汉书》卷二七下之下《五行志下之下》，第1482页。
②其余诸条日食占均见《汉书》卷二七下之下《五行志下之下》，第1479—1500页。钱大昕《三史拾遗》卷三"五行志下之下"条（方诗铭、周殿杰点校，上海古籍出版社，2004年，第1419—1420页）、王念孙《读书杂志·汉书》卷五"左氏春秋日食分野"条（叶38a—41a）及刘师培《古历管窥》卷上（《刘申叔遗书》，江苏古籍出版社，1997年，上册，第688—690页）对刘歆日食占的内容做了详细校正，可资参考。
③《三史拾遗》卷三"五行志下之下"条，第1419页。钱大昕对刘歆月建分野理论的解释与晋灼稍有不同，他认为应当根据日食之时太阳所经星次的变化，参照十二次分野学说来判定分野区域。这种解释与晋灼之说本质上是一致的，据此二说所推定的十二月与列国对应关系基本相同。当代学者郜积意根据《三统历》二十八宿距度，亦对刘歆月建分野体系做了推定，其结果与钱大昕之说大体相同，但郜氏仅以十二月对应一国，参见《释〈汉书·五行志〉中的〈左氏〉日食说》，《中国史研究》2009年第2期，第29—30页。

野说很可能是刘歆为解释春秋日食征应而特意编造的一套理论，故仅见于《汉书·五行志》的记载。

东汉末《荆州占》记有一套与刘歆完全不同的月建分野说："正月，周；二月，徐；三月，荆；四月，郑；五月，晋；六月，卫；七月，秦；八月，宋；九月，齐；十月，鲁；十一月，吴、越；十二月，燕、赵。"①此说将十二月对应于周王室以及其他十三个东周列国，其中前十月各配一国，后二月各配两国，其对应关系与刘歆分野截然不同，推测这应是东汉时期星占家因受刘歆学说的影响而重新构建的一种月建分野理论。

除以上两种独立的月建分野说外，还有一种从十二次分野学说中衍化而来的十二月分野体系。古人认为，每月朔日、月交会于不同星次，故十二次与十二月具有明确的对应关系，如隋萧吉《五行大义》谓"正月日月会于诹訾之次"、"二月日月会于降娄之次"云云②。因此，后人便依据十二次分野体系，推衍出一种十二月分野之说。不过，历史文献有关这种月建分野说的记载出现较晚，就目前所知，最早见于晚唐密教《火罗图》。该图于黄道十二宫图像旁标注有十二月及其分野之国，因古人认为传自印度的黄道十二宫即中国之十二次，故图中所标十二月其实是与十二次相对应的（参见本书第三章第三节）。根据

---

① 《开元占经》卷六四《月所主国》引《荆州占》，第 628 页。
② 详见《五行大义校注》卷二《论合》，第 72—73 页。

此图可知十二月分野为:正月,卫之分;二月,鲁之分;〔三月〕,赵之分;四月,□(晋)之分;五月,秦之分;六月,周〔之〕分;七月,楚之分;八月,郑之分;〔九月〕,宋之分;十月,燕之分;十一月,越之分;十二月,齐之分①。这里所采用的地理系统乃是十三国系统,只不过吴越分野区在此被简称为"越"而已,以上十二月和十三国的对应关系与传统十二次分野体系是完全吻合的。后南宋初胡宏《皇王大纪》记载这一月建分野说,谓正月孟春,"日月所会之辰曰娵訾,其分野卫"云云(参见表1-7)②,即完整列出十二月与十二次及十三国分野之间的对应体系。此说后来成为最流行的一种月建分野理论。

表1-7　文献所见月建分野一览表

十二月	《汉书·五行志》	《荆州占》	《皇王大纪》
正月	燕、越	周	卫
二月	齐、越	徐	鲁
三月	齐、卫	荆	赵
四月	鲁、卫	郑	晋
五月	鲁、赵	晋	秦
六月	晋、赵	卫	周

①《大正新修大藏经》图像部第7卷,第703页。图中金牛宫及天蝎宫漏记相应月份。
②胡宏:《皇王大纪》卷二《五帝纪·黄帝轩辕氏》,文渊阁《四库全书》本,第313册,第22—24页。

十二月	《汉书·五行志》	《荆州占》	《皇王大纪》
七月	秦、晋	秦	楚
八月	周、秦	宋	郑
九月	周、楚	齐	宋
十月	楚、郑	鲁	燕
十一月	宋、郑	吴、越	吴、越
十二月	宋、燕	燕、赵	齐

（四）"二十八宿臣分"说

"二十八宿臣分"说产生于东汉前期。《汉书·艺文志》天文类著录《海中二十八宿臣分》二十八卷，作者不详①。关于该书所记载的具体内容，清代学者沈钦韩根据张衡所谓众星列布"在野象物，在朝象官，在人象事"之语②，推断《隋书·经籍志》著录之《二十八宿二百八十三官图》一卷、《天文外官占》八卷、《星官次占》一卷，"即臣分也"③。姚振宗也认为《二十八宿二百八十三官图》似即"此书之别见者"④。其实，沈、姚二人对

①《汉书》卷三〇《艺文志》，第1764页。
②《晋书》卷一一《天文志上》，第288页。
③沈钦韩：《汉书疏证》卷二六《艺文志》，上海古籍出版社影印清光绪二十六年浙江书局刻本，2006年，第720页。
④姚振宗：《汉书艺文志条理》卷五《海中二十八宿臣分》条，《二十五史补编》本，第2册，第1669页。

《海中二十八宿臣分》一书的解释并未得其要领，且存在着一个明显的误解。正如张衡所言，古人认为天上众星与人世间的各种事物皆存在对应关系，所谓"二十八宿臣分"应是指一种以二十八宿对应人臣的理论，沈、姚二人对此当有所领悟，但他们以为《二十八宿二百八十三官图》《天文外官占》《星官次占》等书记载的是与"二十八宿臣分"相同的学说，显然是误将此处所见之"官"理解为朝官所致。实际上，这里的"官"皆指天之星官，《二十八宿二百八十三官图》应是一幅展示周天二十八宿及二百八十三星官的天文图，而《天文外官占》及《星官次占》则均为常见的天文星占之书，故此三书绝非专记"二十八宿臣分"的历史文献。

据笔者推断，《海中二十八宿臣分》应是一部专门记述二十八宿与云台二十八将对应关系的作品①。汉明帝永平年间，命人绘制东汉初二十八功臣像于洛阳南宫云台，史称"云台二十八将"。范晔称"中兴二十八将，前世以为上应二十八宿"②。所谓"前世"当指南朝以前的汉晋之世，大概当时普遍流传着一种以云台二十八将对应二十八宿的说法，而《汉书·艺文志》著录的这部《海中二十八宿臣分》，从其书名及卷数来判断，很可能记载的就是这种以星宿配功臣的理论学说。不过，由于该书

①此书名所谓"海中"者，当义为中国，相关论述详见本书第六章第一节。
②《后汉书》卷二二"论曰"，第 3 册，第 787 页。

至刘宋时已经亡佚，故范晔虽在《后汉书》中列出了邓禹、吴汉等云台二十八将之名，但对于他们与二十八宿之间的具体对应关系，却称"未之详也"。由以上分析可以推知，这一"二十八宿臣分"说的产生年代当在明帝永平至《汉书》成书时的和帝永元之间。

此外，需要附带一提的是，关于以上这种"二十八宿臣分"说的具体内容，汉晋以后已无人知晓，历代文献均无记载，但至明代却突然出现了一套以二十八宿对应云台二十八将的完整理论：角木蛟邓禹、亢金龙吴汉、氐土貉贾复、房日兔耿弇、心月狐寇恂、尾火虎岑彭、箕水豹冯异、斗木獬朱祐、牛金牛祭遵、女土蝠景丹、虚日鼠盖延、危月燕坚谭、室火猪耿纯、壁水貐臧宫、奎木狼马武、娄金狗刘隆、胃土鸡马成、昴日雉王梁、毕月乌陈俊、觜火猴傅俊、参水猿杜茂、井木犴姚期、鬼金羊王霸、柳土獐任光、星日马李忠、张月鹿万修、翊（翼）火蛇邳仝、轸水蚓刘植。按此说大概始见于万历年间有关东汉历史的通俗演义小说，如《全汉志传》及《两汉开国中兴传志》[1]，所谓二十八宿与二十八将之间的对应关系当出于明人杜撰，绝非东汉时代的原始学说。

---

[1] 熊大木编：《全汉志传》卷一一《光武班诏封将侯》，《古本小说集成》第 2 辑影印清宝华楼覆刻明三台馆刊本，上海古籍出版社，2017 年，第 28 册，第651—653 页；佚名：《两汉开国中兴传志》卷六《光武灭寇兴东汉》，《古本小说丛刊》第 2 辑影印明万历三十三年西清堂詹秀闽刊本，中华书局，1990年，第 3 册，第 1488—1490 页。两书皆成于万历年间，《全汉志传》的初刻年代略早于《两汉开国中兴传志》。

（五）九宫分野说

"九宫"是古代易学理论中的一个基本概念,就狭义而言,指的是由后天八卦及相应数字配合方位而组成的一个三阶幻方矩阵,其卦序为坎一正北,坤二西南,震三正东,巽四东南,中央为五,乾六西北,兑七正西,艮八东北,离九正南(参见图1-15)①。不过,从广义上来说,"九宫"可以包罗天地,《五行大义》云:"九宫者,上分于天,下别于地,各以九位。天则二十八宿、北斗九星,地则四方、四维及中央,分配九。……数终于九,上配九天、九星、二十八宿,下配五岳、四渎、九州也。"②按照这种说法,"九宫"可被视为一种具有很强包容性的对应学说,周天众星与九方地理均可藉此建立联系。我们所要讨论的九宫分野之说正属于这种广义"九宫"的范畴。

九宫分野说出现于东汉,后来成为一种比较重要的数术理论,《隋书·天文志》即谓"凡占灾异",必"先推九宫分野"③。九宫分野的理论体系较为复杂,有八卦九宫与太乙九宫之分,以下分别加以说明。

---

① 参见卢央:《中国古代星占学》,第81—82页。所谓"三阶幻方"是指九宫之中无论纵、横、斜行三数相加皆为十五的数理结构。
② 《五行大义校注》卷一《论九宫数》,第33—41页。
③ 《隋书》卷二一《天文志下》,第592页。

1. 八卦九宫分野

上文所述三阶幻方的矩阵序列就是最为经典的周易八卦九宫。有关八卦九宫分野的记载，最早见于东汉纬书《易纬乾凿度》：

> 太一取其数，以行九宫。九宫者，一为天蓬，以制冀州之野；二为天芮，以制荆州之野；三为天冲，其应在青；四为天辅，其应在徐；五为天禽，其应在豫；六为天心，七为天柱，八为天任，九为天英，其应在雍，在梁，在扬，在兖。……此谓以九宫制九分野也。①

因《易纬乾凿度》多有郑玄注文，故推测该书可能成于东汉中后期。此处所记一至九的数字是指九宫宫序，天蓬、天芮、天冲、天辅、天禽、天心、天柱、天任、天英则是九宫宫名，而冀、荆、青、徐、豫、雍、梁、扬、兖九州即为九宫所对应的分野区域（参见图1-15），显然这里采用的是《禹贡》九州地理系统，如大致与《易纬乾凿度》同时代的《九宫经》记载这一九宫分野体系，明确称"《禹贡》九州即此配"②。不过需要指出的是，见于《九宫

---

①章如愚：《群书考索》前集卷三四礼门群祀类"太一"条引《易乾凿度》，广陵书社影印明正德刘洪慎独斋刻本，2008年，第214页，据文渊阁《四库全书》本校正。此条内容为四库辑本《周易乾凿度》及安居香山编《重修纬书集成》所失收。

②《五行大义校注》卷一《论九宫数》引《九宫经》，第42页。《隋书·经籍志》著录《九宫经》三卷，"郑玄注"，故推知此书可能亦成于东汉中后期。

经》的九宫分野,以八宫主兖州、九宫主扬州,与《易纬乾凿度》的说法正好相反。根据后代文献记载可知,《九宫经》所记不误,上引《易纬乾凿度》"在扬,在兖"句当为"在兖,在扬"之倒误。从以上分析来看,这种九宫对应《禹贡》九州的分野说可能产生于东汉时代。

图 1-15　八卦九宫分野图

(据《五行大义》卷一《论九宫数》绘制)

东汉以后,上述八卦九宫分野说传布很广,甚至在边远的敦煌地区也留下了相关记载①。不过,值得一提的是,这种九宫分野之说在流传过程中出现了两大变化。一是在原有学说

---

①如敦煌文书 S. 6164《推命书》记云:"一冀州,二荆州,三青州,四徐州,五豫州,六雍州,□□□,八兖州,九杨州。"(宋家钰主编:《英藏敦煌文献(汉文佛经以外部份)》第 10 卷,第 116 页)

的基础之上，衍生出内容更为丰富的理论体系。隋代《五行大义》所记八卦九宫分野，不仅以九宫对应《禹贡》九州，而且还将九宫与九天相配，并通过九天与二十八宿及北斗九星的对应关系，进一步将二十八宿分野以及北斗九星分野一并整合于九宫分野体系之下，其理论内容极为庞杂繁复①。二是将九宫分野改造成为十二宫分野体系。北宋杨惟德编《景祐太乙福应经》记述分野，于九宫主《禹贡》九州之后，又增补绛宫、明堂、玉堂三宫，分别对应交州、益州和幽州②。从杨氏所撰小序来看，这种十二宫分野之说大概是为了与传说中的虞舜十二州之数相合而强行拼凑出来的。

除以上所述九宫对应《禹贡》九州的分野说外，东汉《九宫经》还提到一种九宫对应恒山、太山、嵩高、华山、霍山五岳以及江、河、淮、济四渎的理论："一主恒山，二主三江，三主太山，四主淮，五主嵩高，六主河，七主华山，八主济，九主霍山。"③此处"三江"之"三"字疑为衍文。由于汉代非常重视对此五岳四渎的山川祭祀④，所以东汉时期产生这样一种九宫分野说也是不难理解的。

---

① 参见《五行大义校注》卷一《论九宫数》，第44—46页。
② 杨惟德：《景祐太乙福应经》卷八《十二分野》，《续修四库全书》影印明谈剑山居抄本，第1061册，第23—25页。
③ 《五行大义校注》卷一《论九宫数》引《九宫经》，第41—42页。
④ 参见田天：《西汉山川祭祀格局考——五岳四渎的成立》，《文史》2011年第2辑，第47—70页。

2. 太乙九宫分野

除经典的周易八卦九宫之外,在数术之学的另一个门类太乙式占中还有一种卦序不同的太乙九宫。这种九宫形式是在八卦九宫的基础之上,卦象位置保持不变,而与八卦相配的数字则以逆时针方向整体旋转一格,即"皆蹉一位"[1],从而形成了一套新的矩阵序列:乾一,离二,艮三,震四,中五,兑六,坤七,坎八,巽九(参见图 1-16)。这就是太乙式占理论中太乙神所游走的九宫宫位[2]。

太乙九宫分野说的产生年代不明,据李淳风称,东汉中期未央著有《太一飞符九宫》一书[3],"太一"即"太乙",此书或许记有太乙九宫分野说,但今已无从考证。就目前所知,有关太乙九宫分野年代最早的明确记载见于《五行大义》。该书于八卦九宫分野说后,又列出与之类似的太乙九宫分野体系:"太一以兖州在正北,坎位;青州在东北,艮位;徐州在正东,震位;扬州在东南,巽位;荆州在西南(按当作正南),离位;梁州在西南,坤位;雍州在正西,兑位;冀州在西北,乾位。"[4]尽管从表面上看,这一太乙九宫分野体系与八卦九宫分野似乎比较接近,但其实二者在八卦卦象与诸州及方位的对应关系上是完全不同

---

① 《景祐太乙福应经》卷一《释九宫所主》,第 7 页。
② 参见《中国古代星占学》,第 303—305 页。
③ 《乙巳占》卷三《分野》,叶 16b。
④ 《五行大义校注》卷一《论九宫数》,第 44 页。

的。鉴于太乙九宫与八卦九宫存在渊源关系,故笔者判断这种
太乙九宫分野说应当是在八卦九宫主《禹贡》九州的基础之上
加以改造而来的。不过,需要注意的是,此处只提到太乙九宫
八卦与《禹贡》九州中的兖、青、徐、扬、荆、梁、雍、冀八州相配
属,而无中五宫与豫州之分野(参见图1-16)。这是因为在太
乙式占理论中,太乙神不入中五宫①,故此宫没有与之相对应
的分野区域。

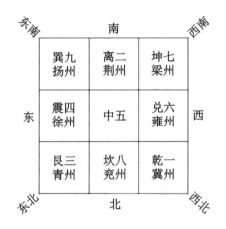

图 1-16　太乙九宫分野图

(据《五行大义》卷一《论九宫数》绘制)

---

① 如旧题唐王希明撰《太乙金镜式经》卷一 “推太乙所在法” 条谓 “其宫数命起
一宫,顺行八宫,不游中五”(文渊阁《四库全书》本,第 810 册,第 860 页)。关
于太乙术数之原理,可参见何丙郁:《太乙术数与〈南齐书·高帝本纪上〉史臣
曰章》,原载《“中央研究院”历史语言研究所集刊》第 67 本第 2 分,1996 年,收
入《何丙郁中国科技史论集》,辽宁教育出版社,2001 年,第 276—289 页。

隋代以后,以上这种太乙九宫分野说仍见于文献记载,但其具体对应关系有所出入。如《景祐太乙福应经》谓"一宫在乾,主并、冀二州","七宫在坤,主梁州、益州"①,此外明代军事类书《登坛必究》又称"二宫在离,主荆州、豫州"②,皆是以某一宫对应二州,从而改变了原本太乙九宫八卦主八州的基本模式(参见表1-8)。元代《太乙统宗宝鉴》甚至还以中五宫主豫州③,更与太乙"不游中五"之说相抵牾。

表1-8　九宫分野体系一览表

八卦九宫分野				太乙九宫分野		
八卦九宫	《禹贡》九州	五岳四渎	十二宫分野	太乙九宫	《五行大义》	《登坛必究》
坎一	冀州	恒山	冀州	乾一	冀州	并州、冀州
坤二	荆州	江	荆州	离二	荆州	荆州、豫州
震三	青州	太山	青州	艮三	青州	青州
巽四	徐州	淮	徐州	震四	徐州	徐州
中五	豫州	嵩高	豫州	中五		
乾六	雍州	河	雍州	兑六	雍州	雍州
兑七	梁州	华山	梁州	坤七	梁州	梁州、益州
艮八	兖州	济	兖州	坎八	兖州	兖州

---

① 《景祐太乙福应经》卷一《释九宫所主》,第7页。
② 王鸣鹤:《登坛必究》卷三《太乙》,《四库禁毁书丛刊》影印明万历刻本,北京出版社,2000年,子部第34册,第115页。
③ 《太乙统宗宝鉴》卷六"明文昌九宫所主分野术",第440—441页。

八卦九宫分野				太乙九宫分野		
八卦九宫	《禹贡》九州	五岳四渎	十二宫分野	太乙九宫	《五行大义》	《登坛必究》
离九	扬州	霍山	扬州	巽九	扬州	扬州
			绛宫交州			
			明堂益州			
			玉堂幽州			

（六）天星与山川分野说

历代天文数术类文献记有若干种将周天众星对应于地理山川的分野理论,它们也应是受星土分野学说的影响而产生的。笔者姑且将这些分野说归为一类,统称之为天星与山川分野说,并略作考述。

1,四渎四星分野。《晋书·天文志》谓井宿之东有四渎四星(参见图1-17),为"江、河、淮、济之精也"①。即以井东四星对应于江、河、淮、济,并直接以"四渎"命名。据《开元占经》卷七〇记载,四渎四星属甘氏星官系统,故此分野说可能产生于甘氏星官的形成年代,即西汉末或东汉初。

2,二十八宿与《禹贡》山川分野。此说见于东汉纬书《洛书》:"岍,角。岐,亢。荆山,氐。壶口,房。雷首,心。太岳,

①《晋书》卷一一《天文志上》,第306页。

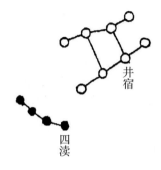

图 1-17　四渎四星图

（采自《灵台秘苑》卷一《步天歌星图》，第 7 页）

尾。砥柱，箕。析成，斗。王屋，牛。太行，须女。恒山，虚。碣
石，危。西倾，室。朱圉，壁。鸟鼠，奎。太华，娄。熊耳，胃。
外方，昴。桐柏，毕。陪尾，觜。嶓冢，参。荆山，东井。内方，
舆鬼。大别，柳。岷山，七星。衡山，张。九江，翼。敷浅原，
轸。"①此处所列与二十八宿相对应的岍、岐、荆山、雷首、九江
等山川皆出自《禹贡》，且所述诸山川顺序亦与《禹贡》导山导
水的走向相吻合，故《乙巳占》引述这段文字，谓其乃是"以《禹
贡》山川配二十八宿"。因郑玄尝注《洛书》，说明此书之行世
当不晚于东汉中后期，故此二十八宿与《禹贡》山川分野说可能
也产生于同一时代。

　　3，周天众星与九塞、九山、黄河九曲及《禹贡》山川分野。
纬书《降象河图》（亦称《河图绛象》）记有四种以周天诸星对应

---

①《乙巳占》卷三《分野》引《洛书》，叶 14a—14b。

地理山川的理论学说，其佚文见于《乙巳占》，下面分别作一介绍。

其一，九塞分野。"东岳太山，角、亢、房之根，上为天门、明堂。邻之隘，上为扶桑，日所陈。宣陆之阻，上为吴泉（或曰虞泉），月所登。阿阮之隘，上为阳谷，五星以陈。方域之险，上为咸池。四殽敛之阻，上为女纪。今訾之塞，上为猴星。井陉之险，上为魁首。勾拒之阻，上五合五纽为都星。居庸之隘，上为极紫宫之户。"李淳风称"已上九塞之星精，上著于天"①。所谓"九塞"是指九个地理位置极其重要的险阻之地，《吕氏春秋》记为大汾（即太汾）、冥阨、荆阮、方城、殽、井陉、令疵、句注、居庸②。以上所记就是将这些险塞对应于天门、明堂等周天诸星的理论，不过这里记载的九塞之名多有讹误。如"太汾"在晋，然此处却将其拆分为太山与邻，分别配以天星，显然存在误解。又"冥阨"在楚，但此处误作"宣陆"，以致不明所指。其余各塞之名亦多有文字出入。从这些情况来看，或许是由于创制该理论的星占家不审地理，故而滋生讹误。

其二，九山分野。"仓络山，天运摄提精。代阙，天提高星精。王屋，天资华盖精。握弥首山，天维辅星精。山戎足，天街北界之精。岐山，天维房星之精。太行，附路之精。岳阳，天提

①《乙巳占》卷三《分野》引《降象河图》，叶 12a—12b。
②《吕氏春秋集释》卷一三《有始览》，第 278—279 页。《淮南子·墬形训》略同。

纪汉之精。孟堪,地闰河鼓之精,燕齐之维。"李淳风谓"已上九山,禀大宿之精"①。此说将仓络、代阙、王屋、首山、山戎足、岐山、太行、岳阳、孟堪九山对应于摄提、天高、华盖等九星。不过需要指出的是,此九山与一般所说的会稽、太山、王屋、首山、太华、岐山、太行、羊肠、孟门九山有所不同②。其中,仅四山名称相同,"孟堪"疑即孟门,而仓络、代阙、山戎足、岳阳四山则与通行说法迥异,且前三者更是仅见于此,不知所指为何山。

其三,黄河九曲分野。"河导昆仑山,名地首,上为权势星(一曲)。东流千里至规其山,名地契,上为距楼星(二曲)。北流千里至积石山,名地肩,上为别符星(三曲)。邠南千里入陇首山间,抵龙门首,名地根,上为宫室星(四曲)。龙门,上为王良星,为天桥,神马出河跃。南流千里抵龙首,至卷重山,名地咽,上为卷舌星(五曲)。东流贯砥柱,触阕流山,名地喉,上为枢星,以运七政(六曲)。西距卷重山千里,东至雒会,名地神,上为纪星(七曲)。东流至大岯山,名地肱,上为辅星(八曲)。东流过绛水,千里至大陆,名地腹,上为虚星(九曲)。"李淳风称"已上黄河九曲上为星"③。明杨慎《丹铅总录》引《河图绛象》亦有这段记载,稍有不同的是,它明确指出了黄河九曲的具

---

① 《乙巳占》卷三《分野》引《降象河图》,叶 12b—13a。
② 《吕氏春秋集释》卷一三《有始览》,第 278 页。《淮南子·墬形训》略同。
③ 《乙巳占》卷三《分野》引《降象河图》,叶 13a—13b。据杨慎《丹铅总录》卷二地理类"黄河九曲"条引《河图绛象》校正。

体河段①，以上引文括号内所注明者即以此为据，这有助于我们判定黄河九曲与势星、库楼、别符等星的具体对应关系。

其四，《禹贡》山川分野。"洛泾之起，西维南嶓冢山，上为狼星。漾水出端，东流过武关山南，上为天高星。汉水东流至岳首，北至荆山为地雌，上为轩辕星。大别山为地里，上为庭蕃星。三危山，上为天苑星。岐山为地乳，上为天廪星。岷山之地为井络，上为天井星。岷江九折，上为太微庭。九江北，东出南流，上为东蕃。兖州济汶，上为天津。桐柏山为地穴，维尾为地腹，上为太微帝座、三能、斗、轩辕，淮源出之。岱岳表出钩钤。鸟鼠同穴山地之干，上为奄毕星。熊耳山，地之门也，上为毕、附耳星。洛水击其间，东北过五湖山，至于陪尾，东北入中提山、五灵山，上为五诸侯。陪尾山为轩辕，中提山上为三台。"②此处所记山川大抵出自《禹贡》，且所述山川走势亦与《禹贡》导山导水的走向基本相符，故推断这里记载的应是《禹贡》山川与狼星、天高、轩辕等星相对应的理论学说。

尽管《降象河图》的成书年代不明，但想来无非是东汉河图谶纬之类，故猜测以上四种诸星与山川分野说或许均出现于东汉时期。

4，五星与五岳分野。上文在梳理五星分野说时提到，《续

---

① 杨慎：《丹铅总录》卷二地理类"黄河九曲"条引《河图绛象》，明嘉靖三十三年刻本，叶8b—9a。
② 《乙巳占》卷三《分野》引《降象河图》，叶13b—14a。

汉书·天文志上》刘昭注引《星经》云:"岁星主泰山,徐州、青州、兖州。荧惑主霍山,扬州、荆州、交州。镇星主嵩高山,豫州。太白主华阴山,凉州、雍州、益州。辰星主恒山,冀州、幽州、并州。"①这里主要记载的是一种以五星对应汉代五岳的理论,又因此处所见诸州反映的是汉献帝时期的州制,故推测此说或产生于汉魏之际。

5,二十八宿山分野。《乙巳占》提及一部名为《二十八宿山经》的文献,李淳风称此书"载其宿山所在,各于其国分。星宿有变,则应乎其山,所处国分有异,其山亦上感星象。又其宿星辰常居其山,而上伺察焉。上下递相感应,以成谴告之理"②。揣度其意,似乎是说,二十八宿各有与其对应之山,称"宿山",且诸山貌似又与二十八宿分野之十三国系统存在某些关联。因《乙巳占》并未引述该书原文,故难以知其分野详情。

尽管《乙巳占》记述《二十八宿山经》语焉不详,但关于此书所载分野说的具体内容也并非无迹可寻,其实相关佚文就保存于《开元占经》之中,现整理如下:

> 角山与亢山相连,在韩金门山中,……角、亢星神常居
> 其上。

①见《后汉书》志一〇,第3213页。
②《乙巳占》卷三《分野》,叶1b—2a。同卷又云:"星官有《二十八宿山经》,其山各在十二次之分,分野有灾,则宿与山相感而见祥异。"(叶18b—19a)

氐山，在郑白马山东，氐星神常居其上。

房山，在宋地，与心山相连，房、心星神常居其上。

尾山与箕山相连，在燕九都山西，尾、箕星神常居其上。

斗山在吴阳羡山南，斗星之神常居其上。

牛山与女山相连，各法其星形，牵牛、须女星神常居其上。

虚山、危山相连，在齐臣首山中，虚、危星神常居其上。

营室山在城山东南，与东壁山相连，室、壁星神常居其上。

奎山、娄山相连，奎、娄星神常居其上。

胃山、昴山，东与毕山相连，在赵常山中央，……胃、昴、毕之神常居其上。

觜觿山与参山相连，在魏天山西南，觜、参星神常居其上。

东井、舆鬼山，在秦火山南，井、鬼星神常居其上。

柳山、七星山、张山皆相连，在周嵩高山东北，柳、七星、张星神常居其上。

翼山、轸山相连，在楚门山中央，最高，翼、轸星神常居其上。①

---

① 《开元占经》卷六〇《角占》《氐宿占》《房宿占》《尾宿占》，第 602—605 页；卷六一《南斗占》《牵牛占》《虚宿占》《营室占》，第 607—610 页；卷六二《奎宿占》《胃宿占》《觜觿占》，第 612—615 页；卷六三《东井占》《柳占》《翼宿占》，第 618—621 页。

以上这些记载并不完整,有所缺漏,但我们仍可探知《二十八宿山经》分野说的基本内容。所谓"二十八宿山"是指以各星宿命名的二十八座神山,这些山分布于列国之中,二十八宿星神常居其上。如角山、亢山在韩国金门山中,尾山、箕山在燕国九都山西。从此处所见韩、郑、宋、燕、吴、齐、赵、魏、秦、周、楚诸国及其与二十八宿之间的对应关系来看,这里采用的应是传统二十八宿分野之十三国系统,不过此处将原本单一的韩(或称郑)地分野析分为韩、郑两个独立的分野区域,从而构成一种十四国地理系统。由此可知,上述记载应阙佚越、卫、鲁三个分野之国。清末学者沈曾植即指出,牛山、女山当在越分野,奎山、娄山当在鲁分野;"营室山在城山东南","城山"上盖脱"卫"字①。经文字补正之后,我们便可理解李淳风所谓"其宿山所在,各于其国分"之所指。《二十八宿山经》记载的是一种以二十八宿对应二十八山及十四国分野区域的理论,显然此说应当是在二十八宿分野之十三国系统的基础之上衍生出来的②。由于《二十八宿山经》的作者及成书年代不详,故难以判断这种二十八宿山分野说的产生时代,目前仅知其下限不会晚于

①沈曾植:《海日楼札丛》卷四《二十八宿山经》条,钱仲联辑:《海日楼札丛(外一种)》,中华书局,1962年,第166—167页。
②刘宗迪《失落的天书:〈山海经〉与古代华夏世界观》认为《山海经·大荒经篇》所记群山反映的是一种原始的天文观测坐标体系,《二十八宿山经》以群山对应二十八宿的分野模式或来源于此(商务印书馆,2006年,第26页),可姑备一说。

隋唐。

6，二十八宿与五岳分野。此说起源较早，《初学记》引东汉纬书《春秋元命苞》谓毕宿散为冀州，立为常山，宋均注曰"常山即恒山也，是毕、昴之精"①，则东汉前期可能已有以昴、毕二宿配属恒山的说法。不过，将二十八宿对应于所有五岳的分野说却产生很晚，始见于宋代。潘自牧《记纂渊海》记道家三十六小洞天，其中提到东岳太山"上应娄、奎之精，下镇鲁地之分野"；南岳衡山"上应翼、轸、玑、衡之精，故云衡山，下镇楚地之分野"；西岳华山"上应井、鬼之精，下镇秦地之分野"；北岳恒山"上应毕、昴之精，下镇燕地之分野"；中岳嵩山"上应柳、星之精，下镇周地之分野"②。需要说明的是，此处仅将二十八宿中的若干星宿分别与五岳相配，且衡山除上应翼、轸二宿之外，还与北斗七星中的天玑、天衡存在对应关系，但总的来说，这一理论仍可统称为二十八宿与五岳分野说。此说史源不明，想必是来自某一部宋代道教文献。

以上所列六类非星土对应理论均属于星土分野说之变种，从其产生年代来看，它们大多出现于汉代，这与前文所述诸种星土分野说多始见于两汉的情况相同，反映的也是汉代数术文

---

① 《初学记》卷五地部上"恒山"条引《春秋元命苞》，中华书局，1962年，第102页。
② 潘自牧：《记纂渊海》卷一八七仙道部二"三十六小洞天"，《北京图书馆古籍珍本丛刊》影印宋刻本，书目文献出版社，1998年，第71册，第788—789页。

化高度发达的时代背景。另一方面,星土分野诸变种的不断出现和流行,展现出天文分野学说对人们思想文化观念的重要影响。分野学说产生后流传甚广,这种星土之间互相对应的概念及其形式在人们头脑中留下了深刻的印象,于是人们便仿照星土分野的基本模式,将星土以外的其他诸多事物也建立起类似的配属关系,或以天星对应山川、人物,或以云气、干支、月建、九宫对应地理区域,从而衍生出上述种种理论学说,其中诸如九宫分野说还在社会上广泛流行。这种情况表明,分野学说已经成为一种根深蒂固的思想文化观念,是古代中国人知识文化体系中的一项重要内容。因此,我们对于传统天文分野学说的认识,不应简单地从科学与迷信的角度加以评判,而需将其置于中国古代思想文化史的视野之下进行新的解读。

第二章 "十三国"与"十二州"：释传统 二十八宿及十二次分野说之地理系统

　　中国古代的天文分野是由传统星占学说衍生出来的一种认知天地关系的理论体系，自战国以来的历代分野说多达二十余种，其中二十八宿分野与十二次分野是流传最广、影响最大的两种分野理论。二十八宿是指分布在天赤道及黄道附近的二十八个星座，包括东方青龙七宿：角、亢、氐、房、心、尾、箕；北方玄武七宿：斗、牛、女、虚、危、室、壁；西方白虎七宿：奎、娄、胃、昴、毕、觜、参；南方朱雀七宿：井、鬼、柳、星、张、翼、轸（参见图2-1）。十二次是古人根据木星运行规律等分黄、赤道带而成的十二个星区，即星纪、玄枵、娵訾、降娄、大梁、实沈、鹑首、鹑火、鹑尾、寿星、大火、析木。二十八宿分野与十二次分野就是分别以上述二十八个星宿和十二个星区为坐标系的天地对应学说。

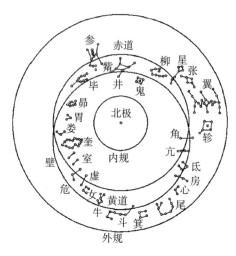

图 2-1　二十八宿图

（采自中国天文学史整理研究小组编：《中国天文学史》，科学出版
社，1981 年，第 56 页。原题名《东汉官图》，据蔡邕《月令章句》绘制）

历代分野学说主要包括天文和地理两套系统，就二十八宿
及十二次分野而言，自秦汉以降，其天文系统变化不大，而其地理
系统之流变则相当复杂，主要有"十三国"与"十二州"两套截然
不同的系统。对于这两套地理系统的来历及其意义，古今学者皆
以战国时代的政治版图与汉代十三刺史部来加以解释①。今天

---

① 参见陈遵妫：《中国古代天文学简史》，第 89—91 页；同氏《中国天文学史》，
第 2 册，第 419—425 页；江晓原：《天学真原》，第 223—229 页；同氏《星占学
与传统文化》，第 62—73 页；陈美东：《中国科学技术史·天文学卷》，第
45—47 页；江晓原、钮卫星：《中国天文学》，上海人民出版社，2005 年，第
82—87 页；卢央：《中国古代星占学》，第 212—218 页；冯时：《中国天文考古
学》，第 106—112 页。

看来,这种解释存在着明显漏洞,需要加以重新检讨。通过传统分野说地理系统的衍变过程,可以看出从群雄并峙的战国到"大一统"的汉代,人们观念中所反映出来的天下地理格局的巨大变迁。本章试图从这个角度,对"十三国"与"十二州"两套分野地理系统的政治文化意义做出新的解释,并梳理传统二十八宿及十二次分野体系的定型过程及其方位淆乱问题。

第一节　"后战国时代"的文化地理观念：十三国分野系统

二十八宿及十二次分野说起源于战国,直至汉代,逐渐形成了一套严密的理论体系,并先后产生"十三国"与"十二州"两套截然不同的地理系统。因二者均首先出现于二十八宿分野之中,故本章首先以二十八宿分野体系之演变为线索来讨论十三国与十二州地理系统。

二十八宿分野体系中的十三国地理系统,始见于《淮南子·天文训》：

> 星部地名：角、亢，郑；氐、房、心，宋；尾、箕，燕；斗、牵牛，越；须女，吴；虚、危，齐；营室、东壁，卫；奎、娄，鲁；胃、昴、毕，魏；觜嶲、参，赵；东井、舆鬼，秦；柳、七星、张，周；

　　翼、轸，楚。①

　　《淮南子》一书成于景帝末至武帝初，这是传世文献中有关二十八宿分野体系年代最早的完整记载。推测其来历，应是淮南王刘安门下士在战国以来诸家分野学说的基础之上，加以整理而成的一套体系严密的分野理论。这套分野体系以二十八宿分别对应郑、宋、燕、越、吴、齐、卫、鲁、魏、赵、秦、周、楚十三个东周列国，由此奠定了二十八宿分野体系下的十三国地理系统的基本框架。

　　在出土文献中，我们也能找到大致与《淮南子》同时代的二十八宿分野学说。山东临沂银雀山一号汉墓出土的《占书》残简记有天文分野的内容，可据文义拼缀复原：

　　　　郑受角、亢、抵（氐），其日……毇（魏）受房、心、尾，其日辛……牛、婺女，其日丁……□，其辰□。鲁受奎、娄女、胃……日庚，其辰申。秦受东井、舆鬼，其日甲，其辰子。周受柳、七星、□（张），其日丙，其辰午。楚受翼、轸，其日癸，其辰巳。□寅赢五月，凡廿八宿三百九（六）十五度四分度之一……②

　　——————————

①《淮南子集释》卷三《天文训》，第272—274页。
②银雀山汉墓竹简整理小组：《银雀山汉墓竹简（贰）》，第242页，图版及摹本分别见第118、313页。

有学者推断这批银雀山出土汉简的书写时代当在文帝至武帝初年①。虽然此简仅残存郑、魏、鲁、秦、周、楚六国之分野记载，但始于角、亢，终于翼、轸，与二十八宿起讫相同，且又有"凡廿八宿"之语，可见该简原本应当记有完整的二十八宿分野体系。从目前残存的简文来看，与十三国地理系统大致相符，那么这件《占书》残简记载的很可能就是与《淮南子》相似的二十八宿分野理论②。

第一章曾提到，马王堆帛书《日月风雨云气占》记有一种战国时代的二十八宿分野说：

> 房左骖，汝上也；其左服，郑地也；房右服，梁地也；右骖，卫。婺女，齐南地也。虚，齐北地也。危，齐西地也。营室，鲁。东壁，卫。娄（娄），燕。胃（胃），魏氏东阳也。参前，魏氏朱县也；其阳，魏氏南阳；其阴，韩氏南阳。罼（毕），韩氏晋国。觜巂，赵氏西地。罚，赵氏东地。东井，秦上郡。舆鬼，秦南地。柳，西周。七星，东周。张，荆（楚）北地。③

---

① 吴九龙：《银雀山汉简释文》"叙论"，第 13 页。
② 陈乃华《从汉简〈占书〉到〈晋书·天文志〉》认为此简所记是战国时期未经系统整理的分野学说（见《古籍整理研究学刊》2000 年第 5 期，第 8 页），又连劲名《银雀山汉简〈占书〉述略》推测这份分野资料当出自秦人之手（见《考古》2007 年第 8 期，第 64 页），以上两说均属误解，不足采信。
③ 陈松长：《马王堆帛书〈刑德〉研究论稿》，第 102 页，图版见第 159 页。

如果将《淮南子·天文训》及银雀山汉简所见二十八宿分野与此帛书加以对比，便可清楚地看到早期分野学说与汉代分野体系之间的重大区别。战国中后期虽已形成了较为完整的二十八宿分野观念，但当时的分野学说还带有较为明显的原始色彩。从马王堆帛书的记载来看，其星土对应关系显得颇为凌乱，缺乏整齐划一的体系。既有某宿对应某国者，亦有某宿与诸国某一属地相配的例子。而且还存在着一宿对应多地的情况，如左骖、左服、右服、右骖为房宿四星，分别与汝上、郑、梁、卫四地相应；所谓其前、其阳、其阴及罚均指参宿诸星，却分为韩、赵、魏三国。此外，韩、魏分星各有二宿，但并不相邻；房、壁主卫，却相去甚远。这些情况足以说明这一分野学说尚无严格的体系，在理论构建上显得十分粗疏，刘乐贤就指出这应是"比较原始或未经整齐划一过的早期分野学说"[1]。而《淮南子》与银雀山汉简虽在个别星土对应关系上有所出入，但基本都是以两至三个相毗邻的星宿对应某一国（见表2-1），形式严谨，自成体系，与马王堆帛书的记载迥然不同。早期分野学说之粗疏与汉代分野体系之严密，于此判然可见。

始于《淮南子》的二十八宿分野之十三国系统，还见于多种汉魏时期文献。其中，尤以《汉书·地理志》记载详明且影响广泛，被视为最有代表性的一种二十八宿分野学说。班固在记载

---

① 刘乐贤：《马王堆天文书考释》，第193页。

西汉政区地理沿革之后,将全国分为十三个区域分别介绍各地的人文地理状况,其中就包括各区域分野的内容:

> 秦地,于天官东井、舆鬼之分野也。其界自弘农故关以西,京兆、扶风、冯翊、北地、上郡、西河、安定、天水、陇西,南有巴、蜀、广汉、犍为、武都,西有金城、武威、张掖、酒泉、敦煌,又西南有牂柯、越巂、益州,皆宜属焉。
>
> 魏地,觜觿、参之分野也。其界自高陵以东,尽河东、河内,南有陈留及汝南之召陵、瀢强、新汲、西华、长平,颍川之舞阳、郾、许、傿陵,河南之开封、中牟、阳武、酸枣、卷,皆魏分也。
>
> 周地,柳、七星、张之分野也。今之河南雒阳、穀成、平阴、偃师、巩、缑氏,是其分也。
>
> 韩地,角、亢、氐之分野也。韩分晋,得南阳郡及颍川之父城、定陵、襄城、颍阳、颍阴、长社、阳翟、郏,东接汝南,西接弘农得新安、宜阳,皆韩分也。及《诗·风》陈、郑之国,与韩同星分焉。
>
> 赵地,昂、毕之分野①。赵分晋,得赵国。北有信都、真定、常山、中山,又得涿郡之高阳、鄚、州乡;东有广平、钜

①荀悦《汉纪》卷六吕后七年十二月己丑条下所记二十八宿分野体系当源自《汉书·地理志》(见《两汉纪》,张烈点校,中华书局,2002年,上册,第84—85页),其中谓"胃、昂、毕,赵也",知此处所列赵地分星夺一"胃"字。

鹿、清河、河间，又得渤海郡之东平舒、中邑、文安、束州、成平、章武，河以北也；南至浮水、繁阳、内黄、斥丘；西有太原、定襄、云中、五原、上党。上党，本韩之别郡也，远韩近赵，后卒降赵，皆赵分也。

燕地，尾、箕分野也。……东有渔阳、右北平、辽西、辽东，西有上谷、代郡、雁门，南得涿郡之易、容城、范阳、北新城、故安、涿县、良乡、新昌，及勃海之安次，皆燕分也。乐浪、玄菟，亦宜属焉。

齐地，虚、危之分野也。东有甾川、东莱、琅邪、高密、胶东，南有泰山、城阳，北有千乘，清河以南，勃海之高乐、高城、重合、阳信，西有济南、平原，皆齐分也。

鲁地，奎、娄之分野也。东至东海，南有泗水，至淮，得临淮之下相、睢陵、僮、取虑，皆鲁分也。

宋地，房、心之分野也。今之沛、梁、楚、山阳、济阴、东平及东郡之须昌、寿张，皆宋分也。

卫地，营室、东壁之分野也。今之东郡及魏郡黎阳，河内之野王、朝歌，皆卫分也。

楚地，翼、轸之分野也。今之南郡、江夏、零陵、桂阳、武陵、长沙及汉中、汝南郡，尽楚分也。

吴地，斗分野也。今之会稽、九江、丹阳、豫章、庐江、广陵、六安、临淮郡，尽吴分也。

粤地，牵牛、婺女之分野也。今之苍梧、郁林、合浦、交阯、九真、南海、日南,皆粤分也。①

　　首先需要说明这段分野文献所产生的时代。有科技史学者认为,上述记载反映了东汉时期的分野学说②。其实,关于这段分野史料的来源,班固在《汉书·地理志》中已有明确交代:"汉承百王之末,国土变改,民人迁徙,成帝时刘向略言其域(一作地)分,丞相张禹使属颍川朱赣条其风俗,犹未宣究,故辑而论之,终其本末著于篇。"由此看来,上述有关分野的记载应该是出自刘向所言"域分"的内容。故王应麟《玉海》转引这段文字,径题作"汉刘向言域分"③。钱大昕亦谓"《地理志》末论十二国(按当为十三国)分域,盖出于刘向"④。晚清姚振宗也说"此刘向撰地理分野,为《地理志》之始基"⑤,并进一步推断其出处应是刘向续补《史记》之书⑥,此说当可信从。试将刘向所言分野与《淮南子》二十八宿分野体系做一比较,可以看出,

①《汉书》卷二八下《地理志下》,第1641—1669页。关于此区域划分的解析,可参见雷虹霁:《秦汉历史地理与文化分区研究——以〈史记〉〈汉书〉〈方言〉为中心》,中央民族大学出版社,2007年,第93—139页。
②参见陈遵妫:《中国天文学史》,第2册,第423页。
③王应麟:《玉海》卷二《天文门·天文书上》"汉刘向言域分"条,第38页。
④钱大昕:《廿二史考异》卷八《汉书三》,方诗铭、周殿杰点校,上海古籍出版社,2004年,第153页。
⑤姚振宗:《隋书经籍志考证》卷一六《西京杂记》条,第5304页。
⑥姚振宗:《汉书艺文志拾补》卷五"朱赣地理书"条云:"按刘向欲述地理,略言域分,而未成其书,当在续《太史公书》中。"(《二十五史补编》本,中华书局,1986年,第2册,第1516页)

除个别星土对应关系有所出入外,两者所采取的十三国地理系统是基本吻合的(参见表2-1)。但与《淮南子》所不同的是,刘向分野说还在十三国系统的框架之下,对诸国所对应的汉代行政区域分别做了详细说明,可据此绘制出一幅汉代分野图(参见图2-2)。在采用十三国系统的二十八宿分野学说中,这是内容最完备的一种记载,故屡为后人所称引。

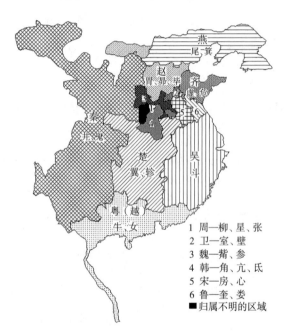

图 2-2　汉代十三国分野系统示意图

（据《汉书·地理志》及《汉纪》所记二十八宿分野体系绘制,底图采自雷虹霁:《秦汉历史地理与文化分区研究——以〈史记〉〈汉书〉〈方言〉为中心》,第127页)

除《汉书·地理志》之外，《越绝书·记军气篇》也较为详细地记载了十三国系统的二十八宿分野学说：

> 韩故治，今京兆郡，角、亢也。
>
> 郑故治，角、亢也。
>
> 燕故治，今上渔阳、右北平、辽东、莫郡，尾、箕也。
>
> 越故治，今大越山阴，南斗也。
>
> 吴故治西江，都牛、须女也。
>
> 齐故治临菑，今济北、平原、北海郡、菑川、辽东、城阳，虚、危也。
>
> 卫故治濮阳，今广阳、韩郡，营室、壁也。
>
> 鲁故治太山、东温、周固水，今魏东，奎、娄也。
>
> 梁故治，今济阴、山阳、济北、东郡，毕也。
>
> 晋故治，今代郡、常山、中山、河间、广平郡，觜也。
>
> 秦故治雍，今内史也，巴郡、汉中、陇西、定襄、太原、安邑，东井也。
>
> 周故治雒，今河南郡，柳、七星、张也。
>
> 楚故治郢，今南郡、南阳、汝南、淮阳、六安、九江、庐江、豫章、长沙，翼、轸也。
>
> 赵故治邯郸，今辽东、陇西、北地、上郡、雁门、北郡、清河，参也。①

---

① 《越绝书》外传《记军气》，李步嘉：《越绝书校释》卷一二，武汉大学出版社，1992年，第290—291页。

关于《越绝书》的成书时代，历来众说纷纭，迄无定论。但较为肯定的是，此书既保存有战国时期的原始资料，亦有两汉乃至魏晋时人所增益的内容，当非一人一时之作①。至于《记军气篇》的撰作年代，有学者根据其中所见汉代郡国的地理沿革情况，认为它可能成于汉武帝元狩年间②。《越绝书》所记二十八宿分野区域共计十四国，其中郑、燕、越、吴、齐、卫、鲁、梁（即魏）、秦、周、楚、赵等十二国与《淮南子》相吻合，其余韩、晋两国实系郑、赵之重出——韩与郑同为角、亢分野，晋之分野区域实属赵地。在十三国系统中，独缺宋之分野。另外，所记二十八宿也不完整，缺氐、房、心、胃、昴、鬼六宿，其中前三宿即当为宋之分野。从这些情况来看，传世诸本当有阙文。与《汉书·地理志》类似的是，《越绝书》在所记诸国分野之后，也大都标注了相对应的汉代郡国，但记载多有错乱，如燕、齐、赵三国下皆有辽东郡，即是一显例。见于《越绝书》的二十八宿分野之所以存在以上诸多错漏，除了阙文以外，与该书撰述及流传过程的复杂性可能不无关系。尽管如此，我们仍可明白看出它所记载的内容与《淮南子》的分野学说并无本质区别。

此外，还有若干种汉魏文献也记述了十三国系统的二十八

---

① 参见陈振孙：《直斋书录解题》卷五《越绝书》解题，第 142 页；余嘉锡：《四库提要辨证》卷七《越绝书》，中华书局，1986 年，第 381—382 页；周生春：《〈越绝书〉成书年代及作者新探》，《中华文史论丛》第 49 辑，1992 年，第 121—139 页。
② 周生春：《〈越绝书〉成书年代及作者新探》，第 129—130 页。

宿分野学说。不过,这些典籍或是早已亡佚,或是叙述过于简略,能够提供的信息十分有限,在此仅略作考述。

《石氏星经》。此书始见于《汉书·天文志》,亡于唐宋以后,但该书所记周天星宿坐标值仍较为完整地保存于《开元占经》之中。据今人研究,这些数据的观测年代应在公元前 1 世纪①,由此推测此书当成于西汉后期。据李淳风称,《石氏星经》所记分野为"配宿属国"②,应即指以二十八宿配属十三国的分野学说。

《海中二十八宿国分》二十八卷。此书著录于《汉书·艺文志》天文类③,作者不详。从书名来看,想必是一部以十三国系统为理论框架的星占学作品。

未央《太一飞符九宫》。此书不见著录,仅见于唐人记载。据李淳风说,未央于东汉安帝时为千乘都尉,长于阴阳气数之术,其书"言分野,简略未可详也,所属星、国名,与《石氏(星经)》颇同"④。未央分野佚文今见于《乙巳占》和《开元占经》,可以明确看出属十三国系统之二十八宿分野学说。

---

①关于石氏星官的观测年代,科技史学者颇有争议,不过目前学界倾向于认同
　西汉后期说,参见〔日〕薮内清:《漢代における観測技術と石氏星経の成
　立》,第50—54 页;孙小淳:《汉代石氏星官研究》,第123—138 页;陈美东:
　《中国科学技术史·天文学卷》,第148—152 页。
②《乙巳占》卷三《分野》,叶 19a。
③《汉书》卷三〇《艺文志》,第 1764 页。
④《乙巳占》卷三《分野》,叶 17b—18a。

高诱《吕氏春秋》注。东汉末，高诱在注解《吕氏春秋·有始览》"何谓九野"时引述了二十八宿分野理论[1]，亦属十三国系统。

刘熙《释名》。此书成于东汉末年，卷二《释州国》依次对燕、宋、郑、楚、周、秦、晋、赵、鲁、卫、齐、吴、越诸国国名加以训释之后，谓"此上十三国，上应列宿"[2]。显而易见，这里所指的也是以二十八宿对应十三国的分野理论。

张揖《广雅》。这是曹魏时期的一部训诂学著作，该书《释天篇》所记二十八宿分野体系[3]，同样采用十三国系统。

综观以上汉魏文献所记二十八宿分野体系（参见表 2-1），尽管诸家学说在若干具体的星土对应关系上略有出入，但总体而言，这一分野系统地理区域的划分基本上可以确定为韩（郑）、宋、燕、吴、越、齐、卫、鲁、魏（晋）、赵、秦、周、楚这十三国。其中，因韩灭郑后迁都新郑，故韩、郑分野相同，或称韩，或称郑，或二者兼称；又三家分晋，而晋之故地多入于魏，所以时人习称魏为晋[4]，故各家分野说称魏、称晋不一。

---

[1]许维遹：《吕氏春秋集释》卷一三《有始览》，第 276—277 页。
[2]刘熙撰，毕沅疏证，王先谦补：《释名疏证补》，祝敏彻、孙玉文点校，中华书局，2008 年，第 51—54 页。
[3]王念孙：《广雅疏证》卷九上《释天》，第 285—286 页。
[4]参见刘宝楠：《愈愚录》卷四"晋国"条，《续修四库全书》影印光绪十五年广雅书局刻本，第 1156 册，第 265 页。

表 2-1　二十八宿分野体系一览表[1]

二十八宿	《淮南子》	银雀山汉简	《史记·天官书》	《汉书·地理志》	《越绝书·记军气篇》	《春秋元命苞》[1]		未央分野	《吕氏春秋》高诱注	《广雅·释天》	《晋书·天文志》		《星经》		《魏书·张渊传》	
	国	国	州	国	国	国	州	国	国	国	国	州	国	州	国	州
角	郑	郑	兖	韩（郑、陈）	韩（郑）			郑	韩（郑）	郑	郑	兖	郑	兖	郑	兖
亢	郑	郑	兖	韩（郑、陈）	韩（郑）			郑	韩（郑）	郑	郑	兖	郑	兖	郑	兖
氐	宋	郑	兖	韩（郑、陈）		郑	兖		韩（郑）	宋	郑	兖	宋	豫	陈³	豫
房	宋	魏	豫	宋			豫	宋	宋	宋	宋	豫	宋	豫	陈³	豫
心	宋	魏	豫	宋				宋	宋	宋	宋	豫	宋	豫	陈³	豫
尾	燕	魏	幽	燕	燕	燕	幽	燕	燕	燕	燕	幽	燕	幽	燕	幽
箕	燕		幽	燕	燕			燕	燕	燕	燕	幽	燕	幽	燕	幽
斗	越		江湖	吴	越	越	杨	吴越	吴越	吴越	吴越	扬	吴越	扬	吴	扬
牛	越		杨	粤	吴			吴越	吴越	吴越	吴越	扬	吴越	扬	吴	扬
女	吴		杨	粤	吴			吴越	（吴）越	吴越	吴越	扬	齐	青	齐	青

续表

二十八宿	《淮南子》	银雀山汉简	《史记·天官书》	《汉书·地理志》	《越绝书·记军气篇》	《春秋元命包》1		未央分野	《吕氏春秋》高诱注	《广雅·释天》	《晋书·天文志》		《星经》		《魏书·张渊传》	
	国	国	州	国	国	国	州	国	国	国	国	州	国	州	国	州
虚	齐		青	齐	齐	齐	青	齐	齐	齐	齐	青	齐	青	齐	青
危	齐		青	齐	齐	齐	青	齐	齐	齐	齐	青	卫	井	齐	青
室	卫		并	卫	卫	卫	并	卫	卫	卫	卫	井	卫	井	卫	井
壁	卫	鲁	并	卫	卫			卫	卫	卫	卫	井	卫	井	卫	井
奎	鲁	鲁	徐	鲁	鲁			鲁	鲁	鲁	鲁	徐	鲁	徐	鲁	徐
娄	鲁	鲁	徐	鲁	鲁			鲁	鲁	鲁	鲁	徐	鲁	徐	鲁	徐
胃	魏		徐	赵	梁（魏）	赵	冀	晋（魏）		赵	鲁	徐	赵	冀	赵	冀
昴	魏		冀	赵	晋	赵	冀	晋（魏）	赵	赵	赵	冀	赵	冀	赵	冀
毕	魏		冀	赵	赵		益	晋（魏）	赵	赵	赵	冀	魏	益	赵	冀
觜	赵		益	魏			益	赵	晋	魏	魏	益	魏	益	魏	益
参	赵		益	魏				赵	晋	魏	魏	益	魏	益	魏	益
井	秦	秦	雍	秦	秦	秦	雍	秦	秦	秦	秦	雍	秦	雍	秦	雍

二十八宿	《淮南子》	银雀山汉简	《史记·天官书》	《汉书·地理志》	《越绝书·记军气篇》	《春秋元命苞》[1]		未央分野	《吕氏春秋》高诱注	《广雅·释天》	《晋书·天文志》		《星经》		《魏书·张渊传》	
	国	国	州	国	国	国	州	国	国	国	国	州	国	州	国	州
鬼	秦	秦	雍	秦		秦	雍	秦	秦	秦	秦	雍	秦	雍	秦	雍
柳	周	周	三河	周	周			周	周	周	周	三河[2]	周	三河	周	三河
星	周	周	三河	周	周				周	周	周	三河[2]	周	三河	周	三河
张	周	周	三河	周	周			周	周	周	周	三河[2]	周	三河	周	三河
翼	楚	楚	荆	楚	楚			楚	楚	楚	楚	荆	楚	荆	楚	荆
轸	楚	楚	荆	楚	楚	楚	荆	楚	楚	楚	楚	荆	楚	荆	楚	荆

表注:

1.《春秋元命苞》谓"天弓星司马弓弩,流为徐州,别为鲁国",按天弓星属井宿星区,非二十八宿主星,故不列入本表。

2.《晋书·天文志》误以柳、星、张之分野为"三辅",今据《乙巳占》及敦煌写本《星占》改为"三河"。

3.《魏书·张渊传》以氐、房、心为陈国分野,陈国当为"宋国"之误。

　　如上所述，十三国系统是汉魏时代最为流行的二十八宿分野学说之一。关于这一地理系统，有三个耐人寻味的问题值得我们认真思考：一是出现于汉代的十三国系统究竟反映了一种什么样的地理格局？二是其地理单元为何要取"十三"国之数？三是为什么要选择上述这十三国？这些问题都需要仔细探讨。

　　第一，十三国系统所反映的地理格局。古今学者大多认为汉代分野理论是按照战国时期的地理形势来划定分野区域的，如李淳风称汉代分野乃"多因春秋已后，战国所据，取其地名、国号而分配焉"①。宋人吕祖谦也说"十二次，盖战国言星者以当时所有之国分配之耳"②。明人王士性亦谓以十三国平分二十八宿，"盖在周末战国时国号，意分野言起于斯时故也"③。若照此说，那么十三国系统所反映的理应是战国时代的政治地理格局。这种解释看似合理，但实难自圆其说。因为上述十三国并未同时存在于战国时期，如吴亡于战国之初，而韩、赵、魏三家分晋则已在半个多世纪之后，但它们却都见于十三国系统之中，故杜佑质疑十三国系统"下分区域，上配星躔，固合同时，

①《乙巳占》卷三《分野》，叶1b。
②《玉海》卷二《天文门·天文书上》"周九州星土、分星、分野、堪舆郡国所入度"条引吕氏说，第32页。
③王士性：《广志绎》卷一《方舆崖略》，周振鹤编校《王士性地理书三种》，第250页。

不应前后"①,确实切中了问题要害之所在。

笔者以为,与其将十三国系统视为一幅战国政治版图,毋宁将其理解为自春秋战国时代以来在人们头脑中长期形成的一种文化地域观念。秦汉一统,虽然在形式上终结了诸国林立的战国时代,但在一个很长的历史时期内,列国畛域观念仍深深植根于人们的头脑之中。有学者指出,西汉时代在政治、经济、学术、文化、语言、风俗等诸多方面仍明显带有战国时代的烙印。譬如,西汉的政治中心在关中,而学术文化中心却在齐鲁,与战国格局并无二致,直至东汉,政治、文化中心才一并让位于以洛阳为代表的中原地区;春秋战国例皆以县为重,故西汉人多沿袭战国旧习以县为籍,至东汉始普遍改称州郡;西汉时期,方言地理的分布状况仍明显体现出战国时期的区域特征②。以上种种情况说明,历秦至西汉,文化上的战国局面远未结束,从这个意义上来说,这一时期可称之为"后战国时代"③。正是基于这样一种社会文化背景,汉人普遍沿袭了春秋战国时代的传统地域观念。如《史

---

① 《通典》卷一七二《州郡二·序目下》,第4491页。顾祖禹:《读史方舆纪要》卷一三〇《分野叙》亦称"稽其世次,则韩、赵、吴、越不并列于一时"(第5507页)。

② 参见胡宝国:《〈史记〉、〈汉书〉籍贯书法与区域观念变动》,《周一良先生八十生日纪念论文集》,中国社会科学出版社,1993年,第18—26页;同氏《汉代齐地政治文化说略》,《学人》第9辑,江苏文艺出版社,1996年,第475—486页;同氏《汉代政治文化中心的转移》,《汉唐间史学的发展》附录,商务印书馆,2005年,第214—229页。

③ 李开元从政治地理格局的视角着眼,将秦末刘项之争至景帝七国之乱一段历史称为"后战国时代的秦末汉初期"(见《汉帝国的建立与刘邦(转下页注)

记·货殖列传》记述西汉前期经济地理，即依据战国地理格局进行分区；又上引《汉书·地理志》所记刘向所言"域分"，按照十三国来划分西汉人文地理区域，更能说明问题。由此可以想见，经汉代星占家整理而成的二十八宿分野体系之所以采用十三国系统，应当反映的是时人观念中的传统文化地理格局。

第二，"十三"国之数的由来。在十三国分野系统中，似乎存在着一个明显的疑点。显而易见的是，以二十八宿对应十三国，有一个配属不均衡的问题，即十三国不能等分二十八宿，于是就会出现或二宿配一国、或三宿配一国这样参差不齐的情况。那么星占家为何非要采用十三国系统呢？这要从汉人的春秋战国史观说起。

在战国秦汉时人的历史观念中，春秋战国时期除周王室之外，天下主要诸侯国各有"十二"，这在先秦及汉代文献中均不乏记载。据《晏子春秋》说，齐景公时出现荧惑守虚的天象，晏婴以为齐国当应其灾，景公闻之不悦，曰："天下大国十二，皆曰诸侯，齐独何以当？"①《晏子春秋》成书于战国，此处所称"天下

（接上页注）集团——军功受益阶层研究》，生活·读书·新知三联书店，2000 年，第 74—75 页）。但若从文化地理格局的角度来看，"后战国时代"应包括一个更长的历史时期。

① 吴则虞：《晏子春秋集释》卷一《内篇谏上》，第 77 页。晚清苏时学注云："案景公时，晋、秦、齐、楚、吴、越最为大国，次则鲁、卫、宋、郑、陈、蔡，亦名邦也。故于诸国中独举十二为言，《史记》有《十二诸侯年表》，盖亦本此。"（第 78 页）此可备一说。

大国十二"应是反映了战国人的春秋史观。又《史记·十二诸侯年表》包括周、鲁、齐、晋、秦、楚、宋、卫、陈、蔡、曹、郑、燕、吴共十四国,除去周王室,实为十三诸侯国,但司马迁却题之为《十二诸侯年表》。对于此中的矛盾,前人向有各种不同说法,一种比较可信的解释是,此所谓"十二"者应是一个虚数①。在笔者看来,这实际上反映了汉人将春秋时代的天下格局归结为"大国十二"的一种传统史学观念。

至于战国"十二诸侯"的说法,最早见于战国时代纵横家的策论。如《战国策·秦策》记某谋士向秦王进谏,称梁君"驱十二诸侯以朝天子于孟津"②。又《齐策》谓苏秦说齐闵王,言魏王"从十二诸侯朝天子",并引卫鞅言,亦有"十二诸侯而朝天子"之说③。这里所谓"十二诸侯"可以理解为是对当时主要诸侯国的一种概称,可见在战国人的观念中,当时天下也是"大国十二"。至汉代,东方朔谈及战国事,谓"苏秦、张仪之时,周室

---

① 司马贞《史记索隐》已指出《十二诸侯年表》"篇言十二,实叙十三者"的问题,自唐代以来不断有学者提出各种解释,皆欲将其指实为某十二个诸侯国,惟日本学者斋藤正谦与杨希枚指出此"十二"并非实数,见泷川资言《史记会注考证》卷一四《十二诸侯年表》引斋藤正谦语,上海古籍出版社,1986年,第351页;杨希枚:《古籍神秘性编撰型式补证》,原载《"国立编译馆"馆刊》第1卷第3期,1972年,收入氏著《先秦文化史论集》,中国社会科学出版社,1995年,第727页。

② 范祥雍:《战国策笺证》卷七《秦策五》"谓秦王曰"条,上海古籍出版社,2006年,第435页。高诱注谓此秦王即秦始皇,梁君指梁惠王。

③《战国策笺证》卷一二《齐策五》"苏秦说齐闵王曰"条,第675页。

大坏，诸侯不朝，力政争权，相禽以兵，并为十二国"①。司马迁
议战国大势，亦称"近世十二诸侯，七国相王"②。又刘向整理
编辑《战国策》，其自叙谓战国时代有"万乘之国七，千乘之国
五，敌侔争权"，合而言之亦为十二国③。另外，《宋史·艺文
志》别史类著录有孙昱撰《十二国史》十二卷④，此与宋姚宏注
《战国策》所引之同名著作当为一书⑤，可知该书所记为战国
史。据《东观汉记》，光武帝曾命人招降张步，张步遣其掾孙昱
诣阙上书⑥，此孙昱或即撰《十二国史》者。这部记载战国历史
的汉人著作既以《十二国史》为名，表明作者也具有"天下大国
十二"的战国史观。

由上可知，自战国以迄秦汉时期，春秋战国皆有"大国十

---

① 《史记》卷一二六《滑稽列传》，第 3206 页。
② 《史记》卷二七《天官书》"太史公曰"，第 1344 页。寻绎上下文义，知此"近
世"当指战国无疑，《史记会注考证》即谓"近世言周末也"（第 761 页）。王
先谦误以为此处"十二诸侯"是指《史记》所记春秋十二诸侯；又《史记正义》
误以此"七国"为西汉吴楚七国，王先谦已辨其谬，称"七国谓七雄也"，见
《汉书补注》卷二六《天文志》，中华书局影印清光绪二十六年虚受堂刊本，
1983 年，第 585 页。
③ 《刘向书录》，《战国策笺证》，第 2 页。按刘向将其所得三十三篇纵横家策
论之书按照国别分为十二国策，大概也是受到"天下大国十二"的战国史观
的影响。
④ 宋王灼《颐堂先生文集》卷一《荆玉赋》有自注云："《十二国史》，唐人所
集。"（《续修四库全书》影印宋乾道八年王抚幹宅刻本，第 1317 册，第
69 页）知此书当为唐代辑本。
⑤ 见《战国策笺证》卷四《秦策二》"秦宣太后爱魏丑夫"条注五、卷八《齐策
一》"邹忌修八尺有余"条注四，第 281、521 页。
⑥ 吴树平：《东观汉记校注》卷一三《伏盛传》，中华书局，2008 年，第 488 页。

二"的认识已经成为一种根深蒂固的传统观念。那么,这种观念究竟是如何形成的呢? 上文说过,有学者认为春秋时期的所谓"十二诸侯"实际上是一个虚数。杨希枚先生对中国古代的神秘数字做过深入研究,指出"十二"的数理结构非同寻常,它是分别代表天、地的两个神圣数字阳三、阴四的积数,故被视为"天地之大数"①。此说或可解释"十二诸侯"这一数字的由来。

在明晓以上历史文化背景之后,我们便不难理解汉代二十八宿分野学说中的十三国系统之由来。这十三国包括韩、宋、燕、吴、越、齐、卫、鲁、魏、赵、秦、楚这十二诸侯国以及周王室,其中周天子是名义上的天下共主,自然不在"天下大国十二"之列,而其余十二国则源于春秋战国皆有"十二诸侯"的传统观念,宋人叶梦得即有类似的看法:"自春秋末列国大小相并,姑举其大者十有二,谓之十二诸侯,后世星家因以四方之宿配之。"②这就是汉代二十八宿分野说取"十三"国之数的原因所在。

第三,十三国缘何而定? 上文指出,在战国秦汉时人的历史观念中,无论是春秋还是战国时期,皆有"天下大国十二",但

①参见杨希枚:《中国古代的神秘数字论稿》,原载《"中央研究院"民族学研究所集刊》第33卷,1972年;同氏《论神秘数字七十二》,原载台湾大学《考古人类学集刊》第35、36卷合刊,1974年,两文均收入《先秦文化史论集》,第616—716页。
②叶梦得:《春秋左传谳》卷六"襄公二十八年春无冰"条,文渊阁《四库全书》本,1986年,第149册,第595页。

具体是指哪十二个诸侯国则无定说。经汉初星占家整理而成的二十八宿分野说之所以采用十三国系统，明显是受这种传统观念的影响，只不过在十二诸侯国之外再加上一个周王室而已。那么，汉人为何要将韩、宋、燕、吴、越、齐、卫、鲁、魏、赵、秦、楚这十二个诸侯国纳入二十八宿分野说呢？这是一个需要解释的问题。

在这十二诸侯国中，齐、楚、韩、赵、魏、燕、秦七雄是战国时代无可争辩的大国，列入十三国系统自是理所当然，而此外的宋、鲁、卫、吴、越五国则需要稍加说明。对于宋、鲁、卫被列入十三国分野系统，汉人似乎已经感到有些费解，《汉书·地理志》对此略有解释：鲁、宋"本大国，故自为分野"；秦并六国，"犹独置卫君，二世时乃废为庶人。凡四十世，九百年，最后绝，故独为分野"。这里存在着一个误解，所谓卫君至秦二世始废的说法乃是源自《史记》的错误记载。日本学者平势隆郎的研究表明，卫君角于秦始皇二十六年（前221）被废，卫国亡，因司马迁所记卫国世系年次有误，故《六国年表》误系此事于秦二世元年（前209）①。班固的上述解释虽有漏洞，但大致是着眼于文化地理层面的考虑。其实，就后人对于春秋战国时代"十二诸侯"的理解来看，虽然各家之说互有出入，但宋、鲁、卫三国往

---

① 〔日〕平势隆郎：《新編史記東周年表——中國古代紀年の研究序章》，东京大学东洋文化研究所，1995年，第6—40页。

往皆位列其中，如《史记·十二诸侯年表》、《战国策》高诱注①、《汉书》颜师古注②、王应麟《小学绀珠》③均是如此。因此，宋、鲁、卫被汉人列入十三国分野系统应该是不难理解的。

至于吴、越两国，也可以从春秋战国以来形成的文化地理格局的角度去加以解释。吴、越虽亡国较早，但由于这一地区具有极为明显的区域文化特征，故直至汉代仍被人们视为一个相对独立的地理单元。如景帝七国之乱时，淮南王谋士伍被称吴楚之师为"吴越之众"④；武帝初，闽越、南越相攻，淮南王刘安上书谓"自汉初定已来七十二年，吴越人相攻击者不可胜数"⑤；昭帝盐铁之议，桑弘羊称"今吴、越之竹"不可胜用⑥；西汉末，褚少孙言"广陵在吴越之地，其民精而轻"⑦。吴、越之所以被列入十三国分野系统，或许正是源自这样一种传统文化地域观念。

由以上分析可知，汉人二十八宿分野说中的"十三国"，虽

---

① 高诱谓战国"十二诸侯"指梁、楚、齐、赵、韩、鲁、卫、曹、宋、郑、陈、许十二国，见《战国策笺证》卷七《秦策五》"谓秦王曰"条注二三，第 439 页。

② 《汉书》卷六五《东方朔传》颜师古注云："十二国，谓鲁、卫、齐、楚、宋、郑、魏、燕、赵、中山、秦、韩也。"（第 2865 页）

③ 王应麟《小学绀珠》卷五历代类"十二诸侯"条所列为鲁、齐、晋、秦、楚、宋、卫、陈、蔡、曹、郑、燕十二国，见中华书局影印《津逮秘书》本，1987 年，第 110 页。

④ 《史记》卷一一八《淮南衡山列传》，第 3087 页。

⑤ 《汉书》卷六四上《严助传》，第 2777 页。

⑥ 王利器：《盐铁论校注》卷一《通有》，中华书局，1992 年，第 42 页。

⑦ 《史记》卷六〇《三王世家》"褚先生曰"，第 2116 页。

然在战国秦汉时代文献中找不到一套与之完全相吻合的记载，但对于这十三国被列入分野地理系统，我们却可以给出一个合理的解释。这套出自汉初星占家之手的十三国系统，无非是基于春秋战国以来"天下大国十二"的传统观念而拼凑出来的，亦即在周王室和战国七雄之外，又另外加入宋、鲁、卫、吴、越这样五个比较有代表性的诸侯国，从而形成一套与二十八宿相对应的十三国分野系统。

如上所述，由汉初星占家所创立的十三国分野系统，最初大致是按照东周列国畛域来划分分野区域的，但随着汉朝疆域的逐步扩展，后人对十三国分野系统进行了若干调整。上文谈到，记有十三国分野系统的《越绝书·记军气篇》可能撰成于武帝元狩年间，从其标注的汉代地名来看，其分野区域大致与东周列国故地相符。而西汉后期刘向所言"域分"，则重新调整了十三国分野区域，旨在将武帝时期新开拓的疆土纳入这套分野系统。譬如，元鼎以后陆续创置的河西四郡以及平西南夷之后增设的牂柯、越巂、益州三郡，均划入秦之分野；元封三年（前108）击破朝鲜后所设乐浪、玄菟二郡，则划归于燕地分野。变动最大的是越分野区。《越绝书》谓斗宿为越之分野，并注明"今大越山阴"，山阴乃会稽郡属县，"越王句践本国"[1]，说明当

---

①《汉书》卷二八上《地理志上》，第1591页。《越绝书》多称越地为大越，《记地传篇》谓秦始皇三十七年（前210）"更名大越曰山阴"（见李步嘉：《越绝书校释》卷八，第203—204页）。

时越之分野区即指东周时代的越国。但刘向却将越国故地划入吴分野，而改以苍梧、南海等岭南诸郡为越之分野，这显然是为了将武帝平百越后新设诸郡纳入十三国分野系统而做出的重大调整①。像这样随着历代疆域变化而调整分野区域的做法，后来成为一种司空见惯的现象，并体现出重要的政治涵义（参见本书第六章）。

第二节　"大一统"的政治地理格局：十二州分野系统

除十三国系统之外，汉代二十八宿分野学说还存在着另一种十二州地理系统。《史记·天官书》"太史公曰"："自初生民以来，世主曷尝不历日月星辰。及至五家、三代，绍而明之，内冠带，外夷狄，分中国为十有二州，……天则有列宿，地则有州域。……二十八舍主十二州，斗秉兼之，所从来久矣。"②按照司马迁的说法，以二十八宿对应十二州的分野观念似乎渊源甚早，可以追溯到传说中的五帝三代，但此说并无史料可以佐证。一般认为，《禹贡》九州说始见于战国时代，至于虞舜划定十二州则更是晚至汉代才出现的说法，如顾颉刚、史念

---

①沈家本认为"会稽之越属吴，与粤地风马牛不相及"，因谓《汉书·地理志》"混吴越、南粤为一，是班之误"（见《诸史琐言》卷六，《续修四库全书》影印民国《沈寄簃先生遗书》刻本，第 451 册，第 689 页）。这是由于沈氏不了解汉人因疆域扩展而对分野区域做出相应调整的情况，故有此说。

②《史记》卷二七《天官书》，第 1342—1346 页。

海即谓"十二州制之说,本非先秦所有"①,更遑论二十八宿主
十二州之说。

据笔者判断,二十八宿分野之十二州系统当产生于汉武帝
时期。在传世文献中,这套分野体系首见于《史记·天官书》的
记载:

> 角、亢、氐,兖州。房、心,豫州。尾、箕,幽州。斗,江
> 湖。牵牛、婺女,杨州。虚、危,青州。营室至东壁,并州。
> 奎、娄、胃,徐州。昴、毕,冀州。觜觿、参,益州。东井、舆
> 鬼,雍州。柳、七星、张,三河。翼、轸,荆州。②

这里记述了二十八宿与兖、豫、幽、扬、青、并、徐、冀、益、雍、荆
十一州,以及江湖、三河共十三个分野区域的对应关系。关于
这一分野体系中的十三个地理单元与十二州系统之间的关系,
留待下文再做讨论。这里首先需要解释的是这一地理系统的
来历。众所周知,汉武帝于元封五年(前106)设置十三刺史
部,除朔方、交阯之外,其余冀、兖、青、徐、扬、荆、豫、幽、并、益、
凉十一州系沿用《禹贡》和《周礼·职方》中的州名,仅改梁为
益,改雍为凉,后人习以一部为一州,故合称之为"十三州"。因

---

①顾颉刚、史念海:《中国疆域沿革史》,商务印书馆,1999年,第56页。
②《史记》卷二七《天官书》,第1330页。《汉书·天文志》略同。

《天官书》所记分野区域，有十个州与十三刺史部相同，故有学者认为这一分野体系应是按照武帝所设"十三州"而划定的①。然而这种说法存在着很明显的漏洞，且不说《天官书》的分野区域称雍州而不称凉州，更重要的是，它还多出了三河与江湖，却无朔方和交阯，可见其分野区域与十三刺史部是有很大差异的。

那么，《天官书》所记二十八宿分野体系究竟反映了什么样的地理格局呢？这涉及到我们对汉代州制的认识问题。传统观点认为，汉代州制始于武帝所设十三刺史部，然而辛德勇教授所撰长文《两汉州制新考》（以下简称"辛文"）对汉代州制的起源及演变过程进行了深入细致的研究，得出了与前人全然不同的结论②。辛文指出，汉代州制应始创于文帝朝，当时可能是仿《禹贡》分天下为九州，至武帝元封三年，由于周边疆域的拓展和关中范围的调整，遂重新划定天下州域，改九州为十二州，即冀、兖、青、徐、扬、荆、豫、幽、并、益、凉以及京畿所在的"中州"。其后武帝又在十二州的基础之上设置十三刺史部，从并州和扬州分别析出朔方、交阯两个刺史部，而中州所属京畿地区则由朝廷直辖，不在十三刺史部之列。

①如冯时：《中国天文考古学》，第109—110页；唐晓峰：《从混沌到秩序：中国上古地理思想史述论》，第139页。
②参见辛德勇：《两汉州制新考》，《秦汉政区与边界地理研究》，第93—144页。下文引述辛氏观点，皆出此文，不再一一注明。

在明了西汉州制的演变过程之后,再来讨论《天官书》的分野体系。上文指出,这一分野体系包括十三个地理单元,其中雍州即凉州,而三河、江湖既不见于元封三年的十二州制,也不见于元封五年以后的十三刺史部。辛文的研究表明,三河、江湖所指的区域与十三刺史部中的朔方、交阯毫无关系,然而却可以从十二州制中得到合理的解释。所谓"三河"得名于河南、河东、河内三郡,因汉人有"三河在天下之中"的观念①,故习称"中州"。由此推断,《天官书》分野体系中的"三河",当即指武帝十二州制之中州,除了上述三郡外,还包括三辅及弘农郡。更为棘手的是"江湖"一名。此前科技史学者在征引这段史料时往往对此避而不谈,甚至怀疑"江湖"二字为衍文②。辛文指出,"江湖"是秦汉间习用的一个区域地理名词,大致相当于吴地,属《禹贡》扬州之域。这一见解为我们解读《天官书》的分野体系提供了重要线索。

那么,《天官书》为何将"江湖"从扬州析出,自成一个独立的分野区域呢? 首先,我们要知道,《天官书》所见二十八宿分野是在十三国分野系统的基础之上改造而成的。若将这两套体系做一比较,可以明显看出,虽然它们的地理系统有列国与州域的本质区别,但二十八宿的天文系统却都是分为十三个单

---

①《史记》卷一二九《货殖列传》,第 3262 页。
②参见陈美东:《中国科学技术史・天文学卷》,第 46 页。

元,且星宿分区也是大体一致的(参见表 2-1)。然而,从上文的分析来看,《天官书》分野的地理系统应是基于武帝十二州制而构建出来的,这就产生了一个问题,如沿用传统上将二十八宿分为十三星区的分野模式,则其地理系统亦应分为十三个单元才能与之相对应,因此有必要从十二州中再分出一个独立的地理单元,这就是《天官书》所见十二州分野系统何以多出一个"江湖"区域的主要原因。其次,将扬州一分为二是沿袭传统二十八宿分野学说以吴、越各为分野区域的结果。汉人创立的十三国分野系统皆以斗、牛、女三宿分主吴、越,如《淮南子》谓斗、牛主越,女宿主吴;《越绝书》以越属斗宿,吴属牛、女;《汉书·地理志》称吴地为斗之分野,越地为牛、女之分野。另外,郑玄在解释《左传》昭公三十二年"越得岁而吴伐之,必受其凶"一语时,亦有"天文分野,斗主吴,牵牛主越"的说法①。尽管以上诸说所言吴、越分星互有出入,但皆将吴、越分为两个不同的分野区域,《天官书》之所以要从扬州析出一个"江湖"区域来代指吴地,就是为了牵合这种传统的分野学说。不过,《天官书》的分野体系至东汉时又有所调整,其天文、地理系统均被划分为十二个单元,故又将"江湖"区域并入扬州分野(说详下文)。

总而言之,《天官书》所记二十八宿分野说,虽然形式上

①《春秋左传正义》卷五三贾公彦疏引郑玄语,第 2127 页。

包含十二州及"江湖"共十三个地理单元,但由于此"江湖"本
属扬州之域,故这一分野体系实际上反映的是武帝元封年间
所置十二州的政治地理格局(参见图2-3),是以司马迁称之
为"二十八舍主十二州",因此我们仍可称其为十二州分野
系统。

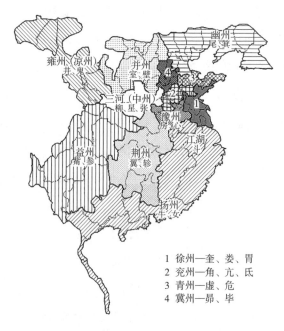

1 徐州——奎、娄、胃
2 兖州——角、亢、氐
3 青州——虚、危
4 冀州——昴、毕

图2-3 汉代十二州分野系统示意图

（据《史记·天官书》所记二十八宿分野体系绘制。十二州地理区
域参照辛德勇:《两汉州制新考》,《秦汉政区与边界地理研究》,第
140页）

关于《天官书》所记十二州分野系统的史源,我们也可以做出进一步的推断。据《史记·历书》及《汉书·律历志》,太初元年(前104),"招致方士唐都,分其天部";《天官书》又谓"自汉之为天数者,星则唐都"云云。故辛文认为以"二十八舍主十二州"的分野学说很可能就是此时由唐都一手创立的,而司马迁之父谈曾"学天官于唐都"①,自然易于采信唐氏之说。这一见解有理有据,当可信从。又唐代星占文献《天文要录》卷一所列《采例书名目录》著录有"《天文分野》十二卷,前汉唐都撰"②,唐都所创十二州分野系统很可能即出自此书,这可以为辛文的上述论断提供一个重要的佐证。

唐都创立的十二州分野系统,反映了汉人地域观念的一个重大转变。如上所述,西汉前期尚处于"后战国时代",其文化传统明显带有春秋战国时代的烙印,其中一个重要表征就是汉人头脑中的列国畛域观念仍根深蒂固。同时,由于汉初分封宗室子弟为王,这些藩国"大者夸州兼郡,连城数十",而由朝廷统辖者仅区区十五郡而已③。在这种历史背景下,人们对天下格局的认识仍停留在列国并峙的时代,反映在分野学说上就表现为十三国地理系统的盛行。然而至武帝时期,汉朝的政治

①《史记》卷一三〇《太史公自序》,第3288页。
②李凤:《天文要录》卷一《采例书名目录》,《稀见唐代天文史料三种》,上册,第24页。
③《汉书》卷一四《诸侯王表》,第394页。

地理格局发生了根本性的变化。武帝大力加强中央集权，解决王国问题，开拓疆土，"大并天下"，划定十二州域，在政治上真正实现了"大一统"；又在思想文化领域"罢黜百家，独尊儒术"，从而进一步强化了人们的"大一统"观念。唐都的十二州分野系统就产生于这样一种历史背景之下，他舍弃了当时通行的十三国分野系统，改以武帝所置十二州为基本地理单元，重新建构出一套能够反映当代政治地理格局的二十八宿分野学说，其目的就是为了适应武帝时期形成的"大一统"局面。

第三节　二十八宿分野地理系统的整合与定型

由上文可知，汉代二十八宿分野学说有十三国与十二州两套独立的地理系统，前者大致反映了春秋战国以来的传统地域观念，而后者则主要体现的是汉武帝以后的政治地理格局。汉魏时期，十三国系统无疑是最为通行的二十八宿分野说，而十二州系统则仅见于《史记·天官书》，其影响在东汉以前似乎较为有限。然而自东汉以后，这两种分野系统逐渐走向合流，至西晋时期已被完全整合于同一分野体系之中，形成一种以十二州系统为主并兼容十三国系统的二十八宿分野说。

十三国系统与十二州系统最初显露出合流的趋势，大约是在东汉初年。《春秋元命苞》有一段记述天文分野的内容：

> 昴、毕间为天街，散为冀州，分为赵国。
>
> 牵牛流为杨州，分为越国。
>
> 轸星散为荆州，分为楚国。
>
> 虚、危之精流为青州，分为齐国。
>
> 天弓星主司弓弩，流为徐州，别为鲁国。
>
> 五星（按当作氐星）流为兖州，……分为郑国。
>
> 钩钤星别为豫州。
>
> 东井、鬼星散为雍州，分为秦国。
>
> 觜、参流为益州。
>
> 箕星散为幽州，分为燕国。
>
> 营室流为并州，分为卫国。①

以上这段文字始见于《艺文类聚》，又散见于《晋书·地理志》及《太平御览》。《春秋元命苞》有汉光武、明帝时人宋均注，其成书盖在东汉初年。从现存佚文来看，它似乎并非典型的二十八宿分野说。首先，这套分野体系仅涉及十五个星宿，其天文

---

①《艺文类聚》卷六州部引《春秋元命苞》，第111—115页。以上引文分别见于冀州、杨州、荆州、青州、徐州、兖州、豫州、雍州、益州、幽州、并州条下。

系统似非完整的二十八宿；其次，此处所见天弓（即弧矢）、钩铃并非二十八宿主星，而是分属于井宿及房宿星区，亦异于传统的二十八宿分野说。尽管如此，从这一分野体系中却可以同时看到十二州和十三国两套不同的地理系统。以上引文所记每一分野区域，皆称某宿散为（或流为）某州，分为某国，同时兼容州、国两套系统。其中提及的冀、扬、荆、青、徐、兖、豫、雍、益、幽、并等十一州，均与《史记·天官书》的十二州分野系统相吻合，仅缺"三河"一个分野区域（按《天官书》之"江湖"分野区域当已并入扬州分野）。又上文所见赵、越、楚、齐、鲁、郑、秦、燕、卫等九国，皆属十三国分野系统，而其他四国当已阙佚。见于《春秋元命苞》的这套分野体系虽然有所残阙，但根据现有佚文足以判定，这是传世文献中最早将十二州与十三国系统融为一体的分野学说。

尽管在东汉时代文献中，十三国与十二州地理系统已开始出现合流的趋势，但二者被完全整合于同一分野体系之中则是西晋时期的事情，最典型的就是《晋书·天文志》所记二十八宿及十二次分野说。

有关西晋时期的分野学说，主要见于唐初李淳风所作《晋书·天文志》（以下简称《晋志》）。《晋志》记有二十八宿分野与十二次分野两套体系，其中十二次分野留待下文讨论，这里主要分析被李淳风称为"州郡躔次"的二十八宿分野体系。需要说明的是，《晋志》中这部分记载错讹较多，中华书局点校本因未做他校工作，故一仍其旧。实际上，这段文字内容除见于《晋志》之外，还见于另外两种唐代文献：其一收录于李淳风的星占学著作《乙巳占》①，这是为科技史学者所熟知的；其二保存于敦煌写卷 P.2512《星占》②，这一文本则鲜为人知，尚未引起学界注意。现据《乙巳占》及敦煌写本《星占》，对《晋志》所记"州郡躔次"加以校正③，并整理表列如下：

---

① 《乙巳占》卷三《分野》引"陈卓分野"，叶 14b—16b。

② 这件写卷系伯希和所获敦煌藏经洞文献之一，现藏法国国家图书馆。早在 1913 年，罗振玉即已根据伯氏所赠照片，将此卷文书影刊于《鸣沙石室佚书》(1913 年罗氏宸翰楼影印本，《罗雪堂先生全集》第 4 编第 5 册，台湾大通书局，1972 年，第 2141—2170 页，此书又有 1928 年东方学会摹抄本)，并题名为《星占》。该写本照片亦见《法国国家图书馆藏敦煌西域文献》第 15 册，第 35—40 页，题作《二十八宿次位经和三家星经》。此写卷包含以下五项内容：《星占》残卷、《二十八宿次位经》、《石氏、甘氏、巫咸氏三家星经》、《玄象诗》、《日月旁气占》。各部分抄写年代不一，因《星占》残卷所记二十八宿分野，在"柳、星、张、周"下注有唐武德元年始置之"同州"，又《二十八宿次位经》后有"自天皇已来至武德四年"一语，由此可知前两部分内容当抄写于唐初。与《晋志》内容相似的分野记载均出自第一部分，故本文凡称此写卷，题名皆从罗振玉作《星占》。

③ 另外，旧题唐王希明《太乙金镜式经》卷八"九州分野躔次"条也记有与《晋志》基本相同的二十八宿分野体系，仅若干星宿度数有所出入(第 908—910 页)。《新唐书·艺文志》著录王希明于开元中奉诏撰《太一金镜式经》十卷，但今传者并非其原书，而是屡经后人修订的一个版本。就此条记载而言，该书于题名下谓其所记分野体系"止取《天文玉历森罗纪》内躔次为正"，而《天文玉历森罗纪》系明人作品，著录于《明史·艺文志》。由此可知，今本《太乙金镜式经》中有关分野的这段记载已经明人校正宿度，并无文献校勘价值，今不取。

表2-2　《晋书·天文志》所记"州郡躔次"一览表

二十八宿	十三国	十二州	郡国所入宿度	校记①
角亢氐	郑	兖州	东郡入角一度，东平、任城、山阳入角六度。泰山入角十二度，济北、陈留入亢五度，济阴入氐二度，东平入氐七度。	此处"东平"两见，前者疑为重文。济北、陈留入亢五度，《星占》作"陈留入亢六度，济北入亢一度"。东平入氐七度，《星占》作"东平入氐十度"。
房心	宋	豫州	颍川入房一度，汝南入房二度，沛郡入房四度，梁国入房五度，淮阳入心一度，鲁国入心三度，楚国入房四度。	楚国入房四度，《乙巳占》《星占》皆无此句。
尾箕	燕	幽州	凉州入箕中十度，上谷入尾一度，渔阳入尾三度，右北平入尾七度，西河、上郡、北地、辽西东入尾十度，涿郡入尾十六度，渤海入箕一度，乐浪入箕三度，玄菟入箕六度，广阳入箕九度。	凉州入箕中十度，按凉州不应入幽州分野，《乙巳占》《星占》皆无此句。西河、上郡、北地、辽西东入尾十度，《乙巳占》作"西河、上郡、北地、辽西、辽东入尾十度"，而《星占》仅作"辽东入尾□度"。

———————————

①关于《晋志》《乙巳占》及敦煌写本《星占》所载陈卓分野体系的内容比勘，详见本书附录一《李淳风〈乙巳占〉的成书与版本研究》。

二十八宿	十三国	十二州	郡国所入宿度	校记
斗牵牛须女	吴越	扬州	九江入斗一度,庐江入斗六度,豫章入斗十度,丹杨入斗十六度,会稽入牛一度,临淮入牛四度,广陵入牛八度,泗水入女一度,六安入女六度。	"丹杨",《乙巳占》《星占》皆作"丹阳"。 会稽入牛一度,《星占》作"会稽入斗廿一度"。 泗水入女一度,《星占》作"海西入女一度"。
虚危	齐	青州	齐国入虚六度,北海入虚九度,济南入危一度,乐安入危四度,东莱入危九度,平原入危十一度,菑川入危十四度。	平原入危十一度,《星占》作"五(平)原入危十度"。
营室东壁	卫	并州	安定入营室一度,天水入营室八度,陇西入营室四度,酒泉入营室十一度,张掖入营室十二度,武都入东壁一度,金城入东壁四度,武威入东壁六度,敦煌入东壁八度。	酒泉入危十一度,《星占》作"酒泉入室七度"。 武都入东壁一度、金城入东壁四度,《星占》作"武都入壁四度,金城入壁六度"。
奎娄胃	鲁	徐州	东海入奎一度,琅邪入奎六度,高密入娄一度,城阳入娄九度,胶东入胃一度。	

续表

二十八宿	十三国	十二州	郡国所入宿度	校记
昴毕	赵	冀州	魏郡入昴一度,钜鹿入昴三度,常山入昴五度,广平入昴七度,中山入昴一度,清河入昴九度,信都入毕三度,赵郡入毕八度,安平入毕四度,河间入毕十度,真定入毕十三度。	中山入昴一度,《乙巳占》作"中山入昴八度",《星占》作"中山入毕一度"。信都入毕三度,《乙巳占》作"信都入昴三度"。
觜参	魏	益州	广汉入觜一度,越嶲入觜三度,蜀郡入参一度,犍为入参三度,牂柯入参五度,巴郡入参八度,汉中入参九度,益州入参七度。	越嶲入觜三度、巴郡入参八度,《乙巳占》分别作"越嶲入觜二度"、"巴郡入参六度"。益州入参七度,此句《乙巳占》在"汉中入参九度"句前,又《星占》作"益州入参十度"。
东井舆鬼	秦	雍州	云中入东井一度,定襄入东井八度,雁门入东井十六度,代郡入东井二十八度,太原入东井二十九度,上党入舆鬼二度。	代郡入东井二十八度,《乙巳占》作"代郡入东井十八度"。太原入东井二十九度,《星占》作"太原入东井九度"。
柳七星张	周	三辅	弘农入柳一度,河南入七星三度,河东入张一度,河内入张九度。	三辅,《乙巳占》《星占》皆作"三河",当是。河南入七星三度,《星占》作"河南入星二度"。

二十八宿	十三国	十二州	郡国所入宿度	校记
翼轸	楚	荆州	南阳入翼六度，南郡入翼十度，江夏入翼十二度，零陵入轸十一度，桂阳入轸六度，武陵入轸十度，长沙入轸十六度。	零陵入轸十一度，《乙巳占》《星占》皆作"零陵入轸一度"，当是。武陵入轸十度，《乙巳占》作"武陵入轸十一度"。

所谓"州郡躔次"是指州郡对应于星宿的位置。此处所记二十八宿分野，在各组星宿之后，先列十三国名，次叙十二州域，然后详载该州下属郡国与星宿度数的对应情况。例如，"角、亢、氐，郑，兖州：东郡入角一度，东平、任城、山阳入角六度，泰山入角十二度，济北、陈留入亢五度，济阴入氐二度，东平入氐七度"。《乙巳占》《星占》体例皆同。

关于这套分野体系的史源，《晋志》于"州郡躔次"下引述时明确说明"陈卓、范蠡、鬼谷先生、张良、诸葛亮、谯周、京房、张衡并云"，似乎表明这里记载的二十八宿分野体系乃是综合以上诸人之说而成。然在记十二次分野时，又谓诸家所记皆十三国或十二州系统，惟"魏太史令陈卓更言郡国所入宿度"[1]。由此可知，传统的分野学说都只记载十三国或十二州系统，而只有陈卓的分野理论才更具体地标明了各郡国所对应的星宿

---

[1]《晋书》卷一一《天文志上》，第307页。此处"魏"当作"晋"，参见校勘记二一，第315页。

度数。这样看来,李淳风所记载的二十八宿分野体系,其十三
国和十二州系统是综合了范蠡、鬼谷子、张良、诸葛亮、谯周、京
房、张衡等各家之说①,而"郡国所入宿度"则是取自陈卓分野
学说。因此,就其整个体系而言,基本上可以看作是陈卓的分
野理论。

《晋志》所载二十八宿分野体系源于陈卓的判断,还可以得
到其他材料的佐证。上文说过,此段记载另有两个文本。李淳
风《乙巳占》记载这套分野学说,明确题为"陈卓分野",除个别
文字差异外,其内容与《晋志》基本相同②。而敦煌写本《星占》
所记二十八宿分野,也与《晋志》的内容大体相符,虽未记其明
确出处,但根据见于同一文书的《石氏、甘氏、巫咸氏三家星经》
亦为陈卓作品的情况来判断③,其分野之说很有可能出自陈卓
的某种著述。

陈卓曾为吴太史令,吴亡入晋,仍长期担任太史令一职。

---

①关于范蠡等人的分野学说,今已无从查考,但李淳风之言想必不无根据。
②李凤《天文要录》于二十八宿占下分别引述"陈卓曰"的二十八宿分野说及
　其"郡国所入宿度",其内容亦与《晋志》相同,也可说明这套体系即为"陈卓
　分野"。
③据今人研究,《石氏、甘氏、巫咸氏三家星经》即来源于陈卓所定三家星官,
　参见潘鼐:《敦煌卷子中的天文材料》,《中国古代天文文物论集》,第234—
　237页。这件文书还抄有一首作者佚名的《玄象诗》,潘鼐谓敦煌文书 P.
　3589 中的《玄象诗》后有署名"太史令陈卓撰",故推断该诗亦为陈卓作品,
　见《中国恒星观测史(增订版)》,第 148 页。但经笔者校核,此六字并不在
　《玄象诗》末,实系于其后《日月五星经纬出入瞻吉凶要决》标题下(见《法国
　国家图书馆藏敦煌西域文献》第 26 册,第 6 页),故该诗作者尚不能确定。

他集历代天文学之大成,重新厘定甘氏、石氏、巫咸氏三家星官,确立了二百八十三星官、一千四百六十四星的周天星官体系①。他在传统星占学方面也著述颇丰,见于《隋书·经籍志》著录者,有《天文集占》十卷、《四方宿占》一卷、《五星占》一卷、《天官星占》十卷②。另唐李凤《天文要录》卷一《采例书名目录》中列有陈卓撰《五星出度分记》五卷及《悬总纪》三十卷,《日本国见在书目录》也记有陈卓《天文要录》十卷③。从以上诸书书名来推测,陈卓二十八宿分野体系的来源大概不外乎《天文集占》《四方宿占》《天官星占》《天文要录》及《悬总纪》这几部星占文献④。

尽管上述诸书皆已亡佚不存,但可以确知的是,陈卓对前代天文分野理论显然做过系统性的整理工作。见于《晋志》的二十八宿分野体系,就是陈卓在战国以来各家分野学说的基础之上加以综合厘定而成的。虽然李淳风有"陈卓、范蠡、鬼谷先

①参见刘金沂、王健民:《陈卓和甘、石、巫三家星官》,《科技史文集》第6辑,上海科技出版社,1980年,第32—44页;潘鼐:《中国恒星观测史(增订版)》,第128—129页。

②《隋书》卷三四《经籍志三》,第1018—1019页。

③〔日〕藤原佐世:《日本国见在书目录》"天文家"类,叶30a。另参见孙猛《日本国见在书目录详考》所录室生寺本及其考证,上海古籍出版社,2015年,上册第16页、中册第1322—1323页。

④据姚振宗推测,《晋志》所载"中宫"、"二十八舍"、"二十八宿外星"及"天汉起没"四篇可能皆出自陈卓《天文集占》(《隋书经籍志考证》卷三四《天文集占》条,第5566页)。若此说属实,则陈卓二十八宿分野体系亦有可能源自此书。

生、张良、诸葛亮、谯周、京房、张衡并云"的说法，但上文已经指出，他在《乙巳占》中所转述的"陈卓分野"，与《晋志》的这段内容其实并无二致，可见将其视为陈卓分野理论并无不妥。经陈卓厘定的这一分野体系，标志着自战国以来历经秦汉魏晋长期演变的二十八宿分野学说至此最终趋于定型，其具体表征主要体现在以下四个方面：

第一，确立以十二州兼容十三国的二十八宿分野体系。上文指出，东汉纬书《春秋元命苞》所记二十八宿分野已将十二州与十三国系统并列，但从其内容来判断，还看不出是以哪套系统为主。而陈卓的二十八宿分野体系，表面上似乎是以十三国居于十二州之前，但实际上各个分野区域内所详列的郡国皆从属于相应州域，却与列国无关，并且整个体系又名为"州郡躔次"，这些都说明陈卓分野是一套以十二州系统为核心的分野理论，而其中包含的十三国系统实已沦为一种附庸。因此，我们可以说，陈卓分野说真正确立了以十二州为主体并兼容十三国的分野系统，这是自汉武帝以后州域概念不断强化，春秋战国文化传统日渐式微，人们的区域地理观念发生转变的自然结果。此后，这种整合十二州与十三国系统的分野模式遂成为二十八宿分野学说最为常见的理论框架。

第二，建立更趋细密化的二十八宿分野理论。西晋以前，各家分野说都只是将二十八宿对应于十三国或十二州这样范围较大的地理区域。而陈卓分野体系的独特之处在于，它在十二州系统之下,又进一步析分星宿度数以对应诸州所辖郡国,从而使分野区域细分到郡、国一级政区。《周礼·保章氏》郑玄注谓"堪舆虽有郡国所入度,非古数也"①,说明东汉后期民间堪舆术士已有以宿度配郡国的做法,陈卓的这套"郡国所入宿度"可能是在那些堪舆分野说的基础之上建构而成的一套比较严密的系统。从《晋志》记载的郡国名来判断,这一体系大体是以西汉时期的地理建置为蓝本,并掺杂有个别东汉时期的诸侯国,如兖州之任城,西汉为东平国属县,章帝元和元年(84)分东平,立任城国②;冀州之安平,西汉为信都国,明帝时改称乐成,安帝延光元年(122)又改为安平国③。陈卓分野学说标志着传统分野理论更趋细密化,唐代以后政区地理沿革与传统分野学说的密切结合即肇始于此④。

第三,确定十二分野区域的模式。上文提到,传统二十八宿分野说均将二十八宿分为十三个星区以对应十三国,即便是《史记·天官书》的十二州分野系统,为了与十三分野区域相吻合,也要特意从扬州分野内析出一个"江湖"区域来。至西汉后

①《周礼注疏》卷二六,第819页。

②《后汉书》卷三《显宗孝章帝纪》,第146页。

③《后汉书》卷五《孝安帝纪》,第235页;《续汉书·郡国志二》,见《后汉书》志二〇,第3435页。

④汪三益:《参筹秘书》卷一《列宿论》有云:"至魏陈卓以宿度配诸郡国,唐李淳风以宿度配诸郡县,愈分愈细。"(《续修四库全书》影印明崇祯十二年杨廷枢刻本,第1051册,第481页)

期,开始出现一种新的十二分野区域模式。当时星占家在将十
三国地理系统引入十二次分野体系时,因这一分野体系只有十
二星区,故将吴、越合为一个分野区域,统称"吴越",从而在保
留十三国名的同时,又在形式上改十三国分野区域为十二个地
理单元。此后,这种经过调整的十三国分野系统又反过来影响
到二十八宿分野学说。东汉至曹魏时期,诸家二十八宿分野说
已多将吴、越两国分野区域加以合并,如未央、高诱及张揖《广
雅》三家分野均是如此(参见表 2-1)。至西晋陈卓分野体系,
才最终确立了十二分野区域的模式:在十三国地理系统中,将
吴、越合为同一分野区域;在十二州地理系统中,也沿用自东汉
以来将"江湖"区域并入扬州分野的做法。后来的二十八宿分
野说均相沿不改,甚至将十三国地理系统径称为"十二国分
野"①。

　　第四,确定十三国系统的星土对应关系。我们知道,二十
八宿星区的先后次序始终是固定不变的,但汉魏以来各家分野
说所采用的十三国地理系统,其星土对应关系却互有出入,其
中差异最大的是赵、魏两国的分野区域问题。《淮南子·天文
训》和未央分野均以胃、昴、毕主晋(魏),觜、参主赵,而《汉
书·地理志》刘向分野、高诱分野及《广雅》却恰恰相反,银雀

──────────

① 如《隋书》卷二〇《天文志中》"客星"条(第 573 页)、洪迈:《容斋三笔》卷三
　"十二分野"条(《容斋随笔》,孔凡礼点校,中华书局,2009 年,上册,第
　462 页)。

山《占书》残简又以房、心、尾属魏，则相去更远（参见表2-1）。陈卓在综合各家之说的基础上，最终确定了十三国系统的星土对应关系，其赵、魏两国分野区域则取刘向之说，此后亦因循不改。

综上所述，《晋志》所记陈卓分野体系堪称二十八宿分野理论之集大成者，西晋以后所见二十八宿分野说，基本上都沿袭了陈卓确立的这一分野模式，仅在个别星土对应关系上略有出入而已（参见表2-1）。

另外，值得注意的是，张守节《史记正义》所引佚名《星经》记有一套与陈卓分野大体相同的二十八宿分野体系①，同样是将州、国两套地理系统融为一体。有学者认为此《星经》当即《石氏星经》，故推测这一记载应是汉代的一种分野说②。这与上文二十八宿分野说定型于西晋的结论相抵牾，需要在此略加解释。

其实，《星经》与《石氏星经》并非一书。首先，从书名来看两书之异同。一般认为，《石氏星经》和《甘氏星经》是汉人分

---

①其二十八宿分野体系为："角、亢，郑之分野，兖州；氐、房、心，宋之分野，豫州；尾、箕，燕之分野，幽州；南斗、牵牛，吴越之分野，扬州；须女、虚，齐之分野，青州；危、室、壁，卫之分野，并州；奎、娄，鲁之分野，徐州；胃、昴，赵之分野，冀州；毕、觜、参，魏之分野，益州；东井、舆鬼，秦之分野，雍州；柳、星、张，周之分野，三河；翼、轸，楚之分野，荆州也。"（《史记》卷二七《天官书》，第1346页）
②冯时：《中国天文考古学》，第110—111页。

别托名战国石申夫、甘德所作的天文星占学著作，为避免混淆，古人均简称其书为《石氏》和《甘氏》，而从不径称为《星经》。因此，《史记正义》征引的《星经》应该不是《石氏星经》或《甘氏星经》的简称，而是另外一部天文学著作。其次，从内容分析二者之差异。据李淳风称，《石氏星经》所记分野的具体形式是"配宿属国，皆以星断"①，其分野区域当仅有十三国系统，而《星经》所记者却是以十二州兼容十三国系统的二十八宿分野理论。再次，从目录学文献看两书的著录情况。《隋书·经籍志》在《石氏星经》七卷之外，著录有佚名《星经》二卷，又谓有"《星经》七卷，郭历撰，亡"②。说明郭历《星经》仅见于梁阮孝绪《七录》，至隋已亡，故唐代的《史记正义》所引者很可能就是《隋书·经籍志》著录的佚名二卷本《星经》。

既然这部《星经》见于《隋书·经籍志》著录，说明其成书年代不会晚于隋朝，而它的成书上限则需要进一步考查。《史记·天官书》谓房宿"北一星曰辖"，《史记正义》引《星经》注云："键闭一星，在房东北，掌管籥也。"③键闭星属巫咸四十四星官之一，《开元占经》卷七〇《键闭星占》引《巫咸》曰："键闭一星，在房东北。键闭主钥，关门之官。"④巫咸与石氏、甘氏同

---

① 《乙巳占》卷三《分野》，叶 19a。
② 《隋书》卷三四《经籍志三》，第 1018—1019 页。
③ 《史记》卷二七《天官书》，第 1295—1296 页。
④ 《开元占经》卷七〇《键闭星占》引《巫咸》，第 695 页。

为古代三大星官系统,但巫咸星官形成最晚,科技史学界一般认为它是经西晋陈卓整理并托名殷商巫咸而成的①。因《史记正义》所引《星经》记述了键闭星的空域位置和星占学意义,理应是出自巫咸星官之记载,由此推断其成书年代不可能早于西晋。因此它所记载的二十八宿分野说很可能即来自陈卓分野,与上文的结论并无矛盾。

第四节 十二次分野说之衍变

自汉代以后,十二次分野流行之广、影响之大,可以说仅次于二十八宿分野。本书第一章第一节提到,十二次分野当起源于战国中期,但当时似乎尚未形成严密的体系。至汉代,因受二十八宿分野说的影响,也形成了十三国和十二州两套地理系统,东汉以后这两套系统开始趋于融合。而在天文系统方面,十二次分野后来又逐渐兼容十二辰概念,并成为一种通行模式。

十二次分野体系之整齐划一,大约是西汉后期的事情,据说最初是由刘向厘定的。萧梁祖暅《天文录》在追溯天文分野的历史渊源时,称"今所行十二次者,汉光禄大夫刘向之所撰

---

① 参见潘鼐:《中国恒星观测史(增订版)》,第 150—151 页。

也"①。不过，刘向十二次分野说今已无从考证，目前所见汉代最早的十二次分野体系出自费直。

费直是西汉后期的古文易学家，其十二次分野说散见于《晋书·天文志》《乙巳占》及《开元占经》。此三书在征引费直分野说时，均称其源出"周易分野"，后人遂以此为费氏所撰书名，如清人马国翰即据此辑为《周易分野》一卷②。其实，费氏并无《周易分野》一书。《晋志》在记述十二次分野时，明确交代费直分野的史源为"费直说《周易》"③，阮孝绪《七录》有"汉单父长费直注《周易》四卷"④，所谓"《周易》分野"当即出自此书。

费直十二次分野佚文以《开元占经》所记最详，现辑引于下：

（郑）自轸七度至氐一十度，为寿星。

（宋）自氐十一度至尾八度，为大火。

（燕）自尾九度至南斗九度，为析木之津。

（吴越）自南斗十度至须女五度，为星纪。

---

①《乙巳占》卷三《分野》引《天文录》，叶18b。
②马国翰：《玉函山房辑佚书》卷三经编易类，上海古籍出版社影印光绪九年娜嬛仙馆刊本，1990年，第1册，第112页。
③《晋书》卷一一《天文志上》，第307页。
④见《隋书》卷三二《经籍志一》，第909页。又《旧唐书·经籍志》著录费直《周易章句》四卷，当即此书。

（齐）自须女六度至危十三度，为玄枵。

（卫）自危十四度至奎一度，为诹訾。

（鲁）自奎二度至胃三度，谓之降娄之次。

（赵）自胃四度至毕八度，为大梁。

（晋）自毕九度至东井十一度，为实沈。

（秦）自东井十二度至柳四度，为鹑首。

（周）自柳五度至张十二度，为鹑火。

（楚）自张十三度至轸六度，为鹑尾。①

从上述引文可以看出费直分野的两个特点：第一，采用的是十三国地理系统。因《开元占经》已将十三国与十二州系统整合于同一分野体系之中，故仅据上文无从断定费直分野究竟采用的是哪一套地理系统，但从《乙巳占》所引费直分野来判断，它所对应的当是十三国系统②。第二，十二次的划分很不均衡。自西汉以后，各家十二次分野在天文系统上的分歧主要体现为十二次起讫度数的差异，从费直分野的十二次度数来看，各星次的跨度很不均衡，故李淳风谓费直分野"寿星之次四十二度，大火之次三十二度，余次并三十度，不均之义，未能详也"。又

---

① 《开元占经》卷六四《分野略例》，第 623—628 页。寿星条"氐一十度"原误作"氐十一度"，今据明抄本、文津阁本及清恒德堂刻本乙正。
② 参见《乙巳占》卷三《分野》，叶 16b—17a。

据李淳风称,费直"言分野郡县,与子政(即刘向)略同"①,说明费直的十二次分野理论很可能源自刘向之说。

东汉时期有关十二次分野的记载最早见于《汉书·地理志》。班固在介绍秦、周、韩(郑)、燕四个区域的人文地理状况时,附带说明了它们各自所对应的星次:

> (秦地)自井十度至柳三度,谓之鹑首之次,秦之分也。
>
> (周地)自柳三度至张十二度,谓之鹑火之次,周之分也。
>
> (韩地)自东井六度至亢六度,谓之寿星之次,郑之分野,与韩同分。
>
> (燕地)自危四度至斗六度,谓之析木之次,燕之分也。②

其中韩地、燕地两条所标注的星次起讫度数显然有误。清人齐召南指出,寿星之次跨越寿星、鹑首、鹑火、鹑尾四个星次,析木之次则几乎涵盖了周天,必系传写之误③。后来钱大昕将此处

---

① 《乙巳占》卷三《分野》,叶 17b。
② 《汉书》卷二八下《地理志下》,第 1646、1651、1655、1659 页。
③ 参见乾隆四年武英殿本《汉书》卷二八下《地理志下》所附齐召南《考证》,上海古籍出版社、上海书店影印本,1986 年,第 160 页。

"东井六度"、"危四度"分别校正为"轸六度"和"尾四度"①,当可信从。从上下文来看,以上四条记载原本当为班固小注,后在传写过程中误入正文②。至于《地理志》为何仅记载了这四条十二次分野的内容,按钱大昕的解释,此"盖班氏未定之本"③,亦可姑备一说。不过,此处所见十二次分野究竟是班固本人的一家之言还是取自前人成说,则已无从判断。虽然《地理志》所记十二次分野并不完整,但仍可看出它所采用的是十三国系统,且其星次度数与费直分野颇有差异(参见表2-3)。

虽然《汉书·地理志》所见十二次分野残阙不全,但这套分野学说却完整保存于蔡邕《月令章句》中:

> 周天三百六十五度四分度之一,分为十二次,日月之所躔也。地有十二分,王侯之所国也。每次三十度三十二分之十四,日至其初为节,至其中为中气。

> 自危十度至壁九度,谓之豕韦(按即娵訾)之次,立春、惊蛰居之,卫之分野。

---

①《廿二史考异》卷七《汉书二》,第 141 页。
②参见顾炎武撰、黄汝成集释:《日知录集释》卷二六《汉书》条,栾保群、吕宗力点校,上海古籍出版社,2007 年,下册,第 1436 页;牟庭相:《雪泥书屋杂志》卷一,《续修四库全书》影印咸丰安吉官署刻本,第 1156 册,第 481 页。
③《廿二史考异》卷七《汉书二》,第 141 页。

自壁九度至胃一度，谓之降娄之次，雨水、春分居之，鲁之分野。

自胃一度至毕六度，谓之大梁之次，清明、谷雨居之，赵之分野。

自毕六度至井十度，谓之实沈之次，立夏、小满居之，晋之分野。

自井十度至柳三度，谓之鹑首之次，芒种、夏至居之，秦之分野。

自柳三度至张十二度，谓之鹑火之次，小暑、大暑居之，周之分野。

自张十二度至轸六度，谓之鹑尾之次，立秋、处暑居之，楚之分野。

自轸六度至亢八度，谓之寿星之次，白露、秋分居之，郑之分野。

自亢八度至尾四度，谓之大火之次，寒露、霜降居之，宋之分野。

自尾四度至斗六度，谓之析木之次，立冬、小雪居之，燕之分野。

自斗六度至须女二度，谓之星纪之次，大雪、冬至居之，越之分野。

自须女二度至危十度，谓之玄枵之次，小寒、大寒居之,齐之分野。①

这是最早将十二次分野与二十四节气相结合的记载。此处所
见分野体系亦采用十三国系统,尤其值得注意的是,其十二次
起讫度数与经钱大昕校正之后的《汉书·地理志》十二次分野
几乎完全相同(参见表 2-3),惟寿星之次终于"亢八度",而
《汉书·地理志》作"亢六度",当从蔡邕。由此推断,蔡邕分野
与班固所记当同出一源。与费直分野相比较,这一分野体系中
十二次起讫度数的划分更为均衡和规整,大约是"每次三十度
三十二分之十四",符合十二次等分周天之本义。

　　与蔡邕同时代的郑玄也有关于十二次分野的记载,他在
《周礼·保章氏》注中转引了一套十二次分野说:

　　　　星纪,吴越也;玄枵,齐也;娵訾,卫也;降娄,鲁也;大
　　梁,赵也;实沈,晋也;鹑首,秦也;鹑火,周也;鹑尾,楚也;
　　寿星,郑也;大火,宋也;析木,燕也。②

郑玄此注仅列出十二次与十三国之间的对应关系,而略去了十
二次起讫度数等内容。这里所采用的十三国地理系统与上述

----

①《续汉书·律历志下》刘昭注引蔡邕《月令章句》,见《后汉书》志三,第
　3080—3081 页。
②《周礼注疏》卷二六,第 819 页。

费直、班固、蔡邕诸家之说大致相同，应是从二十八宿分野学说中照搬过来的。不过，因为十二次分野只有十二星区，故星占家在引入十三国系统时，将吴、越合为一个分野区域，统称"吴越"（蔡邕《月令章句》仅称"越"，实包括传统上吴、越两个分野区域），从而在形式上将十三国分野区域改为十二个地理单元，以与十二次天文系统相契合。

采用十三国系统的十二次分野说至魏晋时期在社会上仍有较为广泛的影响。皇甫谧《帝王世纪》记有一套托名黄帝"推分星次"创立的十二次分野体系，内容颇为庞杂：

自斗十一度至婺女七度，一名须女，曰星纪之次，于辰在丑，谓之赤奋若，于律为黄钟，斗建在子，今吴、越分野。

自婺女八度至危十六度，曰玄枵之次，一名天鼋，于辰在子，谓之困敦，于律为大吕，斗建在丑，今齐分野。

自危十七度至奎四度，曰豕韦之次，一名娵訾，于辰在亥，谓之大渊献，于律为太蔟，斗建在寅，今卫分野。

自奎五度至胃六度，曰降娄之次，于辰在戌，谓之阉茂，于律为夹钟，斗建在卯，今鲁分野。

自胃七度至毕十一度，曰大梁之次，于辰在酉，谓之作噩，于律为姑洗，斗建在辰，今赵分野。

自毕十二度至东井十五度，曰实沈之次，于辰在申，谓之涒滩，于律为中吕，斗建在巳，今晋、魏分野。

自井十六度至柳八度,曰鹑首之次,于辰在未,谓之叶
洽,于律为蕤宾,斗建在午,今秦分野。

自柳九度至张十七度,曰鹑火之次,于辰在午,谓之敦
牂,一名大律,于律为林钟,斗建在未,今周分野。

自张十八度至轸十一度,曰鹑尾之次,于辰在巳,谓之
大荒落,于律为夷则,斗建在申,今楚分野。

自轸十二度至氐四度,曰寿星之次,于辰在辰,谓之执
徐,于律为南吕,斗建在酉,今韩分野。

自氐五度至尾九度,曰大火之次,于辰在卯,谓之单
阏,于律为无射,斗建在戌,今宋分野。

自尾十度至斗十度百三十五分而终,曰析木之次,于
辰在寅,谓之摄提格,于律为应钟,斗建在亥,今燕分野。[1]

皇甫谧十二次分野显系杂抄诸书而成,其天文系统包罗甚广,
除十二次及其起讫度数外,还包括十二辰、十二岁阴、十二律以
及十二月建,其中十二次度数及十二辰乃是源自东汉纬书《洛
书》(说详下文)。至于这一分野说的地理区域,一见即知为十
三国系统(参见表2-3)。

---

[1]《续汉书·郡国志一》刘昭注引《帝王世纪》,见《后汉书》志一九,第3385—
　　3386页。按皇甫谧此书文献记载作《帝王世纪》或《帝王世记》二者皆有,清
　　人王懋竑指出作"世记"者为误(《读书记疑》卷一二《后汉书存校·郡国》,
　　《续修四库全书》影印清同治十一年福建抚署刻本,第1146册,第361页),
　　故今人皆引作《帝王世纪》。

以上谈到的诸家十二次分野说皆采用十三国地理系统，然至东汉时期，又出现了另一种兼容十二州与十三国系统的十二次分野体系。唐代星占文献《天地瑞祥志》引汉代纬书《洛书》云：

从南斗十二度至须女七度为星纪，在丑，杨州，斗，吴；牛、女，越也。

须女八度至危十五度为玄枵，在子，青州，齐也。

危十六度至奎四度为娵訾，在亥，并州，卫也。

奎五度至胃六度为降娄，在戌，徐州，鲁也。

胃七度至毕十一度为大梁，在酉，冀州，赵也。

毕十二度至井十五度为实沈，在申，益州，晋魏也。

井十六度至柳八度为鹑首，在未，雍州，秦也。

柳九度至张十七度为鹑火，在午，周，三河也。

张十八度至轸十一度为鹑尾，在巳，荆州，楚也。

轸十二度至互（氏）四度为寿星，在辰，兖州，郑韩也。

互（氏）五度至尾九度为大火，在卯，豫州，宋〔也〕。

尾十度至斗十一度为析木，在寅，幽州，燕也。①

①萨守真：《天地瑞祥志》卷一《明分野》引《洛书》，《稀见唐代天文史料三种》，下册，第23—24页。"宋"字后原阙一"也"字，今据上下文例补。

这段记载仅见于此，日本学者安居香山对上述文字有所校正，指出寿星之次"互四度"及大火之次"互五度"，当分别为"氐四度"和"氐五度"之误①。《洛书》是一部流传甚广的汉代纬书，虽早已失传，但其具体成书年代仍有线索可考。刘宋颜延年所作《皇太子释奠会作》诗有"庶士倾风，万流仰镜"句，《文选》李善注云："《雒书》曰'秦失金镜'，郑玄曰'金镜，喻明道也'。"②据此判断，郑玄似曾注《洛（雒）书》，说明此书之行世当不晚于东汉中后期。

根据以上引文内容来分析，《洛书》的十二次分野体系（参见图 2-4）主要有以下三个特点：

第一，将十二州与十三国系统融为一体。在传世文献中，《洛书》最早记载了兼容州、国两套地理系统的十二次分野理论，其中的十二州系统即源自《史记·天官书》（原"江湖"分野区域已并入扬州分野）。上文指出，二十八宿分野中的十二州与十三国地理系统，自东汉初《春秋元命苞》开始趋向融合，《洛书》所见十二次分野也同样体现了这一趋势。

第二，采用刘歆《三统历》更定的十二次起讫度数。《洛书》所见十二次分野，其星次度数与费直、班固、蔡邕诸家之说皆不相同。经笔者检核，确认其十二次起讫度数与刘歆《三统

①〔日〕安居香山：《緯書の分野説について》，《森三樹三郎博士頌壽紀念·東洋學論集》，第 379 页。
②《文选》卷二〇，第 967 页。

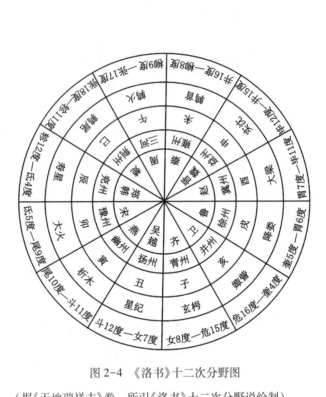

图 2-4　《洛书》十二次分野图

（据《天地瑞祥志》卷一所引《洛书》十二次分野说绘制）

历》完全一致①,后来包括皇甫谧在内的各家十二次分野大都
采用了这套坐标系统。

第三,将十二辰天文系统纳入十二次分野说。传统的十二
次是基于岁星运行规律而划分的星区系统,但因岁星实际运行
周期并非十二周年,故存在超辰现象,而十二辰则是基于太岁
纪年而设定的另一套星区系统,其运行周期更为规律,它将黄、

---

① 刘歆《三统历》之十二次起讫度数,见《汉书》卷二一下《律历志下》,第
1005—1006 页。

赤道带划为十二等分,分别以十二支命名。早期十二次分野说均不包括十二辰星区系统,《洛书》始将十二辰纳入十二次分野体系,并为后人所沿袭。

在历代十二次分野说中,影响最大、流传最广者莫过于《晋书·天文志》的分野体系。《晋志》除记有陈卓二十八宿分野说外,还完整记录了一套十二次分野理论:

> 自轸十二度至氐四度为寿星,于辰在辰,郑之分野,属兖州。
>
> 自氐五度至尾九度为大火,于辰在卯,宋之分野,属豫州。
>
> 自尾十度至南斗十一度为析木,于辰在寅,燕之分野,属幽州。
>
> 自南斗十二度至须女七度为星纪,于辰在丑,吴越之分野,属扬州。
>
> 自须女八度至危十五度为玄枵,于辰在子,齐之分野,属青州。
>
> 自危十六度至奎四度为诹訾,于辰在亥,卫之分野,属并州。
>
> 自奎五度至胃六度为降娄,于辰在戌,鲁之分野,属徐州。
>
> 自胃七度至毕十一度为大梁,于辰在酉,赵之分野,属冀州。
>
> 自毕十二度至东井十五度为实沈,于辰在申,魏之分野,属益州。
>
> 自东井十六度至柳八度为鹑首,于辰在未,秦之分野,属雍州。

自柳九度至张十六度为鹑火，于辰在午，周之分野，属三河。

自张十七度至轸十一度为鹑尾，于辰在巳，楚之分野，属荆州。[①]

关于这一分野体系的来历，《晋志》称"班固取《三统历》十二次配十二野，其言最详"云云，似谓此系班固十二次分野理论，其星次度数采用的是刘歆《三统历》的坐标系统。今将《晋志》所记十二次起讫度数与《三统历》相对照，两者基本相同，仅有两处略有出入：鹑火"张十六度"、鹑尾"张十七度"，《三统历》分别作"张十七度"和"张十八度"。看似简单的这两处差异，似乎不能归咎于传写之误，或系后人有意识的调整[②]。至于这一分野理论究竟是否出自班固之手，恐怕尚需存疑。上文说过，《汉书·地理志》记有四条十二次起讫度数，却与《晋志》所记全不相符，显然两者并非同一系统；且班固是否有天文分野方面的著述，也已无法确知[③]。

[①]《晋书》卷一一《天文志上》，第307—309页。又见李淳风《玉历通政经》"十二分野"条，文字略有出入，见明《天文汇抄十一种》，《北京图书馆古籍珍本丛刊》影印明抄本，书目文献出版社，1998年，第78册，第281页。

[②] 按韦昭《国语》注引有八条十二次度数，皆与《晋志》相吻合。其中鹑火、鹑尾两条分见于《国语集解》卷三《周语下》"岁在鹑火"及卷一〇《晋语四》"岁在寿星及鹑尾"（第123、322页），徐元诰将两处"张十六度"、"张十七度"依《三统历》分别改作"张十七度"、"张十八度"，不妥。

[③] 按唐代《天文要录》卷一《采例书名目录》著录有班固《乾象纪》八卷（《稀见唐代天文史料三种》，上册，第25页），但其中是否包括十二次分野的内容暂无从判定。

见于《晋志》的十二次分野理论,与上文所述《洛书》的分野体系之间存在着十分明显的渊源关系,主要有这样三个特征值得注意:其一,采用以十二州兼容十三国的分野系统。前面说过,在十二次分野学说中,《洛书》是最早将十二州与十三国地理系统融为一体的,但两套系统主次之分尚不明显,而《晋志》皆谓"某国之分野,属某州",确立了以十二州为主体并兼容十三国的分野系统。其二,其十二次起讫度数与《洛书》基本一致。根据上文的分析可知,《晋志》与《洛书》的星次度数皆取自刘歆《三统历》,但前者可能略有调整。其三,这一分野理论亦兼容十二辰天文系统。《晋志》所记十二次分野,每一星次首先列出起讫度数,其次皆谓"于辰在某",当是仿自《洛书》。

综上所述,从十二次分野体系的演变过程来看,大致可以将其分为两个系统:一是单一的十三国地理系统,主要流行于汉魏时期,从刘向到皇甫谧都采用的是这一系统;二是融合十二州与十三国的地理系统,这是比较晚起的一种十二次分野说,始见于东汉时期,至魏晋逐渐演变为以十二州为主并兼容十三国的分野模式,这一模式可以《晋书·天文志》为代表。后来的十二次分野皆沿袭不改,这与上文所述二十八宿分野体系的演变轨迹是颇为相似的。

表2-3　十二次分野体系一览表

十二次（十二辰）	费直分野 起讫度数	《汉书·地理志》 国	《汉书·地理志》 起讫度数	蔡邕分野 国	蔡邕分野 起讫度数	郑玄分野 国	《洛书》 国	《洛书》 州	《洛书》 起讫度数	《帝王世纪》 国	《帝王世纪》 起讫度数	《晋书·天文志》 州	《晋书·天文志》 国	《晋书·天文志》 起讫度数
星纪（丑）	斗十度至女五度			越	斗六度至女二度	吴越	吴越	扬	斗十二度至女七度	吴越	斗十二度至女七度	扬	吴越	斗十二度至女七度
玄枵（子）	女六度至危十三度			齐	女二度至危十度	齐	齐	青	女八度至危十五度	齐	女八度至危十六度	青	齐	女八度至危十五度
娵訾（亥）	危十四度至奎一度			卫	危十度至壁九度	卫	卫	并	危十六度至奎四度	卫	危十七度至奎四度	并	卫	危十六度至奎四度
降娄（戌）	奎二度至胃三度			鲁	壁九度至胃一度	鲁	鲁	徐	奎五度至胃六度	鲁	奎五度至胃六度	徐	鲁	奎五度至胃六度
大梁（酉）	胃四度至毕八度			赵	胃一度至毕六度	赵	赵	冀	胃七度至毕十一度	赵	胃七度至毕十一度	冀	赵	胃七度至毕十一度

十二次（十二辰）	费直分野 起讫度数	《汉书·地理志》		蔡邕分野		郑玄分野	《洛书》			《帝王世纪》		《晋书·天文志》		
		起讫度数	国	起讫度数	国	国	起讫度数	国	州	起讫度数	国	起讫度数	国	州
实沈（申）	毕九度至井十一度			毕六度至井十度	晋	晋	毕十二度至井十五度	晋（魏）	益	毕十二度至井十五度	晋（魏）	毕十二度至井十五度	魏	益
鹑首（未）	井十二度至柳四度	井十度至柳三度	秦	井十度至柳三度	秦	秦	井十六度至柳八度	秦	雍	井十六度至柳八度	秦	井十六度至柳八度	秦	雍
鹑火（午）	柳五度至张十二度	柳三度至张十二度	周	柳三度至张十二度	周	周	柳九度至张十七度	周	三河	柳九度至张十七度	周	柳九度至张十六度	周	三河
鹑尾（巳）	张十三度至轸六度			张十二度至轸六度	楚	楚	张十八度至轸十一度	楚	荆	张十八度至轸十一度	楚	张十七度至轸十一度	楚	荆

续表

十二次（十二辰）	费直分野	《汉书·地理志》		蔡邕分野		郑玄分野	《洛书》			《帝王世纪》		《晋书·天文志》		
	起讫度数	起讫度数	国	起讫度数	国	国	起讫度数	国	州	起讫度数	国	起讫度数	国	州
寿星（辰）	轸七度至氐一十度	轸六度至亢六度¹	韩（郑）	轸六度至亢八度	韩（郑）	郑	轸十二度至氐四度	韩（郑）	兖	轸十二度至氐四度	韩	轸十二度至氐四度	郑	兖
大火（卯）	氐十一度至尾八度			亢八度至尾四度		宋	氐五度至尾九度	宋	豫	氐五度至尾九度	宋	氐五度至尾九度	宋	豫
析木（寅）	尾九度至斗九度	尾四度至斗六度¹	燕	尾四度至斗六度	燕	燕	尾十度至斗十一度	燕	幽	尾十度至斗十度	燕	尾十度至斗十一度	燕	幽

表注：

1.《汉书·地理志》所记寿星、析木之次起讫度数有误，今据钱大昕《廿二史考异》卷七《汉书二》校正。

关于十二次分野与二十八宿分野的关系,还有一个误解需要在此予以澄清。有不少学者将《晋书·天文志》所记二十八宿分野与十二次分野混为一谈,把两者纳入同一分野体系之中。从上文的研究可以看出,自战国以后,二十八宿分野与十二次分野始终是两种独立发展的分野学说,虽然它们均采用十三国或十二州地理系统,但其天文系统却截然不同,无法整合为同一体系。这主要是因为两者在星区划分原则上存在根本性冲突,二十八宿各宿距度之广狭很不均衡,"多者三十三度,少者止一度"[①],而十二次则以等分周天为原则,每个星次约为 $30\frac{14}{32}$ 度,故两者之间无法形成整齐划一的对应关系,因此在天文坐标系上就会出现某些星宿分属两个星次的情况,从而导致彼此间分野区域的差异。不妨举一个简单的例子。《晋志》所记陈卓二十八宿分野谓"九江入斗一度",属吴越—扬州分野,但若按照十二次分野说,斗宿跨越析木和星纪两个星次,斗一度属析木之次,则当为燕—幽州分野,与扬州相去千里。可见这两种分野学说是完全不相容的[②]。

然而,在唐代以后的某些分野理论中,却往往将二十八宿

---

① 沈括:《梦溪笔谈》卷七《象数一》,胡道静:《梦溪笔谈校证》,古典文学出版社,1957年,第308页。
② 有学者就曾指出二十八宿与十二次分野体系其实是貌合神离的,参见王玉民:《中国古代二十八宿分野地理位置分析》,《自然科学与博物馆研究》第2卷,第120页。

分野与十二次分野杂糅在一起,这种分野模式目前最早见于李淳风《乙巳占》①,如谓"斗、牛,吴越之分野,自斗十二度至女七度,于辰在丑,为星纪,……属扬州"。从形式上来看,这种分野模式似乎是将二十八宿分野与十二次分野融于一体,实则不然。若按十二次分野说,星纪之次自斗十二度至女七度,与二十八宿分野中的斗、牛二宿并不能完全相对应。一方面,斗一度至斗十一度并不在星纪之次的范围之内;另一方面,女一度至女七度又已逾出斗、牛二宿的星区范围。就其分野区域而言,虽然斗、牛之宿与星纪之次皆为吴越—扬州分野,但细究之则又颇有出入。仍以上文所举"九江入斗一度"为例,九江本属吴越—扬州分野,而按十二次度数,斗一度并不在星纪之次的范围内;《乙巳占》谓"燕之分野,自尾十度至斗十一度,于辰在寅,为析木,……属幽州",若依此说,则九江当属燕—幽州分野。由此可见,李淳风不过是将二十八宿分野与十二次分野按照地理系统机械地拼凑在一起罢了,这两种分野学说实际上是不能兼容的。

---

① 详见《乙巳占》卷三《分野》,叶 2a—11a。又《开元占经》卷六四《分野略例》亦并列两种分野说,并称之为"宿次分野"——所谓"宿次",即分别指二十八宿与十二次。此外,旧题北周庾季才撰《灵台秘苑》卷三《十二分野》(第25—28 页)已将两种分野说杂糅于一体,但此书实系北宋王安礼等重修本,多有宋人增益的内容,其分野部分已非作者原貌,姑置而不论。

第五节　传统二十八宿及十二次分野体系的方位淆乱问题

上文论述自汉代以来二十八宿及十二次分野体系的形成、衍变与定型过程,着重分析了"十三国"与"十二州"两套分野地理系统的政治文化意义及其合流。《晋书·天文志》所载陈卓二十八宿分野说和据称出自班固的十二次分野说,代表着最为经典的分野模式,为后世所因循。然而不得不说的是,传统二十八宿及十二次分野体系存在着严重的方位淆乱问题。早在南北朝时期即已有人指出了这种现象,唐代以降更是不断有学者对此提出质疑,并相继出现了各种各样的辩解之说。关于这一千古谜团,学界虽略有所知,但迄今为止,尚无专文对此问题进行系统清理。本节旨在全面梳理传统分野体系方位错乱问题的基础之上,对其中的一些疑问重新加以探讨。

(一) 传统分野体系的三种方位淆乱现象

所谓传统二十八宿及十二次分野体系的方位淆乱问题,就狭义而言,主要是指二十八宿、十二次在天文四象系统中的星区位置,与其所对应的十三国、十二州在四方体系中的地理方位不相吻合,这是前人讨论最多的一个问题;但从广义上来说,除此之外,它还应包括二十八宿及十二次分野之地理系统内部方位错乱的情况。具体来说,传统分野体系存在着星土之间、州国之间以及州郡之间三种方位淆乱现象,以下分别对这三类问题加以讨论。

第一,以二十八宿、十二次对应十三国、十二州过程中所产生的星土方位淆乱问题。

在具体说明这个问题之前,有必要先解释一下二十八宿与十二次的方位系统。照理来说,二十八宿"布在四方,随天转运"①,永不停息,原无固定方位可言;十二次本是人为等分黄、赤道带而成的十二个星区,亦无东南西北之分。赋予二十八宿与十二次方位意义的是中国传统的四象观念。四象起源很早,可以上溯至新石器时代,至春秋战国时期已产生东青龙、西白虎、北玄武、南朱雀这一四方四象概念,并与二十八宿紧密结合②,此后十二次、十二辰也融入其中,从而形成了一套完整的四象体系,二十八宿、十二次与四方之间的对应关系亦随之确定(参见图 2-5)。

在传世文献中,南朝祖暅最先指出二十八宿、十二次与十三国系统之间存在星土方位不合的现象。他说"北方之宿,返主吴越;火午之辰,更在周邦",意谓属于北方七宿的斗、牛,其分野区域反为南方吴越,"火午"指南方鹑火之次,却对应地处

---

① 《尚书正义》卷二《尧典》孔颖达疏,阮元校刻《十三经注疏》本,第 120 页。
② 参见李学勤:《西水坡"龙虎墓"与四象的起源》,《走出疑古时代》,辽宁大学出版社,1997 年,第 142—149 页。

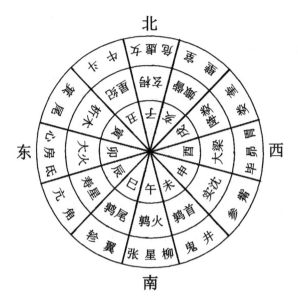

图2-5 二十八宿与十二次方位图

（图中二十八宿与十二次之间的对应关系取唐一行之说）

中原的周地。不过,祖暅对此似乎并不以为奇,而是认为这其中"灵感遥通,有若影响,故非末学未能详之"①。唐孔颖达也注意到这种方位错乱的情况:"星纪在于东北,吴越实在东南;鲁、卫,东方诸侯,遥属戌、亥之次。……徒以相传为说,其源不可得而闻之。"②他除指明星纪—吴越这组方位抵牾的例证之

---

① 《乙巳占》卷三《分野》引祖暅《天文录》,叶18b。
② 《春秋左传正义》卷三〇襄公九年孔颖达《正义》,第1941页。《周礼注疏》卷二六《春官·保章氏》贾公彦疏亦谓"吴、越在南,齐、鲁在东,今岁星或北或西,不依国地所在者"(第819页)。

外，还提到位于东方的鲁、卫却分属西北降娄（戌）、娵訾（亥）之次这一矛盾，且表示出对这种现象的困惑不解。又唐代星占文献《天地瑞祥志》云："今就分野之星，郑在河南豫州之域，而属东南角、亢；晋在河内冀州之域，而属西南参星者，何乎？"[1]提出郑、晋二国与其分星方位不符的疑问。后南宋陈藻对传统分野体系内的此类问题做了全面系统的总结，据他分析，在十二次与十三国的对应关系中，有四组方位反差最大：西北降娄—东北之鲁，西南实沈—北方之晋，正西大梁—北方之赵，正南鹑火—河洛之周；有七组方位亦不相合但反差较小：正北玄枵—东北之齐，西北娵訾—北偏东之卫，西南鹑首—正西之秦，东南鹑尾—正南之楚，东南寿星—中土之郑，正东大火—中土之宋，东北星纪—东南之吴；仅有一组方位勉强相符，即东北析木—东北之燕，故陈藻谓"十有二次而可言者一，亦太相戾"（参见图2-6）[2]。此后明清学者指摘传统分野体系中的同类问题，均不出于此，明代甚至还有人认为"尾、箕为东方之宿（大致相当于析木之次），而乃主北方之燕"，亦属不合之例[3]，这就

---

[1] 萨守真：《天地瑞祥志》卷一《明分野》，《稀见唐代天文史料三种》，下册，第20—21页。

[2] 陈藻：《乐轩集》卷七《分野》，文渊阁《四库全书》本，第1152册，第93页。陈氏叙述星土方位，间或以后天八卦之位表示。

[3] 王懋德、陆凤仪等纂修：《（万历）金华府志》卷一《星野》"婺星所舍辩"引郑宗疆《宝婺观重建记》，《中国方志丛书》华中地方第498号影印明万历六年刻本，成文出版社有限公司，1983年，第56页。

将陈藻惟一算作方位相合的"孤例"也予以否定了。

图 2-6　十三国系统方位示意图

　　二十八宿、十二次与十二州系统之间也同样存在着明显的
星土方位淆乱现象。成书于南宋后期的《六经雅言图辨》对此
做了详细论述,该书指出在十二次与十二州的对应关系中,有
七组方位"最差者":青州正东—玄枵正北,雍州正西—鹑首在
南,扬州东南—星纪在北,冀州东北—大梁正西,徐州在东—降
娄在西,豫州居中—大火正东,三河居中—鹑火西南;有三组方
位"微差者":益州西南—实沈在西,幽州东北—析木在东,兖州
东偏北—寿星反在东;仅并州在北—娵訾在北、荆州正南—鹑

尾在南这两组为"正得躔次者"，方位无误①。总的来说，以上所述基本属实，只有所谓方位微差的益州—实沈、幽州—析木两组或可商榷，在笔者看来，这两组星土对应方位也应是大体吻合的（参见图2-7）。

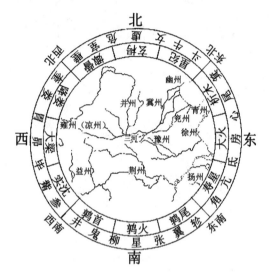

图2-7　十二州系统方位示意图

①旧题莆阳二郑先生：《六经雅言图辨》卷七《分野辨》，北京师范大学图书馆藏清抄本，叶7a—7b，据《六经奥论》卷六所记相同内容校正（《通志堂经解》本，第16册，第559页）。按《六经雅言图辨》成书于淳祐末宝祐初，由郑厚、郑樵门人弟子追述师说附益而成，南宋末托名郑樵所作的伪书《六经奥论》系改编自《六经雅言图辨》（参见陆心源：《仪顾堂题跋》卷一《〈六经雅言图辨跋〉》，冯惠民整理：《仪顾堂书名题跋汇编》，中华书局，2009年，第29—31页；杨新勋：《〈六经奥论〉作者与成书考辨》，《宋代疑经研究》附录，中华书局，2007年，第357—366页），故可据《六经奥论》校正现存《六经雅言图辨》抄本之误。

此外，还值得一提的是，正是由于上述星土对应方位淆乱的原因，以致出现了另一种星宿毗邻而分野之地相隔遥远的现象。如明人郑宗疆谓"宋、卫之与燕，逾越甚远，而房、心、尾、箕实连而为次；鲁、卫与赵，疆理不入，而奎、娄、昴、毕实贯而为列"，"夫尾、箕乃幽燕之分，而斗、牛二宿承之闽广，幽燕、吴越相望，判乎其不相入矣"，"星甚相迩，其地绝相远，其故何耶？"①他说的就是二十八宿连环相接，但各宿所属分野区域有的却相距甚远的问题。

第二，十三国与十二州系统合流之后出现的州、国方位不合问题。

传统分野说之十三国与十二州地理系统自东汉以后逐渐趋于合流，至魏晋时期已被完全整合于同一分野体系之中，但这样却出现了同一星区所对应的州域与列国方位不一致的现象。南宋初洪迈最早注意到这个问题，他指出《晋书·天文志》谓"自危至奎为娵訾，于辰在亥，卫之分野也，属并州"，但"卫本受封于河内商虚，后徙楚丘。河内乃冀州所部，汉属司隶，其他邑皆在东郡，属兖州，于并州了不相干"；《晋志》又谓"自毕至东井为实沈，于辰在申，魏之分野也，属益州"，但"魏分晋地，得河内、河东数十县，于益州亦不相干"②。由此可知，同属娵

①《（万历）金华府志》卷一《星野》"婺星所舍辩"引郑宗疆《宝婺观重建记》，《中国方志丛书》本，第 57 页。
②洪迈：《容斋三笔》卷三"十二分野"条，《容斋随笔》，上册，第 462 页。

訾之次的卫国和并州，以及共为实沈分野的魏国与益州，均存在明显的区域错位。除这两例外，鲁国和徐州皆为奎、娄二宿及降娄星次之分野，南宋叶时称"鲁，兖州之国也，鲁则不属于兖，而属于徐"①；郑国与兖州皆为角、亢二宿及寿星星次之分野，清人汪绂则说"郑不在兖州"②，故它们也都属于州、国方位不合之例。

第三，陈卓分野体系中，十二州系统与下属郡国之间的地域歧互问题。

上文提到，《晋书·天文志》所记陈卓分野体系标志着自战国以来历经秦汉魏晋长期演变的二十八宿分野学说至此趋于定型，其中一个重要的表征是，它在十二州系统之下，又进一步析分星宿度数以对应诸州所辖郡国，从而建立了更趋细密化的二十八宿分野理论。不过蹊跷的是，在陈卓列出的九十四个汉代郡国中（参见表 2-2），虽然大多数郡国与其所属十二州分野区域确实存在实际的隶属关系，但在各州分野区域之下也有一小部分郡国其实并不属于该州辖境，有的甚至还错乱得相当离谱③。洪迈最先

①叶时：《礼经会元》卷四《分星》，第 596 页。
②汪绂：《戊笈谈兵》卷五上《九州分野论》，《中国兵书集成》影印清光绪刻本，第 683 页。
③有学者指出陈卓分野体系中的十三国系统与各郡国也存在方位错乱问题，如《读史方舆纪要》卷一三〇《分野》引《山居杂论》（按此书盖即顾祖禹之父柔谦所作《山居赘论》）谓"牂牁、越巂而概之以魏，酒泉、张掖而系之于卫，济阴、东平而属之于郑，上党、太原而别之于秦"（第 5515 页）。据上文论述可知，陈卓分野所列郡国皆从属于十二州，实与十三国无关。

指出陈卓分野体系中的这一问题,他说"并州之下所列郡名,乃安定、天水、陇西、酒泉、张掖诸郡,自系凉州耳","雍州为秦,其下乃列云中、定襄、雁门、代、太原、上党诸郡,盖又自属并州及幽州耳"[1]。系于并州和雍州分野之下的诸郡竟然全为他州属地,这是陈卓分野中方位淆乱最为严重的两个例子。这里需要说明的是,洪迈所谓云中诸郡属并州及幽州乃是依据东汉州制而言的,但实际上,陈卓分野体系反映的主要是西汉时期的政区地理格局,若按西汉州制,雍州分野下所列云中等郡全部隶属于并州。除以上两例之外,类似这样州、郡地域歧互的情况还见于其他各州之分野,这些零散的例证大多是前人未曾指出的。譬如,豫州分野下所列淮阳应属兖州,鲁、楚二国则当隶于徐州[2];幽州分野所见之西河、上郡、北地三郡皆属并州朔方之地,而"凉州入箕中十度"一句见于幽州分野,更是让人觉得莫名其妙;扬州分野下列有临淮、广陵、泗水,但这三个郡国其实都在徐州境内;而见于徐州分野之下的高密、胶东实属青州,城阳则当为兖州辖地[3]。由此可见,陈卓分野体系内的州、郡地域不合问题确实比较突出。

---

[1] 洪迈:《容斋三笔》卷三"十二分野"条,《容斋随笔》,上册,第 462 页。
[2] 汪绂《戊笈谈兵》卷五上《九州分野论》即谓"淮阳、楚国、鲁国诸郡不在豫州"(第 683 页)。
[3] 按《汉书·地理志》在大多数郡国下都注明其上属之州,又辛德勇《两汉州制新考》经考证后列出汉武帝所设十二州辖之郡国(《秦汉政区与边界地理研究》,第 140—143 页),此即笔者上述州郡隶属关系的判断依据。

在以上所述传统分野体系的三种方位淆乱现象中，古今学者对第一个问题关注最多，并提出了各种各样的辩解之说，且留待下文讨论。然而对于后两个问题，虽然前人早已指出，但却一直无人对此加以解释①，故笔者在此首先对上述第二和第三类错乱现象的成因试作分析。

关于传统分野体系中十三国与十二州系统之间方位不合的现象，其实是比较容易理解的。由上文可知，二十八宿及十二次分野之十三国与十二州系统原本就是两套独立的地理系统，根本不存在二者方位对应的问题。由于十三国与十二州在空间地理分布上本就不完全一致，所以当这两套地理系统被强行整合于同一分野体系时，自然就会出现同一星区所对应的州域与列国地域不相符合的状况，只是有的反差较大，如魏国与益州、卫国与并州，有的差别较小而已，如鲁国与徐州、郑国与兖州。这样看来，此类分野区域方位淆乱现象实际上并不足为奇。

而陈卓分野体系州、郡地域歧互的原因则比较复杂。洪迈认为这是李淳风编纂《晋书·天文志》时，因其不知地理而造成的"谬乱"②。但此说并不可取，上文提到，陈卓分野说除保存

---

① 仅清人盛百二针对第三类方位淆乱问题，称"至于并州、益州郡县之互易，乃术士故为紊乱以惑人，亦不足辨"（《尚书释天》卷六"分野附"，清道光九年广东学海堂刻《皇清经解》本，叶29a）。

② 洪迈：《容斋三笔》卷三"十二分野"条谓《晋书·天文志》"谬乱如此，而出于李淳风之手，岂非蔽于天而不知地乎"（《容斋随笔》，上册，第462页）。

于《晋志》及李淳风《乙巳占》之外，还见于唐初武德年间抄写的敦煌《星占》写卷，说明这一分野体系并非出自李淳风之手。经笔者比对陈卓分野的这三个文本，发现其"郡国所入宿度"的内容虽大体相同，但仍存在若干文字差异，尤其是《晋志》与《星占》的差别最大，这其中有些属于传抄之误，但也有一部分恐怕是不同文本所据分野体系本身固有的歧异（参见表2-2及本书附录）。譬如，《晋志》分系于豫州及幽州分野之下的"楚国入房四度"、"凉州入箕中十度"两句，均不见于《乙巳占》《星占》；《晋志》兖州分野条"济北、陈留入亢五度"句，《星占》作"陈留入亢六度、济北入亢一度"；《晋志》冀州分野条"中山入昴一度"，《乙巳占》作"昴八度"，《星占》作"毕一度"。这些例证恐怕不能简单地以传写讹误来解释，而应将其理解为史源本身的差异。同一陈卓分野体系在不同文献记载中却有较大的文字出入，这可能是由于陈卓分野说在西晋以后的流传过程中不断被人增补修订，形成了多个文本而造成的。

在明晓陈卓分野说的上述流传背景之后，再对其州、郡地域歧互问题的原因作一分析。如上所述，《晋志》列于并州分野之下的安定、天水、陇西、酒泉、张掖、武都、金城、武威、敦煌等九郡皆属凉州，雍州分野下的云中、定襄、雁门、代郡、太原、上党等六郡皆属并州，这两例在陈卓分野体系中淆乱最甚。按传统十二州分野系统创立之时并未采用凉州的州名，而仍保留其古称"雍州"，故安定、天水诸郡亦属雍州。这样一来，我们发现若将系于并州和雍州分野之下的诸郡对调,便可使二者的州郡隶属关系与实际相符。那么,这是否意味着以上错乱是因后人传抄时误将并、雍二州分野下列郡国颠倒所致呢? 这个问题并非如此简单。其实,《晋志》记载上述诸郡所入星宿度数并无错讹,如"安定入营室一度"、"云中入东井一度",营室、东井确实分别为并州和雍州的分星,产生错乱的只是州、郡之间的隶属关系而已。这种情况表明,以上倒误应当是在厘定分野体系之时就已出现的,而非后人误抄所致。这就存在两种可能性:一是陈卓本人不明汉代政区地理,误将并、雍二州属郡颠倒;二是后人在修订陈卓分野体系时过于粗疏草率以致误植二州属郡。

至于其他零散的州、郡方位淆乱之例,我们也可推测其成因。《晋志》于幽州分野下谓"西河、上郡、北地、辽西东入尾十度",此句在《星占》中仅作"辽东入尾(此处夺一数字)度",而无西河、上郡、北地三郡,按此三郡地处西北朔方之地,与辽东、辽西相隔甚远,显然不应同为入尾十度,所以这三郡见于幽州分野或许是后人误增所致。分系于豫州和幽州分野下的"楚国入房四度"、"凉州入箕中十度"两句,《乙巳占》《星占》皆无,说明此二句很可能为后人所妄补。而余下的那些错乱诸例,由于缺乏证据,不易判断其致误之由。不过就总体而言,陈卓分野说之所以出现这些州、郡地域歧互的现象,不外乎是陈卓厘定分野体系,抑或后人修订陈卓分野之时,因对汉代地理建置不甚了解而产生的谬误。

（二）关于星土方位错乱问题的诸种解释

上文提到,在传统分野体系中,二十八宿、十二次与十三国、十二州之间星土对应方位不合是最主要的一种淆乱现象。关于这个问题,前人多有关注,有的对此持不可知论[①],也有人从方位系统的角度提出了各式各样的辩解之说。以下对古今学者的诸家解释作一介绍,并对其观点加以评述,看看这些说法究竟能否解开上述谜团。

1. 天地方位反向说

明代嘉万时人叶春及在为《肇庆府志》所撰写的《分野论》中,提到传统分野体系星土方位"南北反易","二千年未有明其解者",然其父执刘梧却对此有一番辩解。他认为天与地的南北方位原本相反,故"日行北陆,躔星纪之次,是谓南至,而殷乎地面之南方,星纪必于地面之南方,故以分东南之扬也。日行南陆,躔鹑首之次,是谓北至,而殷乎地面之北方,鹑首必于地面之北方,是以分西北之雍也"。在确定此所谓南、北二至之后,刘氏又对传统二十八宿及十二次分野体系中的星土方位关

---

① 如孔颖达谓此"盖古之圣哲有以度知,非后人所能测也"(《春秋左传正义》卷三〇襄公九年,第 1941 页),清初陆陇其亦云:"愚意此必由历代星官占验而得之,如某宿有变,其验恒在某国,遂定以为此国之分星,盖非一人一代所能定也,其理亦本不可解。"(《三鱼堂賸言》卷三"孔疏襄九年辨分野"条,《丛书集成续编》影印清光绪四年秀水孙氏望云仙馆刻《樵李遗书》本,新文丰出版公司,1989 年,第 42 册,第 99 页)

系——做了说明①。

刘梧此说甚为牵强，并不能完全解释传统分野体系方位淆乱的系统性问题。叶春及即已指出，刘氏之说以"室、壁直当乎幽燕、并卫"，"尾、箕则当闽粤之南"，"觜、参则直北之晋"，然而历代星家所据分野却皆以尾、箕为燕之分野，觜、参为益州分野，与刘说不同，说明这种天地方位反向说是无法自圆其说的。

2. 经纬说

成书于明万历四十三年（1615）的胡献忠《天文秘略》，提出一种经纬说以试图解释传统分野体系的星土方位错乱问题。此说认为"星之所属，有星在而国亦在者，如并北而娵訾（原注：室、壁）亦北，荆在南而鹑尾亦南"，这犹如文王后天八卦之离南、坎北，"各有定位"，故此种"缠次相配，上下同体者，经也"；"又有星在此而国在彼者，如鲁居东而配降娄（原注：奎、娄）于西，燕居北而配析木于东"，"又有或方或隅而参差不等者，若齐居东北而配玄枵（原注：虚、危）于正北，吴越居东南而配星纪于东北。譬如《（洛）书》之生数居方，成数居隅，二与七相近，六与一为邻者也"，类似这种"缠次相望，上下异位者也，纬也"，

①叶春及：《石洞集》卷一一《分野论》，文渊阁《四库全书》本，第 1286 册，第 600 页。

"经纬错纵,天地之所以成造化也"①。

胡献忠在此借用了易卦卦序中相反相成的原理,来论证传统分野体系星土对应"东西南北相反而相属"②现象的合理性,易学色彩过于浓重。实际上,这种空洞的说法并不能具体解释星土方位不合诸例的产生原因,故此说不足取信。

3.天象地统、河洛为中说

所谓传统分野体系的星土方位淆乱,是后人基于四方配四象的天文观念以及四方四维的地平方位系统而言的。但事实上,这一判断依据本身就存在两个问题。其一,上文说过,二十八宿随天运转,本无固定方位可言,只有在某一特定时刻才能具体分辨星宿方位;其二,地理方位的判定需要有一个基准点,这样才能区分不同地域之间的相对位置,否则比如周地就不易将其归入任何一方。因此,针对以上两个漏洞,清初天文学家徐发提出了一种别具一格的说法来解释所谓星土方位"淆乱"的现象。

徐发认为周天众星存在着天正、地正、人正三种重要的天象,天统为圣人历象命禽之始,人统为立命司禄之始,而地统则

---

① 胡献忠:《天文秘略》之《分野属》,第 360—361 页。按明初刘基撰有一部《天文秘略》,胡献忠此书虽自称重订,但事实上,两书内容截然不同,不可混为一谈,徐文靖《管城硕记》卷二七《天文考异》即误以为上述经纬说出自刘基(范祥雍点校,中华书局,1998 年,第 507—508 页)。
② 陈祥道:《礼书》卷三四"十二分",叶 7a。

为分野定方之始。所谓地统之象是指"地元甲申之始,冬至平旦斗魁建子,其夜半枓星分界未、申,摄提正于未中,帝座向未,未主地,故坤卦居未、申,天之易也,分野所起"。这里描述的是地元甲申年冬至这一特定时日北斗、摄提、帝座诸星的位置,徐发即以此天象作为判定星宿方位的基准,并将此时角、轸二宿之间的中界线对应于地上的中岳、河洛,然后"以河洛为中,而以十二方隅配十二宿野"。据徐发自称,这样一来传统分野体系中的二十八宿与十三国就可以基本做到方位契合,惟尾、箕与燕地分野方位仍有出入。对此徐发又补充解释说,先秦之时尾、箕二宿原与东南越国相应,至汉初,由于赵佗割据南越自立为王,"最负固",故汉人"黜之而易以燕",从而产生了方位谬误,如将尾、箕还原为越,则恰好与他所构拟的这套"天象地统、河洛为中"系统完全吻合①。

徐发设计了一套极其精妙的地统理论,来论证传统分野体系星土对应的合理性。但其所谓分野起自地统的说法,只是徐发个人的空发奇想,毫无文献依据,清人盛百二即称"徐氏虽有地统为分野地元之说,人不之信也"②。此外,徐发又谓先秦分野学说中原本仅有越国分野,而无燕地分野,后世所传尾、箕主

①徐发:《天元历理全书》卷六原理之六"分野"条、卷八考古之二《地正图》图注、卷一〇考古之四"地统为分野地元说"条,《续修四库全书》影印清康熙刻本,第1032册,第445、501—502、547—548页。
②《尚书释天》卷六"分野附",叶29a。

燕之说乃是汉人所改。但事实上，马王堆帛书《日月风雨云气占》所见战国分野说已有娄宿对应燕国的记载，尽管其燕国分星与后来通行的分野体系不同，但它至少可以说明战国时期的分野学说并未将燕地排斥在外，可见徐发的猜想完全是不可信的。乾嘉时人李林松就对徐发之论颇为不屑，云："分野宜更之说，前人屡言之，徐发易燕作越，易鲁作燕（按此说有误），未免私智穿凿，且其所本亦不过堪舆家罗经耳。"[1]

此外，还需附带一提的是，清中期雷学淇大概是受到徐发"三统"说的启发和影响，认为传统分野体系是兼取天正与人正两种天象而确定星土对应关系的，并具体说明了天正、人正之天象及其星土方位[2]。这一说法与徐发的解释虽有所不同，但实出一系，同样也是穿凿附会之说。

4. 星宿本位说

成书于乾隆四十六年（1781）的《钦定热河志》认为传统分野说乃是"以二十八宿东西南北之本位，分配大地东西南北之定位"。它具体解释说在传统二十八宿分野体系中，惟尾箕—燕分野星土方位"适相符合"，这是因为燕地于"中土地偏东北隅，京师又居中土之东北"，而"尾、箕二宿之本位亦正在东北隅"，故两者对应方位无误。若"以尾箕—燕分为准"，"而后左

---

[1]李林松：《星土释》卷三《星土释说》，叶 3a—3b。
[2]雷学淇：《古经天象考》卷三《分野》雷学淇按语，《四库未收书辑刊》第 4 辑影印清道光五年刻本，北京出版社，2000 年，第 26 册，第 44—46 页。

右推之,尽地面之一周皆与各宿本位相合,是为亘古不易之星分,而十二次因之"①。

《热河志》此说语焉不详,它始终没有解释所谓"二十八宿之本位"究竟是什么样的一种方位系统,又如何与地面十三国之定位相吻合。而且其所谓尾箕—燕分野方位相符乃是由于京师居中土之东北,这显然是依据清代政治地理格局附会出来的说法,其实,传统二十八宿分野说形成于汉代,当时的政治中心并不在燕地。由此可见,《热河志》所称"以尾箕—燕分为准,而后左右推之"云云实为荒诞不经之说。

5. 旋转对应说

此说见于刘俊男所撰《古星野探秘》一文。他认为二十八宿、十二次对应十三国的分野体系产生于商末周初,其分野区域并非周天子分封的诸侯国,而是指各国所在地的地名,且古鲁地原在今北京附近,古燕地原在今山东曲阜至安徽一带。又因各地所主之星宿从每日 18 时初见于天至 21 时升至中天高点需历经三小时,在此期间地球自转 45 度,然而对于地上观测者的视觉感受而言,则是整个空域旋转了 45 度,所以在确定星土对应关系时,需要将天体方位系统整体顺时针旋转 45 度,使地之东北对应天之正北、地之西南对应天之正南,经过这番调

①和珅、梁国治等奉敕撰:《钦定热河志》卷六四《晷度》,《辽海丛书》本,民国二十三年铅印本,叶 7a—7b。

整之后,传统分野体系所见星土方位便可契合无误①。

刘俊男提出的这种解释存在严重谬误。首先,天文分野学说当起源于战国,商末周初恐无分野之说。其次,十三国系统乃是实指周王室及十二个东周列国,并非地名,至于刘氏所谓鲁地原在北、燕地原在南之说更是毫无依据。再次,刘氏想当然地认为二十八宿都遵循上述运动规律,但实际上,二十八宿之运行远非如此简单,况且自汉代以来的二十八宿及十二次分野说都是一种抽象化的天地对应理论,当与具体的观测时间无关。因此,刘氏此说难以取信于人。

除上述五种说法之外,还有学者指出若将二十八宿依据十三国分野系统标识在地图之上,会发现诸宿可以形成一条首尾相连、排列有序的环带,体现出战国人的一种"大一统"思想②。此说实质上也是在变相为星土方位错乱问题曲加辩解。十三国系统原本代表的就是一种列国并峙的地理格局,何来"大一统"之说?

以上所举都是直接针对传统分野体系星土方位淆乱问题本身所做的解释,除此之外,还有一类说法也值得重视。这类

---

① 刘俊男:《古星野探秘——上古九州与十二州的变迁》,《华夏上古史研究》,第 139—152 页。后刘氏又将其说略作修正,发表于《上古星宿与地域对应之科学性考释》,《农业考古》2008 年第 1 期,第 234—243 页。
② 王玉民:《中国古代二十八宿分野地理位置分析》,《自然科学与博物馆研究》第 2 卷,第 121—124 页。

见解均旨在说明二十八宿、十二次与十三国对应关系的具体形成缘由，有的甚至并未提及星土方位之谬乱，但这些解释有助于我们跳出方位系统的窠臼，从另一个角度去思考上述错乱现象产生的根源，故亦需在此略作说明。关于传统分野说星土对应关系的成因，古今学者大致也有五种说法。

1. 主祀之星说

此说始于东汉，认为二十八宿、十二次与十三国之间的对应关系乃是依据各国主祀之星而确定的。《左传》记载昭公元年（前541），郑子产谓高辛氏二子，阏伯迁于商丘，主辰，商人是因，故辰为商星；实沈迁于大夏，主参，唐人是因，后参为晋星。东汉服虔注曰"辰，大火，主祀也"，"大夏在汾浍之间，主祀参星"①，意谓大火（即心宿）和参星分别是商丘、大夏之民所祭祀的星宿。魏晋时人遂袭取服虔之说，并加以发挥，曹魏贾逵云"晋主祀参，参为晋星"②，西晋杜预称"商丘，宋地，主祀辰星"③，即指晋、宋两国皆以其主祀之星而为分野。后此说颇为流行，多有学者采信。如萧梁崔灵恩《三礼义宗》云："星分所主，各有由序。晋属实沈者，高辛之子，主祀参星；宋属大火者，

① 裴骃《史记集解》引服虔语，见《史记》卷四二《郑世家》，第1773页。按其史源当为服虔所著《春秋左氏传解》。
② 裴骃《史记集解》引贾逵语，见《史记》卷四二《郑世家》，第1773页。
③《春秋左传正义》卷四一，第2023页。

阏伯之墟,主祀大辰。"①又南宋鲍云龙称分野学说之"不可磨"者有三,其一即为"唐虞及夏万国,殷周千七百七十三国,并依附十二邦以系十二次之星,法先王命亲之意,以主祀为重。如封阏伯商丘,主辰,为商星,商人是因;封实沈大夏,主参,为夏星,唐人是因,唐后为晋,参为晋星"②。

然而从文献记载来看,此说只能解释参主晋、心主宋等个别星土对应之例的由来,却不足以证明其他各国与二十八宿之间的对应关系也是因其主祀之星而确定的,故所谓"主祀之星说"显然无法完全解释传统分野体系星土对应关系的成因。

另外,需要附带说明的是,今人郑文光指出宋承商主大火、晋承夏主实沈、周主鹑火这三例分野,反映了古代诸民族各以不同星辰观象授时的传统,换言之,不同民族皆有自己的族星③,此即星土分野之缘起。这一说法实质上是主祀之星说的另一种翻版,它只是将以上所谓"主祀之星"改换为"族星"而已,其所据史料仍是上引《左传》之文,惟此处又增加《国语》所记周主鹑火星次一例,故此说在解释星土对应关系的确定依据时同样存在局限性。

---

①《玉海》卷二《天文门·天文书上》"周九州星土、分星、分野、堪舆郡国所入度"条引《三礼义宗》,第 32 页。据《国语·周语》记载,天鼋(即玄枵)乃齐之始祖逄公所祀之神,故此处谓"齐属玄枵者,逄公托食"。
②鲍云龙:《天原发微》卷八《〈周礼〉星土辨九州封域皆有分星》条,明正统《道藏》本,艺文印书馆,1977 年,第 46 册,第 37152—37153 页。
③郑文光:《中国天文学源流》,第 101 页。

2. 受封之日岁在之辰说

此说出自唐贾公彦。《周礼·保章氏》谓"以星土辨九州之地，所封封域，皆有分星，以观妖祥"，贾公彦认为此句指的是后来广为流传的十二次分野说，遂称"吴、越在南，齐、鲁在东，今岁星或北或西，不依国地所在者。此古之受封之日，岁星所在之辰国属焉故也。吴、越二国同次者，亦谓同年度受封，故同次也"①。意思是说，十二次与十三国之间的对应关系乃是根据列国受封之日岁星所在之星次而定，故星土方位或有不合。

如照贾氏之言，则似乎只有《国语》所记武王伐纣岁在鹑火为周之分野一例，勉强可作此解，其余十二次分野诸例均于史无征，故此说历来为人所诟病。如南宋唐仲友以晋主参星、宋主大火为例说明"非因封国始有分野"，并明确指出贾氏之说"难用"②。又明人张弼亦驳斥贾说云："（贾公彦）以国属诸初受封之日岁星所直之辰，此不得其说而附会妄语耳。周封大伯于吴，夏封无繇于越，岂同岁月乎？况后之所谓吴越者，不啻百倍，何以皆属此星？"③

还需一提的是，大概是受到贾公彦之说的启发和影响，清

———————

① 《周礼注疏》卷二六《春官·保章氏》贾公彦疏，第 819 页。
② 唐仲友：《帝王经世图谱》卷六《周保章九州分星之谱》跋文，《北京图书馆古籍珍本丛刊》影印宋刻本，书目文献出版社，1988 年，第 76 册，第 79 页。
③ 刘节纂修：《（嘉靖）南安府志》卷七《天文志·星野》张弼评曰，《天一阁藏明代方志选刊续编》第 50 册影印本，上海书店，1990 年，第 303 页。此评语抄自张弼所修成化《南安府志》。

初董说曾提出过一种十三国以受封之日昏见之星为其分野的说法①，更是荒诞无稽。

3. 古帝王所主之星说

此说始于清人汪绂。他认为在上古时代共有伏羲氏、阏伯、轩辕氏、皋陶、禹、玄枵、颛顼、少皞氏、蓐收、实沈、后稷、祝融、烈山氏共十三位圣王贤君，他们各有固定的星宿与之相配，如禹主牛、女，蓐收主昴、毕云云，后来由这十三位帝王的后裔所建立的十三国即分别以其始祖所主之星而为分野②。继汪绂之后，乾嘉时人万年淳又提出，传统分野体系所见十二国（将吴、越分野区域合一而言）实乃伏羲、神农等十二帝王发祥之墟，故古帝王受命之日岁星所在之辰当即此十二国之分野③。尽管汪、万二人的具体说法有所不同，但他们都是从上古帝王所主之星的角度，来解释传统分野体系星土对应关系的形成原因，故可视为一说。

这种解释纯属臆测，没有任何文献依据，所谓上古帝王与二十八宿的对应关系乃出于清人杜撰，根本无法取信于人。

4. 顺次分配说

日本学者新城新藏指出"分野之分配乃大概以实沈配于

---

① 董说：《丰草庵文集·文苑编》之《释分野》，《清代诗文集汇编》影印清顺治刻本，上海古籍出版社，2010年，第71册，第205—206页。

② 汪绂：《戊笈谈兵》卷五上《九州分野论》，《中国兵书集成》影印清光绪刻本，第684—689页。

③ 万年淳：《易拇·图说》卷五"五德之运分野图"说，《四库未收书辑刊》第3辑影印清道光四年刻本，北京出版社，2000年，第3册，第330—332页。

晋,以大火配于宋,并以此二者为既定之区分,然后将周天顺次分配于地上周边之列国",并取徐发之说,将燕之分星改属越地①。此说后为天文史学家陈遵妫所承袭②。

若据此说,那么传统分野体系应是按照宋—韩(郑)—楚—周—秦以及晋(魏)—赵—鲁—卫—齐—吴—越这两组顺序渐次分配二十八宿或十二次的。但如前所述,徐发所谓汉人将原越国分星尾、箕改属燕国的说法并不可信,故新城新藏调整传统分野体系易燕为越的做法有欠妥当,如将此处之越还原为燕,那么以上第二组列国序列是难以依据方位做到顺次分配的。此外,上文提到,汉魏时期各家二十八宿分野说所述赵、魏两国分野的星土对应关系互有出入,《淮南子·天文训》和未央分野均以胃、昴、毕主晋(魏),觜、参主赵,而《汉书·地理志》刘向分野、高诱分野及《广雅》却恰恰相反,银雀山《占书》残简又以房、心、尾属魏(参见表2-1)。既然汉代二十八宿与赵、魏两国分野区域的对应关系尚未确定,那么新城新藏所谓顺次分配之说便无从谈起。

5. 图腾崇拜说

此说由天文史学家陈久金在《华夏族群的图腾崇拜与四象概念的形成》一文中提出。他认为所谓东方苍龙、北方玄武、西

---

① 〔日〕新城新藏:《东洋天文学史研究》,第 409 页。
② 陈遵妫:《中国古代天文学简史》,第 91 页;同氏《中国天文学史》,第 2 册,第 422 页。

方白虎、南方朱雀的四象观念源自于上古时代东夷、西羌、少昊、华夏等不同民族分别对龙、虎、鸟、龟蛇四种动物的图腾崇拜,而传统分野体系星土对应关系的形成亦源于此。其具体的解释是:宋、郑为东夷之族,故皆配以东方苍龙之宿。赵、魏为西羌之族,故以西方白虎之宿为其分星。鲁国虽地处东方,但因其为周公之后姬姓所建,实属西羌之族,故亦配白虎之宿。楚为东夷分支少昊之族,以鸟为图腾,故占于朱雀之宿。秦虽居西方,然因《史记·秦本纪》记载秦先祖事迹均与鸟有关,知秦人亦以鸟为图腾,故也属朱雀之宿。齐、卫为北方之古夏族,吴、越为迁居南方的番禺族,他们均以龟蛇为图腾,故皆配以玄武之宿①。

陈文提出的这一见解,且不论其所谓四象起源及上古诸族图腾崇拜之说是否成立,仅就陈氏观点的自身逻辑而言就存在严重漏洞,无法自圆其说。譬如,鲁为姬姓之国,属西羌之族,那么姬周亦为西羌,当配白虎之宿,何以反属南方朱雀?又燕地居北,本应主玄武,却又为何配属东方苍龙之宿?对于这两个疑点,陈文并未做出任何解释。事实上,陈文有关以上东周列国分为某族之裔的说法十分牵强,缺乏文献证据,其所谓"图腾崇拜"之说并不可信。

---

① 陈久金:《华夏族群的图腾崇拜与四象概念的形成》,《自然科学史研究》1992年第1期,第9—22页。

　　综上所述，古今学者无论是从方位系统的角度为传统分野体系星土方位淆乱问题所做的各种辩解，还是对传统分野说星土对应关系成因的诸种看法，皆为穿凿附会之说，实属强作解人。

　　除以上诸说外，笔者注意到，还有一些学者对所谓"星土方位淆乱"有着另一番见解。他们认为天文分野自有其内在的理路，星土对应与方位系统无关，不必苛求二十八宿、十二次与十三国、十二州地理区域的方位相合。就目前所知，南宋叶时最先指出"盖星土分星，本不可以州、国拘也"，他的理由是《周礼》"职方氏言地理，必指其东西南北之所在，山镇川泽之所分，民畜谷利之所有，独于天文之纪，如司徒只言十有二土，未尝斥言其所应者何次，保章氏言星土辨九州之地，不明言其所辨者何星。是星土分星不可以州、国定名，亦明矣"①。大概意谓分野思想最初产生时只是一种笼统的天地相应观念，不必拘泥于十三国、十二州的地理方位。元苏伯衡又从"在天成象，在地成形"的传统观念出发，论证星土之间方位歧互并不足为奇，其云："曰分野者，指列星所属之分而言也，郑氏（玄）所谓星土者是也。其国在此，而星则在彼，彼此各不相配，而其为象未尝不相属，非地之在北者，其分野在天亦居北，地之在南者，分野在天者亦居南也。列国之在天下，彼此纵横之不齐，犹犬牙然，而

----

①《礼经会元》卷四《分星》，第 597 页。

欲以其地之不齐者求合乎在天分野之整然者,彼此之不相配,无足怪者。"①意思是说,分星与分土之间本由一种神秘力量形成感应,而不是依靠彼此方位的契合,且地上列国犬牙交错,本就不可能强求其与天文系统严密相配。至明清时期,仍有不少人抱持这种观点。如嘉靖《常德府志》谓"地有是形,则天有是星,彼此南北分野,上下虽未必相配,而其象未尝不相属"②。又同治《新淦县志》称传统分野说"原以气言非以方位言也,说者以方位释之,误矣"③。此类说法实质上是将所谓分野体系星土方位之淆乱归结为一个伪问题,笔者比较倾向于这种观点。从二十八宿与十二次分野体系来看,其星土配属杂乱无章,无法用某一套方位系统完全解释,汉代的星占家构建分野理论,既有吸收前代的星土对应成例,如参主晋、心主宋、鹑火主周等,同时又有一些新的创建,并不依据方位,恐无规律可言。前人纠结于星土对应方位之不合,无异于画地为牢,若抛开这个伪问题,反而更有利于我们对天文分野学说的理解。

---

① 苏伯衡:《苏平仲文集》卷二《分野论》,《四部丛刊初编》本,叶 2a。
② 陈洪谟纂修:《(嘉靖)常德府志》卷一《地里志·分野》,叶 10a,见《天一阁藏明代方志选刊》影印明嘉靖刻本,第 56 册,上海古籍书店,1982 年。
③ 王肇赐等修,陈锡麟等纂:《(同治)新淦县志》卷一《地理志·星野》,《中国方志丛书》华中地方第 888 号,成文出版社有限公司影印,1989 年,第351 页。

第三章 传统二十八宿及十二次分野体系之革新

由第二章可知,自汉代以来的传统二十八宿及十二次分野说均采用十三国与十二州地理系统,前者反映的是汉人承自春秋战国的文化地理观念,后者体现的是汉武帝时期"大一统"的政治地理格局,它们代表的都是两汉时期人们普遍认同的区域地理系统。但魏晋以降朝代频繁更迭,地理建置不断发生变化,传统二十八宿及十二次分野的经典体系逐渐与实际的地方政区制度相脱节,从而暴露出严重的内在缺陷,以致隋唐时代出现了改革传统分野地理系统的呼声,相继产生了古九州系统以及一行山河两戒说。本章试图从地理学的角度,对这两种新的分野说进行考察,以此说明二者是如何改造传统分野体系的,并揭示它们的地理特征及其共性。此外,至隋唐时代,传统分野体系除地理系统的革新之外,在天文系统方面,逐渐融入了源自域外的黄道十二宫这一新的元素,同时这也是黄道十二宫中国化的一个具体表征,本章亦附带加以讨论。

第一节　"以山川定经界"：古九州分野系统的地理学解析

　　传统二十八宿及十二次分野说皆采用十三国与十二州地理系统,但至隋唐时代,开始出现了一种古九州分野系统,并逐渐成为流传较广、影响较大的分野学说。

　　所谓"古九州"是指传说存在于先秦时代的一种九州之制,这种州制相传是大禹在治服洪水之后所划定的,后来"九州"遂成为战国秦汉乃至整个古代社会民众的一个基本地理概念。关于"九州"之州名,《尚书·禹贡》《周礼·职方》《尔雅·释地》《吕氏春秋·有始览》等先秦文献均有记载,但各书说法不尽相同,其中以《禹贡》九州最为经典,是出现时间最早、叙述最为详细的一种九州系统①。尽管早在《周礼·保章氏》中已有"以星土辨九州之地"的说法,但在传世文献中,并没有任何关于二十八宿或十二次对应古九州的明确记载②。

―――――――――

①参见顾颉刚:《州与岳的演变》,燕京大学《史学年报》第 1 卷第 5 期,1933 年8 月,第 11—33 页;胡阿祥:《"芒芒禹迹,画为九州"述论》,《九州》第 3 辑,商务印书馆,2003 年,第 37—43 页。
②按唐代星占文献《天文要录》卷一《采例书名目录》著录前汉李房造《九洲（州）分野星图》九卷(《稀见唐代天文史料三种》,上册,第 25 页),此书所称"九州分野"与《周礼》所谓"以星土辨九州之地"同义,均表示以(转下页注)

最早将古九州地理系统应用于二十八宿及十二次分野的是《隋书·地理志》（以下简称《隋志》）。《隋志》系唐代所修《五代史志》之一，由颜师古负责编纂，成于永徽元年（650）[1]。大概是因为隋朝实行郡县二级制，由朝廷直接统辖全国一百九十郡，而不设郡以上的一级政区，这给《地理志》的编撰带来不便，所以无奈之下，《隋志》只好按照《禹贡》九州的区域范围来记述隋代各郡的地理沿革，并兼叙各州的人文地理状况，其中就包括天文分野的内容，兹将相关文字记载整理如下：

　　《周礼·职方氏》："正西曰雍州。"上当天文，自东井十〔六〕度至柳八度为鹑首，于辰在未，得秦之分野。

　　梁州于天官上应参之宿。

　　豫州于《禹贡》为荆州（按当作荆河）之地。其在天官，自氐五度至尾九度为大火，于辰在卯，宋之分野，属豫州。自柳九度至张十六度为鹑火，于辰在午，周之分野，属三河，则河南。

（接上页注）天星对应华夏大地的分野观念，而不是指具体的古九州地理系统。从《天文要录》所引该书佚文来看，其二十八宿分野说采用的仍是十三国地理系统。在隋唐以前，仅有北斗七星及三台六星主《禹贡》九州的分野说（详见本书第一章第四节）。

[1]《册府元龟》卷五六〇《国史部·地理》云："颜师古，高宗时为礼部侍郎，监修国史。永徽元年，撰《隋书·地理志》三卷。"（中华书局，1982年，第6731—6732页）按颜师古卒于贞观十九年（645），至永徽元年《隋志》修成时仍署其名。

　　兖州于《禹贡》为济、河之地。其于天官，自轸十二度至氐四度为寿星，于辰在辰，郑之分野。

　　冀州于古，尧之都也。舜分州为十二，冀州析置幽、并。其于天文，自胃七度到毕十一度为大梁，属冀州。自尾十度至南斗十一度为析木，属幽州。自危十六度至奎四度为娵訾，属并州。自柳九度至张十六度为鹑火，属三河，则河内、河东也。

　　《周礼·职方氏》："正东曰青州。"其在天官，自须女八度至危十五度为玄枵，于辰在子，齐之分野。

　　《禹贡》："海、岱及淮惟徐州。"彭城、鲁郡、琅邪、东海、下邳，得其地焉。在于天文，自奎五度至胃六度为降娄，于辰在戌。其在列国，则楚、宋及鲁之交。

　　扬州于《禹贡》为淮海之地。在天官，自斗十二度至须女七度为星纪，于辰在丑，吴、越得其分野。

　　《尚书》："荆及衡阳惟荆州。"上当天文，自张十七度至轸十一度为鹑首（按当作鹑尾），于辰在巳，楚之分野。[①]

以上分野内容比较庞杂，需仔细分析。首先要说明《隋志》所采

[①]《隋书》卷二九至卷三一《地理志》，第 816、829、843、846、859、862、872、886、897 页。因《隋志》所采用的十二次分野体系与《晋书·天文志》相同，故可据《晋志》对以上文字加以校正，其中，雍州分野条之东井"十度"当作"十六度"，荆州分野条之"鹑首"当作"鹑尾"。又据《尚书·禹贡》"荆河惟豫州"，知此处"豫州于《禹贡》为荆州之地"句，"荆州"当为"荆河"之误。

用的地理系统。上述各条分野记载首列九州州名，依次为雍、梁、豫、兖、冀、青、徐、扬、荆，其中豫、兖、徐、扬、荆五州已指明出自《尚书·禹贡》，而梁州为《禹贡》九州所独有，雍、冀、青三州亦见于《禹贡》。因此，尽管雍州及青州条征引《周礼·职方》以说明二州之方位，但总的来说，《隋志》采用的应是《禹贡》九州地理系统。清末民初杨守敬即谓"原此志之分九州，盖仍任土于《夏书》"①，他所说的《夏书》指的就是《禹贡》。

其次需要辨析《隋志》的分野体系。综观以上分野记载，除梁州上应参宿属二十八宿分野以外，其余各条均于九州之后，列出一种完整的十二次分野说，其中包括十二次及其起讫度数、十二辰、十三国、十二州等内容，如豫州条谓"其在天官，自氐五度至尾九度为大火，于辰在卯，宋之分野，属豫州"。经笔者检核，这套十二次分野理论与《晋书·天文志》的记载基本相同，有的甚至还与《晋志》原文一致，说明《隋志》所依据的十二次分野说与《晋志》同源。如此看来，《隋志》所记古九州分野大致是将《禹贡》九州系统与传统十二次分野体系强行糅合在一起而成的。

那么，《隋志》是如何将《禹贡》九州与十二次分野合为一体的呢？如果仔细分析上述记载，不难发现，其实《隋志》是在

---

① 杨守敬:《隋书地理志考证》卷九,《二十五史补编》本,中华书局,1986 年,第 4 册,第 4927 页。按《禹贡》为《尚书·夏书》四篇之一。

原有十二次分野体系的框架之下，大体按照《禹贡》九州的区域
范围，对传统十二州系统加以归并，从而最终创立了古九州分
野系统。具体来说，雍、兖、青、徐、扬、荆六州因在《禹贡》九州
与汉武帝所设十二州中地理位置相差不大，所以《隋志》便直接
借用了相应的十二次分野理论以确定这六州所对应的星次。
譬如，寿星在传统分野体系中为汉兖州分野，由于此兖州与《禹
贡》同名之州大体区域相符，故《隋志》亦将寿星之次对应于古
兖州。豫、冀二州的情况与前者稍有不同，因古豫州实际包括
汉代的豫州及河南郡，古冀州地域更为广阔，涵盖汉之冀、幽、
并三州及河内、河东二郡，所以《隋志》依据传统十二次分野说，
以大火之次配属古豫州，以大梁、析木、娵訾三次为古冀州之分
野，并且又将原本对应三河的鹑火归为豫、冀二州共主之星次。
由此可见，《隋志》所创古九州分野系统应是在传统十二次分野
体系的基础之上改造而来的。不过，这其中也有一个例外。传
统十二次分野以实沈之次为汉益州分野，而益州与古梁州地域
大致相同，故《隋志》原本应以实沈为古梁州之分野，但事实上，
它却将梁州对应二十八宿之参宿。《隋志》所记古九州分野为
何会出现这样体例不一致的情况，尚不得而知，但在二十八宿
分野说中，参亦为益州分野，故《隋志》以梁州上应参宿，倒也符
合《隋志》参照传统十二州分野系统确定古九州与星区对应关
系的做法。尽管《隋志》有以参宿配属梁州的特例，但就总体而
言，其所记古九州分野是将传统十二次分野之十二州系统改换

为《禹贡》九州并稍加调整而成的。

关于《隋志》所记古九州分野系统的产生年代,也需在此略作说明。《隋志》史源不明,有学者认为其采用《禹贡》九州分区记述隋朝地理建置沿革的做法系唐代史官所为①,如照此说,则上述这一古九州分野系统似乎也应是唐人所创。不过,由于唐初修《五代史志》时,史臣能够看到大量隋代一手文献资料,所以也不能完全排除《隋志》分野记载源自前代文献的可能。因此为谨慎起见,我们不妨笼统地说这种古九州分野系统形成于隋唐时代。

《隋志》为了牵合其以《禹贡》九州为纲分述隋代地理沿革的编纂体例,对传统十二次分野体系加以改造,从而拼凑出一种新的古九州分野系统。继《隋志》之后,唐中期杜佑在《通典》中也记有一套古九州分野理论。不过,杜佑的分野学说在其设计初衷及体系模式两个方面都与《隋志》所记有很大差异。

《通典·州郡典》是唐代的地理总志,据杜佑自叙,他经过考证后认为九州之制在历史上起源最早,"其制最大"②,故《州郡典》也像《隋志》那样,按照《禹贡》九州分区记述唐代地理沿革。不过,与《隋志》有所不同,杜佑指出荆州南境及五岭之南

---

①如岑仲勉《隋唐史》卷上《隋史》第二节所附《隋书地理志九州郡县分配数目表》下注曰:"……又隋世并非行九州之制,修史者泥于《禹贡》九州,遂将各郡强行分配,以致背于现实,读隋史者应勿泥视之。"(中华书局,1982年,第6页)
②《通典》卷一七二《州郡二·序目下》,第4484页。

原本不在"九州封域之内"，所以他又专门划出一块"南越"区域以统摄岭南地区的诸多府州郡县。换言之，《州郡典》的编纂体例是以《禹贡》九州及南越共十大区域为纲，依次分述各区域内的地理建置①。而这十个部分又分别在开篇总叙中概述九州与南越的历史沿革，这其中就提到它们所对应的天文分野。尽管严格说来，《通典》所记分野体系实际包含有九州及南越共十个分野区域，但我们仍不妨从广义的角度，将其视为一种独特的古九州地理系统。

那么，杜佑为何要创立一种新的古九州分野系统呢？这其中除有编纂体例的因素之外，更重要的是出于对汉代以来传统分野体系的反思和检讨，这在《州郡典》的序文中表露无遗：

> 按（上文）所列诸国分野，具于班固《汉书》及皇甫谧《帝王代（世）纪》。下分区域，上配星躔，固合同时，不应前后。当吴之未亡，天下列国尚有数十。其时韩、魏、赵三卿又未为诸侯，晋国犹在，岂分其土地？自吴灭至分晋，凡八十六年，时既不同，若为分配？
>
> 又按诸国地分，略考所在封疆，辨详隶属，甚为乖互，不审二子依据。

①此即杜佑所谓"今辨《禹贡》九州并南越之地，历代郡国析于其中。其有本非州之区域，则以邻接附入云尔"（《通典》卷一七二《州郡二·序目下》，第4495页）。

《汉书》又云:"今之苍梧、郁林、合浦、交阯、九真、南海、日南,皆越分野。夏少康庶子,封于会稽。后二十余代,至句践,灭吴称伯,后六代而亡。后十代,至闽君摇,汉复立为越王,都东瓯,则今永嘉郡也。是时,秦南海尉赵佗亦称王,五岭之南,皆佗所有也。"又按越之本封,在于会稽,至句践强盛,有江淮之地,天子致胙,号称霸王,正当战国之时,凡得百四十二岁。后至秦汉,方有闽摇。虽虚引其历代兴亡,而地分星躔,皆不相涉。及赵佗奄有,时代全乖。未知取舍,何所准的,凡为著述,诚要审详。若也但编旧文,不加考核,递相因袭,是误后学。祗恐本将诸国上配天文,既多舛谬,或无凭据。然已载前史,历代所传,今且依其本书,别其境土,盖备一家之学,示无阙也。其诸郡历代所属,则各具正于本篇。有览之者,当以见察。①

在杜佑看来,传统的二十八宿及十二次分野说存在以下三个问题:第一,他认为十三国地理系统所见列国理应同时存在于战国时期,即"下分区域,上配星躔,固合同时,不应前后",但事实上,吴与韩、赵、魏并无共存关系,"当吴之未亡,天下列国尚有数十。其时韩、魏、赵三卿又未为诸侯,晋国犹在,岂分其土地?

---

① 《通典》卷一七二《州郡二·序目下》,第4491页。按"都东瓯,则今永嘉郡也"及"五岭之南,皆佗所有也"两句当为注文。

自吴灭至分晋，凡八十六年，时既不同，若为分配?"第二，杜佑称《汉书·地理志》所记"诸国地分，略考所在封疆，辨详隶属，甚为乖互"，意谓《汉志》记载的十三国分野区域与诸国故地并不吻合。第三，《汉志》将封少康庶子于会稽、勾践灭吴称霸、闽君自立、赵佗割据等史事都当作越地分野区域的历史沿革加以概述，但实际上，周之越国与后来出现的闽越、南越"时代全乖"，"皆不相涉"。

《通典》指出的以上三个问题，其中第一个说的是十三国系统本身的不合理之处，而后两者则是随着汉朝疆域的扩展，分野学说在调整过程中衍生出来的问题。杜佑认为这些问题充分暴露出传统分野体系所存在的固有缺陷，于是他说"只恐本将诸国上配天文，既多舛谬，或无凭据"，"若也但编旧文，不加考核，递相因袭，是误后学"。因鉴于此，杜佑遂决定对传统分野体系加以变革。不过，他也考虑到传统二十八宿及十二次分野说"已载前史，历代所传"，不能完全摒弃，所以他采取的革新宗旨是"今且依其本书，别其境土，盖备一家之学，示无阙也"，意思是说，他将在传统分野说的基础之上，变换分野区域的地理系统，以成一家之言。根据《州郡典》的记载可知，杜佑所谓"别其境土"指的就是改用古九州分野系统。

如前所述，杜佑有关古九州分野的记载散见于《州郡典》的不同部分，兹将相关文字辑录如下：

（古雍州）其在天文，东井、舆鬼则秦之分野，兼得魏、赵之交。

（古梁州）于天文兼参之宿，亦秦之分野，又得楚之交。

（古荆河州）其在天官，柳、七星、张则周之分野，房、心则宋之分野，觜觿、参则魏之分野，角、亢、氐则韩之分野，兼得秦、楚之交。

（古冀州）其在天官，昴、毕则赵之分野，尾、箕则燕之分野，兼得秦、魏、卫之交。

（古兖州）其在天文，营室、东壁则卫之分野，兼得魏、宋、齐、赵之交。

（古青州）在天官，虚、危则齐之分野。

（古徐州）在天文，奎、娄则鲁之分野，兼得宋、齐、吴之交。

（古扬州）在于天官，斗则吴之分野，兼得楚及南越之交。

（古荆州）其在天文，翼、轸则楚之分野，兼得韩、秦之交。

（古南越）在天文，牵牛、婺女则越之分野，兼得楚之交。①

---

①《通典》卷一七三《州郡三》至卷一八四《州郡一四》，第4506、4575、4650—4651、4692、4756、4769、4778、4800、4862、4900—4911页。

从这段分野记载来看,此处所列出的九州分别是雍、梁、荆河、冀、兖、青、徐、扬、荆。其中,荆河州即《禹贡》之豫州,《通典》为避唐代宗讳,因《禹贡》有"荆河惟豫州"一语,故改豫州之名为"荆河"①,而其余八州均与《禹贡》九州相同。由此可知,《州郡典》所采用的正是《禹贡》九州地理系统。

杜佑分野说的体系模式主要具有两个特征。首先,《通典》采用的是纯粹的二十八宿分野体系。从上述二十八宿与十三国的对应关系来判断,知其所据二十八宿分野说乃出自《汉书·地理志》。其次,这一分野模式是将传统二十八宿分野之十三国地理系统改换为《禹贡》九州及南越区域而成的(参见图3-1)。具体来说,《州郡典》是在二十八宿分野体系的框架之下,将《禹贡》九州及南越与十三国地理区域进行比照,从而藉此确定九州、南越与二十八宿之间的对应关系(参见表3-1)。不过,这又需细分为以下三种情况。

第一,若某州与某国的区域范围大体相当,便直接以该国分星作为该州之分野。如古青州大致属齐国之地,故以齐之分星虚、危为青州分野。

第二,若某州的大部分区域与某国重合,但此外还有一部分区域延伸至其他邻国,这时便以与该州存在主要包含关系的列国分星作为该州之分野,并在其后注明该州与其他诸侯

①《通典》卷一七一《州郡一·序目上》校勘记八,第4470页。

国境土相交的情况。譬如古雍州大部分地区属秦国,故以秦之分星井、鬼为雍州分野,同时又指出雍州"兼得魏、赵之交"。另外,古兖州、古徐州、古扬州、古荆州及南越之分野亦皆属此类。

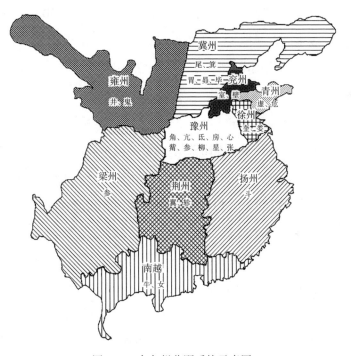

图 3-1 古九州分野系统示意图

(据《通典·州郡典》所记分野体系绘制)

第三,当某州与多国存在比较完整的包含关系时,便将这些列国分星皆归为该州之分野,此外若该州另与他国疆土相交亦需注明。例如古豫州(即荆河州)区域涵盖了战国时期的周、宋、魏、韩，于是这四国分星都成为豫州之分野，同时这里还指出豫州"兼得秦、楚之交"，又古冀州分野亦与此类同。

惟古梁州分野较为特殊，与以上三种情况均不相符。按照上述改造逻辑，古梁州主要为战国后期秦国之境，本当以秦之分星井、鬼为梁州分野。但上文提到，井、鬼二宿已归属相当于秦国故地的古雍州，故不能再将其重复分配。于是杜佑无奈之下只好因袭《隋志》"梁州于天官上应参之宿"的说法，称古梁州"于天文兼参之宿，亦秦之分野，又得楚之交"。

尽管杜佑将传统二十八宿分野之十三国系统转化为古九州分野系统的具体过程比较复杂，但总的来说，经过以上这番改造之后，这种新的古九州分野与《隋志》的记载相比（参见表3-1），具有整齐划一、体系严密的特点。这一分野说后来产生了较大影响，尤其是在地理类文献中得到较为广泛的运用，这又可以具体分为三类情况。其一，完全因袭杜佑《通典》的古九州分野系统。如马端临《文献通考》对杜佑以历代郡国析于《禹贡》九州之中的做法非常赞赏，称其"条理明备"[1]，故马氏作《舆地考》尽从《通典》之体例，就连其中的分野记载也一仍其旧。明代类书《图书编》在总叙《禹贡》九州及南越区域的历史沿革时，也照搬《通典》的分野体系[2]。又明代历史地图集

————————

[1]《文献通考》卷三一五《舆地考一·总叙》，第2473页。
[2] 章潢：《图书编》卷三二冀州沿革、扬州沿革、兖州沿革、青州沿革、徐州沿革、豫州沿革、雍州沿革、荆州沿革、梁州沿革、南越沿革诸条，叶11a—18a。

《今古舆地图》所收《今古华夷区域总要图》跋文概述历代地理区域沿革史,同样采用《通典》的分野说①。

其二,改进《通典》的分野体系,采用纯粹的《禹贡》九州地理系统。这方面的记载首见于南宋唐仲友所作图谱类类书《帝王经世图谱》。该书所收《十二土壤之谱》以图表的形式,列出了一种以二十八宿对应《禹贡》九州的分野体系:

角、亢、氐,(郑),豫州。房、心,(宋),豫州。尾、箕,(燕分),冀州。斗、牛、女,(吴越),杨州。虚、危,(齐),青州。室、壁,(卫),兖州。奎、娄,(鲁),徐州。胃、昴、毕,(赵),冀州。觜、参,(晋),冀州。井、鬼,(秦),雍州、梁州。柳、星、张,(周),豫州。翼、轸,(楚),荆州。②

这一体系已经剔除了南越分野区,完全采用《禹贡》九州地理系统,且此处二十八宿与九州的对应关系与《通典》所记有三处不同:一是将原本属于豫州分野的觜、参二宿划归冀州分野;二是把原南越分星牛、女归入扬州分野;三是合并雍州、梁州分野区域,以此二州同为井、鬼之分野(参见表3-1)。经过一番调

---

① 吴国辅、沈定之:《今古舆地图》卷上《今古华夷区域总要图》,《四库全书存目丛书》影印明崇祯十六年刻朱墨套印本,齐鲁书社,1996年,史部第170册,第601—607页。

② 唐仲友:《帝王经世图谱》卷五《十二土壤之谱》,《北京图书馆古籍珍本丛刊》影印宋刻本,第77页。括号内十三国名为各组星宿下之注文。

整之后，这套分野体系在形式上显得更为规整。这种单纯的《禹贡》九州分野系统在宋代以后亦有流传，不过，不同文献记载二十八宿与九州的对应关系略有出入。例如明代有一种分野说，以角、亢、氐为兖、豫二州分野，胃、昴、毕为兖、冀二州分野①，但无论如何，就其本质而言，这仍是纯粹的《禹贡》九州分野系统。

其三，改造《通典》的分野体系，采用其他九州地理系统。前文提到，早期文献记载先秦时代的九州之制不尽相同，除最经典的《禹贡》九州外，还有《周礼·职方》《尔雅·释地》等其他九州系统，它们后来也被纳入了分野体系。譬如上述南宋《十二土壤之谱》不仅将二十八宿与《禹贡》九州相配属，而且还列出了二十八宿与《职方》九州之间的对应关系：

> 角、亢、氐，（郑），《职方》豫。房、心，（宋），《职方》豫。尾、箕，（燕分），《职方》幽。斗、牛、女，（吴越），《职方》杨。虚、危，（齐），《职方》青、幽。室、壁，（卫），《职方》兖。奎、娄，（鲁），《职方》青。胃、昴、毕，（赵），《职方》冀、并。觜、参，（晋），《职方》冀、并。井、鬼，（秦），《职方》雍。柳、星、

---

① 王邦直：《律吕正声》卷五《律之统会》，《四库全书存目丛书》影印明万历三十六年黄作孚刻本，齐鲁书社，1997 年，经部第 183 册，第 411—413 页。

张,(周),《职方》豫。翼、轸,(楚),《职方》荆。①

很明显,这一分野体系是将原来二十八宿对应《禹贡》九州系统改换为《职方》九州系统而成的,二者的区别在于《职方》无梁州和徐州,此二州之地分属雍州和青州,又北方地区除有冀州以外,《职方》另置并州和幽州,故以上分野说便据此对相关星土对应关系做了调整(参见表3-1)。此外,明清文献还有兼用不同九州系统的分野记载。如《大明一统赋》提到一种以十二次对应古十二州的分野体系:"大梁、玄枵分冀、青,星纪、鹑尾分扬、荆。降娄、寿星分徐、兖,析木、诹訾分幽、并。大火、实沈分梁、豫,鹑首、鹑火分雍、营。"②此处共列出冀、兖、青、徐、扬、荆、豫、梁、雍、幽、并、营十二州③,其中,前九州为《禹贡》九州,并州仅见于《职方》,营州仅见于《尔雅》,幽州则为《职方》《尔雅》所共有,由此可见,这一分野体系其实是综合《禹贡》《职方》《尔雅》三种九州系统而成的,因此我们也可以宽泛地将其纳入古九州分野系统的范畴。

---

① 这一分野体系又见于《帝王经世图谱》卷六《周保章九州分星之谱》(第79页),惟个别星土对应关系略有差异。
② 莫旦:《大明一统赋》卷上,《四库禁毁书丛刊》影印明嘉靖郑普刻本,北京出版社,2000年,史部第21册,第8—9页。
③ 此即汉人传说虞舜所分之十二州,《史记集解》引马融曰:"禹平水土,置九州。舜以冀州之北广大,分置并州。燕、齐辽远,分燕置幽州,分齐为营州。于是为十二州也。"(《史记》卷一《五帝本纪》,第27页)

　　由《隋志》《通典》所开创的古九州分野系统自唐代以后广
泛流传,削弱了传统分野学说的影响。有宋人甚至认为分野之
说"要以九州之分为正"①,明清时期的许多地理总志及地方志
在记述各地分野时也往往会首先指明该地属《禹贡》某州或古
某州。譬如,《明一统志》卷一顺天府开篇即谓"《禹贡》冀州之
域,天文尾、箕分野"②,清乾隆官修《授时通考》卷八土宜门《方
舆图说》称"福州府,古扬州,牛、女分野"③。那么,我们需要追
问的是,传统分野体系为何衰落,而古九州分野系统何以流行?
这个问题涉及到汉代以来传统分野体系存在的固有缺陷,对此
杜佑虽曾有所反思和检讨,但遗憾的是,他所指出的上述三个
不合理之处其实都还只是一些表层现象,并未触及问题的
核心。

　　其实,造成传统分野体系呈现出式微之势的根源是既有
地理系统与实际政区制度的脱节。根据第二章的论述,我们
知道,传统二十八宿及十二次分野说均采用十三国及十二州
地理系统,但无论十三国,还是十二州,反映的都是汉人的区
域地理观念,其分野理论在汉代具有很强的实用性,可被广
泛运用于星象占测。然而自魏晋以迄隋唐,历代疆域广狭、

①罗泌:《路史·余论》卷六《星次说》,《四部备要》本,第202页。
②李贤等修:《明一统志》卷一顺天府,三秦出版社影印明天顺五年刻本,1990
　　年,上册,第2页。
③鄂尔泰等纂:《授时通考》卷八土宜门《方舆图说》,文渊阁《四库全书》本,第
　　732册,第100页。

政区建置及州郡名称均发生过很大变化,早已打破了十三国、十二州的地理格局,如果继续沿用传统分野体系,必然会造成经典理论与现实地理之间的严重脱节,从而大大降低这种分野学说的实用性。《旧唐书·天文志》即谓传统分野说形成之后,"自此因循,但守其旧文,无所变革。且悬象在上,终天不易,而郡国沿革,名称屡迁,遂令后学难为凭准"①。而且这个问题的存在也不利于后人通过分野体系来认知地理,如宋人明确指出:"验星躔,考分野,足以知地理乎?曰州郡大小沿革不同,不足以知地理也。"②明人顾清亦云:"疑星野之不相值,自昔为然。……秦汉以来郡国之废置,不知其几,而犹以往迹寻之,不已胶乎。"③因此,"分野之说岂可泥于一定而无变通之术耶"④。

正是由于上述原因,以致隋唐时期出现了与十三国、十二州地理系统迥异的古九州分野系统。这种以古九州为分野区域的理论能够在很大程度上弥补传统分野体系所存在的内在

---

① 《旧唐书》卷三六《天文志下》,第 1311 页。
② 旧题莆阳二郑先生:《六经雅言图辨》卷三《禹贡地理辨》,叶 14a。按此书系由莆阳郑厚、郑樵门人弟子追述师说附益而成,其成书年代约在南宋淳祐末宝祐初,参见陆心源:《仪顾堂题跋》卷一《六经雅言图辨跋》,第 29—31 页。
③ 顾清:《东江家藏集》卷三二《北游稿·讲章》,文渊阁《四库全书》本,第 1261 册,第 739 页。
④ 萧良幹、张元忭等纂修:《(万历)绍兴府志》卷一三《灾祥志·分野》引周述学曰,《四库全书存目丛书》影印明万历刻本,齐鲁书社,1996 年,史部第 200 册,第 564 页。

缺陷。由上文可知，《隋志》《通典》所创立的分野体系是以二十八宿或十二次对应《禹贡》九州，此后流传的古九州分野系统也均以《禹贡》九州地理系统为主流。而《禹贡》九州的独特之处在于，它是不受人为政治因素的影响，完全按照自然山川地理界限划分出来的九大区域，这就保证了《禹贡》九州系统不会因后代政区地理沿革而发生任何变化。对此郑樵有一段很精辟的论说，《通志·地理略序》云："州县之设有时而更，山川之形千古不易，所以《禹贡》分州，必以山川定经界。使兖州可移，而济河之兖不能移；使梁州可迁，而华阳、黑水之梁不能迁。是故《禹贡》为万世不易之书。后之史家，主于州县，州县移易，而其书遂废。"①又明章潢《图书编》亦言："《禹贡》奠高山大川，其九州之名，以地名州，而不以州分地。盖荆衡万古不徙之山，而河济者，万古不泯之水也。以故荆、兖之名，得附河济、荆衡而不灭，万世而下，求《禹贡》九州之域者，皆可得而考也。"②正因如斯，《禹贡》九州与二十八宿及十二次分野相结合而形成的古九州分野系统，可以克服传统分野体系与魏晋以降实际政区地理建置相脱节的问题，从而使这种新的分野说展现出很强的稳定性和持久的实用性，这是古九州分野系统之所以在唐代以后广为流行的根本原因。

①郑樵：《通志》卷四〇《地理略序》，中华书局，1987年，第541页。
②《图书编》卷三一《禹贡九州总叙》，叶2a。

表 3-1　古九州分野系统一览表

《禹贡》九州	《隋书·地理志》			《通典·州郡典》		《帝王经世图谱·十二土壤之谱》	《职方》九州
	十二次	二十八宿	相应十二州区域	二十八宿	相应十三国区域	二十八宿	
雍州	鹑首		雍州	井、鬼	秦,兼魏、赵之交	井、鬼	雍州
梁州		参	益州	参	秦,兼楚之交		
豫州	大火		豫州	柳、星、张	周	柳、星、张	豫州
				房、心	宋	房、心	
	鹑火		三河（河南）	觜、参	魏	角、亢、氐	
				角、亢、氐	韩,兼秦、楚之交		
兖州	寿星		兖州	室、壁	卫,兼魏、宋、齐、赵之交	室、壁	兖州
冀州	大梁		冀州	〔胃〕、昴、毕	赵	胃、昴、毕	冀州并州
	析木		幽州				
	娵訾		并州	尾、箕	燕,兼秦、魏、卫之交	觜、参	
	鹑火		三河（河内、河东）			尾、箕	幽州
青州	玄枵		青州	虚、危	齐	虚、危	青州
徐州	降娄		徐州	奎、娄	鲁,兼宋、齐、吴之交	奎、娄	

续表

《禹贡》九州	《隋书·地理志》			《通典·州郡典》		《帝王经世图谱·十二土壤之谱》	
	十二次	二十八宿	相应十二州区域	二十八宿	相应十三国区域	二十八宿	《职方》九州
扬州	星纪		扬州	斗	吴,兼楚、南越之交	斗、牛、女	扬州
荆州	鹑尾		荆州	翼、轸	楚,兼韩、秦之交	翼、轸	荆州
（南越）				牛、女	越,兼楚之交		

第二节 "山河两戒"：一行分野学说的思想与理论

隋唐时期,除出现了古九州分野系统之外,僧一行也针对传统分野体系的内在缺陷,创立了一种令人耳目一新的分野学说。一行分野说极其庞杂繁复,其全文见于《新唐书》卷三一《天文志一》①。

首先需要说明的是,《新唐书·天文志》所载一行分野说的

---

① 《新唐书》卷三一《天文志一》,第817—825页。清人徐文靖所著《天下山河两戒考》对一行分野说做了十分细致的注释笺证。另外,还需说明的是,在《新唐书》之前,一行分野理论的若干内容已见于文献记载。如唐濮阳夏《谯子五行志》曾引一行之说以描述五星分野的地理区域,《旧唐书·天文志》抄录了一行分野说中的二十八宿及十二次分野体系,《太平寰宇记·四夷总序》则记有一行山河两戒说。

史源问题。《直斋书录解题》著录《唐大衍历议》十卷,陈振孙明确指出了该书与《新唐书》天学诸志之间的渊源关系:"唐僧一行作新历,草成而卒。诏张说与历官陈元景等次为《历术》七篇、《略例》一篇、《历议》十篇,《新史志》略见之。'十议'者,一《历本》,二《日度》,三《中气》,四《合朔》,五《卦候》,六《九道》,七《日晷》,八《分野》,九《五星》,十《日食》。大抵皆以考正古今得失也。《历志》略取其要,著于篇者十有二……余《历议》《日晷》、《分野》二篇,则具之《天文志》。"①这里所谓的《新史》即指《新唐书》,由此可知,一行遗著《大衍历议》是《新唐书》天学诸志的主要取材对象,其中卷八《分野》篇转载于《天文志》,此当即《新唐书·天文志》所见一行分野说之史源②。

与杜佑相似,一行之所以要创立一套新的分野学说也是缘自他对传统分野体系固有缺陷的检讨,对此一行做了明确交代:

近代诸儒言星土者,或以州,或以国。虞、夏、秦、汉,郡国废置不同。周之兴也,王畿千里。及其衰也,仅得河南七县。今又天下一统,而直以鹑火为周分,则疆埸舛矣。七国之初,天下地形雌韩而雄魏,魏地西距高陵,尽河东、

---

① 陈振孙:《直斋书录解题》卷一二《唐大衍历议》解题,第366页。
② 参见王谟:《汉唐地理书钞》,中华书局,1961年,第43页;严敦杰:《一行禅师年谱》,《自然科学史研究》1984年第1期,第41页。

河内,北固漳、邺,东分梁、宋,至于汝南,韩据全郑之地,南
尽颍川、南阳,西达虢略,距函谷,固宜阳,北连上地,皆绵
亘数州,相错如绣。考云汉山河之象,多者或至十余宿。
其后魏徙大梁,则西河合于东井。秦拔宜阳,而上党入于
舆鬼。方战国未灭时,星家之言,屡有明效。今则同在畿
甸之中矣。而或者犹据《汉书·地理志》推之,是守甘、石
遗术,而不知变通之数也。①

以上这段记载叙述逻辑有些混乱,归纳起来,一行认为传统二
十八宿及十二次分野说存在以下两大问题。其一,传统分野体
系无法应对地理格局的动态变化。譬如战国时代,随着各国实
力强弱易势,其疆域不断发生变动,但十三国地理系统却相对
保持稳定,不会根据实际的地理形势做出调整。其二,由于地
理建置的沿革变迁,传统分野体系难以适用于后世的星象占
测。仍以十三国系统为例,一行认为它在战国时期是非常实用
有效的,但随着天下一统,整个地理格局发生了根本性的变化,
后人应当对原有分野理论加以"变通",不应株守旧术。由于一
行误认为采用十三国系统的传统分野说形成于战国时代,故以
上所述均据战国局势立论。与杜佑的见解相比,一行对传统分
野说的反思更加深刻,敏锐地抓住了问题的症结所在,他指出

①《新唐书》卷三一《天文志一》,第 820 页。

的上述两点已切中传统分野体系存在的根本性缺陷。有鉴于此，一行对传统二十八宿及十二次分野说做了一番全面的革新。

从《新唐书·天文志》的记载来看，一行分野学说主要是由山河两戒说、云汉升降说、二十八宿及十二次分野体系三部分所构成的。前两者是后者的理论基础，而后者则是整套分野学说的核心。以下分别对这三项内容作一简要介绍。

所谓"山河两戒"是一行对中国自然地理格局的一种总体概括。他认为华夏大地有两河、两戒共四条极具标志性意义的地理界限。"两河"是指南北两条主干水系，即黄河、长江。"两戒"又称"两纪"，是南北两条重要的山系，其大致走向为：北戒西起三危、积石，向东至终南山北侧，过华山，东逾黄河，沿底柱、太行北上，经恒山西侧，连接长城，直达辽东；南戒西起岷山，向东至终南山南侧，经华山折向东南，过熊耳、桐柏，逾江汉，至衡山之南，再东延至福建[①]。在一行看来，南北两戒就是华夷之间的天然分界线，故南宋魏了翁有诗云"山河两戒南北

[①]参见翁文灏：《中国山脉考》，原载《科学》第9卷第10期，1925年，收入氏著《锥指集》，北平地质图书馆，1930年，第231—233页；唐晓峰：《跋宋版〈唐一行山河两戒图〉》，《跋涉集——北京大学历史系考古专业七五届毕业生论文集》，第247—249页。顾祖禹《读史方舆纪要》卷一三〇《分野》谓一行两戒之说本于《汉书·天文志》有关南北河戎二星分野之记载（第5518页）。然齐召南则认为此说源自《史记·天官书》所谓"中国山川东北流，其维首在陇、蜀，尾没于勃、碣"（乾隆武英殿本《旧唐书》卷三六《天文志下》所附《考证》，第3649页）。

分,天地一气华戎钧"①。

一行的"云汉升降"说是一套十分精深玄妙的天地对应理论。简言之,他将天之云汉比拟为地上的"两河",并按照银河流向的曲直升降及其与周天众星的相对位置,将这条天河划分为不同的区间,以与"两河"的类似河段相对应,从而确定其分野区域。又因一行本人非常推崇《周易》,所以这套理论掺杂着许多阴阳八卦的易学原理,显得格外高深莫测②。通过这一理论建构,一行便可将天界星区与地理区域相互对应起来,所以他声称"观两河之象,与云汉之所始终,而分野可知矣"。

根据以上山河两戒、云汉升降之说,一行对传统二十八宿及十二次分野体系进行了全面改造。在天文系统方面,他将二十八宿分野与十二次分野杂糅在一起,并重新修正十二次起讫度数,舍弃自汉代以来采用刘歆《三统历》数值的传统做法,改用经一行实测而得的新数值。在地理系统方面,一行完全摒弃了传统十三国及十二州地理系统,而是按照山河两戒的自然地理格局,并配合云汉升降之说,逐个划定十二分野区域的具体

---

① 魏了翁:《重校鹤山先生大全文集》卷九七《山河叹送刘左史归简州》,《宋集珍本丛刊》影印明嘉靖二年铜活字印本,线装书局,2004 年,第 76 册,第 628 页。

② 例如,一行描述云汉初象云:"于《易》,五月一阴生,而云汉潜萌于天稷之下,进及井、钺间,得坤维之气,阴始达于地上,而云汉上升,始交于列宿,七纬之气通矣。东井据百川上流,故鹑首为秦、蜀墟,得两戒山河之首。"(《新唐书》卷三一《天文志一》,第 818 页)

范围①,这就是一行所谓"其州县虽改隶不同,但据山河以分尔"。以下仅举一例加以分析说明。

> 须女、虚、危,玄枵也,初须女五度余二千三百七十四秒四少,中虚九度,终危十二度。其分野,自济北东逾济水,涉平阴,至于山茌、循岱岳众山之阴,东南及高密,又东尽莱夷之地,得汉北海、千乘、淄川、济南、齐郡及平原、渤海、九河故道之南,滨于碣石。古齐、纪、祝、淳于、莱、谭、寒及斟寻、有过、有鬲、蒲姑氏之国。其地得陬訾之下流,自济东达于河外,故其象著为天津,绝云汉之阳。凡司人之星与群臣之录,皆主虚、危,故岱宗为十二诸侯受命府。又下流得婺女,当九河末派,比于星纪,与吴、越同占。②

一行在此首先列出二十八宿及十二次名,其后所记初某度、中

---

①邢庆鹤认为一行是将二十八宿与十二次作固定化匹配之后嵌在云汉参照系上,再根据云汉升降说以确定分野区域,参见《试论〈天下山河两戒考〉中的天文学》,《安徽大学学报(自然科学版)》1985年第1期,第33—34页。此可聊备一说。

②《新唐书》卷三一《天文志一》,第820—821页。按《旧唐书》卷三六《天文志下》亦记有一行的二十八宿及十二次分野体系(第1311—1316页),与《新唐书·天文志》的记载相比,其内容较为简略,但却于各分野区域下标注了相对应的唐代地名。据《旧唐书·天文志下》序文可知,其所记分野说出自李淳风原撰、一行修订之《法象志》一书,另可参见曾广敏《两〈唐书·天文志〉十二次分野考校》,《古典文献研究》第21辑下卷,第272—280页。

某度、终某度是一行重新测定的十二次起讫度数,其数值已精确到秒。"其分野……滨于碣石"一段说的就是女、虚、危三宿所对应的具体分野区域,它显然是依据山川地理的走势来确定其区域范围的,此后一行又列举了该区域内的若干先秦古国。而"其地得陬訾之下流"至段末,则是与该组星宿相关的云汉升降理论。这便是一行分野体系的基本模式(参见图3-2)。

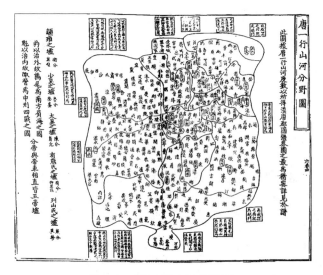

图 3-2　《唐一行山河分野图》

(采自《帝王经世图谱》卷六,第 80 页)

经一行改造之后的二十八宿及十二次分野体系,完全以山河两戒为主体的自然山川地理来界定分野区域,从而规避了历代地理沿革对分野学说所带来的不利影响,消除了传统分野体系的内在缺陷，因此后人对一行分野说给予很高的评价。如南宋唐仲友认为一行之说"最得天象之正"①，林希逸谓"一行之见，脱囊之锥也。传上世之微妙，破万古之昏迷，虽隶首复生，无能易斯言"②。明人顾清称赞道："（一行）以为天之云汉实应地之山河，其精气之升降始终实应之。……其相属也，以精气为本，而不系乎方隅。其占测也，以山河为主，而不泥于州国。此说行而群疑为冰释矣。"③章潢《图书编》亦云："惟唐僧一行则以天下山川之象存乎两界，而分野一以山川为界，不主封国、郡邑之名，庶乎近之。"④清初钱澄之则更明确说："分野之说，世儒多疑之。……自唐一行著两戒论，以云汉配江河，谓星与土精气相属不缘于方域，而分野之论以定。"⑤由此可见，自宋迄清，人们对一行分野说可谓是推崇备至⑥。

不过，需要指出的是，尽管一行分野学说用意甚佳，在后世

①《帝王经世图谱》卷六《周保章九州分星之谱》跋文，《北京图书馆古籍珍本丛刊》影印宋刻本，第 79 页。

②林希逸：《竹溪鬳斋十一藁续集》卷八《分野》，《宋集珍本丛刊》影印清钞本，线装书局，2004 年，第 83 册，第 444 页。

③《东江家藏集》卷三二《北游稿·讲章》，第 739 页。

④《图书编》卷二九《分野总叙》，叶 2b。

⑤钱澄之：《田间文集》卷二六《分野说》，《续修四库全书》影印清康熙刻本，第 1401 册，第 284 页。

⑥不过，也有少数人对一行分野说提出过批评和质疑，如南宋叶适即认为"山河两戒分异之说为非的"（《习学记言序目》卷三九《唐书·志》，中华书局，2009 年，第 582 页）。清初董以宁则具体指出一行理论中的种种矛盾之处（《正谊堂文集》之《与陆桴亭辩一行分野书》，《四库未收书辑刊》第 7 辑影印清康熙书林兰荪堂刻本，北京出版社，2000 年，第 24 册，第 451—453 页）。

影响较大，为众多文献所转载，但由于这套理论过于庞杂繁复，难以记忆，运用不便①。因此，在唐代以后的各种星占实例及地志撰述中，很少见到直接采用一行之说判定分野区域的情况②，故一行分野说的实际流行程度远低于古九州分野系统。

最后，还需在此对古九州分野系统与一行分野学说之间的共性作一总结。事实上，这两种分野说的内在理路相同，它们都是要破除带有明显缺陷的传统十三国、十二州地理系统，建立起一种不受朝代更迭与地域变迁因素影响，完全基于山川自然地理，保持长期稳定的分野体系。只不过自《隋志》《通典》以来的古九州分野系统巧妙地借用了《禹贡》九州这一经典的区域地理系统，而一行则进一步摆脱了任何既有区划的局限，更为彻底地按照自然山川的脉络走势来划定分野区域。但就本质而言，两者反映的都是一种自然地理格局，这说明隋唐以降人们对于天下区域地理的认识更趋理性与务实，要求树立一种不为政治所左右、持久普适的文化地域观念。

明末清初理学家陆世仪对天文分野学说有一段精彩的评

---

① 明代有人将一行分野说中的山河两戒地理系统还原为传统十三国、十二州系统，只是将其中的星土对应关系按照一行之说加以调整，如周述学《神道大编象宗华天五星》卷一《分野例》所记"一行禅师分野"（《续修四库全书》影印明抄本，第1031册，第224页）。这从一个侧面反映出一行分野说过于繁复所给人带来的困扰。

② 就笔者所知，仅明初编纂的地理总志《大明清类天文分野之书》在确定二十八宿与明代府州卫所之间的对应关系时，明确参照了一行分野说，见此书《凡例》，《续修四库全书》影印明刻本，第585册，第607—612页。

述,他认为正所谓"在天成象,在地成形",天地之间、象形之际均有"气"、"理"贯通相连,然在分野未定之前,世人不知天地相通之理,"及分野既定,而举九州以验列宿,即列宿以观九州,其间气祲灾变、妖祥吉凶,无不如符节之相合"。但战国以降,世所传十三国、十二州分野系统"渎乱方深",惟"唐一行之言曰天下山河之象存乎两戒,是即《周官》以星土辨九州之意",这是因为"配国有废兴,而山河无废兴,郡邑之名可改,而郡邑之地不可改,于以下观人事,上占天道,冥会而贯通焉,可以无遗憾矣"①。在陆氏看来,最初《周礼》所称九州分野是"指山川而言,非指封国也",后世分野说皆有违分野之初衷,而一行之说革除传统分野体系的弊病,返璞归真,恢复了古九州分野"以山川定经界"之义,从而使天地沟通的渠道得以畅通。此说实已触及古九州分野系统与一行分野说之间的共性,并为我们理解唐代以后两说之流行提供了一个很有说服力的注脚。

第三节　黄道十二宫与传统分野体系之融合

——兼谈黄道十二宫中国化问题

隋唐时代,传统二十八宿及十二次分野体系不仅在地理

---

①陆世仪:《分野说》,《丛书集成三编》影印清光绪二十五年刻《陆桴亭先生遗书》本,新文丰出版公司,1997 年,第 29 册,第 553—554 页。

系统方面革旧创新,而且其天文系统也出现了一些新的变化,值得注意。来自域外的"黄道十二宫"逐渐与十二次分野及二十八宿分野相糅合,使中国传统分野体系融入了新的元素。

"黄道十二宫"是指等分黄道带为十二个星区的一种天文学说,最初起源于古巴比伦,后经希腊传至印度,并随印度佛教传入中国。在中土文献中,有关黄道十二宫的最早记载见于6世纪末天竺僧人那连提耶舍所译《大乘大方等日藏经》①,至隋唐时代,这种外来的天文学说已有相当广泛的影响。与其他外来文化类似,黄道十二宫传入中国后,也经历了一个中国化的过程。夏鼐先生《从宣化辽墓的星图论二十八宿和黄道十二宫》一文最早注意到这个问题,认为十二宫宫名以及图像之汉化是黄道十二宫中国化的两个重要特征②。此后,科技史及中西交通史学者亦多从这两个方面着眼,对这一问题进行了更为系统的论证③。其实,黄道十二宫的中国化并不仅

---

①那连提耶舍译:《大方等大集经》卷四二《日藏分·星宿品二》,《大正新修大藏经》第13卷大集部,第281—282页。

②夏鼐:《从宣化辽墓的星图论二十八宿和黄道十二宫》,《考古学报》1976年第2期,第35—56页。关于"黄道十二宫"的译名,隋唐文献所记尚多纷歧,直至宋初才最终统一为具有汉文化色彩的十二宫名:白羊、金牛、阴阳、巨蟹、狮子、双女、天秤、天蝎、人马、摩羯、宝瓶、双鱼。

③潘鼐:《中国恒星观测史(增订版)》,第360—370页;伊世同:《河北宣化辽金墓天文图简析——兼及邢台铁钟黄道十二宫图像》,《文物》1990年第10期,第20—24、71页;陈万成:《中外文化交流探绎:星学·医学·其他》,第38—51页。

局限于这两个方面,如果从外来文化融入中国传统文化的层面去考虑这个问题,就会给我们带来新的启发,譬如十二宫与分野学说、星占理论等中国传统文化的结合就是一个很好的研究视角。本节即以黄道十二宫与二十八宿及十二次分野学说的融合为例,兼对黄道十二宫中国化问题进行一番新的探索。

(一) 从《火罗图》看黄道十二宫与十二次分野之融合

中国传统的天文分野学说起源于战国,至汉代形成了以二十八宿及十二次对应十三国、十二州地理系统的分野体系,自魏晋以降,它们始终是流传最广、影响最大的两种分野学说。作为一种外来的天文系统,黄道十二宫传入中国后,除了其名称及图像的本土化追求之外,还必然面临着如何与中国传统天文分野学说相互调适的问题。

就笔者所知,将黄道十二宫与传统分野学说相结合的最早记载,见于中古时期的密教星占图《火罗图》。此图为纸本设色,挂幅装,纵 88.8 厘米,横 46.1 厘米,现藏于日本京都教王护国寺,并已收入《大正新修大藏经》图像部。该图于"火罗图"题名下注曰"永万二年(1166)六月中旬以慈尊院本奉写",图中绘有文殊菩萨及日月五星等众星神灵图像,并配有与星占相关的说明文字,其中在嘀北辰星图像右侧方格内有"大唐武德元起戊寅(618)至咸通十五年甲午(即乾符元年,

874）"一语①。由此判断,这幅《火罗图》应为日本平安时代晚期僧人据慈尊院藏本摹录而成,其所据底图的成图年代当在晚唐乾符年间。

《火罗图》以文殊菩萨像为中心,自内向外依次环绕着二十八宿、黄道十二宫以及印度梵天九曜。在黄道十二宫图像旁标注有相应月份及星占卜文,其中提到各宫所对应的分野区域（参见图 3-3［彩插二］）,现将图中与分野有关的文字辑录如下:

> 鱼宫,正月,卫之分;羊宫,二月,鲁之分;〔金牛宫,三月〕,赵之分;夫妻宫,四月,宫（按当为"晋"之误）之分;蟹宫,五月,秦之分;师子宫,六月,周〔之〕分;双女宫,七月,楚之分;秤宫,八月,郑之分;蝎宫,〔九月〕,宋之分;弓宫,十月,燕之分;摩羯宫,十一月,越之分;宝瓶宫,十二月,齐之分。②

①《大正新修大藏经》图像部第 7 卷,第 694—695 页。关于此图的文献学研究,可参见〔日〕真锅俊照:《火羅図の図像と成立》,《印度學仏教学研究》第 30 卷 2 号,1982 年 3 月,第 324—329 页;Angela Howard, "Planet Worship: Some Evidence, Mainly Textual, in Chinese Esoteric Buddhism", *Asiatische Studien*, 37:2, 1983, pp. 103—119. 译文见《敦煌研究》1993 年第 3 期。

②《大正新修大藏经》图像部第 7 卷,第 703 页。原图金牛宫漏记宫名及月份,蝎宫亦缺月份,今补。又此图所见十二宫名与宋以后的规范译名有所出入,"鱼宫"即双鱼宫,"羊宫"即白羊宫,"夫妻宫"即阴阳宫,"蟹宫"即巨蟹宫,"秤宫"即天秤宫,"蝎宫"即天蝎宫,"弓宫"即人马宫。

此图引入黄道十二宫来建构密宗星占理论,并将其与传统分野学说相附会。首先引起我们注意的是最里层的二十八宿图像,它们与十二宫之间似乎有着大致的对应关系:东方青龙七宿对应秤宫、蝎宫、弓宫,北方玄武七宿对应摩羯宫、宝瓶宫、鱼宫,西方白虎七宿对应羊宫、金牛宫、夫妻宫,南方朱雀七宿对应蟹宫、师(狮)子宫、双女宫。但具体到某一宫如何与中国传统星宿相配属,则不甚清楚。实际上,此处与十二宫有明确一一对应关系的是十二月,而十二月则代表的是十二次,并由此与传统分野学说中的十三国地理系统结合起来(其中"越之分"包括吴、越两个分野区域,故实为十二地理单元)。因此,与其说此图中的黄道十二宫与二十八宿分野有什么牵连,毋宁说它与十二次分野之间存在着更为明确的对应关系。

虽然黄道十二宫与十二次所依托的天体运行轨道不同,但由于它们均采用十二星区系统,形式上颇为相似,所以当黄道十二宫传入中国之后,便有人拿它与十二次相比附,如《旧唐书·历志》所载一行《大衍历》注云:"天竺所云十二宫,即中国之十二次。"①因此,黄道十二宫与十二次分野相结合,便是顺理成章的事了。尽管《火罗图》并未明确标识十二次,但十二宫所对应的十二月其实就是指十二次。古人认为,每月朔日、月交会于不同星次,故十二次与十二月具有明确的对应关系,如

①《旧唐书》卷三四《历志三》,第 1265 页。

隋萧吉《五行大义》谓"正月日月会于诹訾之次"、"二月日月会于降娄之次"云云①。若按照《五行大义》的这一记载，将《火罗图》所记十二月替换为十二次，那么各月所对应的分野区域便与汉代以来的十二次分野体系完全吻合，这足以说明此图所记十二月应即指代十二次（参见表3-2）。《火罗图》的上述内容表明，至迟在晚唐时代，黄道十二宫已经融入传统的十二次分野体系。

（二）敦煌文书所见黄道十二宫与二十八宿分野

虽然从《火罗图》中还看不出黄道十二宫与二十八宿之间的具体对应关系，但有证据表明，唐宋之际的某些星占学文献已将黄道十二宫与二十八宿分野杂糅在一起。敦煌写卷P.4071是一件宋开宝七年（974）灵州术士康遵所撰占卜文书，采用以十一曜行度推算禄命的星占学说，其中包含有涉及黄道十二宫的分野说：

> 太阴在翌（翼），照双女宫，楚分，荆州分野。太阳在角
> 八度，照天秤宫，郑分，兖州分野。木星退危三度，照宝瓶
> 宫，齐分，青州分野。火星在轸，照双女宫，楚分，荆州分
> 野。土星在斗宿，照摩竭宫，吴越，扬州分野。金星在角、

---

① 详见〔日〕中村璋八：《五行大义校注》卷二《论合》，第72—73页。

亢,次疾,改照天秤宫,郑分,兖州分野。水〔星〕在轸,顺行,改照双女宫,楚分,荆州分野。罗睺在井,照巨蟹〔宫〕,秦分,雍州分野。计都在牛三度,照摩竭宫,吴越,扬州分野。月勃在危,顺行,改照宝瓶宫,齐分,青州分野。紫气在星宿,照师子宫,周分,洛州分野。①

这段占卜文字内容比较庞杂,需要稍加解释。"十一曜"是源自印度的天文学概念,指日、月、金、木、水、火、土七星以及罗睺、计都、月孛(勃)、紫炁(气)四个虚拟星体。汉文文献中,有关"十一曜"的最早记载见于唐德宗贞元年间都利术士李弥乾传自西天竺的《都利聿斯经》②。以上这段文字记述的就是十一曜运行至特定位置时,其所对应的十二宫及分野区域,它是将十一曜、二十八宿、黄道十二宫以及传统分野说中的地理系统糅合在一起的一种星占理论。结合十一曜传入中土的时代及上述敦煌文书的撰写年代来考虑,这套星占理论可能产生于唐宋之际。

在了解以上星占理论的基本内容之后,再来具体分析其中有关分野的记载。此处与分野相关的内容包括二十八宿、黄道

①《法国国家图书馆藏敦煌西域文献》第 31 册,第 75 页,题名为《星占书》。"扬州分野",原误作"扬分州野",今乙正。
②参见饶宗颐:《论七曜与十一曜——记敦煌开宝七年(974)康遵批命课》,《选堂集林·史林》中册,(香港)中华书局,1982 年,第 771—792 页。

十二宫以及十三国、十二州地理系统。这一地理系统与汉代以来的传统分野说基本相同,惟十二州中的三河分野区域在此称作"洛州",当是指唐武德六年(623)由东都洛阳改置之洛州,后于开元元年(713)改为河南府①。由此看来,这一地理系统可能是出自开元以前的某家分野说。由于这段占卜文字旨在说明十一曜行度的星占学意义,并非专记天文分野,故此处所见分野体系很不完整,且多有重复,经整理归并,可得出以下六组星土对应关系:

翼、轸,双女宫,楚分,荆州分野;

角、亢,天秤宫,郑分,兖州分野;

危,宝瓶宫,齐分,青州分野;

斗、牛,摩竭(羯)宫,吴越,扬州分野;

井,巨蟹宫,秦分,雍州分野;

星,狮子宫,周分,洛州分野。

从以上记载来看,这里采用的是传统二十八宿分野,只是在各组星宿之后,增加了黄道十二宫而已,且十二宫与十三国系统的对应关系与《火罗图》所记完全相符。我们知道,唐代以后的

①《旧唐书》卷一《高祖纪》,第 14 页;卷三八《地理志一》"河南府"条,第 1421—1422 页。

分野理论往往将二十八宿分野与十二次分野杂糅于一体,又因后人常以黄道十二宫与十二次相比附,故不难想见,十二宫概念应是首先与十二次分野相结合,并进而被纳入二十八宿分野说。

(三) 宋元以后黄道十二宫与传统分野说的全面融汇

通过上述图像及文献资料,大致可以看出黄道十二宫传入中国后与十二次分野及二十八宿分野相糅合的基本脉络。宋代以后,这种情况更为普遍,其中尤以《历代地理指掌图》所见黄道十二宫与中国传统分野学说融为一体的记载最为典型。

《历代地理指掌图》(以下简称《指掌图》)是现存最早的一部历史地图集,陈振孙称此书为蜀人税安礼所撰,"元符中欲上之朝,未及而卒"①,知其当成于宋哲宗朝。该书所收《天象分野图》的跋文引起了笔者的注意:

角、亢,星曰寿星,宫曰天秤,时曰辰,州曰兖。

①《直斋书录解题》卷八《地理指掌图》解题,第 240 页。关于此书作者,历来有税安礼和苏轼两说。据今人考证,此书当为税安礼所撰,因作者无甚名望,故书肆板行该书时皆托名于苏轼,参见《宋本历代地理指掌图》谭其骧《序言》,第 1—4 页;曹婉如:《〈历代地理指掌图〉研究》,《中国古代地图集[战国—元]》,文物出版社,1999 年,第 31 页;郭声波:《〈历代地理指掌图〉作者之争及我见》,《四川大学学报(哲学社会科学版)》2001 年第 3 期,第 89—96 页。

氏、房、心，星曰大火，宫曰天蝎，时曰卯，州曰豫。

尾、箕，星曰析木，宫曰人马，时曰寅，州曰幽。

斗、牛，星曰星纪，宫曰磨（摩）羯，时曰丑，州曰扬。

女、虚、危，星曰玄枵，宫曰宝瓶，时曰子，州曰青。

室、壁，星曰陬訾，宫曰双鱼，时曰亥，州曰并。

奎、娄，星曰降娄，宫曰白羊，时曰戌，州曰徐。

胃、昴、毕，星曰大梁，宫曰金牛，时曰酉，州曰冀。

觜、参，星曰实沈，宫曰阴阳，时曰申，州曰益。

井、鬼，星曰鹑首，宫曰巨蟹，时曰未，州曰雍。

柳、星、张，星曰鹑火，宫曰师（狮）子，时曰午，州曰
三河。

翼、轸，星曰鹑尾，宫曰双女，时曰巳，州曰荆。[①]

这里记载的是一种内容十分庞杂的分野学说，文中依次列出二
十八宿、十二次、黄道十二宫、十二时（即十二辰）以及十二州地
理系统之间的对应关系。据笔者所见，这是传世文献中将黄道
十二宫与二十八宿及十二次分野并列于同一分野体系的最早
记载。

　　同样是在《历代地理指掌图》中，还有比上述记载内容更为
繁复的分野体系，最为典型的是明刻本《指掌图》中的《二十八

---

① 《宋本历代地理指掌图》，第 80—81 页。个别文字据明刻本校正。

舍辰次分野之图》（图3-4）。这是一幅同心圆式的圈层分野图，按照天文、地理系统分为内外两个层次：内圈由里向外依次列出黄道十二宫、十二辰、十二次及其起讫度数、二十八宿；外圈列出十三国、十二州地理系统，并附注相应的北宋路分（参见表3-2）。若将此图的分野体系以文字加以条理，则有这样一些体例一致的内容，如"白羊，戌，降娄，自奎五度至胃六度，奎、娄；鲁分，徐州，今之淮南东路"。这是我们目前所能见到的内容最为完备的传统分野体系，而黄道十二宫被置于此图的最里层。

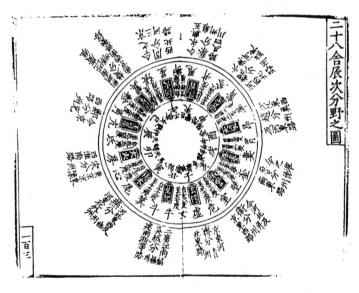

图3-4　《二十八舍辰次分野之图》

（采自《历代地理指掌图》，《四库全书存目丛书》影印中国科学院图书馆藏明刻本，齐鲁书社，1996年，史部第166册，第151页）

　　不过,关于此图的内容,宋本与明本之间还存在着某些细微的差异,需要在此加以说明。与明本内容完全一致的分野图又见于元人黄镇成所撰《尚书通考》一书,黄氏明确注明出自《指掌图》①。但蹊跷的是,现存宋本《指掌图》所收《二十八舍辰次分野之图》却惟独没有列出最里层的十二宫名②,这究竟是怎么回事呢?《指掌图》一书在宋元时期流传甚广,历经多次翻刻,且每次剖劂之时都会对原图内容有所订补③。据笔者揣测,税安礼原作《二十八舍辰次分野之图》本无黄道十二宫的内容,传世宋本《指掌图》为南宋初年印本,故此图尚仍其原貌,后来某一刻本方于此图最里层补刻十二宫名,而元人《尚书通考》及明本《指掌图》所依据的就应该是这样一个本子。

表 3-2　黄道十二宫与中国传统分野体系对照表④

黄道十二宫	十二次	十二次度数	十二辰	十二月	二十八宿	十三国	十二州
白羊宫	降娄	自奎五度至胃六度	戌	二月	奎、娄	鲁	徐州

---

①黄镇成:《尚书通考》卷一,《通志堂经解》本,第 7 册,第 107 页。不过,黄氏沿袭坊本之误,仍称"东坡《指掌图》"。
②《宋本历代地理指掌图》,第 82—83 页。
③参见《宋本历代地理指掌图》谭其骧《序言》及曹婉如《前言》。
④本表据《火罗图》及《历代地理指掌图》的分野体系整理而成,排列顺序以黄道十二宫为据。

黄道十二宫	十二次	十二次度数	十二辰	十二月	二十八宿	十三国	十二州
金牛宫	大梁	自胃七度至毕十一度	酉	三月	胃、昴、毕	赵	冀州
阴阳宫	实沈	自毕十二度至井十五度	申	四月	觜、参	魏	益州
巨蟹宫	鹑首	自井十六度至柳八度	未	五月	井、鬼	秦	雍州
狮子宫	鹑火	自柳九度至张十六度	午	六月	柳、星、张	周	三河
双女宫	鹑尾	自张十七度至轸十一度	巳	七月	翼、轸	楚	荆州
天秤宫	寿星	自轸十二度至氐四度	辰	八月	角、亢	郑	兖州
天蝎宫	大火	自氐五度至尾九度	卯	九月	氐、房、心	宋	豫州
人马宫	析木	自尾十度至斗十一度	寅	十月	尾、箕	燕	幽州
摩羯宫	星纪	自斗十二度至女七度	丑	十一月	斗、牛	吴越	扬州
宝瓶宫	玄枵	自女八度至危十五度	子	十二月	女、虚、危	齐	青州
双鱼宫	娵訾	自危十六度至奎四度	亥	正月	室、壁	卫	并州

宋元以后，这种含有域外文化元素的分野说已广泛融入中国人的日常知识系统。除地理文献及术数文献之外，还多见于

道教经典①、医学典籍②以及某些民间日用类书。如元代《纂图增新群书类要事林广记》即收录有一幅《十二宫分野所属图》，包括十二宫与十二辰、十三国、十二州等内容，图下有诗云："子在宝瓶齐青位，丑当磨竭越扬州。寅中人马燕幽地，卯临天蝎宋豫求。辰属天秤郑兖分，巳为双女楚荆丘。午周三河属狮子，未居巨蟹秦雍留。申魏益州阴阳位，酉赵冀州为金牛。戌有白羊鲁徐郡，亥为双鱼卫并收。"③像这种涉及黄道十二宫的分野口诀，在明代文献中更为常见④。

作为一种外来的天文学说，黄道十二宫传入中国后，与十二宫名称及图像逐渐本土化的同时，其天文系统本身也经历了一个融入中国传统文化的过程，十二宫与十二次及二十八宿分野的结合，就是这样一种自然而然的文化选择。

---

① 如李景元《渊源道妙洞真继篇》(见正统《道藏》)谈养生之道多涉及分野知识，其中也包括黄道十二宫的内容。此书成于宋元之际，参见王卡:《道教经史论丛》，巴蜀书社，2007 年，第 171—175 页。
② 如《广成先生玉函经》所记《生死歌诀》谓"络有十五，经十二，上应周天"，并引述含有黄道十二宫内容的分野说。此书亦名《了证歌》，托名五代杜光庭，其成书当不早于北宋，参见孙星衍《平津馆鉴藏记》卷三《广成先生玉函经》条(《丛书集成初编》本，中华书局，1985 年，第 64 页) 及《四库全书总目》卷一〇五《了证歌》提要(中华书局，1965 年，第 882 页)。
③ 《纂图增新群书类要事林广记》甲集卷上《十二宫分野所属图》，《事林广记》，中华书局影印元后至元六年郑氏积诚堂本，1999 年，第 3 页。
④ 如明杨向春《大定新编》、万民英《星学大成》及佚名《新刊指南台司袁天罡先生五星三命大全》均收录有类似的分野口诀。

第四章　"依分野而命国"：中古时期的
　　　　　王朝国号与政治文化

　　星占学起源于人们传统的天人合一宇宙观，是中国古代天文学的重要内容。依据天象占测吉凶祸福，本为巫觋之人的专属神力，如《周礼》载"保章氏掌天星，以志星辰日月之变动，以观天下之迁，辨其吉凶。以星土辨九州之地，所封封域，皆有分星，以观妖祥。以十有二岁之相，观天下之妖祥。以五云之物，辨吉凶、水旱，降丰荒之祲象。以十有二风，察天地之和，命乖别之妖祥。凡此五物者，以诏救政访序事"①。然经春秋战国之世变，占候之术泛起，星占之学大行其道②。至汉代，星占学又经过汉儒的改造，与儒学中的灾异论思想紧密结合，从而焕发出新的生命力，被广泛应用于占测君主安危、战事成败、国家

---

① 《周礼注疏》卷二六《春官·保章氏》，第819—820页。
② 郑樵：《通志》卷三八《天文略序》谓"占候之学起于春秋战国，其时所谓精于其道者梓慎、裨灶之徒耳"（第525页）。

兴衰等军国大事，对自汉代以降的王朝政治影响深远①。

传统星占学将天文星象与地理空间中的人事休咎联系起来，所依据的一个重要理论就是分野学说。以二十八宿及十二次分野体系为代表的分野说使天界星区与地理区域之间形成较为固定的对应关系，从而使天命之征得以具体落实，此类分野星占之例在汉代以下的各种文献记载中屡见不鲜，尤以历代正史《天文志》最为集中。不少星占学论著均有关于分野星占基本模式和经典事例的介绍②，历史学者也多从星占与政治的角度，论及某些分野星占事件在政治权力斗争中发挥的重要作用③。不过，前人研究主要侧重于论述星占对政治的影响，而未专门讨论星占政治中的分野因素。其实，与星占学相伴而生的天文分野学说在整个魏晋至隋唐的中古时期也具有相当广泛的政治影响力，它不仅表现于单独的星占事例之中，而且还

---

① 参见江晓原:《天学真原》;陈美东:《中国古代天文学思想》第七章《星占思想、天人感应说及其影响》,第 669—756 页;陈侃理:《儒学、数术与政治:灾异的政治文化史》。

② 江晓原:《历史上的星占学》;鲁子健:《中国历史上的占星术》,《社会科学研究》1998 年第 2 期,第 113—118 页;江晓原:《星占学与传统文化》;卢央:《中国古代星占学》。

③ 如韦兵:《星占历法与宋代政治文化》,四川大学博士学位论文,2006 年;钱国盈:《十六国时期的星占学》,(台湾)《嘉南学报》第 33 期,2007 年,第326—340 页;金霞:《天文星占与魏晋南北朝政治》,《青岛大学师范学院学报》2010 年第 1 期,第 46—50 页;姜望来:《谣谶与北朝政治研究》,天津古籍出版社,2011 年;孙英刚:《神文时代:谶纬、术数与中古政治研究》;赵贞:《唐宋天文星占与帝王政治》;付玉凤:《天文星占与南北朝政治》,南京大学硕士学位论文,2018 年;等等。

体现在各政权建国立号的层面,成为寻求王朝嬗代合法性的依据之一,具有重要的政治文化意义。

第一节　问题的提出

《隋书·天文志序》起首有一段概述天人关系的文字:"若夫法紫微以居中,拟明堂而布政,依分野而命国,体众星而效官,动必顺时,教不违物,故能成变化之道,合阴阳之妙。"①意谓人君之为政当效法天文,顺天而行,以成大道。其中,提到"法紫微以居中"是说紫微宫位于北天中央,象征"大帝之坐"、"天子之常居"②,故人间天子之皇宫亦居中;"拟明堂而布政"盖指天之房宿四星为明堂,乃"天子布政之宫也"③,故人间帝王宣明政教的明堂亦与之相仿④;"体众星而效官"则是说依据

---

① 《隋书》卷一九《天文志序》,第 503 页。
② 《晋书》卷一一《天文志上》:"紫微,大帝之坐也,天子之常居也。"(第290 页)
③ 《晋书》卷一一《天文志上》:"房四星,为明堂,天子布政之宫也,亦四辅也。下第一星,上将也;次,次将也;次,次相也;上星,上相也。南二星君位,北二星夫人位。"(第 300 页)
④ 《旧唐书》卷二二《礼仪志二》载总章二年(669)《定明堂规制诏》谓"堂心之外,置四柱为四辅。按《汉书》,天有四辅星,故置四柱以象四星"(第859 页,诏书定名据《全唐文》)。按此称"按《汉书》,天有四辅星"恐误,《汉书·天文志》未言四辅星,而见于《史记·天官书》,其云"犯四辅,辅臣诛",司马贞《索隐》言"谓月犯房星也。四辅,房四星也。房以辅心,故曰四辅"(第 1331—1332 页)。

天上的星官来设定国家官制①。以上三者皆有实指，那么所谓"依分野而命国"也必定有其特殊涵义，有待解索。

分野之说起源于战国，至西汉形成以二十八宿及十二次对应十三国与十二州地理系统的理论体系，后成为言星者占测天象灾祥的主要依据，其分野观念深入人心。如《后汉书》载东汉初苏竟尝谓"盖灾不徒设，皆应之分野，各有所主。夫房、心即宋之分，东海是也。尾为燕分，渔阳是也"云云②；桓帝时，陈蕃上疏言"夫诸侯上象四七，垂耀在天，下应分土，藩屏上国"，注曰"上象四七，谓二十八宿各主诸侯之分野，故曰下应分土，言皆以辅王室也"③。不过，在汉魏时期，关于二十八宿与十三列国之间的具体对应关系，各家说法有所出入，至西晋陈卓厘定诸说，从而使星宿分野体系趋于划一，此外十二次分野说至魏晋时期也逐渐定型，为世人所依奉（参见本书第二章）。

至于何谓"命国"，当有两种解释。就其本义而言，是指依据某一事物为国命名，如《史记·高祖本纪》载汉高祖六年（前201），封刘贾为荆王，司马贞《索隐》云："乃王吴地，在淮东也。姚察按：虞喜云'总言吴，别言荆者，以山命国也。今西南有荆

---

① 按此系后世天文家言，实际上正好相反，最初星官之命名系源于人间的职官制度，参见赵贞：《唐宋天文星占与帝王政治》附录一《中国古代的星官命名及其象征意义》，第359—374页。

② 《后汉书》卷三〇上《苏竟传》，第1044页。

③ 《后汉书》卷六六《陈蕃传》，第2161—2162页。

山,在阳羡界。贾封吴地而号荆王,指取此义'。"①所谓"以山命国",即是因荆山而命名刘贾封国。又《史记·天官书》记曰"岁星赢缩,以其舍命国",张守节《正义》训为"舍,所止宿也。命,名也"②,意谓以岁星所在星宿位置对应的分野名国,取的也是"命国"之本义。不过,这种解释用在此处恐有不当。《史记·天官书》叙述五星行次预示吉凶之征,多有提及"命国"一词,除岁星条外,尚有"(荧惑)出则有兵,入则兵散。以其舍命国","太白失行,以其舍命国","刑失者,罚出辰星,以其宿命国"等③。在星占术中,依据五星行次判断相应分野之灾祥是很常用的一种五星占,地上的州国名称具有相对固定性,不会随着五星所行止星宿的变化而频频改易名称,所以在天文分野的语境中,"命国"一词当非"以某名国"之义,而应是指某天象发生时所在星宿对应的地上州国区域以该星象为天命之征兆。《隋书·天文志》载客星"行诸列舍,十二国分野,各在其所临之邦,所守之宿,以占吉凶"④,意思是客星见时所在星宿按照分野对应关系,指示某一区域内之邦国的吉凶休咎,表达的正是"以其舍(宿)命国"的涵义。

①《史记》卷八《高祖本纪》,第 384 页。
②《史记》卷二七《天官书》,第 1312 页。
③《史记》卷二七《天官书》,第 1317、1322、1327 页。
④《隋书》卷二〇《天文志中》,第 573 页。按十三国分野系统中,吴、越两国在有的分野说中被合并为一称"吴越",如此则成十二国地理系统。

因此，《隋书·天文志序》所谓"依分野而命国"其实就是说依据天文分野体系确定人间各国的天命之征。我们知道，《隋书》诸志即唐代所修梁、陈、北齐、北周、隋《五代史志》，所记典章制度常囊括整个南北朝而言，甚至上溯至汉魏。其中，《天文志》乃唐初天文家李淳风所撰①，记述天学源流，汇集东汉以来诸家之说，其《天文志序》也是对整个汉末魏晋南北朝时期天学思想的概述。就政治局势而言，魏晋南北朝时代有两个鲜明的特点：一是天下长期处于分裂割据的状态，诸多政权相继建立，旋兴旋灭；二是以五德终始、谶纬、星占为代表的神秘主义学说盛行于世，被各政权建立者援引为寻求政治合法性与王朝正统的理论依据，成为一种传统政治文化②。天文分野说以二十八宿及十二次分别对应韩（一作郑）、宋、燕、吴、越、齐、卫、鲁、魏（一作晋）、赵、秦、周、楚十三国地理系统，或冀、兖、

① 《旧唐书》卷七九《李淳风传》："预撰《晋书》及《五代史》，其天文、律历、五行志皆淳风所作也。"（第2718页）
② 有关这方面的研究成果较为丰富，专论五德终始说者如顾颉刚：《五德终始说下的政治和历史》，《古史辨》第5册，上海古籍出版社，1982年，第404—616页；罗新：《十六国北朝的五德历运问题》，《中国史研究》2004年第3期，第47—56页；饶宗颐：《中国史学上之正统论》，中华书局，2015年；刘浦江：《正统与华夷：中国传统政治文化研究》，中华书局，2017年；等等。论谶纬者如姜望来：《谣谶与北朝政治研究》；罗建新：《谶纬与两汉政治及文学之关系研究》，上海古籍出版社，2015年；王焕然：《谶纬与魏晋南北朝文学研究》，河南人民出版社，2016年；吕宗力：《谶纬与曹魏的政治与文化》，《许昌学院学报》2018年第3期，第13—24页；等等。专论星占者见前文注。

青、徐、扬、荆、豫、幽、并、益、凉及三河(即"中州")十二州地理系统,在魏晋南北朝时期被广泛应用于各种天象占测,甚至影响新建政权的开国立号。综观魏晋、十六国、南北朝出现的诸多国号,大多都可在上述分野地理系统中找到相同的地名,这恐非巧合,其背后似乎透露出这一时期国号命名机制的某种共性因素。由此看来,李淳风"依分野而命国"之语可能包含双重涵义,如上所言,其基本意思是指各国依分野而定天命,此外或许也有直接依据分野命名国号的语义。那么,在魏晋南北朝乃至隋唐的整个中古时期,天文分野说究竟是如何被用来为王朝政治服务的,又如何体现于新生政权建国立号的过程之中,并具有怎样的政治文化涵义? 这是本章研究的核心内容,笔者谨先在此提出问题,下文将逐一剖析中古时期各政权的建国历史,以揭橥所谓"依分野而命国"的具体表征。

第二节　禅代型王朝建国之分野依据

魏晋南北朝以至唐初,风云诡谲,各路诸侯相继建国称帝(或称王),群雄逐鹿,南北纷争,政权更迭频繁。总的来说,这诸多政权根据建国方式的不同,可分为禅代和自立两种类型,二者援引天文分野理论建国立号的路径也有所差别,需要分开进行讨论,首先来看禅代型王朝开国之分野依据。

自曹魏代汉,开启了以禅让方式实现王朝更替、确认政治合法性的历史潮流①。此后如司马晋以及南朝系统之宋、齐、梁、陈，北朝系统之齐、周、隋、唐，莫不效仿汉魏故事，且其禅代过程形成了一套高度程式化的仪节模式，从封土建国，到晋爵封王、加九锡，终至登九五之位，期间又有各种舆论造势和辞让表演，十分繁复，具有鲜明的政治文化意涵②。受谶纬思想的影响，在这套禅让程式中有一个重要环节，一般是由太史局长官进献预示新朝受禅的各种祥瑞，包括谶语、符命、星象等，此前学者的研究对其中的谶言、星占内容及其政治意义均有所论述③，然未见有人系统讨论天文分野说对这些禅代型王朝建国立号的影响。本节即着重分析"依分野而命国"的原则在王朝禅代过程中的体现。

（一）曹魏

建安元年（196），曹操迎汉献帝至许昌，封武平侯，遂挟天

---

① 赵翼：《廿二史札记》卷七"禅代"条，王树民校证：《廿二史札记校证》，中华书局，1984 年，第 143—147 页。

② 参见〔日〕宫川尚志：《六朝史研究·政治社會篇》第二章《禅讓による王朝革命の研究》，东京：日本学术振兴会，1956 年，第 73—172 页；周国林：《魏晋南北朝禅让模式及其政治文化背景》，《社会科学家》1993 年第 2 期，第 38—44 页；楼劲：《魏晋以来的"禅让革命"及其思想背景》，《华东师范大学学报（哲学社会科学版）》2017 年第 3 期，第 1—15 页。

③ 上引有关谶纬、星占学的许多论著都有相关讨论，此外还有王焕然：《谶纬与魏晋南北朝文学研究》第一章《谶纬在魏晋南北朝社会的重要地位》，第 7—45 页；冯渝杰：《天命史观与汉魏禅代的神学逻辑》，《人文杂志》2016 年第 8 期，第 85—92 页；吕宗力：《谶纬与曹魏的政治与文化》，第 13—24 页；等等。

子以令诸侯,开始长期专权。十七年正月,命操"赞拜不名,入朝不趋,剑履上殿,如萧何故事";十八年五月,以河东、河内、魏郡、赵国、中山、常山、钜鹿、安平、甘陵、平原十郡,策命操为魏公,建立诸侯国;十九年三月,"天子使魏公位在诸侯王上";二十一年五月,命操进爵为魏王,地位逐步提升。至二十五年,曹操死后其子曹丕"嗣位为丞相、魏王",逼汉献帝禅位,终成魏帝,完成禅代①。关于曹魏国号的来历,元人胡三省的说法很有代表性:"操破袁尚,得冀州,遂居于邺。邺,汉之魏郡治所。魏,大名也;遂封为魏公。又谶云:'代汉者当涂高。'当涂高者,魏也。文帝受汉禅,国遂号魏。"②其意谓魏之国号来源有二:其一,曹操以冀州为根据地,长居魏郡治所邺城,汉廷所封十郡公国即以魏郡为中心③,故称魏公,名魏国;其二,国号"魏"取义于"代汉者当涂高"的谶语④。当代学者论及曹魏国号,基本

---

① 《三国志》卷一《魏书·武帝纪》及卷二《魏书·文帝纪》,第13、36、37—39、43、47、62页。

② 《资治通鉴》卷六九《魏纪一》胡三省注,中华书局,1976年,第2175页。

③ 《三国志》卷一《魏书·武帝纪》载建安十七年正月,"割河内之荡阴、朝歌、林虑,东郡之卫国、顿丘、东武阳、发干,钜鹿之瘳陶、曲周、南和,广平之任城,赵之襄国、邯郸、易阳以益魏郡"(第36页),特意扩大魏郡范围,以为册封魏公之前奏。

④ 《三国志》卷二《魏书·文帝纪》裴注引《献帝传》载许芝语对此有所解释:"当涂高者,魏也;象魏者,两观阙是也;当道而高大者魏。魏当代汉。"(第64页)

都因袭胡三省之说①。其实,曹魏国号除因地为名及谶言因素之外,亦与天文分野说有着密切联系。

建安二十五年十月,汉献帝有意禅位,群臣纷纷向魏王曹丕劝进,《三国志》裴注引《献帝传》详细记录了当时的"禅代众事"和进言内容,其主旨就是"灵象变于上,群瑞应于下",魏王当顺天应人,受禅称帝。那么当时究竟有哪些祥瑞之兆呢?最集中的记述见于是月辛亥日,"太史丞许芝条魏代汉见谶纬于魏王"②。许芝具体举述了图谶、符命、星象等各方面预示汉祚已尽、大魏代兴的种种瑞应,其中有一段文字涉及天文分野:"夫得岁星者,道始兴。昔武王伐殷,岁在鹑火,有周之分野也。高祖入秦,五星聚东井,有汉之分野也。今兹岁星在大梁,有魏之分野也。"按在星占理论中有"岁星所在,其国有福"之说③,"武王伐殷,岁在鹑火"典出《国语·周语》④,鹑火星次对应周之分野,故周灭商;五星会聚历来被视为吉兆⑤,汉高祖入秦时

---

①徐俊:《中国古代王朝和政权名号探源》,华中师范大学出版社,2000年,第78—79页;胡阿祥:《吾国与吾名:中国历代国号与古今名称研究》,江苏人民出版社,2018年,第104—107页。

②《三国志》卷二《魏书·文帝纪》裴注引《献帝传》,第63—66页。

③《春秋左传正义》卷三八襄公二十八年八月,裨灶曰:"今兹周王及楚子皆将死。岁弃其次,而旅于明年之次,以害鸟帑,周、楚恶之。"晋杜预注:"岁星所在,其国有福,失次于此,祸冲在南。"(第1999页)

④《国语集解》卷三《周语下》,第123—125页。

⑤参见黄一农:《中国星占学上最吉的天象——"五星会聚"》,《社会天文学史十讲》,第51—71页。

五星聚于东井,井宿正为秦之分野,乃"得天下之象"①。如今岁星在大梁,为魏之分野,表示魏代汉而有天下,关于这一层意思,数日后在给事中博士苏林、董巴上表中有较详细的解释:

> 天有十二次以为分野,王公之国,各有所属,周在鹑火,魏在大梁。岁星行历十二次国,天子受命,诸侯以封。周文王始受命,岁在鹑火,至武王伐纣十三年,岁星复在鹑火,故《春秋传》曰:"武王伐纣,岁在鹑火;岁之所在,即我有周之分野也。"(按此实出《国语》)昔光和七年(184),岁在大梁,武王始受命,于时将讨黄巾。是岁改年为中平元年。建安元年(196),岁复在大梁,始拜大将军。十三年复在大梁,始拜丞相。今二十五年,岁复在大梁,陛下受命。此魏得岁与周文王受命相应。②

苏、董二人援引十二次分野说,以周文王受命、武王伐纣时皆岁在鹑火、周之分野为例,指出曹氏发迹历程在多个重要的时间节点均岁在大梁,为魏之分野,故魏当兴,其情况正与先周相近似。经过许芝、苏林、董巴等人的阐发,汉魏禅代便在天文分野的层面得到了有力支持,并藉此确立天命之征,同时又为曹魏

---

① 《汉书》卷三六《楚元王传》:"汉之入秦,五星聚于东井,得天下之象也。"(第1964页)
② 《三国志》卷二《魏书·文帝纪》裴注引《献帝传》,第70页。

国号提供了分野依据,这正符合上文所述"依分野而命国"的双重内涵。

不过需要说明的是,所谓大梁星次为魏之分野的说法实与汉晋时期通行的十二次分野说扞格不入。自东汉以来诸家十二次分野说均以大梁为赵之分野、实沈为晋(或魏)之分野①,皆未将大梁直接对应于魏分,那么许芝等人的说法又有何依据呢? 这涉及到十二次分野与二十八宿分野之间的体系差异。汉晋时期十二次分野说多取刘歆《三统历》的十二次起讫度数②,自胃七度至毕十一度为大梁,跨越胃、昴、毕三个星宿,此三宿对应的分野区域在汉代二十八宿分野说中有两种不同说法,较早的《淮南子·天文训》以胃、昴、毕为魏之分野③,而《汉书·地理志》则以胃、昴、毕属赵之分野④,尽管后来西晋陈卓

---

① 如蔡邕、郑玄分野说皆以大梁为赵、实沈为晋(《续汉书·律历志下》刘昭注引蔡邕《月令章句》,见《后汉书》志三,第3081页;《周礼注疏》卷二六《春官·保章氏》郑玄注,第819页),东汉纬书《洛书》、皇甫谧《帝王世纪》分野说以大梁为赵、实沈为晋魏(萨守真:《天地瑞祥志》卷一《明分野》引《洛书》,《稀见唐代天文史料三种》,下册,第24页;《续汉书·郡国志一》刘昭注引《帝王世纪》,见《后汉书》志一九,第3386页),《晋书·天文志》十二次分野以大梁为赵、实沈为魏(《晋书》卷一一《天文志上》,第308页)。

② 刘歆《三统历》之十二次起讫度数,见《汉书》卷二一下《律历志下》,第1005—1006页。

③《淮南子集释》卷三《天文训》,第273页。

④ 今本《汉书》卷二八下《地理志下》原作"赵地,昴、毕之分野"(第1641—1655页),按荀悦《汉纪》卷六吕后七年十二月己丑条下所记二十八宿分野体系当源自《汉书·地理志》(见《两汉纪》,上册,第84—85页),其中谓"胃、昴、毕,赵也",知此处所列赵地分星当夺一"胃"字,今据补。

厘定的二十八宿分野体系取后者为准,但在汉魏之际前者似乎流传更广,并成为曹魏官方认定的一种说法。左思《魏都赋》谓"且魏地者,毕昴之所应",《文选》李善注引郑玄《诗谱》亦云"魏地,毕昴之分野"①,可见在东汉末以昴、毕为魏分之说颇为流行,且较之《淮南子·天文训》不言胃宿。又王嘉《拾遗记》载魏明帝"又起昴毕之台,祭祀此星,魏之分野,岁时修祀焉"②,曹魏时尝筑台专祀昴、毕二星,正是由于其为魏之分野,可知魏国对此说之崇信。盖因战国之魏国徙都大梁,故"魏"也常被称为"梁"③,且大梁星次又兼跨魏地分星胃、昴、毕三宿④,故许芝等人便径以"岁星在大梁,有魏之分野"为辞,实质上此说采用的应是二十八宿分野体系中的对应关系,而非依据十二次分野说。

　　曹魏国号初因封地之名,后汉帝禅位,群臣纷纷制造魏代汉兴的种种舆论,除为其寻找图谶符瑞之外,亦需通过天文分野体系确认魏国的天命征兆。无论"岁星在大梁,有魏之分

①《文选》卷六左思《魏都赋》,第 266 页。按《诗谱》为东汉郑玄研究《诗经》的著作,参见李霖:《郑氏〈诗谱〉考原》,《中华文史论丛》2018 年第 1 期,第 157—223 页。

②王嘉撰,萧绮录、齐治平校注:《拾遗记》卷七《魏》,中华书局,1981 年,第 163 页。

③《文选》卷三〇谢灵运《拟魏太子邺中集八首·应玚》李善注曰"魏徙大梁,故魏一号为梁"(第 1437 页)。

④李维宝、陈久金《论中国十二星次名称的含义和来历》认为大梁星次之名即源于胃昴毕配属魏分野的观念(《天文研究与技术》第 6 卷第 1 期,2009 年,第 79 页)。

野"，还是"魏地，毕昴之分野"，都服务于曹魏受禅的政治现实。

（二）司马晋

魏正始十年（249）高平陵政变后，司马懿父子长期专擅朝政。正元元年（254），废齐王曹芳，立高贵乡公曹髦为帝，大将军司马昭以定策功，封高都侯；甘露元年（256），"进封高都公，地方七百里，加之九锡，假斧钺，进号大都督，剑履上殿"，昭固辞不受；三年，以并州之太原、上党、西河、乐平、新兴、雁门，司州之河东、平阳八郡，地方七百里，封司马昭为晋公，加九锡，进位相国，昭又九让乃止①；景元元年（260），元帝曹奂即位，又进司马昭为相国，"封晋公，增封二郡（即司州之弘农、雍州之冯翊），并前满十，加九锡之礼"②，再次拒受。此后司马昭又多次辞让爵秩，直至四年十月才在群臣劝进下受命为相国、晋公，加九锡③，但其实"司马昭之心，路人所知也"④。咸熙元年（264）三月，司马昭进爵为晋王，"增封并前二十郡"⑤；次年八月，司

---

①《晋书》卷二《文帝纪》，第 33、35 页。
②《三国志》卷四《魏书·三少帝纪》，第 147 页。《晋书》卷二《文帝纪》记此事作"天子进帝为相国，封晋公，增十郡"（第 37 页），有误。
③《晋书》卷二《文帝纪》，第 39—43 页。
④《三国志》卷四《魏书·三少帝纪》裴注引《汉晋春秋》，第 144 页。
⑤《晋书》卷二《文帝纪》，第 44 页。

马昭卒,其子炎"嗣相国、晋王位"①,遂受魏禅。关于司马氏晋国号之由来,唐薛收释云:"晋者,司马氏始封之国也,帝自晋王受魏禅,故国号晋。"宋阮逸又注曰:"司马宣王,河内温人。温,晋地也,故启封。"②后胡三省亦因袭其说③。然胡阿祥对此说提出质疑,温县所在之河内郡并不在晋公初封十郡之内,若谓晋国号源自司马氏籍贯恐嫌牵强。实际上,这十郡的地域范围大致与先秦晋国相当,故司马晋也应是以地为名。④

曹操封魏公乃因其主要势力在魏地,而司马昭为晋公既然与其乡里籍贯无关,那么为何封于晋呢?根据上引胡阿祥的研究,这其中可能有两层原因:其一,司马晋政权直接来源于曹魏,战国时三家分晋,晋之故地多入于魏,故时人习称魏为晋⑤,司马氏以晋地立国,显示出与魏之间的紧密关系和历史因缘,晋朝所定德运亦承曹魏土德为金德;其二,司马昭封爵从高都侯、高都公到晋公、晋王实皆应合"代汉者当涂高"之符谶,其中又暗含有晋承汉统之意。这一见解颇有道理,司马氏代魏经历了一个较长的过程,很有可能精心择取封国名号,除有意

①《晋书》卷三《武帝纪》,第49页。
②王通撰,薛收传,阮逸注:《元经》卷一"传曰",文渊阁《四库全书》本,第303册,第831页。
③《资治通鉴》卷七九《晋纪一》胡三省注:"司马氏,河内温县人。宣王懿得魏政传景王师,至文王昭,始封晋公,以温县本晋地,故以国号。"(第2491页)徐俊《中国古代王朝和政权名号探源》(第88—89页)亦采此说。
④胡阿祥:《吾国与吾名:中国历代国号与古今名称研究》,第113—121页。
⑤参见刘宝楠:《愈愚录》卷四"晋国"条,第265页。

应谶之外，还要与天文分野所示的祥瑞相合。

汉魏禅代之诸多瑞应因集中见于《三国志》裴注，故可充分讨论，而魏晋之际虽也是"祥瑞屡臻，天人协应"①，但《晋书》及今存相关文献均未详载，不过仍有两条与分野星占有关的零散史料值得注意。《宋书·天文志》记云：

> 陈留王咸熙二年五月，彗星见王良，长丈余，色白，东南指，积十二日灭。占曰："王良，天子御驷，彗星扫之，禅代之表，除旧布新之象。白色为丧。王良在东壁宿，又并州之分也。"八月，晋文王薨。十二月，帝逊位于晋。②

咸熙二年五月，出现"彗星见王良"的天象，预示除旧布新，为禅代之表，"王良在东壁宿"，按照二十八宿分野之十二州地理系统③，壁宿对应并州之分野，而司马昭所封晋国的核心区域便属并州④，所以这一天象所针对的事应就是年末的晋受魏禅，表明晋代魏亦可于分野星占中求得天命之征。

又《三国志》裴注引张璠《汉纪》，初汉献帝败于曹阳，侍中

---

①《晋书》卷三《武帝纪》，第 51 页。
②《宋书》卷二三《天文志一》，第 692—693 页。
③《史记》卷二七《天官书》二十八宿分野说以"营室至东壁，并州"（第1330 页）。
④《晋书》卷二《文帝纪》载景元四年十月司空郑冲率群官劝进之语，谓"开国光宅，显兹太原"（第 51 页），太原即为并州大郡。

太史令王立谓宗正刘艾曰："前太白守天关,与荧惑会,金火交会,革命之象也。汉祚终矣,晋、魏必有兴者。"①按天关星属毕宿星区②,由上文可知,汉魏之际多以毕宿为魏之分野,而此处则提及晋、魏③,这在汉魏禅代的诸多瑞应中仅此一见。其实,所谓星象占测往往是以后事附会此前已见之天象,因《后汉纪》撰者张璠为晋令史④,笔者怀疑此处特意强调"晋、魏必有兴者",恐有晋人将本朝开国之天象祥瑞上溯至汉末之嫌。若此亦可见晋之建国需求诸天文分野以定天命,此外所谓"汉祚终矣,晋、魏必有兴者",也隐藏有晋可直接赓续汉祚之意,这正与晋国号应合"代汉者当涂高"之谶言殊途同归,皆指向晋承汉统,颇堪玩味。

（三）南朝系统之宋、齐、梁、陈

晋安帝元兴三年(404),刘裕消灭篡位之桓玄,奉迎安帝,掌控朝政。后刘裕又镇压卢循起义,平谯纵,灭后秦,战功卓著,权势益固。义熙十二年(416)十月,命刘裕"进位相国,总百

---

① 《三国志》卷一《魏书·武帝纪》,第 13—14 页。
② 《史记》卷二七《天官书》载张守节《正义》谓"天关一星,在五车南,毕西北"(第 1352 页)。
③ 《乙巳占》卷三《分野》引东汉未央分野曰"晋魏星得毕(按当作胃)、昴、毕"(叶 7b),此系因袭战国晋、魏互指,合称"晋魏",则王立之说可能也有一定依据,但其谓"晋、魏必有兴者",晋、魏有明显的分指意思。
④ 《三国志》卷四《魏书·三少帝纪》裴注引《世语》谓"案张璠、虞溥、郭颁皆晋之令史……璠撰《后汉纪》,虽似未成,辞藻可观"(第 133 页)。

揆,扬州牧",以徐州之彭城、沛、兰陵、下邳、淮阳、山阳、广陵,兖州之高平、鲁、泰山十郡,封为宋公,"备九锡之礼,加玺绶、远游冠,位在诸侯王上"①。元熙元年(419)正月,"进公爵为王。以徐州之海陵、北东海、北谯、北梁,豫州之新蔡,兖州之北陈留,司州之陈郡、汝南、颍川、荥阳十郡,增宋国",七月刘裕受命;次年四月,晋帝禅位,六月刘裕受禅②。胡三省对于刘宋国号的解释是"刘氏世居彭城,于春秋之时宋土也,故帝之始建国号曰宋"③。按此恐为胡氏臆测,并无证据④,实际上,刘裕建宋国号与天文分野关系极大。

晋宋禅代之际,亦有臣下进献祥瑞。《宋书·武帝纪》称"太史令骆达陈天文符瑞数十条"⑤,其所陈具体内容详载于《符瑞志》。其中提到,"义熙十一年五月三日,彗星出天市,其芒扫帝坐。天市在房、心之北,宋之分野。得彗柄者兴,此除旧布新之征","十二年,北定中原,崇进宋公。岁星裴回房、心之间,大火,宋之分野。与武王克殷同,得岁星之分者应王也",又

①《宋书》卷二《武帝纪中》,第38—40页。
②《宋书》卷二《武帝纪中》,卷三《武帝纪下》,第45—48、51页。
③《资治通鉴》卷一一九《宋纪一》胡三省注,第3732页。徐俊《中国古代王朝和政权名号探源》(第142—143页)、胡阿祥《吾国与吾名:中国历代国号与古今名称研究》(第131页)均采此说。
④《魏书》卷九七《岛夷刘裕传》谓刘裕"晋陵丹徒人也。其先不知所出,自云本彭城彭城人,或云本姓项,改为刘氏,然亦莫可寻也,故其与丛亭、安上诸刘了无宗次"(第2129页),知其家世不显,冒为刘姓,是否有以刘氏郡望所在地名国之意,尚需存疑。
⑤《宋书》卷二《武帝纪中》,第48页。

引"《金雌诗》云:'大火有心水抱之,悠悠百年是其时。'火,宋之分野。水,宋之德也"①。按二十八宿分野说以房、心为宋之分野,大火系心宿之别名,骆达献瑞以彗星出房、心北及岁星在房、心间两条天象皆预示宋当兴。此二者在《天文志》中也有记载,"(义熙十一年)五月甲申,彗星出天市,扫帝座,在房、心。房、心,宋之分野。案占,得彗柄者兴,除旧布新,宋兴之象";"十二年五月甲申,月犯岁星,在左角。占曰:'为饥。留房、心之间,宋之分野,与武王伐纣同,得岁者王。'于时晋始封高祖为宋公。"②由此可见,这两条彗星占和岁星占发生的具体时间都在义熙十二年十月刘裕封宋公之前不久,其分野所示皆对应于宋,这对刘裕建立公国必有影响,尤其是后者事应与"晋始封高祖为宋公"直接联系起来,恐非占测者随意附会,而很有可能刘宋建国确实以天文分野为据,《晋书·天文志》亦谓"(义熙)十二年五月甲申,岁星留房心之间,宋之分野。始封刘裕为宋公"③。如此则刘宋建国不但寻求分野星占之瑞应,甚至径直以分野名国。

除利用房、心为宋分野之说外,刘宋时人还提到过其他与分野有关的天象祯祥。《宋书·天文志》又载:

---

① 《宋书》卷二七《符瑞志上》,第 784—786 页。
② 《宋书》卷二五《天文志三》,第 737 页。
③ 《晋书》卷一三《天文志下》,第 386 页。

（义熙九年）三月壬辰，岁星、荧惑、填星、太白聚于东井，从岁星也。荧惑入舆鬼。太白犯南河。初义熙三年，四星聚奎，奎、娄，徐州分。是时慕容超僭号于齐，侵略徐、兖，连岁寇抄，至于淮、泗。姚兴、谯纵僭伪秦、蜀。卢循、木末，南北交侵。五年，高祖北殄鲜卑，是四星聚奎之应也。九年，又聚东井。东井，秦分。十三年，高祖定关中，又其应也。而纵、循群凶之徒，皆已剪灭，于是天人归望，建国旧徐，元熙二年，受终纳禅，皆其征也。①

上文提到，五星聚合乃是代表王有天下之征，四星聚亦属罕见，也有革新之象，《天文志》下文便举述西汉、东汉及西晋末年出现四星会聚的天象后，天下大乱而汉光武帝、晋元帝皆得以中兴，魏武帝则称雄北方，以说明"四星聚有以易行者"。此处占者谓义熙三年四星聚奎，奎、娄二宿在二十八宿分野之十二州地理系统中属徐州之分野，刘裕初封十郡公国即大体在徐州范围之内，这是刘宋将于南北交侵之际崛兴的征兆，故五年刘裕灭南燕，即"四星聚奎之应"；九年又四星聚井，井为秦分，十三年刘裕遂灭后秦，定关中，终至元熙二年，受晋禅让。所谓"天人归望，建国旧徐"，就是应"四星聚奎"之象，在旧徐宋地建立封国，这也是将刘宋开国与天文分野直接相关联，与上一种说

———————
① 《宋书》卷二五《天文志三》，第 735 页。

法如出一辙。

刘宋末，萧道成掌握军国大权，昇明三年（479）三月，"诏进位相国，总百揆"，以青州之齐郡，徐州之梁郡，南徐州之兰陵、鲁郡、琅邪、东海、晋陵、义兴，扬州之吴郡、会稽十郡，封为齐公，"备九锡之礼，加玺绂远游冠，位在诸侯王上"。紧接着四月癸酉，进齐公爵为王，以豫州之南梁、陈郡、颍川、陈留，南兖州之盱眙、山阳、秦郡、广陵、海陵、南沛十郡增封；辛卯，宋帝禅位，萧道成三辞，"宋帝王公以下固请"而受①。萧齐国号有明确记载系源自谶语，《南齐书·崔祖思传》云："宋朝初议封太祖为梁公，祖思启太祖曰：'谶书云"金刀利刃齐刘之"。今宜称齐，实应天命。'从之。"②这则谶语出自十六国时期方士王嘉（字子年）所作《王子年歌》，曰"三禾捵捵林茂擎，金刀利刃齐刘之"③，宋本拟封萧道成为梁公，后因崔祖思向萧道成进言，遂改封齐公，次月旋即受禅为齐帝，此时封爵之命虽出朝廷，实为萧道成授意所为，故有关其封号的讨论其实就是议定萧氏代宋之国号。胡三省解释萧齐国号全采《崔祖思传》之说④。

固然萧齐国号确因谶语得名，但它同样也需要在分野星占

①《南齐书》卷一《高帝纪上》，中华书局，1974 年，第 14—23 页。
②《南齐书》卷二八《崔祖思传》，第 517 页。
③《南齐书》卷一八《祥瑞志》，第 351 页。
④《资治通鉴》卷一三五《齐纪一》胡三省注，第 4221 页。徐俊《中国古代王朝和政权名号探源》（第 145—146 页）、胡阿祥《吾国与吾名：中国历代国号与古今名称研究》（第 131—132 页）均采此说。

中找到祯瑞之应。就在萧道成辞让宋禅时，"兼太史令、将作匠陈文建奏符命"①，其具体奏言内容详见《南齐书·天文志》，其中提到"昇明三年四月，岁星在虚危，徘徊玄枵之野，则齐国有福厚，为受庆之符"②。根据二十八宿及十二次分野体系，虚、危二宿和玄枵星次都对应于齐之分野③，且玄枵之次自女八度至危十五度，兼跨虚、危，所以陈文建以岁在虚危及玄枵之象为齐受禅之符，正是利用天文分野说为禅代寻求天命依据。

萧齐末，宗室相残，雍州刺史萧衍起兵入京，控制朝政。中兴元年（501）十二月，"封建安郡公"；二年正月，"进位相国，总百揆"，以豫州之梁郡、历阳，南徐州之义兴，扬州之淮南、宣城、吴、吴兴、会稽、新安、东阳十郡，封为梁公，"备九锡之礼，加玺绂远游冠，位在诸王上"，二月辛酉受命；丙戌，进爵为梁王，"以豫州之南谯、庐江，江州之寻阳，郢州之武昌、西阳，南徐州之南琅邪、南东海、晋陵，扬州之临海、永嘉十郡，益梁国，并前为二十郡"，三月癸巳受命；丙辰，齐帝禅位，四月群臣劝进，萧衍受禅④。

至于萧梁国号的由来，也是源出图谶。《梁书·陶弘景传》

①《南齐书》卷一《高帝纪上》，第23页。
②《南齐书》卷一二《天文志上》，第204页。
③参见《晋书》卷一一《天文志上》所载二十八宿及十二次分野说，第308、310页。
④《梁书》卷一《武帝纪上》，中华书局，1973年，第13、16—29页。引文标点有所改动。

记载"义师平建康,闻议禅代,弘景援引图谶,数处皆成'梁'字,令弟子进之"①,知梁之国号乃陶弘景自图谶中推演而来,那么具体有些什么谶语呢?《南书·陶弘景传》记此事前提到"齐末为歌曰'水丑木'为'梁'字"②,这应是其中一条谶言,不过此处所记不确,详细记载见于唐贾嵩撰《华阳陶隐居内传》:"征东将军萧衍军次石头,东昏宝台城,义师颇怀犹豫。先生上观天象,知时运之变;俯察人心,悯涂炭之苦。乃亟陈图谶,贻书赞奖。受封揖让之际,范云、沈约并秉策佐命,未知建国之号。先生引王子年《归来歌》中'水刃木'处及诸图谶,并称'梁'字,为应运之符。"③陶弘景擅天文谶纬之学,与萧衍早就相识,并襄助萧衍起兵,待准备给萧衍封爵立国启动禅代程序时,"未知建国之号",陶弘景遂援引王嘉《归来歌》"水刃木"及其他图谶,推定国号为"梁"④。由此可知,《南书·陶弘景传》"水丑木"文字有误,"丑"当作"刃"。

尽管萧梁国号直接来源于图谶,但群臣在论证齐梁禅代的

①《梁书》卷五一《陶弘景传》,第 743 页。
②《南史》卷七六《陶弘景传》,中华书局,1975 年,第 1898 页。
③贾嵩:《华阳陶隐居内传》卷中,《续修四库全书》影印明正统《道藏》本,第 1294 册,第 211 页。
④《资治通鉴》卷一四五《梁纪一》胡三省注云:"齐宣德太后诏萧衍自建安郡公进爵梁公,衍志也。寻进爵为王,寻受齐禅,国因号曰梁。"(第 4512 页)并未具体介绍梁国号之出处,徐俊《中国古代王朝和政权名号探源》因之(第 147 页)。胡阿祥《吾国与吾名:中国历代国号与古今名称研究》则对萧梁国号的图谶渊源有较详论述(第 132—133 页)。

正当性时同样也必须要有天文分野方面的瑞应。齐帝禅位时，萧衍亦按惯例，故作推让，"太史令蒋道秀陈天文符谶六十四条，事并明著，群臣重表固请，乃从之"①，又参与佐命的沈约也说"天文人事，表革运之征，永元以来，尤为彰著"②。遗憾的是，所谓"天文符谶六十四条"的具体内容，传世文献并无完整记录。不过，其中与分野相关者，尚有一条零散记载见于《魏书·天象志》："（北魏景明三年，即南齐中兴二年，502）二月丁酉，有流星起东井，流入紫宫，至北极而灭。东井，雍州之分，（萧）衍凭之以兴，且西君之分，使星由之以抵辰极，是为禅受之命，且为大丧。是月，齐诸侯相次伏诛，既而西君锡命，衍受禅于建康，是为梁武帝。"③就在齐梁禅代前夕出现"有流星起东井，流入紫宫"的天象，井宿在二十八宿分野之十二州地理系统中属雍州之分野，而萧衍起兵时正为雍州刺史，故是为萧衍禅受之符。此虽未将梁国号与分野区域直接挂钩，但亦属梁国建立后通过天文分野说为其求得星象祥瑞之例。

梁末，陈霸先讨平侯景之乱，后又诛王僧辩，拥立敬帝，独

---

①《梁书》卷一《武帝纪上》，第 29 页。
②《梁书》卷一三《沈约传》，第 234 页。
③《魏书》卷一〇五之四《天象志四》，第 2430 页。据陈垣《二十史朔闰表》（古籍出版社，1956 年，第 72 页），是年二月庚申朔，月内无丁酉，三月己丑朔，丁酉为初九日。又此段上一句已言及三月"金、水合于须女"的天象，且文中称"是月，齐诸侯相次伏诛"核诸《南齐书·和帝纪》亦为三月事，知此处"二月"系"三月"之误。

揽大权。太平元年(556)九月,以陈霸先为丞相、录尚书事、镇卫大将军,封义兴郡公;二年九月,进位相国,总百揆,以南豫州之陈留、南丹阳、宣城,扬州之吴兴、东阳、新安、新宁,南徐州之义兴,江州之鄱阳、临川十郡,封为陈公,"备九锡之礼,加玺绂、远游冠、绿綟绶,位在诸侯王上";十月戊辰,进爵为王,"以扬州之会稽、临海、永嘉、建安,南徐州之晋陵、信义,江州之寻阳、豫章、安成、庐陵并前为二十郡,益封陈国";辛未,梁帝禅位于陈①。长期以来人们一直认为陈之国号即得自陈霸先之姓氏②,后严耀中研究证明,陈朝帝室尊奉"胡公"为始祖,此人系舜帝后裔妫满,周初封于陈地,谥为胡公,后陈国为楚所灭,子孙遂以国为氏,陈朝国号即由此而来③。此说当可信从,且笔者可补充一条重要史料。《隋书·韦鼎传》记云:"陈武帝在南徐州,鼎望气知其当王,遂寄孥焉。因谓陈武帝曰:'明年有大臣诛死,后四岁,梁其代终,天之历数当归舜后。昔周灭殷氏,封妫满于宛丘,其裔子孙因为陈氏。仆观明公天纵神武,继绝统者,无乃是乎!'武帝阴有图谶辩意,闻其言,大喜,因而定策。

①《陈书》卷一《高祖纪上》,中华书局,1972年,第12—21页。
②《资治通鉴》卷一六七《陈纪一》胡三省注云:"武帝既有功于梁,自以为姓出于陈,自吴兴郡公进封陈公;及受命,国遂号曰陈。"(第5157页)徐俊《中国古代王朝和政权名号探源》亦因袭此说(第150—151页)。
③严耀中:《关于陈文帝祭"胡公"——陈朝帝室姓氏探讨》,《历史研究》2003年第1期,第156—159页。胡阿祥《吾国与吾名:中国历代国号与古今名称研究》取此说(第133—134页)。

及受禅，拜黄门侍郎。"①可知追尊胡公妫满最初乃出自术士韦鼎之谶言，陈霸先崇信其说，遂建陈国号。

同样梁陈禅代，群臣劝进，也要从天文分野中寻找天命之征。梁帝禅位诏称"革故著于玄象，代德彰于图谶"②，天象与图谶可谓是促成禅代的必备要素。关于梁陈之际的天象瑞应，因文献缺载暂不知其详，不过梁帝禅位策文提到"况乎长彗横天，已征布新之兆"③，大概是援引彗星占理论以示除旧布新。至于陈之分野，《隋书·天文志》有两条记载：

> （北周建德六年，577）十月癸卯，月食，荧惑在斗。占曰："国败，其君亡，兵大起，破军杀将。斗为吴、越之星，陈之分野。"十一月，陈将吴明彻侵吕梁，徐州总管梁士彦，出军与战，不利。明年三月，郯公王轨讨擒陈将吴明彻，俘斩三万余人。

> （隋文帝开皇八年，588）十月甲子，有星孛于牵牛。占曰："臣杀君，天下合谋。"又曰："内不有大乱，则外有大兵。牛，吴、越之星，陈之分野。"后年，陈氏灭。④

---

① 《隋书》卷七八《艺术传·韦鼎》，第 1771 页。
② 《陈书》卷一《高祖纪上》，第 22 页。
③ 《陈书》卷一《高祖纪上》，第 23 页。
④ 《隋书》卷二一《天文志下》"五代灾变应"，第 608—609、612 页。

按先秦陈国本在河南淮阳地区,不在陈朝疆域之内,故时人推定陈之分野,并不以古陈国区域为限,而是根据陈朝实际占有的疆域范围,以二十八宿分野体系中对应吴、越的斗、牛二宿为陈之分野,可视为一种变通的做法。

综观南朝宋、齐、梁、陈之禅代,期间都有臣僚进献天文符谶之祯祥。四朝建国议定国号,并非随意择取,而是自有来源,俱合于天文符谶。刘宋之号直接依据房、心为宋分野之说,齐、梁、陈之国号虽皆出于图谶,然亦需通过分野星占求得天命所归,其背后均反映出"依分野而命国"的指导原则。

(四)北朝系统之齐、周、隋、唐

北魏末年分裂为东、西魏,东魏实际由高欢及高澄、高洋父子把持朝政。高欢于北魏普泰元年(531)三月被封为勃海王,辞受,东魏武定五年(547)死后,赠使持节、相国、都督中外诸军事、齐王玺绂①。八年正月,高洋进位使持节、丞相、都督中外诸军事、录尚书事、大行台、齐郡王;三月辛酉,又进封齐王,食冀州之渤海、长乐、安德、武邑,瀛州之河间五郡;五月甲寅,进相国,总百揆,增封瀛州之高阳、章武,定州之中山、常山、博陵五郡,加九锡;是月,魏帝禅位于齐②。关于高齐国号的来历,胡三

---

① 《北史》卷六《齐本纪上》,中华书局,1974年,第215、231页。
② 《北齐书》卷四《文宣帝纪》,中华书局,1972年,第44—49页。

省解释说："欢以勃海王赠齐王，洋又进爵齐王；且高氏本勃海人，勃海故齐地也，国遂号曰齐。"①即以高氏攀附的渤海郡望所在地为名②，后人亦采此说③。然而这只是议定高齐国号的其中一个因素，此外还需考虑天文符谶对建国立号的影响。

《北史·艺术传》记云：

> 时又有沙门灵远者，不知何许人，有道术。尝言尒朱荣成败，预知其时。又言代魏者齐，葛荣闻之，故自号齐。及齐神武至信都，灵远与勃海李嵩来谒。神武待灵远以殊礼，问其天文人事。对曰："齐当兴，东海出天子。今王据勃海，是齐地。又太白与月并，宜速用兵，迟则不吉。"灵远后罢道，姓荆，字次德。求之，不知所在。④

北魏末有一术士灵远，尝有"代魏者齐"之谶言，故葛荣起义后，自号为齐。此处"齐神武"指高欢。普泰元年二月高欢军次信

---

① 《资治通鉴》卷一六三《梁纪一九》大宝元年五月戊午胡三省注，第5045页。
② 关于高欢伪冒渤海高氏的问题，前人研究较多，近年来具有总结性的成果有仇鹿鸣：《"攀附先世"与"伪冒士籍"——以渤海高氏为中心的研究》，《历史研究》2008年第2期，第60—74页；张金龙：《高欢家世族属真伪考辨》，《文史哲》2011年第1期，第47—67页。
③ 徐俊：《中国古代王朝和政权名号探源》，第158—159页；胡阿祥：《吾国与吾名：中国历代国号与古今名称研究》，第136页。
④ 《北史》卷八九《艺术传·刘灵助》附，第2928页。按今本《北齐书》卷四九《方伎传·宋景业》后亦附有荆次德的记载（第676页），其内容系节取自上引《北史·艺术传》，且错乱殊甚，不可引据。

都,三月封勃海王,"灵远与勃海李嵩来谒"应该就在此时,高欢遂向灵远询问"天文人事",灵远答以"齐当兴,东海出天子。今王据勃海,是齐地",此语可谓是为高欢量身定制。后高欢赠齐王,高洋亦以齐王受禅,很可能都与灵远所谓"代魏者齐"和"齐当兴"的谶语有直接关系①。又《北齐书·高德政传》载"散骑常侍徐之才、馆客宋景业先为天文图谶之学,又陈山提家客杨子术有所援引,并因德政,劝显祖(即高洋)行禅代之事"②。徐之才、宋景业劝进事又见《徐之才传》,称"之才少解天文,兼图谶之学,共馆客宋景业参校吉凶,知午年(指武定八年庚午)必有革易,因高德政启之","又援引证据,备有条目","首唱禅代"③。徐之才、宋景业、杨子术等人所援引的"证据"、"条目"就是有关高齐代魏的符瑞之征,其中可能还有其他涉及齐国号的图谶。

至于魏齐禅代在天文分野方面的吉兆,《魏书·天象志》也有记载:"(武定)八年三月甲午,岁、镇、太白在虚。虚,齐分,是为惊立绝行,改立王公。荧惑又从而入之,四星聚焉。五月

---

① 姜望来《谣谶与北朝政治研究》对此有专门研究,第146—167页。此外,杨湛《由北齐国号窥探东魏北齐统治集团的抟合》一文也已注意到"代魏者齐"谶语对高齐国号的影响(《陕西学前师范学院学报》第32卷第3期,2016年,第96—100页),但其所征引的是《北齐书》卷四九《方伎传》的错乱记载,故所论不周,另外该文还提到了可能与高齐国号有关的其他因素。

② 《北齐书》卷三〇《高德政传》,第407页。按《北史》卷三一本传作"高德正"(第1137页)。

③ 《北齐书》卷三三《徐之才传》,第445页。

丙寅,帝禅位于齐。"①据陈垣《二十史朔闰表》,是年三月庚戌朔②,月内无甲午。疑此甲午日当属上月,此处"三月"乃"二月"之误,岁、镇、太白三星在虚宿,为齐之分野,预示"改立王公",随即三月辛酉高洋便被封为齐王,由此看来,高齐之建号除应谶外,还可能受到分野星占的影响。后荧惑又与上述三星聚于虚,乃天下更王之象,所以随后的魏帝禅让就顺理成章了。

西魏政权实际由安定公宇文泰控制。魏恭帝三年十月宇文泰卒,其子宇文觉"嗣位太师、大冢宰";泰侄宇文护"以天命有归,遣人讽魏帝,遂行禅代之事"③;十二月丁亥,"魏帝诏以岐阳之地封帝为周公";庚子,禅位于周④。胡三省释宇文周国号云:"岐阳,即扶风之地。昔周兴于岐周,因为国号。宇文辅魏,仿周以立法制,故魏朝之臣以周封之,将禅代也。"⑤即因宇文泰仿行《周礼》,故封以原岐周之地,建周国,此说言之有理⑥。与其他禅代型王朝一样,以周代魏也需有天文图谶的所谓"证据"。魏帝禅位诏即有"玄象征见于上,讴讼奔走于下,

---

①《魏书》卷一○五之四《天象志四》,第2449页。
②陈垣:《二十史朔闰表》,第76页。
③《周书》卷一一《晋荡公护传》,中华书局,1974年,第166页。
④《周书》卷三《孝闵帝纪》,第45页。
⑤《资治通鉴》卷一六六《梁纪二二》太平元年十二月丁亥胡三省注,第5155页。又卷一六七《陈纪一》永定元年正月辛丑胡注亦谓"宇文辅政,慕仿《周礼》,泰卒,觉嗣,遂封周公;既受命,国号曰周"(第5157页)。
⑥徐俊《中国古代王朝和政权名号探源》(第160—161页)、胡阿祥《吾国与吾名:中国历代国号与古今名称研究》(第136页)均采此说。

天之历数,用实在焉"之语,同时"公卿百辟劝进",其间亦有
"太史陈祥瑞"①。根据上文举述诸多禅代故事来看,太史所上
必为预示"上天有命,革魏于周"②的各种天文符谶,其中也应
有分野星占之瑞应,惜传世文献阙载而暂不知其详。因宇文周
效法西周,上文提到,在十二次分野说中,鹑火为周分野,故推
测北周也应以鹑火之次为己之分野。

　　杨隋之兴始于杨忠。北周初武成元年(559)九月,肆封诸
宗室、将领为国公,其中以杨忠为随国公③。天和三年(568),
杨忠卒,其子杨坚袭爵随国公。此后杨坚以军功历任要职,又
因其女杨丽华为周宣帝宇文赟立为皇后,地位尊显。不久宣帝
卒,子宇文阐即位,杨坚辅政,总揽大权。大象二年(580)十二
月甲子,"大丞相、随国公杨坚进爵为王,以十郡为国";大定元
年(581)二月,随王杨坚进位相国,"总百揆,更封十郡,通前二
十郡,剑履上殿,入朝不趋,赞拜不名,备九锡之礼";同月,周帝
禅位④。关于杨隋国号,此前学者讨论最多的就是"随"、"隋"

────────────

① 《周书》卷三《孝闵帝纪》,第46页。
② 《周书》卷三《孝闵帝纪》,第47页。
③ 《周书》卷四《明帝纪》,第58页。
④ 《周书》卷八《静帝纪》,第135—136页。据《隋书》卷一《高祖纪上》,大象二
　　年十二月,周帝初诏命封王,"以隋州之崇业,郧州之安陆、城阳,温州之宜
　　人,应州之平靖、上明,顺州之淮南,士州之永川,昌州之广昌、安昌,申州之
　　义阳、淮安,息州之新蔡、建安,豫州之汝南、临颖、广宁、初安,蔡州之蔡阳,
　　鄀州之汉东二十郡为隋国",杨坚辞让不许,"乃受王爵、十郡而已"。至大
　　定元年二月,又以"以申州之义阳等二十郡为隋国"(第6、10页)。

二字何者为正、又何以歧出的问题①，然这与本文研究的主题关系不大，兹不赘述。而"隋（随）"这一国号的由来，胡三省早已指出是杨忠的随国公爵号及其所据之随州②，后人对此并无异议。

周隋禅代，同样也要寻求天文符谶的瑞应。据《隋书·庚季才传》，杨坚为丞相时，尝夜召北周玄象大家庚季才，询问："吾以庸虚，受兹顾命，天时人事，卿以为何如？"季才曰："天道精微，难可意察，切以人事卜之，符兆已定。"大定元年正月，季才又为其占测"今二月甲子，宜应天受命"③。又杨坚辅政，"方行禅代之事，欲以符命曜于天下。道士张宾，揣知上意，自云玄相，洞晓星历，因盛言有代谢之征，又称上仪表非人臣相"④。遗憾的是，这些符命的具体内容并没有保存下来。

至于隋朝的分野设定，今虽未见直接记载，然可据其他材料加以推断。崔仲方上书论取陈之策曰：

---

① 参见胡阿祥：《杨隋国号考说》，《东南文化》2000 年第 9 期，第 79—82 页，氏著《吾国与吾名：中国历代国号与古今名称研究》又有增订补充，第 137—145 页；叶炜：《隋国号小考》，《北大史学》第 11 辑，北京大学出版社，2005 年，第 210—218 页。

② 《资治通鉴》卷一七七《隋纪一》胡三省注："隋，即春秋随国，为楚所灭，以为县。秦、汉属南阳郡，晋属义阳郡，后分置随郡；梁曰随州，后入西魏。杨忠从周太祖，以功封随国公；子坚袭爵，受周禅，遂以随为国号。"（第 5503 页）徐俊《中国古代王朝和政权名号探源》亦采此说（第 171—173 页）。

③ 《隋书》卷七八《庚季才传》，第 1766 页。

④ 《隋书》卷一七《律历志中》，第 420 页。

臣谨案:晋太康元年(280)岁在庚子,晋武平吴。至今开皇六年(586),岁次丙午,合三百七载。《春秋宝乾图》云:"王者三百年一蠲法。"今三百之期,可谓备矣。陈氏草窃,起于丙子,至今丙午,又子午为冲,阴阳之忌。昔史赵有言曰:"陈,颛顼之族,为水,故岁在鹑火以灭。"又云:"周武王克商,封胡公满于陈。"至鲁昭九年,陈灾,裨灶曰:"岁五及鹑火而后陈亡,楚克之。"楚,祝融之后也,为火正,故复灭陈。陈承舜后,舜承颛顼,虽太岁左行,岁星右转,鹑火之岁,陈族再亡,戊午之年,妫虞运尽,语迹虽殊,考事无别。皇朝五运相承,感火德而王,国号为隋,与楚同分。楚是火正,午为鹑火,未为鹑首,申为实沈,酉为大梁,既当周、秦、晋、赵之分,若当此分发兵,将得岁之助。以今量古,陈灭不疑。[1]

崔仲方论及隋必灭陈主要有两大征兆:其一,晋武帝平吴距今隋开皇六年已有三百余年,与《春秋宝乾图》"王者三百年一蠲法"之谶相合,且今陈与其起始之年"子午为冲",乃灭亡之象。其二,引《春秋左传》史赵、裨灶之言[2],陈出颛顼之族,属水,若岁在鹑火则灭,楚系祝融之后,为火正,尝于鹑火之岁灭陈,而

①《隋书》卷六〇《崔仲方传》,第1448—1449页。
②详见《春秋左传正义》卷四四昭公八年十一月壬午"灭陈"条、卷四五昭公九年四月"陈灾"条,第2053、2057页。

隋朝德运承周为火德，故隋与楚同分①。又按之十二次分野体系，十二次配十二辰，午为鹑火，未为鹑首，申为实沈，酉为大梁，分别是周、秦、晋、赵之分野，盖因隋承自周，占有周地，故隋亦继承周对应之鹑火星次，而开皇六年丙午正岁在鹑火，"得岁之助"，所以"陈灭不疑"。其说乃是以鹑火为隋之分野。无独有偶，王劭言符命云："昔周保定二年（562），岁在壬午，五月五日，青州黄河变清，十里镜澈，齐氏以为己瑞，改元曰河清。是月，至尊以大兴公始作隋州刺史，历年二十，隋果大兴。臣谨案《易坤灵图》曰：'圣人受命，瑞先见于河。河者最浊，未能清也。'窃以灵贶休祥，理无虚发，河清启圣，实属大隋。午为鹑火，以明火德，仲夏火王，亦明火德。月五日五，合天数地数，既得受命之辰，允当先见之兆。"②北周保定二年五月五日，青州黄河清，杨坚恰于是月出任隋州刺史，又是年丙午，亦岁在鹑火，隋为火德，王劭以其皆为隋兴之瑞。由此可见，隋人均将本朝上应鹑火之次，当是自隋建国受禅以来的官定说法。

　　唐高祖李渊的祖父为西魏八柱国之一的李虎，初封赵郡公，后徙陇西郡公，周受魏禅，追封唐国公③。北周武帝保定四

---

① 《隋书》卷四八《杨素传》云："太史言隋分野有大丧，因改封于楚。楚与隋同分，欲以此厌当之。"（第 1292 页）亦称隋与楚分野相同。

② 《隋书》卷六九《王劭传》，第 1602 页。

③ 《册府元龟》卷一《帝王部·帝系》谓李虎"后徙封赵郡公。历渭、秦二州刺史。复击叛胡，平之，徙封陇西公。进拜太尉，迁右军大都督、柱国、大将军、少师。周受魏禅，录佐命功居第一，追封唐国公"（第 14 页）。

年,以其子李昞袭唐国公①;建德元年(572),李昞子渊亦袭
爵②。隋末天下大乱,群雄并起,大业十三年(617),李渊起兵
于太原,十一月攻入长安,立代王杨侑为帝,改元义宁。隋帝命
李渊为假黄钺、使持节、大都督内外诸军事、大丞相,进封唐王,
总录万机。义宁二年(618)正月,李渊进位相国,总百揆,备九
锡之礼;五月,加"冕十有二旒,建天子旌旗,出警入跸",不久隋
帝即禅位于唐③。李唐国号乃袭李虎爵号而来,事实清楚,胡
三省又指出其所封之唐即古唐国④。至于为何封李虎唐国公,
陈寅恪尝有专论。一般而言,爵号依等进封有规律可循,大体
"以能保留元封之名为原则,故其取名多从元封地名所隶属之
较大区域中求之。若不得已,则于元封地名相近之较大区域中
求之"。李虎尝封赵郡公、陇西郡公,考两郡附近区域之地理沿
革,可供选用的古代国名有秦、晋、赵、魏、中山、唐等,其中去除

---

① 《周书》卷五《武帝纪上》,第 70 页。
② 《旧唐书》卷一《高祖纪》谓"高祖以周天和元年(566)生于长安,七岁袭唐国
　公"(第 1 页),可推知其袭爵当在建德元年。
③ 《旧唐书》卷一《高祖纪》,第 2—6 页。
④ 《资治通鉴》卷一八五《唐纪一》胡三省注:"唐,古国名。陆德明曰:周成
　王母弟叔虞封于唐,其地帝尧、夏禹所都之墟。汉曰太原郡,在古冀州太
　行、恒山之西,太原、太岳之野。李唐之先,李虎与李弼等八人佐周伐魏有
　功,皆为柱国,号八柱国家。周闵帝受魏禅,虎已卒,乃追录其功,封唐国
　公,生子昞,袭封。昞生渊,袭封,起兵克长安,进封唐王,遂受隋禅,国因号
　曰唐。"(第 5771 页)徐俊《中国古代王朝和政权名号探源》亦采此说(第
　179—180 页)。

已封及不适宜分封之国名后，则惟有唐而已①。胡阿祥又进一步论证李渊爵号及其所据山西地区与相传陶唐帝尧始封之古唐国关系密切，李渊将自己比附为陶唐帝尧之后，以示王气所在，从而揭示出李唐国号背后的深层意涵②。

李渊之所以攀附陶唐帝尧，其中一个重要原因很可能是应合图谶。温大雅《大唐创业起居注》详细记载了李渊建立唐王朝的全过程，其中提到隋开皇初"有《桃李子歌》曰：'桃李子，莫浪语，黄鹄绕山飞，宛转花园里。'案：李为国姓，桃当作陶，若言陶唐也；配李而言，故云桃花园，宛转属旌幡。汾晋老幼，讴歌在耳。忽睹灵验，不胜欢跃。帝每顾旗幡，笑而言曰：'花园可尔，不知黄鹄如何。吾当一举千里，以符冥谶。'"③知山西晋汾地区自隋初起便广泛流传着《桃李子歌》，预言陶唐李氏当举义旗，李渊对此心知肚明，故主动应谶。其实，不仅李渊，大业十年二月，"扶风人唐弼举兵反，众十万，推李弘为天子，自称唐王"④，想必也是当时的起义者"以符冥谶"之举。后隋唐禅代之际，裴寂等众人劝进，又陈说李渊"未萌之前，谣谶遍于天

---

① 陈寅恪：《三论李唐氏族问题》，《金明馆丛稿二编》，生活·读书·新知三联书店，2001年，第346—352页。
② 胡阿祥：《吾国与吾名：中国历代国号与古今名称研究》，第154—165页。
③ 温大雅：《大唐创业起居注》卷一，李季平、李锡厚点校，上海古籍出版社，1983年，第11页。
④《隋书》卷四《炀帝纪下》，第87页。

下"①,以为其制造受禅符命。

同时,唐朝建国也设定了相对应的天文分野。李渊即位册文中有"赐履参墟,建侯唐旧"句②,按《左传》载子产之言曰:"昔高辛氏有二子,伯曰阏伯,季曰实沈。……后帝不臧,迁阏伯于商丘,主辰,商人是因,故辰为商星;迁实沈于大夏,主参,唐人是因,以服事夏商。"③即以参宿为古唐国所主之星,这是先秦时期的一种分野观念,汉代以后形成的二十八宿分野说并不采此说,而李唐王朝因远奉陶唐,遂援引此经典记载,以说明唐朝兴起于古唐国,故亦以"参墟"为其分野。其实早在李渊起兵之前,就有人以"参墟"分野星占为李渊制造天命之征。《旧唐书·夏侯端传》记载:

> 大业中,高祖帅师于河东讨捕,乃请端为副。时炀帝幸江都,盗贼日滋。端颇知玄象,善相人,说高祖曰:"金(按当作今)玉床摇动,此帝座不安。参墟得岁,必有真人起于实沉之次。天下方乱,能安之者,其在明公。但主上晓察,情多猜忍,切忌诸李,强者先诛,金才既死,明公岂非其次?若早为计,则应天福,不然者,则诛矣。"高祖

---

①详见《大唐创业起居注》卷三,第 54—57 页。
②《大唐创业起居注》卷三,第 57 页。
③《春秋左传正义》卷四一昭公元年秋,第 2023 页。

深然其言。①

按《桃李子歌》与"李氏将兴"的谶言在隋朝广泛流传②,故隋炀帝对当朝的李姓望族权贵十分忌惮,大业十一年五月即因此族诛鄌国公李浑(字金才)一门③。紧接着李渊便受命讨捕河东④,其副手夏侯端"善占候",言称"今玉床摇动,此帝座不安。参墟得岁,必有真人起于实沉之次"的天象⑤,劝李渊起事。其中所谓"玉床摇动"、"帝座不安"是指隋朝帝位不稳,而岁星见

---

① 《旧唐书》卷一八七上《夏侯端传》,第 4864 页。此条记载亦见于《资治通鉴》卷一八三恭帝义宁元年:"渊之为河东讨捕使也,请大理司直夏侯端为副。端,详之孙也,善占候及相人,谓渊曰:'今玉床摇动,帝座不安,参墟得岁,必有真人起于其分,非公而谁乎!主上猜忍,尤忌诸李,金才既死,公不思变通,必为之次矣。'渊心然之。"(第 5732 页)

② 参见毛汉光:《李渊崛起之分析——论隋末"李氏当王"与三李》,《"中央研究院"历史语言研究所集刊》第 59 本第 4 分,1988 年,第 1037—1061 页;李锦绣:《论"李氏将兴"——隋末唐初山东豪杰研究之一》,《山西师大学报(社会科学版)》第 24 卷第 4 期,1997 年,第 30—40 页;赵贞:《李渊建唐中的"天命"塑造》,《唐研究》第 25 卷,北京大学出版社,2020 年,第 505—529 页。

③ 《隋书》卷四《炀帝纪下》,第 89 页。另详见卷三七《李浑传》,第 1120—1121 页。

④ 《旧唐书》卷一《高祖纪》谓"(大业)十一年,炀帝幸汾阳宫,命高祖往山西、河东黜陟讨捕"(第 2 页)。据《隋书》卷四《炀帝纪下》,李浑被杀在大业十一年五月丁酉,己酉炀帝即"幸太原,避暑汾阳宫"(第 89 页),知李渊为河东讨捕当在此时。

⑤ 按夏侯端本传称"时炀帝幸江都",则其进言当在大业十二年七月炀帝至江都后(《隋书》卷四《炀帝纪下》,第 90 页)。

于"参墟"、"必有真人起于实沉（即实沈）之次"则预示李渊之兴①。那么他是如何建立起这一天人联系的呢？由前引《左传》可知，高辛氏季子实沈迁于大夏，"主参，唐人是因……及成王灭唐而封大叔焉，故参为晋星"，意谓参本为唐人所主之星，唐灭后转为晋国分星，又参宿所在的星次以实沈命名，亦为晋之分野②，而李渊当时所占据的太原地区即为古之晋国故地，所以"参墟得岁"自然就可以解释为李渊的应运之兆，同时藉此亦可将唐之国号与"参墟"联系起来，提供天命依据③。由此我们便可知晓李渊即位册文出现"赐履参墟，建侯唐旧"一句的渊源。

由上文论述可知，在魏晋南朝诸禅代型王朝的建国道路中，基本上都有代表官方天学阐释权威的太史局长官进献祥瑞的环节。新朝受禅必须有图谶和天象两方面的证据支持，才能说明王朝嬗代的合法性，这是中古时期政治权力游戏的一大特征。其中就天象而言，又需通过天文分野学说将国家兴亡与星象变化直接联系起来，以寻求天命之征。魏、晋及南朝系之宋、齐、梁、陈莫不如此。而北朝系统禅代各国的情况稍有不

①参见赵贞：《李渊建唐中的"天命"塑造》，第523—524页。
②可参见本书第一章第一节。后世十二次分野说亦以实沈之次为晋分野。
③《大唐创业起居注》卷一载大业十三年李渊为太原留守，对秦王李世民等人说："唐固吾国，太原即其地焉。今我来斯，是为天与。"（第2—3页）可为其证。

同：第一，在禅代程式中，进献天文符谶者除北周亦为"太史"外，齐、隋可能主要是一些天文术士，唐则是以裴寂为首的臣僚；第二，北齐与魏晋、南朝类似，也有明确的分野星占之瑞应，北周的情况因史料不足暂不论，然隋、唐却不是援引具体的分野星占实例以为禅代之象，而是通过设定两国在天分野的形式来表明天命所归，即隋袭周对应鹑火之次，唐承古唐国以参宿为分星。隋、唐之所以较为特殊其原因可能是，此前魏晋南北朝诸国在最初建立公国时恐已有禅代之预见，有的甚至就是为了完成禅代而强迫前朝分封，所以它们可以充分考虑应合天文图谶的因素选择适宜的封国名号，最为典型的就是刘宋径以分野名国，但隋、唐国号源自先世父、祖爵号，当杨忠封随国公、李虎追授唐国公时绝想不到两家后人能够受禅称帝，因这两个封国在现成的分野地理系统中找不到直接的对应位置，时人便依托他说以建立其与天文分野体系的联系为目的，这也是为受禅之国寻找分野依据的一种可行之法，反映的仍是"依分野而命国"的基本思想。

另外，还需在此附带提一个不被认可的禅代型政权。隋大业十四年（618）江都之乱，炀帝被弑，越王杨侗于东都洛阳被拥立继位，以王世充为吏部尚书，封郑国公。后王世充破李密，占据河南，拜为太尉、尚书令①，独揽大权，遂生不臣之心。唐武德

①《旧唐书》卷五四《王世充传》，第2229—2230页。

二年(619)三月,王世充"召文武之附己者议受禅",太史令乐德融曰:"昔岁长星出,乃除旧布新之征;今岁星在角、亢、亢,郑之分野。若不亟顺天道,恐王气衰息。"世充从之,派人逼杨侗命己为相国,"假黄钺,总百揆,进爵郑王,加九锡"①。不久,又有道士桓法嗣进图谶,众人劝进。四月,废杨侗,矫诏禅让,王世充即皇帝位,建元开明,国号郑②。王世充为受禅称帝同样也要炮制出天象、图谶之祯祥,所谓"岁星在角、亢"为郑之分野,显然是为迎合王世充郑国公之号而求得天命之征,整套禅位程式依旧延续着魏晋南北朝以来的禅代传统。

第三节　自立型政权国号的来源

上文论述魏晋南北朝隋唐禅代型王朝依据天文分野说寻求天命的具体情况,那么其他众多自立型政权又是如何建国立号,是否也受到天文分野理论的影响呢? 据笔者考察,确实有一些自立者议定国号与天文分野直接相关,而其余政权国号虽不见得来源于分野,但大多仍会依据二十八宿分野体系确定本国所对应的分星以便于星象占测,寻求天命,以下分别进行讨论。

———————

① 《资治通鉴》卷一八七《唐纪三》武德二年三月,第5848—5849页。
② 《旧唐书》卷五四《王世充传》,第2231—2232页。

（一）依分野名国之例

魏晋南北朝时期,各地割据势力此起彼伏,纷纷建国称帝(或称王),受谶纬思想的影响,许多政权议立国号同样也会应合天文图谶,以示天命,其中就有一些依据分野名国的例子。西晋永兴元年(304),刘渊起兵反晋,以汉朝的继承者自居,故自定国号为汉①,都于离石。后刘渊侄刘曜即位,光初二年(319)徙都长安,六月下令改国号,"于是太保、领司空呼延晏等议曰:'今宜承晋母子传号,以光文(刘渊谥号)本封卢奴中之属城,陛下勋功茂于平洛,终于中山。中山分野属大梁,赵也,宜革称大赵,以水行承晋金行,国号曰赵。'"②按汉嘉平元年(311),刘曜攻陷洛阳,纳晋惠帝羊皇后,"迁怀帝及侍中庾珉等并传国玺于平阳",立下大功,后被封为中山王③,中山属战国赵地,在十二次分野说中,赵地对应的是大梁之次,所以呼延晏说"中山分野属大梁,赵也",遂建议因封地分野定国号为赵,刘曜从之。不过,在刘曜改国号之前,已于光初元年十月封石勒为赵公,二年二月又进封赵王,在赵地建诸侯国;十一月,

---

①《晋书》卷一〇一《载记一·刘元海传》刘渊云:"汉有天下世长,恩德结于人心,是以昭烈崎岖于一州之地,而能抗衡于天下。吾又汉氏之甥,约为兄弟,兄亡弟绍,不亦可乎？且可称汉,追尊后主,以怀人望。"(第2649页)
②崔鸿:《十六国春秋》卷五《前赵录五·刘曜上》,明万历三十七年屠氏兰晖堂刻本,叶4b—5a。按如无特殊说明,本书《十六国春秋》引文均采用此本。
③《十六国春秋》卷二《前赵录五·刘聪上》,叶5a、6b。

石勒反刘自立,亦以赵为国号,都襄国①。这就出现了前、后两赵并立的局面,而且导致刘赵实际并不占有赵地。光初四年五月,"终南山崩,长安人刘终于崩所得白玉方一尺,有文字曰:'皇亡,皇亡,败赵昌。井水竭,构五梁,咢酉小衰困嚣丧。呜呼!呜呼!赤牛奋靷其尽乎!'"刘曜以为祥瑞。然中书监、领国子祭酒刘均解曰:"'皇亡,皇亡,败赵昌'者,此言皇室将为赵所败,赵因之而昌大。今赵都于秦雍,而勒跨全赵之地,赵昌之应,当在石勒,不在我也。'井水竭,构五梁'者,井谓东井,秦之分也;五谓五车,梁谓大梁,五车、大梁,赵之分也。此言秦将竭灭,以构成赵也。"②其后果然石勒灭刘赵。五车五星在毕宿北③,属大梁星次,故刘均称"五车、大梁,赵之分也",尽管此处意谓当时符命已转移至石赵,但其援引大梁为赵分野的理论与刘曜改国号时呼延晏之说是一致的,可见刘赵国号确实来自天文分野的对应关系④。

　　石赵末年,石虎养孙石闵诛杀石虎诸子夺位。《晋书·载

---

①详见《十六国春秋》卷一二《后赵录二·石勒中》及卷一三《后赵录三·石勒下》。

②《十六国春秋》卷六《前赵录六·刘曜中》,叶 1a—2a。

③《晋书》卷一一《天文志上》,第 297 页。

④有学者从民族关系、正统观念等角度解读汉、赵国号之更改,则另当别论,参见罗新:《从依傍汉室到自立门户——刘氏汉赵历史的两个阶段》,《原学》第 5 辑,中国广播电视出版社,1996 年,第 148—159 页;吴洪琳:《十六国"汉"、"赵"国号的取舍与内迁民族的认同》,《陕西师范大学学报(哲学社会科学版)》第 42 卷第 4 期,2013 年,第 169—174 页。

记》谓东晋永和六年（350），石闵自立，"改元曰永兴，国号大魏，复姓冉氏"①；《穆帝纪》称是年闰正月，"冉闵弑石鉴，僭称天王，国号魏"②；《魏书》亦言"闵本姓冉，乃复其姓。自称大魏，号年永兴"③，皆明确记载永和六年石闵复姓冉，以魏为国号。然而《资治通鉴》却有不同说法：永和六年正月，"赵大将军闵欲灭去石氏之迹，托以谶文有'继赵李'，更国号曰卫，易姓李氏，大赦，改元青龙"；至闰正月，在群臣劝进下，闵"乃即皇帝位，大赦，改元永兴，国号大魏"④。也就是说，石闵在建魏之前曾很短暂地以"卫"为国号，并改姓李，但此说于《晋书》《魏书》等正史无征，故今大多数学者均不采其说，不过也有一些人接受这种说法⑤。那么《通鉴》的这一记载究竟有何依据呢？这涉及到冉魏国号的来源问题，需要予以澄清。

其实，《通鉴》此说当源于《十六国春秋》传本之异文。唐初修《晋书》，附载十六国史，这部分内容主要依据的是北魏崔鸿撰《十六国春秋》一百卷，至《晋书》修成之后，《十六国春秋》逐渐散佚，至北宋大概仅存残本及节本，司马光纂《通鉴》所见

---

① 《晋书》卷一〇七《载记七·石季龙传下》，第 2793 页。
② 《晋书》卷八《穆帝纪》，第 196 页。
③ 《魏书》卷九五《羯胡石勒传》，第 2054 页。
④ 《资治通鉴》卷九八《晋纪二〇》永和六年正月、闰月，第 3101—3102 页。
⑤ 如胡阿祥《吾国与吾名：中国历代国号与古今名称研究》即因袭《通鉴》之说，第 128 页。

者为《十六国春秋钞》①，应当就是一部节抄本，上引有关石闵自立建号的记载即出于此，其原始文字今可见《太平御览》卷一二〇引《十六国春秋·后赵录》，此外，今存《十六国春秋》的两个版本明万历二十年(1592)何允中刊《广汉魏丛书》所收十六卷节本(简称"何本")和万历三十七年屠氏兰晖堂刻一百卷全本(简称"屠本")也有相近记载，兹并列于下表。

表4-1　三种《十六国春秋》载石闵建国事异文表

《太平御览》引《十六国春秋·后赵录》	何本《十六国春秋》	屠本《十六国春秋》
青龙初元年正月，石闵欲灭二石之号，议曰："孔子曰：'死姓而王七月者，七十有二国，继赵李。'谶书炳然。且德星镇卫，宜改号大卫，易姓李氏。"又大赦，改元。闰月，废鉴煞之，诛虎孙三十八人，尽殪石氏②。	初青龙元年正月，石闵欲灭二石之号，议曰："孔子曰：'易姓而王七月者，七十有三国，继赵李。'谶书炳然。且德星镇卫，宜改号大魏，易姓李氏。"又大赦。闰月，改元。废鉴杀之，诛虎孙三十八人，尽殪石氏③。	于是僭即皇帝位于南郊，大赦境内殊死已下，改元曰永兴。闵欲灭去二石之号，下令曰："孔子曰：'死姓而王七月者，七十有三国，继赵李。'谶书炳然。且德星镇卫，宜改国号曰魏(小注：一作卫)，复姓冉氏(小注：一作易姓李氏)。"④

①《资治通鉴》卷一二三《宋纪五》元嘉十三年四月《考异》即提及《十六国春秋钞》，第3862页。关于《十六国春秋》流传和散佚问题的研究，参见邱久荣：《〈十六国春秋〉之亡佚及其辑本》，《中央民族大学学报》1992年第6期，第23—28页；陈长琦、周群：《〈十六国春秋〉散佚考略》，《学术研究》2005年第7期，第95—100页。

②《太平御览》卷一二〇《偏霸部四·后赵石虎》引《十六国春秋·后赵录》，第581页。

③崔鸿：《十六国春秋》卷二《后赵录·石虎》，明万历二十年刊《广汉魏丛书》本，叶12a。

④《十六国春秋》卷一九《后赵录九·石闵》，叶2a。

　　据上表，《太平御览》引文与何本《十六国春秋》在内容和文字上均高度一致，两者显然有同源关系①，而屠本《十六国春秋》上下文内容与前两者有所不同。关于屠本的真伪，自清代以来学界多有争论，目前一般认为，此书应是屠乔孙等人在某一残本《十六国春秋》的基础上，汇辑《晋书》等诸书引文和相关史料编订而成的，有一定的史料价值②。三者记石闵建国事均提到"继赵李"的谶语和"德星镇卫"的天象，不过在说到石闵改号易姓时，仅《太平御览》引文作改号"大卫"，而何本和屠本皆称定国号为"（大）魏"；又只有屠本谓"复姓冉氏"，前二者作"易姓李氏"。且屠本这两处均有小注说明上述异文情况，可见《十六国春秋》的不同传本间确实存在文字差异。按石闵改国号为"卫"及改姓"李氏"之事，得不到其他文献史料的佐证，恐不可信。实际上，当群臣上尊号时，石闵起初坚持要让于共同起事的李农，"农以死固辞"③，故所谓"继赵李"之谶恐怕不是指石闵改姓李氏，而是应在李农身上，但李农坚决推辞，于是石闵便顺序即位。至于石闵所建国号为魏，《晋书》《魏书》等

---

①邱久荣《〈十六国春秋〉之亡佚及其辑本》已指出《太平御览·偏霸部》引《十六国春秋》与何本史源相同，可能都来自《隋书·经籍志》著录的《十六国春秋纂录》，第26—27页。
②参见刘国石：《清代以来屠本〈十六国春秋〉研究综述》，《中国史研究动态》2008年第8期，第10—15页。
③《十六国春秋》卷一九《后赵录九·石闵》，叶1b;《晋书》卷一〇七《载记七·石季龙传下》，第2793页。

多种文献皆有明确记载,又北魏孝昌二年(526)《染华墓志》亦称高祖闵"赵祚既微,遂升帝位,号曰魏天王"①。而魏之国号又当与"德星镇卫"的天象有直接关系。石闵自立后曾派常炜出使前燕,燕主慕容儁诘问:"冉闵养息常才,负恩篡逆,有何祥应而僭称大号?"常炜答曰"寡君应天驭历,能无祥乎"②,当即指应此德星天象,此处"镇卫"可能是"镇魏"之误,谓德星出现于魏地之分野,故石闵据以建号。清修《四库全书》,馆臣在校阅《十六国春秋》时即认为此处有讹误,遂改"卫"字为"魏"③,当是。而司马光在吸收《十六国春秋》的史料时,未加辨析,将节抄本的错误记载与冉魏建国复姓事强行糅合,称永和六年正月"更国号曰卫,易姓李氏,大赦,改元青龙",不足一月又"大赦,改元永兴,国号大魏",殊为怪异,而且"青龙"年号实为石鉴所改④,与石闵无关,可知《通鉴》此处记载误甚。以上颇费笔墨厘清文献所记冉魏国号的正误,以说明这一国号的来源可能就是"德星镇魏"的天象,至于此星象的具体详情,乃至是否真实发生,则不得而知,或因冉闵本为魏郡内黄人,故特意附会

---

① 罗新、叶炜:《新出魏晋南北朝墓志疏证(修订本)》,中华书局,2016年,第120页。

② 《十六国春秋》卷二六《前燕录四·慕容俊上》,叶6b。

③ 王太岳等纂:《钦定四库全书考证》卷三九《十六国春秋》,文渊阁《四库全书》本,第1498册,第419页。

④ 《十六国春秋》卷一八《后赵录八·石鉴》谓鉴"杀遵自立,年号青龙",叶7b;《魏书》卷九五《石虎传》略同,第2053页。

天象亦未可知，但其建国立号之时需援引分野星占以为据，可见天文分野在其中发挥的重要作用。

西晋末，拓跋鲜卑因助并州刺史刘琨抗击铁弗及刘汉政权，经刘琨表请，永嘉六年（312），晋怀帝封拓跋部首领猗卢为大单于、代公，入居代郡。晋愍帝建兴三年（315），进封代王①。后传至什翼犍正式建立代国政权，公元376年为前秦所灭。十年后，什翼犍之孙拓跋珪复国，《魏书·太祖纪》载登国元年（386）正月，拓跋珪即代王位，建元；四月，又改称魏王。十一年七月，臣下劝进尊号，始建天子旌旗，出入警跸，改元皇始。皇始三年（398）六月，"诏有司议定国号"，群臣奏言"今国家万世相承，启基云代"，故主张"应以代为号"，然崔玄伯提出异议："国家虽统北方广漠之土，逮于陛下，应运龙飞，虽曰旧邦，受命惟新，是以登国之初，改代曰魏。又慕容永亦奉进魏土。夫'魏'者大名，神州之上国，斯乃革命之征验，利见之玄符也。臣愚以为宜号为魏。"拓跋珪从之，遂诏曰"宜仍先号，以为魏焉"②，即因仍此前魏王之号，定国号为魏。关于拓跋珪为何改代为魏的问题，此前学者已有较深入的讨论。拓跋珪复国时华北地区存在另外两股势力：一是慕容垂建立的后燕，定都中山；

---

① 《魏书》卷一《序纪》，第7—9页；《宋书》卷九五《索虏传》，第2321页；《南齐书》卷五七《魏虏传》，第983页。
② 《魏书》卷二《太祖纪》，第20、27、32—33页；卷二四《崔玄伯传》，第620—621页。

二是西燕慕容永在长子称帝。何德章指出,因登国六年七月慕容永向拓跋珪"奉表劝进尊号"①,表示臣服,即崔玄伯所谓"慕容永亦奉进魏土",又皇始元年拓跋珪伐后燕,至三年夺取中山、邺城等全魏之地,故拓跋珪以此为契机改国号为"魏",其意是放弃西晋封授之"代"号,转而自认为曹魏法统的继承者,否定东晋之正统②。田余庆在何文基础上,补充解释登国元年正月拓跋珪即代王位,为何旋即又在四月改称魏王。他认为拓跋珪复国时代北及其周边局势十分复杂,南有后燕、西燕并立,其季父拓跋窟咄亦在西燕为新兴太守,有可能兴兵夺位,拓跋珪于此时改号魏王意在表示代地、魏地都应由他统辖,警告慕容永、拓跋窟咄等人不许插足其间,侵犯代北③。楼劲又注意到,拓跋珪定国号为魏深受自东汉末以来广为流传的"代汉者当涂高"谶语之影响,约与拓跋珪复国同时,后燕之翟辽占据黎阳一带旧魏之地,由此推断拓跋珪可能有与翟辽争抢"魏"号之势④,

---

① 《魏书》卷二《太祖纪》,第 24 页。

② 何德章:《北魏国号与正统问题》,《历史研究》1992 年第 3 期,第 113—125 页。孙同勋《拓跋氏的汉化》认为拓跋珪定魏国号表示代魏承汉之意,将曹魏与两晋正统皆予否定(台湾大学文学院,1962 年,第 33 页),恐不确。

③ 田余庆:《〈代歌〉、〈代记〉和北魏国史——国史之狱的史学史考察》,原载《历史研究》2001 年第 1 期,收入氏著《拓跋史探》,生活·读书·新知三联书店,2003 年,第 231—234 页。

④ 翟辽后于后燕建兴三年(388)二月,亦自称"大魏天王",见《十六国春秋》卷四五《后燕录三》,叶 7b。

以应"魏王天下"之谶①。

　　以上有关拓跋珪改国号的研究结论均有理有据,笔者服膺,不过前人在分析这一问题时都忽略了其中颇为重要的天文分野因素。就在皇始三年六月议定国号之后,十月拓跋珪下令兴建天文殿,十二月在新落成的天文殿举行了皇帝即位仪式,大赦,是年改元天兴,定德运为土德②。无论是专为称帝营造的天文殿,还是所改天兴年号,都显示出天文星象似乎对其建国立号具有重要影响。那么究竟会是怎样的天象图景呢?《魏书·礼志》载天兴元年十二月,"诏有司定行次,正服色。群臣奏以国家继黄帝之后,宜为土德,故神兽如牛,牛土畜,又黄星显曜,其符也"③。这里提到"黄星显曜"的祥瑞,其具体星象见于《天象志》:

　　　　太祖皇始元年夏六月,有星孛于髦头。孛所以去秽布新也,皇天以黜无道,建有德,故或凭之以昌,或由之以亡。自五胡蹂躏生人,力正诸夏,百有余年,莫能建经始之谋而

---

① 楼劲:《谶纬与北魏建国》,《历史研究》2016 年第 1 期,收入氏著《北魏开国史探》,中国社会科学出版社,2017 年,第 50—93 页。

② 《魏书》卷二《太祖纪》天兴元年十月,"起天文殿";十二月己丑,"帝临天文殿,太尉、司徒进玺绶,百官咸称万岁。大赦,改年。……诏百司议定行次,尚书崔玄伯等奏从土德"(第 33—34 页)。王通《元经》卷七谓"(隆安二年,398)冬十二月,魏道武帝改元天兴,都平城"(第 916 页)。

③ 《魏书》卷一〇八之一《礼志一》,第 2734 页。

底定其命。是秋，太祖启冀方之地，实始芟夷涤除之，有德
教之音，人伦之象焉。终以锡类长代，修复中朝之旧物，故
将建元立号，而天街彗之，盖其祥也。先是，有大黄星出于
昴、毕之分，五十余日。慕容氏太史丞王先曰："当有真人
起于燕代之间，大兵锵锵，其锋不可当。"冬十一月，黄星又
见，天下莫敌。①

皇始元年六月，出现了彗星见于"髦头"的天象，"髦头"即指昴
宿②，彗星见则有除旧布新之象，预示王朝兴替。自西晋末以
来，五胡乱华，中原板荡，皇始元年秋北魏太祖拓跋珪举兵讨伐
后燕，遂开启统一北方、恢复华夏秩序的进程。且"将建元立
号"，而此时"天街彗之"，指彗星出于昴、毕间的天街二星③，这
与上文言"有星彗于髦头"当系同一天象，大概当时彗星所在的
准确位置应在昴、毕之间，从而与先前"有大黄星出于昴、毕之
分"的天象形成呼应，共为祥瑞之兆。此处既谓"先是"，可知
此黄星天象可能非皇始元年事，而发生于之前的登国年间，至
皇始元年十一月"黄星又见"，这两次黄星见的天象就是北魏群
臣议德运所援引的"黄星显曜"之符④，其中尤以前次"有大黄

---

① 《魏书》卷一〇五之三《天象志三》，第 2389 页。
② 《史记》卷二七《天官书》云："昴曰髦头，胡星也。"（第 1305 页）
③ 《史记》卷二七《天官书》云："昴、毕间为天街。"（第 1306 页）
④ 按黄星祥瑞与北魏定土德之间的关系，参见孙险峰：《北魏土德运次的制
定》，《华南师范大学学报（社会科学版）》2010 年第 6 期，第 79—80 页。

星出于昴、毕之分"意义更为重大。关于这一天象，前人研究多聚焦于慕容氏太史丞王先所谓"当有真人起于燕代之间"的占辞，以"真人"为拓跋珪之隐喻①，最近有学者对其天象本身加以分析，认为此"黄星见"或是一次客星天象（即现代天文学中的新星或超新星），具体可能是指东晋太元十八年（北魏登国八年，393）二月，"有客星在尾中，至九月乃灭"②，尾宿为燕之分野，王先系后燕太史，所以上述占测本来是针对燕国而言的，然后为北魏所利用，并改造为黄星出于昴、毕之分，昴、毕对应赵魏之地，故为"魏将兴"之征③。此观点可备一说，不过他已注意到黄星天象中的分野运用。按上文提到，在汉代二十八宿分野说中，有昴、毕为赵分野和魏分野两种说法，曹魏建国采用后者，并建昴毕之台以祭祀此二星，根据上引何德章、楼劲的研究可知，拓跋珪定魏国号乃是继承曹魏法统，亦应合"当涂高"之谶言，由此观之，黄星出于昴、毕，同样也应是取法曹魏，以昴、毕二宿为魏之分野，作为北魏改定国号的一个重要依据④。据

①如前引用田余庆《〈代歌〉、〈代记〉和北魏国史——国史之狱的史学史考察》、姜望来《谣谶与北朝政治研究》、楼劲《谶纬与北魏建国》等论著均有涉及"真人"问题的讨论。

②《宋书》卷二五《天文志三》，第 726 页。

③陈鹏：《"黄星"天象与北魏立国》，《学灯》第 3 辑，上海古籍出版社，2019年，第 76—90 页。

④需要说明的是，北魏时期在进行具体的星象占测时，并不拘泥于昴、毕为魏分野一说，而是杂采诸说。例如《魏书·天象志》记延兴元年（471）十月庚子，"月入毕口。毕，魏分"（第 2412 页），与建国分野说一致；而永兴五年（413）三月，"月犯太白于参……参，魏分野"（第 2396 页），采用（转下页注）

称拓跋珪"颇有学问,晓天文"①,因此他利用所谓"大黄星出于昴、毕之分"的天象为其改国号提供支持,这种可能性很大,如此我们亦可理解拓跋珪"起天文殿"、改元天兴的真实用意。

以上分析了前赵、冉魏、北魏三个政权的建国过程,三者皆有比较明确的史料可以说明天文分野对其议定国号的影响。其中,前赵和冉魏属直接以分野名国,而北魏改国号背后虽还有谶纬等因素,但无论如何,在道武帝拓跋珪看来,天文分野是定国号为魏的一个重要依据,所以它也应属依分野名国的范畴。

(二)诸国自立运用分野星占之例

除上述依分野名国者外,其他诸多自立型政权之国号主要有三个来源:其一,以所据之地为号,这种情况最为普遍,如三国孙吴,十六国之大成、三秦、五燕、五凉,东晋桓玄篡立之楚等等;其二,袭用前朝之号,例如三国刘备之蜀汉,十六国时期刘渊所建之汉,蜀地李寿改成为汉,皆承袭汉朝之名;其三,除前两类外另立国号,如赫连勃勃"自以匈奴夏后氏之苗裔,国称大夏"②。

(接上页注)的是自西晋陈卓以来定型的分野说;又崔浩谓"今兹日蚀于胃昴,尽光赵代之分野"(《魏书》卷三五《崔浩传》,第 812 页),盖因北魏发祥之代地属赵,故采《汉书·地理志》胃、昴、毕为赵分野之说,并连代而言。
①《宋书》卷九五《索虏传》,第 2322 页。
②《十六国春秋》卷六六《夏录一·赫连勃勃》,叶 4b。

其中，以地名为国号者往往会在其建国前后利用分野星占预卜吉凶，以示天命之所归。

譬如孙吴，《三国志》裴注引《魏略》曰："权闻魏文帝受禅而刘备称帝，乃呼问知星者，己分野中星气何如，遂有僭意。"[1]孙权在得知魏、蜀相继称帝之后亦有"僭意"，特命知星者观测吴地分野星气，其结果当对孙权有利，显然也是依分野而寻天命。至于其具体的分野星气如何，《三国志》未载，不过《宋书·符瑞志》记孙权称尊之符命，其一为"汉世术士言：'黄旗紫盖，见于斗、牛之间，江东有天子气。'"[2]按二十八宿分野说，斗、牛为吴越之分野，正对应江东孙权之地，所谓"己分野中星气"或与此有关[3]。后星象占测即以斗、牛为孙吴之分星，如《宋书·天文志》"吴主孙权赤乌十三年（250）五月，日北至，荧惑逆行入南斗。……按占，荧惑入南斗，三月，吴王死。……太元二年（252）权薨，是其应也"[4]。《晋书·天文志》"太康元年（280）正月己丑朔，五色气冠日，自卯至酉。占曰：'君道失明，丑为斗牛，主吴越。'是时孙皓淫暴，四月降"[5]。

---

[1]《三国志》卷四七《吴书·吴主传》，第1123页。
[2]《宋书》卷二七《符瑞志上》，第780页。
[3]关于"黄旗紫盖"的星占涵义，可参见孙英刚：《神文时代：谶纬、术数与中古政治研究》上篇第二章《"黄旗紫盖"与"帝出乎震"：中古时代术数语境下的政权对立》，第63—100页。
[4]《宋书》卷二三《天文志一》，第688页。
[5]《晋书》卷一二《天文志中》"史传事验"，第342页。

西晋末,鲜卑慕容占据辽东,首领慕容廆自称大单于,"愍帝遣使拜廆镇军将军、昌黎辽东二郡公",后东晋又多次加官进爵,但慕容廆均以"位卑爵轻"辞受,并要求以其所据"燕之旧壤"封为燕王,然未果而卒①。其子慕容皝后于东晋咸康三年(337)僭位燕王,正式建立前燕政权②。慕容燕虽是因地为号,不过《太平御览》引范亨《燕书》曰:"晋室大乱,高祖(慕容廆)方经略江东,高翔说高祖曰:'自王公政错,士人失望,襁负归公者动有万数。今王氏败没,而福宿见尾箕,其兆可见也。今晋室虽衰,人心未变,宜遣贡使江东,亦有所尊,然后仗义声以扫不庭,可以有辞于天下。'高祖深纳焉。"③按二十八宿分野说,尾、箕为燕之分野,高翔以"福宿见尾箕"为吉兆,劝慕容廆结好东晋以求封册,慕容廆遂采纳其议,后求封燕王或即因高翔之说。慕容皝"尤善天文"④,其自称燕王系继承乃父之志。由此可知,前燕建号也有分野星占之征。后来由前燕衍化出的后燕、西燕、北燕、南燕政权亦皆以燕为国号,其中后燕、北燕实际占有燕地,故亦以尾、箕为分星⑤,而西燕、南燕不据其地却仍

---

① 《十六国春秋》卷二三《前燕录一·慕容廆》,叶1a—18b。
② 《十六国春秋》卷二四《前燕录二·慕容皝上》,叶6b。
③ 《太平御览》卷四六二《人事部一〇三·游说下》,第2123页。
④ 《十六国春秋》卷二四《前燕录二·慕容皝上》,叶1a。
⑤ 如《十六国春秋》卷四五《后燕录三·慕容垂下》谓建兴六年(391)十月壬辰,"垂还中山,与群僚议讨永。太史令靳安言于曰:'彗星经尾、箕之分,燕当有野死之王。'"(叶13a)

奉燕号，慕容德于齐地建立南燕政权仍以"景星见于尾箕"为祥瑞①，可见天文分野说对这些政权的影响。

石赵末年，氐族大将蒲洪据有关中，遣使降晋。东晋永和六年（350），穆帝"以洪为氐王、使持节、征北大将军、都督河北诸军事、冀州刺史、广川郡公"。时有人劝蒲洪称尊号，"洪亦以谶文有'草付应王'，又孙坚之生背有'草付'字，遂改姓苻氏，自称大将军、大单于、三秦王"②。不久苻洪卒，子健嗣位。次年正月，苻健在众人劝进下即天皇位，国号大秦，改元皇始③，正式建立前秦政权。尽管传世文献未见苻健自立前后有何星象表征，但其嗣君苻生、苻坚在位时皆以井宿为秦之分野进行星象占测。如寿光元年（355），苻生继位，中书监胡文、中书令王鱼言："比频有客星孛于大角，荧惑入于东井，大角为帝坐，东井秦之分野，于占不出三年国有大丧，大臣戮死。"④苻坚建元九年（373）四月，"天鼓鸣，有彗星出于尾、箕，长十余丈，或名蚩尤旗，经太微，扫东井，自夏及秋冬不灭。太史令张猛言于坚曰：'尾、箕，燕之分野；东井，秦之分野。今彗星起尾、箕而扫东井，害深祸大，十年之后燕当灭秦，二十年之后燕当为

①《十六国春秋》卷六三《南燕录一·慕容德》，叶5b。
②《十六国春秋》卷三三《前秦录一·苻洪》，叶3b—4a。
③《十六国春秋》卷三四《前秦录二·苻健》，叶3b。《晋书》卷一一二《载记一二·苻健传》作"永和七年，僭称天王、大单于"（第2869页）。
④《十六国春秋》卷三五《前秦录三·苻生》，叶2b。

代所灭。'"①以上两例均以"东井，秦之分野"为占，可知前秦之分野设定。后姚苌杀苻坚建立后秦，亦袭以东井为己之分星②。

西晋末，张轨"以晋室多难，阴图保据河西……求为凉州"，"永宁初出为持节、护羌校尉、凉州刺史"。张轨到官后讨破鲜卑、寇盗，"威著西州"③，逐渐形成割据势力。建兴二年（314），张轨卒，晋愍帝授其子张寔为都督凉州诸军事、凉州刺史、西平公。后张寔自称大都督、凉州牧④，死后其子张茂嗣位，又受前赵刘曜之封，为凉王，加九锡⑤。尽管张氏称王较晚，但实际上其前凉政权应始于张轨。张轨"颇识天文"，初立威凉州时，"秘书监缪世征、少府挚虞夜观星象，相与言曰：'天下方乱，避难之国唯凉土耳。张凉州德量不恒，殆其人乎。'"⑥应当是通过分野星占卜知张轨之兴，不过有关凉州与星宿的具体对应关系，此处未言，我们可由后凉吕光时的占例而知。郭黁"善天文占候"，仕吕光为散骑常侍兼太常，"后以光年老，知其将败，会

---

① 《十六国春秋》卷三七《前秦录五·苻坚中》，叶 3b—4a。
② 如《十六国春秋》卷五八《后秦录六·姚兴下》弘始十三年（411），"会客星入东井，所在地震，前后一百五十六，公卿抗表请罪"（叶 3b）；十七年，"兰台令张泉夕言于兴曰：'荧惑入东井，旬纪而返，未余月，复来守心。王者恶之，宜修仁虚已，以答天谴。'兴纳之"（叶 12b）。
③ 《十六国春秋》卷七〇《前凉录一·张轨》，叶 1b。
④ 《十六国春秋》卷七一《前凉录二·张寔》，叶 1b、4b。
⑤ 《十六国春秋》卷七一《前凉录二·张茂》，叶 10b。
⑥ 《十六国春秋》卷七〇《前凉录一·张轨》，叶 11a、2a。

荧惑守东井,谓仆射王详(原注:一作祥)曰:'于天文凉之分野,将有大兵。'"①其意是以东井为凉之分野。按二十八宿分野说,井、鬼二宿于十三国地理系统属秦之分野,于十二州地理系统属雍州之分野,秦地地域辽阔,包括凉州地界②,而分野体系中的雍州系采用《周礼·职方》所载九州之名,汉武帝设"十二州"改名为凉州,故凉州即雍州,分星为井、鬼,上引郭黁以东井为凉之分野即源于此。由此推之,前凉星占也应采用同样的分野说。

以上分别举述了若干以地名为国号的自立型政权运用分野星占之例,其实际的政治作用有所不同,孙吴、慕容燕系依据天文分野寻求天命,而前后秦、前后凉则是根据本地之分野星象占测吉凶。至于魏晋南北朝时期其他诸多自立型政权,因史料缺乏,暂未能展开讨论,但通过上述例证可以了解天文分野思想的广泛政治影响,故其他政权建国可能大多也有分野星占之事。

综观魏晋南北朝诸自立型政权国号的来源,既有径依分野名国者,又有以地名国而求诸分野星占以示天命者,皆属于所谓"依分野而命国"的范畴。由此可证,这一基本原则在中古时期王朝政治中的普遍适用性和持久的影响力。

---

① 《十六国春秋》卷八四《后凉录四·郭黁》,叶 4a、5a—b。
② 参见《汉书》卷二八下《地理志下》,第 1641 页。

第四节　"依分野而命国"的政治文化涵义及其余绪

上文系统剖析了魏晋至隋唐时期诸多禅代型王朝和自立型政权的建国历史与国号来源，从中我们可以看到，所谓"依分野而命国"的基本原则体现得可谓淋漓尽致。由上可知，"依分野而命国"的本义是指依据天文分野体系确定人间各国的天命之征。各禅代型王朝在建国受禅过程中，几乎都有太史局长官之类人物进献天文符谶的环节，其中即包括与天文分野有关的星象瑞应；而其他诸多自立型政权也往往会利用分野星占寻求割据独立的天象依据，这些都属于依分野定天命的直接表现。若综合起来看，又可分为两种情况：其一，如刘宋、前赵、冉魏、北魏等国家在议定国号时，便径以分野立号，可谓是对"依分野而命国"思想的完全贯彻落实；其二，就其他大多数政权而言则是在根据地名、图谶等因素拟定国号的同时，亦需通过天文分野获得天命以及建号的星象依据。那么，在中古时期，"依分野而命国"的普遍性现象何以产生，其背后蕴含着什么政治文化涵义呢？据笔者研究，或许有以下两点值得思考。

第一，深受谶纬思想影响的天命观。在魏晋南北朝时期，尽管狭义的谶纬神学已经衰落[1]，但广义的谶纬思想仍然盛行

---

[1]参见钟肇鹏：《谶纬论略》，辽宁教育出版社，1995年，第26—32页。

于世，并与王朝政治密切联系，其中就包括分野、星占之说①。
在谶纬思想的阐释框架中，君主建国不仅是夺取最高政治权
力，还必须获得上天的认可，也就是所谓"天命"，才能具备充分
的政治合法性和权威性，而天文符谶正是"天命"的表征，是一
种重要的政治资源。上文举述，中古时期无论是禅代型王朝，
还是自立型政权，都需要寻找天文图谶的瑞应以示天命所归。
因此，顾颉刚对古人的这套政治把戏有一个形象的比喻，称"那
时人看皇帝是上帝的官吏，符应是上帝给与他的除书"②；吕宗
力则形容："如果说，在当时人的认知和信仰中，天文符瑞都相
当于通往皇位的通行证，那么图谶就被时人视为应运天子的委
任状。"③在这种政治文化氛围的引导下，分野学说因其沟通天
地的媒介作用而凸显出其重要性，天象所示皆可通过分野对应
关系具体落实到某一地域，这为时人寻求天命依据提供了十分
便捷而直接的渠道，这是"依分野而命国"思想得以流行的一个
根本原因。无怪乎魏晋南北朝时期诸多国家对分野星占如此
看重，甚至径直以分野名国，就是为了获取天命。前燕慕容暐
即帝位，"以慕容恪为太宰、录尚书，行周公事；慕容评为太傅，

---

① 参见殷善培：《谶纬思想研究》，新北：花木兰文化出版社，2008 年，第 148—
158 页。
② 顾颉刚：《五德终始说下的政治和历史》，《古史辨》第 5 册，第 466 页。
③ 吕宗力：《谶纬与曹魏的政治与文化》，第 18 页。

副赞朝政"①。至建熙七年(366)二月慕容恪、慕容评奏请归政逊位,谓"臣闻王者则天建国,辩方正位"②。此语其实道出了魏晋南北朝诸国纷纷讲求分野的奥秘,依据天文分野辨正地理方位乃是君王建国立号需要考虑的一件头等大事,这便是由谶纬思想主导下的天命观所决定的。

第二,王朝正统的天文投射。上文提到魏晋南北朝的两个时代特征,除了为神秘主义思想所笼罩之外,另一个是长期处于分裂割据、支离破碎的状态。对于汉朝大一统国家而言,分野学说主要用于占测帝国内部各区域发生的祸福之事。到了大分裂时期,分野之说因其具有明确天地对应关系的特点而成为各新生政权用来寻定天命的工具,且诸国之间还会通过谶纬、德运等方式为其政治合法性与正统性证明,于是分野星象被视为王朝正统的天文投影,天界星空成了争夺正统的角力场。《宋书·天文志》载曹魏黄初七年(226)五月,魏文帝崩,引《蜀记》称:"明帝问黄权曰:'天下鼎立,何地为正?'对曰:'当验天文。往荧惑守心,而文皇帝崩,吴、蜀无事,此其征也。'"③魏、蜀、吴三国鼎立,何者为正统,黄权谓"当验天文",已很直白地说明天文关乎正统。《宋书·天文志》于此段后又

①《晋书》卷一一一《载记一一·慕容皝传》,第 2847 页。
②《十六国春秋》卷二八《前燕录六·慕容皝上》,叶 8a。
③《宋书》卷二三《天文志一》,第 681 页。《晋书》卷一三《天文志下》同,第 362 页。

言"案三国史并无荧惑守心之文,宜是入太微",现代科技史学者推算古代天象,也指出在魏文帝死前数年间未曾发生过荧惑守心[1],范家伟解读称黄权为迎合魏明帝伪造荧惑守心的天象,将文帝崩之凶转化为曹魏得天命之吉,以示正统所在[2]。类似这样的例子,在魏晋南北朝时期并不少见。如《魏书·天象志》有一条小注曰"自晋灭之后,太微有变多应魏国也"[3],意指西晋灭亡后正统转移至北魏,故太微星象之变大多应合于魏国。上文提到,道武帝拓跋珪定国号为魏系继承曹魏法统而排斥晋国,何以又转而接续西晋之统呢? 这是因为北魏的正统来源至孝文帝时期发生了重大变化,太和十四年(490)魏廷就国统德运问题进行了一次辩论,结果是改此前所定土德为水德,以承晋之金德,标志着北魏改为继承晋之法统[4]。上引《魏书·天象志》之语应当产生于太和十四年以后,但无论如何,此言指明天象之征与正统转移是相互联动的。如果以上两例没有直接出现分野因素的话,那么不妨来看下面这个例子。《魏书·天象志》另有一条记载:

①黄一农:《星占、事应与伪造天象——以"荧惑守心"为例》,《自然科学史研究》第 10 卷第 2 期,1991 年,第 124 页。
②范家伟:《受禅与中兴:魏蜀正统之争与天象事验》,《自然辩证法通讯》第 18 卷第 6 期,1996 年,第 45—46 页。
③《魏书》卷一〇五之三《天象志三》,第 2398 页。
④参见罗新:《十六国北朝的五德历运问题》,第 52—56 页。按以上论述拙著初版原称北魏孝文帝时"转而接续东晋之统",有文字讹误,今将两处"东晋"更正为"西晋",感谢南开大学张艺馨同学来信指正!

（武定）八年三月甲午，岁、镇、太白在虚。虚，齐分，是为惊立绝行，改立王公。荧惑又从而入之，四星聚焉。五月丙寅，帝禅位于齐。是岁，西主大统十六年也。是时两主立，而东帝得全魏之墟，于天官为正。昔宋武北伐，四星聚奎；及西伐秦，四星聚井；四星聚参而勃海始霸；四星聚危而文宣受终。由是言之，帝王之业其有征矣。①

东魏武定八年（550）三月出现了四星聚虚的天象，为"改立王公"之征，虚宿乃齐之分野，故正与五月东魏禅位于北齐文宣帝高洋相应合，而与西魏无关。由此可证，在东西魏并立的格局下，东魏、北齐不仅占有旧魏故地，而且还有分野星占的支持，"于天官为正"，表明正统在东不在西。又列举宋武帝刘裕北伐时四星聚奎、伐秦时四星聚井②，以及四星聚参而勃海王高欢始兴③，四星聚危（按虚、危皆为齐之分野）而高洋受禅，以说明"帝王之业其有征矣"。这些事例均涉及具体的分野对应关系，可见天文分野在阐释王朝正统中的重要作用。

①《魏书》卷一〇五之四《天象志四》，第2449—2450页。
②《宋书》卷二五《天文志三》记云："初义熙三年，四星聚奎，奎、娄，徐州分。是时慕容超僭号于齐，侵略徐、兖，连岁寇抄，至于淮、泗。姚兴、谯纵僭伪秦、蜀。卢循、木末，南北交侵。五年，高祖北殄鲜卑，是四星聚奎之应也。九年，又聚东井。东井，秦分。十三年，高祖定关中，又其应也。"（第735页）
③《魏书》卷一〇五之四《天象志四》普泰元年十月甲寅，"金、火、岁、土聚于觜、参，甚明大。晋魏之墟也，且曰：兵丧并起，霸君兴焉。是时，勃海王欢起兵信都，改元中兴"（第2444页）。

　　如上所述，贯穿于整个魏晋至隋唐的"依分野而命国"思想来源于深受谶纬学说影响的天命观，同时又体现出象征王朝正统的涵义，是中古时期传统政治文化的重要组成部分。不过，在后世者看来，这套政治把戏其实有很强的附会性。阐释者完全可以根据各自的政治立场，伪造天象，如上文提到曹魏黄权假托荧惑守心、北魏将原后燕的客星天象改造为"有大黄星出于昴、毕之分"等。或是对同一天象选择不同的占辞加以强行解释，譬如刘备欲称帝，群臣献祥瑞，其中有"荧惑复追岁星，见在胃昴毕；昴毕为天纲，经曰'帝星处之，众邪消亡'"[①]，按照当时主流的二十八宿分野说，胃、昴、毕为魏之分野，曹魏即以此为建国依据，蜀汉自立显然不能再采用此说，所以只好改称"昴毕为天纲"[②]，这种说法仅见于此，很可能是时人为给刘备提供称帝符命而编造出来的。质言之，包括天文分野在内的各种神秘主义学说其实都是为现实政治服务的工具，其中星占、图谶的因素前人已有颇多关注，而本章的研究希望能使我们对分野说之于中古时期王朝国号的影响有些新的认识。

　　进入唐代，尽管魏晋南北朝割裂纷乱的时代业已终结，国家重归大一统，但"依分野而命国"的思想凭借其强大的历史

---

①《三国志》卷三二《蜀书·先主传》，第888页。
②胡聘之《山右石刻丛编》卷二二收录金泰和元年《毕宿庙碑》谓"毕八星为天纲"（《续修四库全书》影印清光绪二十七年刻本，第907册，第517页），可能是参考《三国志》记载而言的。

惯性并未就此消亡,而是依然对此后的王朝更替史产生持久而深远的影响。唐玄宗时期的安史之乱,安禄山建号燕国就与天文分野有关。天宝十四载(755)十一月,安禄山起兵于范阳,十二月攻入洛阳,次年正月自立为帝,国号大燕①。关于此国号之由来,以往一般认为得自安禄山长期经营之燕地,然而近年新出安禄山谋主严庄之父严复的墓志为我们提供了一条新史料:

> 天宝中,公见四星聚尾,乃阴诫其子今御史大夫、冯翊郡王庄曰:"此帝王易姓之符,汉祖入关之应,尾为燕分,其下必有王者,天事恒象,尔其志之。"既而太上皇蓄初九潜龙之姿,启有二事殷之业,为国藩辅,镇于北垂,功纪华戎,望倾海内,收揽英俊,而冯翊在焉,目以人杰,谓之天授。及十四年,义旗南指,奄有东周,鞭笞群凶,遂帝天下。金土相代,果如公言,殷馗之识,无以过也。②

仇鹿鸣对这方《严复墓志》做了详细考释,此处所谓天宝中四星聚尾的天象,实际发生于天宝九载的八、九月间,《新唐书·天

---

① 《旧唐书》卷二○○上《安禄山传》,第 5370—5371 页;姚汝能:《安禄山事迹》卷下,曾贻芬点校,上海古籍出版社,1983 年,第 30 页。
② 《燕严复墓志》拓片见齐连通编:《洛阳新获七朝墓志》,中华书局,2012 年,第 270 页。

文志》记作"五星聚于尾、箕"①，无论四星聚或是五星聚，皆为"帝王易姓之符"、易代革命之象，安禄山利用此天象作为起兵反唐的政治号召，故"尾为燕分，其下必有王者"这一占辞应是后来安禄山以燕为国号的重要原因②。实际上，根据前文的论述可知，安禄山建国立号之举与魏晋南北朝诸国依分野定天命的种种故事如出一辙，《严复墓志》在铭文部分说"昊穹有命，命燕革唐"，即将其天命观念表露无遗。不仅如此，安禄山所建之燕国又是一个直接以分野名国的典型例子。

至唐末五代，天文分野之说仍是王朝嬗代的一个重要依据。如唐天祐四年（907），唐哀帝禅位于后梁朱全忠，册文有云："今则上察天文，下观人愿，是土德终极之际，乃金行兆应之辰。况十载之间，彗星三见，布新除旧，厥有明征。"③仍以天象瑞应为朱全忠得天命之兆④，不过这里并未明确提及分野。更典型的例子是后周。后周广顺元年（951）正月，郭威称帝建国，其制书曰"朕本姬室之远裔，虢叔之后昆，积庆累功，格天光表，

---

① 《新唐书》卷三三《天文志三》，第865页。
② 仇鹿鸣：《五星会聚与安史起兵的政治宣传——新发现燕〈严复墓志〉考释》，《复旦学报（社会科学版）》2011年第2期，第114—123页；增订后收入氏著《长安与河北之间——中晚唐的政治与文化》，北京师范大学出版社，2018年，第1—32页。
③ 《旧唐书》卷二〇下《哀帝纪》，第811页。
④ 参见赵贞：《唐哀帝〈禅位册文〉"彗星三见"发微》，《中国典籍与文化》2008年第1期，第24—29页。

盛德既延于百世,大命复集于眇躬,今建国宜以大周为号"①。意谓郭威所出之郭氏系周文王季弟虢叔后裔,虢叔封于虢,或称郭,后因以为氏,故郭威远追先祖,袭姬周之号②。不过,随后《旧五代史》又记载:

> 时议者曰:"昔武王胜殷,岁集于鹑,国家受命,金木集于鹑。文王厄羑里,而卦遇明夷,帝脱于邺,大衍之数,复得明夷,则周为国号,符于文、武矣。"先是,丁未年夏六月,土、金、木、火四星聚于张,占者云:"当有帝王兴于周者。"故汉祖建国,由平阳、陕服趋洛阳以应之,及隐帝将嗣位,封周王以符其事。而帝以姬虢之胄,复继宗周,而天人之契炳然矣。③

当时参与议论者还援引天象、卦象合于周文王、武王,以说明承姬周国号的合法性。尤其值得注意的是,此前后汉天福十二年丁未(947)六月,曾出现"土、金、木、火四星聚于张"的天象,按二十八宿分野说,张宿为周之分野,其地理区域相当于河南洛阳及周边地区,故占者曰"当有帝王兴于周者"。后汉高祖刘知

---

① 《旧五代史》卷一一〇《周书·太祖纪一》,中华书局,1976年,第1458页。
② 参见徐俊:《中国古代王朝和政权名号探源》,第224—226页;胡阿祥:《吾国与吾名:中国历代国号与古今名称研究》,第180页。
③ 《旧五代史》卷一一〇《周书·太祖纪一》,第1460—1461页。

远为应此天命，专程从河东趋洛阳，又临终遗诏封其子刘承祐
为周王嗣位①。如今郭威建后周，虽以出自"姬虢之胄，复继宗
周"为辞，但这可能是先已受到"四星聚于张，当有帝王兴于周
者"这一分野星占的影响②，而有意攀附于姬周虢叔的，只是宣
示建国的制书不好明说而已。这说明"依分野而命国"思想直
至五代十国时期仍然在国家政治层面发挥实际作用，不过其影
响力较之魏晋南北朝明显减弱，不再是新生政权开国立号普遍
遵循的一个基本原则，即使如后周仍依分野名国，也需要采用
别的说辞加以缘饰。

后周立国不久，陈桥兵变，禅位于赵宋。北宋初，秦再思撰
《洛中纪异录》"宋之祀喾"条云：

> 帝喾有四妃，一生帝挚，一生帝尧，一生殷之先，一生
> 周之先。殷之后封于宋，即商丘。今上于前朝作镇睢阳，
> 洎开国，乃号大宋。先是，皇考讳弘殷，至是始验。弘者大
> 之端也，殷者宋之本也，是庆钟于皇运。今建都在大火之
> 下，宋为火正。又国家承周，火德王。按天文，心星是帝
> 王，实宋分野，今高辛氏陵庙在宋城三十里。即天地阴阳

---

①《旧五代史》卷一○一《汉书·隐帝纪上》，第 1343 页。
②赵贞《唐宋天文星占与帝王政治》也指出后周的建立乃是"当有帝王兴于周
者"的征应（第 124 页），不过笔者更强调的是"四星聚于张"这一天象所对
应的分野地理区域与周国号的关系。

人事际会,亦自古罕有。①

据前文曾引《左传》的记载,帝喾之子阏伯为殷之先,封于商丘,后为宋地。宋太祖赵匡胤称帝前为宋州归德军节度使,其治所宋城古称睢阳,故《洛中纪异录》谓"今上于前朝作镇睢阳,洎开国,乃号大宋",换言之,赵宋国号即来源于宋州节度使之名②。然而除了这一直接因素外,赵宋国号背后还有更深的文化渊源。赵宋自认为殷商之后,故称"殷者宋之本",而赵匡胤之父名弘殷,正预示皇运之所钟,这颇类似于魏晋南北朝时期的兴国符谶。古时曾有一种观测大火星(即心宿)以定时节的纪历之法,殷人之先阏伯封于商丘,主祀大火,是为火正,其后在天文分野说中,即以心宿为宋之分野③,所以《洛中纪异录》称今宋朝"建都在大火之下"、"宋为火正"、"心星是帝王,实宋分野"云云,这是赵宋建国合于天文之理据。加之宋朝德运继后周木德为火德,亦尚火,故宋之立国可谓得"天地阴阳人事际会"。上文提到,魏晋至隋唐的王朝嬗代往往都需要寻找天象

---

① 陶宗仪编:《说郛》卷二〇引《洛中纪异录》"宋之祀喾"条,《说郛三种》影印涵芬楼本,上海古籍出版社,1988 年,第 1 册,第 371 页。校以《说郛三种》影印宛委山堂本《说郛》弖四九引《洛中纪异录》,第 5 册,第 2250—2251 页。"高莘氏",涵芬楼本原作"高阳氏",按"高莘氏"一作"高辛氏"即帝喾,当是,今据宛委山堂本改。

② 参见徐俊:《中国古代王朝和政权名号探源》,第 249—250 页。

③ 参见庞朴:《火历钩沉——一个遗失已久的古历之发现》,原载《中国文化》创刊号,1989 年,收入氏著《三生万物——庞朴自选集》,第 141—178 页。

和图谶双方面的依据，这一政治文化传统至周宋禅代之际仍然残存。不过，其天文要素并不是援引具体的分野星占以为禅代之征，而是通过建立分野对应关系的形式来表明天命，这与隋、唐受禅时的情形较为相似。正因大火为宋之分星，阏伯为火正，故至北宋仁宗康定元年（1040），太常博士、集贤校理胡宿奏请祭祀大火及阏伯，其谓"商丘在今南京，太祖皇帝受命之地，当房、心之次，以宋建号，用火纪德，取于此"，又称"都梁宋之郊，当房、心之次。则大火之精，阏伯之灵，拥祐福荫，国家潜受其施者深矣"①。按宋州在宋真宗时升为南京应天府，商丘在其地，其于天文分野兼包房、心二宿，都城汴梁也处于宋地之分，又宋朝为火德，在胡宿看来，这一切都归因于"大火之精，阏伯之灵"的福荫庇佑。故太常礼院议定："国家有天下之号实本于宋，五运之次又感火德，窃谓宜因兴王之地、商丘之旧，作为坛兆，秩祀大火，以阏伯配之。"②自此之后，宋朝崇祀大火及阏伯相沿不辍，且地位不断提高③。总之，赵宋国号之由来亦与天文分野之说具有一定关联，这应当是受中古时期"依分野而

---

① 徐松辑：《宋会要辑稿》礼一九之九、一一"祀大火星"，中华书局，1957 年，第 1 册，第 757—758 页。

② 《宋会要辑稿》礼一九之一一"祀大火星"，第 758 页。又可参《宋史》卷一〇三《礼志六》"大火之祀"，第 2513—2514 页。

③ 参见刘复生：《宋朝"火运"论略——兼谈"五德转移"政治学说的终结》，《历史研究》1997 年第 3 期，第 94—96 页；赵贞：《唐宋天文星占与帝王政治》，第 341—346 页；胡阿祥：《吾国与吾名：中国历代国号与古今名称研究》，第 203—212 页。

命国"思想的孑遗影响。不过,这也是中国历史上天文分野说直接影响王朝建国立号的最后一次政治实践。进入宋代,随着魏晋以来传统政治文化的全面崩溃,天文分野说开始遭到批判,逐渐走向穷途末路,丧失了对王朝政治的影响力(参见本书第五章)。

关于中国古代天文分野与王朝政治之间的密切联系,先贤时彦大多是就某些分野星占的个案事例加以分析申说。本文则从《隋书·天文志序》所谓"依分野而命国"一语出发,探究其语义,并具体考察诸多禅代型王朝和自立型政权的建国历史与国号来源,以说明"依分野而命国"思想在魏晋南北朝隋唐时代的普遍遵奉,其余绪所及远至五代宋初。这或许可为我们充分认识和估量包括天文分野在内的神秘主义学说对中古社会的广泛影响,提供一个相对宏观的研究视角。

第五章　天文分野说之终结：基于传统政治文化嬗变及西学东渐思潮的考察

　　自战国秦汉以来,天文分野一直是古代中国人普遍信奉的一种宇宙观,以二十八宿及十二星次分野为代表的分野学说盛行于世,不仅在中古时期的星占政治中扮演了重要的角色,而且还深刻影响着人们对于天地关系的认知以及世界观念的建构。然而从宋代开始,不断有人对这种传统分野说提出各种质疑和批判,并在社会上逐渐形成了一股否定分野的思潮,特别是明末清初人们对于分野的抨击尤为激烈,这最终导致乾嘉以后分野学说被彻底摒弃,趋于消亡。关于这一历史变迁,已有学者就其中的某些局部问题做过一些初步探讨①,但尚无人对传统分野说渐趋消亡的整个变化过程进行系统考察,而尤其值

①乔治忠、崔岩楬橥清高宗所作《题毛晃〈禹贡指南〉六韵》诗在摈弃传统分野说、接受西方测绘学方面的重要学术意义,参见《清代历史地理学的一次科学性跨越——乾隆帝〈题毛晃《禹贡指南》六韵〉的学术意义》,(转下页注)

得进一步深究的问题是：这种流传千年的天文分野说究竟是如
何走向末路的？ 其实，传统分野学说之终结是在内外双重因素
的共同作用下所产生的必然结果，它既符合宋元明清时代思想
史的变迁大势，同时也可从一个侧面彰显出中国传统社会走出
蒙昧的近代化转型历程。

第一节　"分野"之末路

作为一套理想化的天地学说，天文分野的具体理论种类繁
多。其中，流传最广、影响最大的是以二十八宿及十二次对应
十三国与十二州地理系统的分野说，其理论体系以《晋书·天
文志》的记载最具代表性。这套分野学说在魏晋至隋唐的中古
时期被广泛应用于各种星象占测之中，反映了当时星占政治及
灾异政治文化的繁盛。

（接上页注）《史学月刊》2006 年第 9 期，第 5—11 页。王颋列举出宋明学者
质疑分野学说的若干议论之辞，参见《躔次十二——分星与明中期以前的
分野划分》，《荆楚历史地理与长江中游开发：2008 年中国历史地理国际学
术研讨会论文集》，第 492—494 页。孟凡松、田天则分别以明清时期贵州和
山东方志中的分野记载为中心，指出嘉道以后分野叙述在方志中的地位日
益低落，并逐渐为科学的经纬度知识所取代，参见孟凡松：《清代贵州郡县
志"星野"叙述中的观念与空间表达》，《清史研究》2009 年第 1 期，第 10—
20 页；田天：《因袭与调整：晚期方志中的分野叙述——以山东方志为例》，
《中国历史地理论丛》第 25 卷第 2 辑，2010 年，第 84—103 页。

不过,这一经典的二十八宿及十二次分野体系看似精致,实则存在明显的逻辑矛盾和种种不合理之处。在宋代以前,虽已有人指出分野说内在的一些问题和缺陷,但并没有人因此否定分野说本身的价值,反而千方百计地为其曲加辩解,或是通过体系改造加以修正,其目的都是为了维护分野学说的神圣性。譬如,南朝祖暅早已发现传统分野体系存在星土对应方位淆乱以及分野区域广狭不均的现象,但他并不以之为奇,而是将其解释为"灵感遥通,有若影响,故非末学未能详之"①。唐代孔颖达也指出过同样的问题,他认为此"盖古之圣哲有以度知,非后人所能测也"②,亦以不可知论解之。而一行、杜佑革新传统分野体系,均是出于完善分野学说的目的,并无任何否定分野的意思。

　　世人有关传统分野学说的批判声音最早出现于宋代,至明清时期逐渐发展成一股否定分野的社会思潮,严重动摇了天文分野在古人知识信仰体系中的地位,从而最终导致分野说的沦落与消亡。具体来说,前人的批判大多是从理论层面指摘分野学说的种种技术性漏洞,其论据主要集中在如下五个方面。

　　第一,分野体系方位淆乱。自汉代以来最通行的分野模式

---

① 《乙巳占》卷三《分野》引祖暅《天文录》,叶18b。
② 《春秋左传正义》卷三〇襄公九年孔颖达《正义》,第1941页。

是以二十八宿、十二次对应十三国与十二州地理系统，但这一分野体系却存在着各种方位错乱的现象（参见本书第二章第五节），最为后人所诟病。南宋洪迈谓"十二国（按实为十三国）分野，上属二十八宿，其为义多不然"，并以"甚不可晓"的《晋书·天文志》分野体系为例，具体指出诸如同为实沈分野的魏国与益州地域位置"了不相干"、列于并州及雍州分野下之郡国皆非并、雍二州属地等"谬乱"之例，且指责李淳风"蔽于天而不知地"①。从洪迈的言论来看，他似乎已流露出一丝批评分野的意味，但毕竟表达得有些暧昧，与此相较，明清人从分野体系方位淆乱的角度，否定传统分野说的态度更为明确。明王世贞曾就"上天之运象与灾祥之应否"的关系问题作有策论，认为灾祥占验之所以"有应有不应"者，其原因之一是"分野非，故也"，并列举出"以益州而远属魏，以冀州而属蕞尔之卫，燕在北而东配析木，鲁在东而西配降娄，秦西北而鹑首次东南，吴越东南而星纪次东北"等方位不合诸例，以具体说明分野之非②。因王世贞对灾祥占验持否定态度，主张休咎祸福"不在天而在人"，所以他以分野为非是具有明确批判意味的。至明末清初，天文学家揭暄更是极力抨击分野学说，撰文专论"分野之诞"，

---

①洪迈：《容斋三笔》卷三"十二分野"条，《容斋随笔》，上册，第462页。
②王世贞：《弇州山人四部稿》卷一一六策类湖广第二问天文灾异类，伟文图书出版社有限公司影印明万历刻本，1976年，第5436页。

他举出传统分野说种种扦格难通之处达十四条之多①,其中两条"有国在此而宿在彼者"及"州国郡地互相杂纽"就是针对方位问题而言的。又清初朱奇龄亦就诸如"吴越南而星纪北"、"秦在西北而井鬼乃在乎西南"、"觜参在西魏在东北"等星土方位错乱现象,诘难说"强而配之,岂为当乎?"②从这一强烈的反问语气也可看出朱氏否定分野的鲜明立场。

第二,"何为分野止系中国?"传统分野说以周天二十八宿及十二次皆对应于中国疆域,而将四夷万国排斥于分野体系之外(详见本书第六章第一节),这在很多人看来也是极不合理的,如北齐颜之推即已提出"何为分野止系中国"的疑问③,不过,最早针对这一问题抨击分野学说的是宋末元初人周密。他说:"世以二十八宿配十二州分野,最为疏诞。中间仅以毕、昂二星管异域诸国,殊不知十二州之内,东西南北不过绵亘一二万里,外国动是数万里之外,不知几中国之大,若以理言之,中国仅可配斗、牛二星而已。"④周密

① 揭暄:《璇玑遗述》卷二《分野之诞》,《续修四库全书》影印清乾隆三十年刻本,第 1033 册,第 533—535 页。
② 朱奇龄:《拙斋集》卷五《星土辨》,《四库全书存目丛书》影印清康熙间介堂刻本,齐鲁书社,1997 年,集部第 251 册,第 686—687 页。
③ 王利器:《颜氏家训集解(增补本)》卷五《归心篇》,中华书局,2002 年,第 373 页。颜之推列举出一系列"人事寻常"无法解释而必须于"宇宙之外"寻求答案的疑难问题,"何为分野止系中国"乃其中之一,不过他并没有否定分野的意思。
④ 周密:《癸辛杂识》后集"十二分野"条,吴企明点校,中华书局,1988 年,第 81—82 页。

所谓"以毕、昴二星管异域诸国"之说不太准确,昴、毕二宿在二十八宿分野体系中属赵国及冀州之分野,并不涉及异域诸国,只有在另一种天街二星分野理论中才有昴宿兼主西北夷狄之国的说法①,两者不可混为一谈。其实,以上这段论述乃是专就二十八宿分野而言的,周密认为传统分野说以全天星宿止系于区区中土十二州而外国广袤之地却无对应之星,与理不合,故据此判定分野之"疏诞"。元永嘉僧德儒尝作《分野辨》一文质疑分野之说,亦谓"天之经星二十八宿,皆属中国分野而无余,中国之外四方万国岂无一分星邪?"②尽管德儒此文今已不存,无法窥其全豹,但从这条佚文仍可看出其批判分野的思想倾向。此后,明清学者纷纷围绕"分野止系中国"的问题对分野之说提出种种非议。如祝允明从曾随郑和下西洋的老兵口中得知域外诸国所见之天象与中国无异,却不在分野之内,由此"益知旧二十八舍分隶中土九州者为谬也"③。又晚明谢肇淛

①据《史记·天官书》记载,因位于昴、毕之间的天街二星恰好分处黄道南北两侧,故星占家以天街南星主毕为阳,其分野为东南华夏之国;天街北星主昴为阴,其分野为西北夷狄之国,参见本书第一章第四节之"天街二星分野说"。
②刘节纂修:《(嘉靖)南安府志》卷七《天文志·星野》"知府张弼评曰"引德儒语,第304页,此评语抄自张弼所修成化《南安府志》。德儒系元永嘉名僧(参见《全元文》卷一〇一八杜本《释孤云诗序》,凤凰出版社,2004年,第32册,第49页),其著述早已散佚。
③沈节甫:《纪录汇编》卷二〇二祝允明《前闻记》"天象"条,《中国文献珍本丛刊》影印明万历四十五年阳羡陈于廷刻本,全国图书馆文献缩微复制中心,1994年,第4册,第2205页;又见陶珽编:《说郛续》弓一三引祝允明《枝山前闻》"天象"条,《说郛三种》影印明刻本,第9册,第650页。

明确表示"吾以为分野之说,最为渺茫无据","九州之于天地间,才十之一耳,人有华夷之别,而自天视之,覆露均也,何独详于九州而略于四裔耶"①。揭暄所举十四条分野诞妄之例,其中一条亦称"大地九万里,中土仅数十分之一,将天度全分,外国置之不计"。二者分别从华夷共存以及天度分配的角度,说明传统分野体系仅涵盖中国而不包括四夷外国之地的严重漏洞。

第三,分野区域广狭不均。传统二十八宿及十二次分野说无论是采用十三国还是十二州地理系统,都存在分野区域广狭不均的问题,或星多地少,或星少地多,或星次均等而地域失衡。早在南北朝隋唐时期,祖暅、孔颖达均已指出过这一现象②。至明清时代,有不少学者即以此作为攻讦分野学说的一个重要理据。如明陆深认为分野"难通"之处有三,其中之一就是"以舆地言之,闽粤交广通谓之扬州,实当中国之半,而分星所属止此,此又地广而天狭矣"③,意谓扬州地域广阔而其分星仅二或三宿,属地多而星少之例。其后,明末清初游艺则进一

----

① 谢肇淛:《五杂组》卷三《地部一》,《续修四库全书》影印明万历四十四年潘膺祉如韦馆刻本,第1130册,第376页。

②《乙巳占》卷三《分野》引祖暅《天文录》云:"且天度均列,而分野殊形。一次所主,或绵亘万里,跨涉数州;或止在阛内,不布一郡。"又孔颖达《左传正义》谓"《汉书·地理志》分郡国以配诸次,其地分或多或少,鹑首极多,鹑火甚狭"。

③ 陆深:《俨山外集》卷二八《中和堂随笔下》"天文分野"条,明嘉靖二十四年刻本,叶7a—7b。

步将扬州分野与其他分野区域加以对比，称"斗、牛，杨州，合江南数省，延袤亘匝五六千里，仅值二宿"，然"郑、宋、齐、鲁数百里地，而或分三宿、二宿"，其间"所分多少迥绝"①。陆、游二人虽针对分野区域分配不均衡的问题提出批评，但似乎并未完全表明其否定分野的立场，而清人陈之兰不仅指出"在天一辰得三十度三十分之十三分有奇，豫州不满千里而配大火，杨州延袤六千里而亦止配星纪。天之度无盈缩，而地之理有广狭，何不均之甚乎"，而且还明确称"分野之说不足信"②，对传统分野说予以全盘否定。

第四，天动地静并无专应。传统分野理论构建了一种天地对应的固定模式，但事实上，周天星宿皆处于旋转运动之中，而大地则保持相对静止，所以根本无法判定何者为某地专属之分星，这一明显破绽亦为后世学者所诋诘。如明成化间南安知府张弼认为分野之说"荒唐"、"可笑"，他以本地分野为例，谓"盖天行至健，无一息少停，而星随之，昼夜无所不历也，岂有某府某山正与某星相直哉"③。陆深亦以"天常运而不息，地一成而无变，以至动求合至静，未易以齐"作为分野"难通"之例证。

---

① 游艺：《天经或问》地之卷"分野"条，北京大学图书馆藏日本享保十五年翻刻本，叶 10a。
② 郑兰等修，陈之兰等纂：《（乾隆）南康县志》卷一《星野志》附陈之兰《分野之说不足信论》，《中国方志丛书》华中地方第 822 号影印清乾隆十八年刊本，成文出版社有限公司，1989 年，第 1 册，第 107—108 页。
③ 《（嘉靖）南安府志》卷七《天文志·星野》"知府张弼评曰"，第 303 页。

又清康乾时人陶士偰论分野之"谬妄",云:"以常理论之,天包地外者也。天主动而地主静,二十八宿附天一日一周,何地弗届。……今谓诸野各专次舍,岂东井、轸翼之分属秦、楚,运行必不临于韩、赵;虚危、奎娄之分属齐、鲁,旋转必不近于宋、卫耶?"①以上三人之说均是从分野学说不符合星体运行规律的认识出发而提出批评的。

第五,地有沿革,分野无变。传统二十八宿及十二次分野说一直采用十三国与十二州地理系统,两者分别反映的是汉代的文化地理和政治地理格局。然自汉魏以降,历代疆域方幅及地理建置屡有变迁,而分野体系则一成不变,无法与实际的政区地理制度相契合,这是传统分野说的一大缺陷,后亦为明清批判分野者所指摘。如明代地理学家王士性明确说"分野家言,全无依据",并以二十八宿对应十三国系统为例,称"后世疆域分合不齐,乃沿袭陈言,不知变通"②。清康熙年间王棠指出"分野之星皆是春秋时所属,地势屡分,河道亦非其旧,疆隅方幅,历代不同,执图索骏,徒资笑柄",故"分野之说最不可信"③,

---

① 陶士偰:《运甓轩文集》卷一《星野论》,《四库未收书辑刊》第 9 辑影印清乾隆二十七年刻本,北京出版社,2000 年,第 22 册,第 692—693 页。
② 王士性:《广志绎》卷一《方舆崖略》,周振鹤编校:《王士性地理书三种》,第 250—251 页。
③ 王棠:《燕在阁知新录》卷三〇"误订分野"条,《四库全书存目丛书》影印清康熙五十六年刻本,齐鲁书社,1995 年,子部第 100 册,第 684 页。王棠所谓"分野之星皆是春秋时所属"之说有误,按传统分野体系当成于汉代。

表达的也是与王士性相同的意思。又李光地亦认为分野之说
"茫昧不可究穷"，且谓"南疆日辟，而宿度不移，河道既改，而
星土莫迁，则分野之书，吾又安敢以殚而信之哉?"①也是从地
有沿革而分野无变的角度否定分野学说的。

　　自宋代以来，尤其是明清时期的知识精英主要从以上五个
方面对天文分野学说进行了严厉的批判，从理论上否定其价
值，从思想上祛除其影响，以致传统分野说在乾嘉以后面临被
彻底摒弃的境地。这其中有两大事件标志着分野说之终结：一
是清高宗对分野学说的完全否定，二是李林松对分野理论的全
面清算。

　　尽管由宋迄清批判分野的声音不绝于耳，但传统分野说凭
借其长期积蓄起来的能量和惯性仍具有一定社会影响，信奉其
说者代不乏人。直至清朝中叶，分野学说才显露出趋于消亡的
迹象，其中一个重要标志就是清高宗对天文分野的彻底否定。
乾隆三十九年(1774)，高宗在翻阅《永乐大典》辑本毛晃《禹贡
指南》一书时，对其征引《春秋元命苞》分野说并记载占验的做
法甚为反感，遂题诗批评该书之义例，并以诗注的形式对分野
学说大张挞伐：

────────

①李光地：《榕村全集》卷二〇《规垣宿野之理》，北京大学图书馆藏清乾隆元
　年刻本，叶11b—12a。

《史记·天官书》二十八舍主十二州注引《星经》，如云"角、亢，郑之分野"之类，乃以二十八宿主十二州，分配无余，此外更当何属。夫天无不覆，星丽乎天，亦当无不照。今十二州皆中国之地，岂中国之外不在此昭昭之内乎？且其间有地少而星多，亦有地多而星少，以天度地舆准之亦不均。如井、鬼为雍州，陕西、甘肃皆是，其道里之广，已非两舍所能该，而今拓地远至伊犁、叶尔羌、喀什噶尔，较《禹贡》方隅几倍蓰，其地皆在甘肃以外，将以雍州两星概之乎，抑别有所分属乎？此又理之难通者。盖分野之说本不足信，而灾祥则更邻于谶纬，皆非正道。①

从这段诗注来看，高宗对分野学说的批判主要是从两个方面加以申说的。其一，二十八宿分野皆系于中土十二州，而中国之外则不在其体系之内。其二，二十八宿分野区域配属不均，特别是乾隆二十四年平定新疆之后，在处理新疆分野的问题上，传统理论显得无所适从，若以之附属于井鬼—雍州分野则地域

---

① 《禹贡指南》卷首《题毛晃〈禹贡指南〉六韵》，文渊阁《四库全书》本，第 56 册，第 1 页；收入高宗《御制诗集》四集卷一七，文渊阁《四库全书》本，第 1307 册，第 532—533 页；又见《纪晓岚删定〈四库全书总目〉稿本》卷首之三御制诗，国家图书馆出版社，2011 年，第 1 册，第 90—91 页。乔治忠教授根据《御制诗集》的编次顺序，推断此诗当作于乾隆三十九年正月初三至初六日之间，前揭《清代历史地理学的一次科学性跨越——乾隆帝〈题毛晃《禹贡指南》六韵〉的学术意义》，第 6 页。

过于广大，若将其自为分野则已无星宿可分。其实这两类问题
前人早已提及，不过，清高宗以最高统治者的身份彻底否定传
统分野说，高调宣称"分野之说本不足信"，并将分野与同属谶
纬一路的灾祥占验之说视为邪道，其态度之鲜明、立场之坚定
是前所未有的。高宗的这一意见后来得到了朝野间士人的普
遍赞同和积极响应（说详下文），从而使传统分野说在人们知识
信仰体系中的地位一落千丈，大大加速了衰亡的进程，从这个
意义上说，清高宗可谓是敲响了天文分野的丧钟。

清高宗从政治文化的角度彻底摒弃了分野之说，而李林松
则从理论上对传统分野说进行了一次全面的清算，这也是分野
消亡过程中的一个标志性事件。乾隆以后出现了两部专门批
判分野学说的著作：一是刘羲《九州星野臆说》一卷①，此书仅
见于光绪《襄阳府志》著录，世间少有流传，现已下落不明；二是
嘉庆十八年（1813）李林松所著《星土释》。据李氏自序，他撰
作此书的缘由有三：其一，传统分野理论"以周天星次配中国无
余"，乃儒者"自大其说"，"终有阂于事理"，如今推步之术已
精，分野之学可以置而不论，但"经生家犹假为词藻之用，志地
理者因循前例，剿说雷同"；其二，清高宗御制诗注明斥分野之

①恩联等修、王万芳纂《（光绪）襄阳府志》卷一七《艺文志》著录刘羲《九州星
野臆说》一卷（《中国方志丛书》华中地方第 362 号影印清光绪十一年刊本，
成文出版社有限公司，1989 年，第 4 册，第 998 页），然卷二四《人物志二》刘
羲本传作《九州天星分野臆说》（第 6 册，第 1847 页）。从《艺文志》"以时为
次"的编排顺序及《刘羲传》之记述推断，此书盖成于嘉道年间。

说不足信，"义益彰著"，然至今"未有专辑一书历指其抵牾者"；其三，"有分野则有占兆，偶值祥异，易滋讹言惑众之渐"①。有鉴于此，李林松遂"刺取昔人之论以发明之，而折衷于圣意"，作《星土释》三卷、首一卷。此书卷首为天地球合图、地舆经纬度数，并录上谕及《题毛晃〈禹贡指南〉六韵》诗注；卷一"星土源流异同"，辑录历代文献所载各种分野学说；卷二"诸家辩说"，汇集前人有关天文分野的诸多解说议论之辞；卷三"星土释说"为李氏本人批驳分野的阐论文字，他在总结吸收历代学者思想的基础之上，又援引西方天文学、地理学知识，对传统分野说予以猛烈抨击，称"汉晋以来，凡分野灾祥诸说，其源皆出谶纬之家，……豪无关于测量之正道"②。李林松此书问世后不久即已刊刻③，流传颇广，至光绪时再度付梓，张文虎为其作跋云："星土之说始见于《周官》，然史志所述辄多歧异，少尝惑之。及读心庵农部《星土释》，乃憬然悟术家附会所见者小也。……是书编次井井，罗列众说，可破古来分配十二次之陋，必传于后无疑也。"④可见该书在涤除世人分野观念方面，确有振聋发聩的作用。由此看来，李林松《星土释》一书从理论

_____

① 《星土释》卷首李林松自序，叶 2b—3b。
② 《星土释》卷三《星土释说》，叶 20a。
③ 孙殿起《贩书偶记》卷九天文算学类著录李林松《星土释》，谓此书"无刻书年月，约道光间刊"（上海古籍出版社，1982 年，第 237 页）。按孙氏所见《星土释》盖即现存淳古堂刊本，今查此本不避清宣宗讳，似当刻于嘉庆末年。
④ 光绪九年张文虎《星土释跋》，见光绪十年重刊本《星土释》书末，叶 1a—1b。

层面宣告了分野学说的彻底崩溃。

经过自南宋至清乾嘉时期一代代知识精英的思想启蒙之后，传统分野学说渺茫无据、不足取信的观念在清中后期已成为朝野上下的一种普遍共识，天文分野被完全排斥于人们的知识信仰体系之外，不再具有什么社会影响，这主要有以下三个具体的表征。

第一，地理文献对分野学说的扬弃。天文分野是古代地理学的重要组成部分，自《汉书·地理志》以来历代地理文献大多都有记述分野的内容，然而从清中叶开始，各种官修地理志书纷纷贬斥传统分野说，代之以经纬测量之学。成书于乾隆四十六年（1781）的《钦定热河志》秉承圣意，详辨天文分野之不可信，称"中土星野之分，特出于天文家之拘墟沿袭，而未足为据"，并盛赞前引高宗御制诗注"诚足以破千古拘墟之见而悬为正的"①。为此《钦定热河志》别出心裁，创新体例，"删星野之谈天，测斗极之出地"②，首度设立"晷度"一门，记录承德府及下属州县的北极出地高度（即纬度）、东西偏度（即经度）、二分二至日正午日影及昼夜长短等科学的测量数据，以取代此前志书必备的分野内容。四十七年，经修订增纂而成的《钦定皇舆西域图志》亦谓御制诗注"睿裁超卓，旷若发蒙，因灼然于古来

---

① 和珅、梁国治等奉敕撰：《钦定热河志》卷六四《晷度》，叶 1a—7b。
② 《四库全书总目》卷六八《钦定热河志》提要，第 603—604 页。

分野之说之不可信"①,遂将二十七年《西域图志》初成时所立之分野门改为晷度门,专记新疆各地"北极高、偏度分及昼夜时刻、午正日景",而"西域分野旧说均置弗录"②。此后,《钦定热河志》所开创的这种以晷度替代分野的修志体例逐渐为诸如道光《广东通志》、光绪《畿辅通志》等各地方志所广泛采用。

第二,官修政书对分野学说的排斥。唐宋时期的政书"三通"皆记有天文分野的内容,分别见于《通典·州郡典》《通志·天文略》以及《文献通考》之《象纬考》和《舆地考》。然而至乾隆年间续修"三通"时,此类分野记述遭到了清朝史臣的批驳与抵制。清代所修"续三通"和"清三通"于乾隆四十七至五十二年间陆续编成③,其中除《续文献通考》因照抄马端临《文献通考·舆地考》及《大明清类天文分野之书》的部分内容,以致掺杂若干分野言论之外,其他五通均不记天文分野之说。如《续通志》抨击传统分野说方位"淆互","悉属附会",并将分野与灾祥休咎一道视为"占变推步"之术,不予记载④。而《清朝

①英廉等增纂:《钦定皇舆西域图志》卷六《晷度序》,清乾隆武英殿刻本,叶2a—2b。
②《钦定皇舆西域图志》卷七《晷度二》按语,叶19a—20a。该书卷首凡例亦云:"惟测晷影,定北极高度,距京师定偏西度,斯为准确。……至分野之说,空虚揣测,依据为难,故不赘及。"(叶3a)
③参见王锺翰:《清三通纂修考》,《王锺翰清史论集》,中华书局,2004年,第3册,第1624—1629页。
④《续通志》卷九七《天文略序》,浙江古籍出版社影印万有文库《十通》本,2000年,第3843页。

通志》更是明确指出："星土之文见于《周礼》，杂出于内外传诸书，其说茫昧不可究穷，伏读御制毛晃《禹贡图》诗，注中已斥其谬，郑樵袭旧史载入《（天文）略》内，殊失精当。"①后光绪朝编纂《大清会典》，亦根据《清朝通志》的这一意见，不取分野之说②。

第三，社会大众对分野学说的鄙夷。分野之说荒诞不经、无足取信，在南宋至清初可以说还是少数知识精英先知先觉的思想认识，但到乾嘉以后则变成了社会大众的一种集体共识和普世观念。当时的文人学者普遍对天文分野持全盘否定的态度。譬如，嘉道年间的学问家刘沅称"分野之说前人所诃"，"原不足信"③。嘉庆末李明彻撰《圜天图说》、咸丰初林昌彝作《三礼通释》均表示分野之说"不可信以为真，凭为考据"④。又同光中，杨琪光读《史记·天官书》，以分野为"尤不近理之诞说"⑤；贺涛钞《晋书·天文志》，谓"分野占验尤今之言天者所

---

① 《清朝通志》卷二二《天文略五》按语，浙江古籍出版社影印万有文库《十通》本，2000年，第6874页。

② 昆冈等修、刘启端纂《钦定大清会典图》卷一〇七《天文一》北极高度图说云："若夫星土之文见于《周礼》，杂出于《左传》《国语》诸书，其说茫昧不可究穷，今不取。"（《续修四库全书》影印清光绪石印本，第796册，第213页）

③ 刘沅：《春秋恒解》卷七昭公十七年"冬有星孛于大辰"条，清同治十一年重刻《槐轩全书》本，叶38b—40b。

④ 李明彻：《圜天图说续编》卷下《辨分野说》，《四库未收书辑刊》第4辑影印清道光元年松梅轩续刻本，北京出版社，2000年，第26册，第396—397页；林昌彝：《三礼通释》卷四九"十二分野、九分野"条，《四库未收书辑刊》第2辑影印清同治三年广州刻本，北京出版社，2000年，第8册，第368页。

⑤ 杨琪光：《望云寄庐读史臆说》卷三"读天官书"条，《四库未收书辑刊》第6辑影印清光绪十年刻本，北京出版社，2000年，第5册，第108—109页。

弗道也,概不录"①。以上诸人之说可以代表晚清士林鄙薄分野的共同态度。不仅如此,其实这种反对分野迷信的思想还被贯彻于民间新式教育之中,有两个例子颇能说明问题。光绪三年(1877),上海求志书院给舆地斋学生所出冬考十题,其中之一为"分野不足据说"②。又六年七月,宁波辨志文会有一道算学试题:"问古以二十八宿为十二州分野,今以三百六十度为全地球经纬,能各推其立算之根而辨其是非否?"③显然此题意在要求学生以辨分野之非作答。从此类试题可以明确看出,传统分野说已被完全排斥于近代科学教育之外,这亦可从清末民初发行的各种蒙学天文、地理教科书均无分野内容得到印证。至民国年间,分野之说虚妄无据更是成为普罗大众的基本常识,就连当时的通俗小说也表示出对于天文分野的唾弃。如《民国通俗演义》即云:"古人说什么这是某分野的星,那又是某分野的星,如何有风,如何有雨,都是些迷信之谈,何足凭信?"④由此可见,到晚清民国,传统分野学说已经被时代所彻底淘汰。

---

①贺涛:《贺先生文集》卷三《书所钞晋书天文志后》,《续修四库全书》影印民国三年徐世昌刻本,第1567册,第156页。

②《上海求志书院丁丑冬季题目》,《申报》光绪三年十一月十一日(1877年12月15日)第1733号第2版。

③《宁郡辨志文会七月分课题》,《申报》光绪六年七月初六日(1880年8月11日)第2615号第2版。

④蔡东藩、许廑父:《民国通俗演义》第一四三回《战博罗许崇智受困,截追骑范小泉建功》,第1268页。

　　不过,需要补充说明的是,尽管清中叶以后人们已普遍摒弃了传统分野说,但仍有一些天文、地理类文献将历代分野理论作为一种文化史知识予以保留。例如乾隆朝官修的《钦定天文正义》,其《凡例》谓"占家之言不可为典要,然载在正史,习见不知其非,遗之转嫌其阙,故凡此类皆存其说而附论之"①,而分野正属于此类"占家之言",故《天文正义》卷五专门辑录正史中的分野记载,然仅为"具存旧说以备参考"而已②,并非崇信其说。至于晚清各地方志保存分野旧说的情况更为多见,如上述道光《广东通志》、光绪《畿辅通志》虽立晷度一门取代分野,但仍于此门后附载历代分野说。《广东通志》对此解释称"高宗纯皇帝删星野之谈天,洵为千古不刊之至论矣。第观象玩占,由来已久,今敬遵《钦定大清一统志》之例,略采诸说,以存旧术焉"③。《畿辅通志》亦谓分野之说"大抵荒渺不足凭","祗以旧术相传,由来已久,略采史传以存梗概"④。有的方志甚至还保存分野(或称星野)一门,如光绪《江西通志》即云:

①《钦定天文正义·凡例》,《续修四库全书》影印清抄本,第1033册,第617页。
②《钦定天文正义》卷五《分野》,第696页。
③阮元修,陈昌齐等纂:《(道光)广东通志》卷八九《舆地略七·晷度》,商务印书馆影印清同治三年刻本,1934年,第2册,第1742页。康熙年间纂修《大清一统志》,于各府厅州县下皆记述其所属之天文分野,后乾隆、嘉庆两次增修均沿袭这一体例,并未删除这些内容。
④李鸿章等修,黄彭年等纂:《(光绪)畿辅通志》卷五六《舆地略一一·晷度》,商务印书馆影印清光绪十年刻本,1934年,第2册,第2579页。

"星土之说,肇自保章氏,历代史志相沿未改。……兹从旧列仍附于篇,所谓有其举之,莫敢废焉。"①这种情况一直延续至民国年间,从而引起了一些学者的强烈批评。如清末民初教育家袁希涛在《江苏通志》编纂讨论会上发言指出:"按地方与星象之关系,旧有所谓分野者,……考之近代科学上实测之法,理无一可以相通。乃近数十年来之省县各志,犹多沿而未革,诚如于暑天而尚穿狐裘,其不合时流之至,兹应请将此种分野古说屏除不列。"②1944 年,竺可桢就浙江通志馆馆长余绍宋征询"星野"一卷应否存在一事,答复说"星野之说,求之科学,全属诞妄","近代科学日昌,方志期于致用,尊见删削,极佩明察"③。两人都主张于志书中彻底革除沿袭已久的分野内容,后来修成的《江苏省通志稿》及《重修浙江通志稿》均采纳了他们的意见。概言之,乾嘉以后,虽然天文分野流行的时代已经终结,但传统分野说作为一种历史文化的遗存仍在文献记载中有所延续。至于分野学说完全淡出人们的视野,彻底消亡,则已是晚至民国时期的事情了。

---

① 曾国藩等修,刘绎等纂:《(光绪)江西通志》序例总目,《续修四库全书》影印清光绪七年刻本,第 656 册,第 6 页。此书卷四三为《舆地略》之星野门。
② 张立民:《袁观澜先生轶事》,《申报》中华民国十九年(1930)9 月 17 日第 20644 号第 11 版。
③ 竺可桢:《论通志星野存废问题》,原载《浙江省通志馆馆刊》第 1 卷第 1 期,1945 年,收入《竺可桢全集》第 2 卷,第 589 页。

第二节　传统政治文化崩溃与分野说的消亡

由上文可知,传统分野学说自宋代以后遭到了知识精英的强烈质疑和猛烈批判,逐渐呈现出式微之势,至清中后期最终趋于消亡。那么,我们需要进一步追问的是,分野说由兴盛走向末路究竟是如何发生的,分野沦落的表象背后究竟有何深层原因,又体现出怎样的历史发展趋势?

刘浦江教授指出,包括五德终始说、谶纬、封禅、传国玺在内的中国传统政治文化在宋代以后陷入了全面崩溃的境地,这是宋元明清时代思想史的一个基本走向[1]。此后,又有学者分别从各自的研究出发,为这一卓见提供了更多例证[2]。其实,天文分野也属于中国传统政治文化的范畴,分野说从宋代开始逐渐走向穷途末路,乃是传统政治文化秩序趋于瓦解的一个具体表征。不过,分野说之终结与五德终始等其他传统政治文化学说的境遇有两点不同。其一,以五运说为代表的一系列传统政治文化大多在宋代即已遭到彻底清算和全盘否定,至明清时期已不再具有什么实际的社会影响,然而分野学说的沦落并不

---

[1] 刘浦江:《"五德终始"说之终结——兼论宋代以降传统政治文化的嬗变》,《中国社会科学》2006年第2期,第177—190页。
[2] 如古代星占学及灾异政治文化在宋代的演变情况,即与传统政治文化之嬗变若合符契,参见韦兵:《星占历法与宋代政治文化》,第175页;陈侃理:《儒学、数术与政治:灾异的政治文化史》,第259—304页。

是一蹴而就的，它始于宋代，历经元明清时代长期酝酿之后，直至乾嘉以后才最终趋于消亡。其二，五德终始、谶纬等神秘主义学说之末路，纯粹是宋代儒学复兴、理性昌明、自我扬弃的结果，而分野说之终结既有传统政治文化崩溃的内在驱力，同时也有至关重要的外部因素影响。关于分野没落的外因留待下文再做讨论，本节主要在宋代以降传统政治文化崩溃的背景之下，探寻分野说消亡的内部根源。

以五德终始说、谶纬、封禅为代表的传统政治文化自宋代以后陷入全面崩溃，彰显出宋元明清时期神秘主义思潮逐渐退去、理性主义思想日益张扬，传统社会由蒙昧走向理性的时代特征。如果从哲学层面来理解唐宋变革之后出现的这一思想变化，或许可以将其归结为传统天人观由"天人合一"转向"天人之分"的历史衍变。天人关系是中国古代哲学的核心问题，而"天人合一"与"天人之分"又是天人关系论中的两个基本命题，有关此二者的具体内涵十分复杂，学界颇有争议，不过一般来说，前者主要是指天人感应的政治哲学，后者则是主张天道与人道各有其常并无关联的思想学说。自秦汉以降，"天人合一"观念一直占据着中国传统思想文化的主流，而"天人之分"说虽早在战国时代即由荀子明确提出，后东汉王充亦倡其说，但仅为一家之言，根本无法撼动"天人合一"思想的正统地位，直至唐柳宗元、刘禹锡大力阐扬此说，才使"天人之分"的社会影响大幅提升，特别是到宋代已发展成为一股重要的社会思潮，甚至一度还被王安石等人付诸政治实践，并导致传统灾异政治文化的蜕变①。明清时期，"天人之分"思想得到进一步发扬，后来又与西学相结合，最终颠覆了传统的"天人合一"观念②。带有强烈神秘主义色彩的五德终始、谶纬等传统政治文化学说从本质上来说都有一种天人感应思想贯穿其中，它们在宋代遭到全面批判和否定，此后便渐趋消亡，显然应与自宋以降"天人之分"思想兴起、人们理性意识觉醒的大势存在因果关系。传统分野学说之所以从宋代开始逐渐走向末路，同样也可以从天人观转变的角度找到合理的解释。

传统分野说虽是讲究天地之间如何对应的理论体系，但其根本目的却是要藉此将星象之变异具体落实到某一地理区域的人事休咎之上，从而为现实政治服务，故清周于漆谓"分星、地舆与人事，三而一者也"③。因此，就本质而言，分野之说反映的也是天人合一、天人感应的宇宙观，如明人万民英即云：

①参见陈侃理：《儒学、数术与政治：灾异的政治文化史》，第260—271页。
②关于中国古代天人关系的认识论史，可参见冯禹：《天与人——中国历史上的天人关系》，重庆出版社，1990年；姜国柱：《中国认识论史》，武汉大学出版社，2008年，第19—77页。
③周于漆：《三才实义·天集》卷二〇《分野分星论》，《续修四库全书》影印清乾隆二十年汤滏抄本，第1033册，第423页。需要说明的是，从天文分野的起源及其在中古时期的政治实践来看，利用分野学说进行星象占测是其最根本的目的；至宋代以后，随着传统星占学及灾异政治文化的衰落，天文分野在地理认知上的作用才日益彰显，此处所论分野说的本质思想主要就前者而言。

"人感而天应之,即天象立名分野之义,天人合一之道也。"①自宋代以后,随着天人观的转变,一些知识精英开始从"天人之分"的思想出发,就分野学说赖以成立的义理问题进行批判,以消解其理论价值,从而最终导致分野说的沦落。具体来说,持"天人之分"论者主要是从以下两个方面来否定天文分野学说的。

第一,"天道远,人道迩",天人(地)之间并无征应,当重人事而轻天命。传统分野说体现的是天人感应的政治神学,然而自宋以降逐渐流行的"天人之分"说则主张天道与人道相分,天象与人事之间并不存在灾祥休咎之征,这就从根本上动摇了分野学说赖以成立的基础。关于这一问题,南宋叶适最先指出分野之说"以地规天,以天系地,真若形影之不可违,阴阳必计,升降尽察,岂有是哉? 孔子曰:'观乎天文以察时变。'夫地近而可定,天远而难明,区区乎以地规天,则天文谬而无观矣"②。意思是说天地之间并无像影之随形那样的对应关系,地近可定,天远难明,如拘泥于"以地规天"的分野之说,那么整个天文系统就会错谬百出,无从观测,明确表示出否定分野的态度。叶适之所以针对分野学说中的天地关系提出质疑,当源自其强烈

---

① 万民英:《三命通会》卷一《原造化之始》,文渊阁《四库全书》本,第810册,第7页。
② 叶适:《习学记言序目》卷三九《唐书·志》,第581页。

的"天人之分"思想①，既然天道与人事无关，那么天地之间自然也就没有什么征应可言了。

如果说叶适批评传统分野说，并未点明"天人之分"这一层意思，那么明清时人则已完全捅破了这层窗户纸。譬如，嘉靖《惠州府志》惧分野之"疏阔"，"不欲详之"，且谓"语曰'天道远，人道迩'，六合之外，圣人存而不论有以哉"②；清初邹定周亦称"'天道远，人道迩'，星野之说又何可深求乎"③。所谓"天道远，人道迩"乃是春秋郑国子产因反对星象占验而提出的名言④，明清人借用此语意在说明天人有别，"以天参人则人事惑"⑤，故分野占验等玄虚之说可以存而不论，无需深求其理，这就将批判的矛头直接指向分野学说赖以存在的根基——"天人合一"的传统观念。

不仅如此，明清时期人们除明确以"天道远，人道迩"之说否定分野外，还特别强调修人事而远占候的重要性。如崇祯

---

① 叶适主张"天人之分"的天道观，并对诸如封禅、灾异占验等传统政治文化学说持完全否定的态度，参见张义德：《叶适评传》，南京大学出版社，1994年，第264—268页。
② 杨宗甫纂：《（嘉靖）惠州府志》卷五《地理志》，《天一阁明代方志选刊》影印明嘉靖三十五年刻本，上海古籍出版社，1982年，第62册，叶3a。
③ 张奇勋、周士仪纂：《（康熙）衡州府志》卷一《封域志·星野》邹定周识语，《北京图书馆古籍珍本丛刊》影印康熙十年刻二十一年续修本，书目文献出版社，1990年，第36册，第33页。
④ 《春秋左传正义》卷四八昭公二十八年，第2085页。
⑤ 此语出自《新五代史》卷五九《司天考二》，中华书局，1974年，第705页。

《泰州志》曰:"天列一辰,地分一野。……传曰'天道远,人道迩',儒者惟德是务,修尽人以听天可耳,徒仰观俯察云乎哉?"①又戴震亦于乾隆《汾州府志》星野门云:"善夫,子产有言'天道远,人道迩',扬子云(扬雄)曰'史以天占人,圣人以人占天',居官守土者,其尽心于人事,俾无阙失焉。民之休祥眚灾,感召补救,求诸切要之至道,虽勿问占候,可也。"②二者均认为天远人迩,分野之说不可信,为官者当"尽心于人事",勿问仰观俯察之占候,明确表达出重人事、轻天命的意思,而且《泰州志》还说"儒者惟德是务",更凸显了强烈的道德诉求,这些正是宋代以后"天人之分"思想的核心价值观。

第二,天人不相应,星象占验均属附会。长期以来,由于人们普遍对各种占验事应之说深信不疑,这就为分野学说的流行提供了社会土壤,如清人陈之兰就说"凡信分野之说者,以其地事应之验信之"③。然而至明清时期,随着传统星占学的衰落及"天人之分"思想的流行,人们转而视各种星象占验为牵合附会之诞说,并据此否定分野学说的存在价值。如明末清初游艺

---

① 李自滋、刘万春纂:《(崇祯)泰州志》卷一《职方志·星野》外史氏曰,《四库全书存目丛书》影印明崇祯六年刻本,齐鲁书社,1996年,史部第210册,第26页。

② 孙和相修,戴震纂:《(乾隆)汾州府志》卷二星野门,《续修四库全书》影印乾隆三十六年刻本,第692册,第258页。

③ 郑兰等修,陈之兰等纂:《(乾隆)南康县志》卷一《星野志》附陈之兰《分野之说不足信论》,第108页。

批评分野,即称"自古占星纪地,征应符合,而不知治乱循环有
一定之理。星文无变,征以各地之气为变,征事多符验,史书于
事后牵合傅会耳"①。陈之兰亦谓"事应之验,昉于《左氏传》,
皆从事后牵合,而曲为之说耳",若"必据分野之说求其地之事
应以实之,则十之九不验"。二人均从星占事应牵合附会的角
度,抨击传统分野说。又朱奇龄指责分野占验之说,云:"后世
兴亡胜败,何国蔑有,岂能一一验之于分野乎? 数千百年之间,
验者一二,其不验与验而不在其地者,不可胜数也。不可胜数
者,世莫之考,而特传其一二验者,以为奇人,皆从而信之,至今
不敢易其说,亦独何哉?"②朱氏指出历代占验不应者多而应者
少,然仅于事后传其一二验者,这也是术家星占穿凿附会的一
种具体表现。既然文献所载各种史传事验均属诞妄,皆不可
信,那么以天象占测为最终目的的分野学说也就失去了存在的
价值。

宋代以后,随着传统政治文化的崩溃及天人关系论的转
变,一些知识精英遂从上述天人无征应及星占不可信两个方
面,对分野学说的义理问题进行了严厉批判,从学理上消解其
价值,这是导致明清时期分野沦落的一个主要原因。不过,除
此之外,如从传统政治文化秩序瓦解的视角来看分野说之末

①《天经或问》地之卷"分野"条,叶 10a—10b。
②《拙斋集》卷五《星土辨》,第 687 页。

路,还有一个重要因素不容忽视,即唐宋以降数术地位的下降。

在秦汉魏晋南北朝时期,"集科学、迷信、宗教于一体"①的数术之学是人们知识、思想与信仰体系不可或缺的组成部分,在传统政治文化中具有极其重要的地位。如集中体现汉人知识体系的《汉书·艺文志》"六略"图书分类法,专有"数术略",其中既包含天文历法,同时也含有各种阴阳占筮类书籍。《汉书·艺文志》称"数术者,皆明堂羲和史卜之职也"②,南朝范晔于《后汉书·方术传序》谓"占也者,先王所以定祸福,决嫌疑,幽赞于神明,遂知来物者也"③,数术在古代政治中的重要性由此可见一斑。然而自唐宋以降,中国人的知识体系发生了重大变化,即具有一定科学性的天文历法与占卜数术逐渐分离,这在目录文献的分类法中表现得最为清楚。《隋书·经籍志》取消了"数术"这一大类目,而将其列于子部之下,并细分为"天文"、"历数"、"五行"三个小类,其中前两类著录的主要是天文历法类文献,皆含有星象观测和数理推算等较具科学性的内容,而五行类则囊括了卜筮、杂占、形法等众多数术分支,《隋书·经籍志》称其为"以细事相乱,以惑于世"的"小数"④,由此开科学与数术分途之渐,且所谓"数术"亦被限定于阴阳五行、

①此系借用刘乐贤先生之语,见氏著《简帛数术文献探论》,湖北教育出版社,2003年,第4页。
②《汉书》卷三〇《艺文志》,第1775页。
③《后汉书》卷八二上《方术传序》,第2703页。
④《隋书》卷三四《经籍志三》,第1040页。

星相占卜、堪舆遁甲等方术，逐渐趋于边缘化①。目录分类的这些变化说明数术在正统学术体系中的地位开始悄然下降。《隋书·经籍志》开创的这一图书分类框架大体为宋明时期的书目文献所承袭，至清修《四库全书》，则进一步将天文、历数以及其他一些数学文献整合为"天文算法类"，又改"五行类"为"术数类"，并斥之为"悠谬之谈"②，可见其在清代地位之低下。尤其值得称道的是，《四库全书总目》还将自《隋书·经籍志》以来仍依附于天文类的一些星占学文献从"天文算法类"中剔除出去，归入"术数类"下的"占候"小类，标志着那些"科学"类文献与所谓"迷信"数术的彻底分家③。

关于数术在明清时期地位的下降，除以上目录文献有明确反映之外，我们还可从当时的社会文化面貌中得到更为直观的了解。张瀚记录明后期的社会风俗，云："今天下治方术者多矣，大都以乡曲庸师指授陈言，得古人糟粕，未解其神理。间有精诣卓识，不遇异人之传，亦揣摩臆度，终囿于耳目沿习，安能起于耳目见闻之外？"④这一记载透露出两个重要信息：其一，晚明治方术者大多是一些"乡曲庸师"，可见当时的数术活动基

---

①参见赵益：《古典术数文献述论稿》，中华书局，2005 年，第 43—45 页。
②《四库全书总目》卷一〇八子部术数类小序，第 914 页。
③参见陈侃理：《儒学、数术与政治：灾异的政治文化史》，第 271—276 页。
④张瀚：《松窗梦语》卷六《方术纪》，盛冬铃点校，中华书局，1997 年，第 108 页。

本上属于民间行为，早已不具有"先王所以定祸福、决嫌疑"那样的政治地位；其二，从张瀚的表述来看，他对方术充满了鄙夷，这说明数术在文人士大夫眼中是地位十分低下的诡诈之术。至清代，数术更是完全沦为社会大众文化，渗透于民间日常生活之中①，而为统治者所坚决抵制②。以上这些情况足以说明唐宋以后数术地位从殿堂到民间的重大变化，这也是传统政治文化崩溃的一个具体表征。

随着整个数术之学在人们知识信仰体系中地位的下降，属于数术范畴的分野学说自然也逃脱不了走向沦落的命运，这除了从上文所述宋以后学者对传统分野说的直接批判可以得到证明之外，还反映在分野文献归类的变化之中。自《汉书·艺文志》将《海中二十八宿国分》这样的分野文献列入数术略天文类之后，从《隋书·经籍志》到《明史·艺文志》历代书目大多沿袭这一做法，将有关分野的著述归入子部天文类（参见表5-1）。所谓"天文"者，《隋志》解释说"所以察星辰之变，而参于政者也"③，可见此类文献在隋唐时期仍具有很高的政治地

---

①参见宫宝利：《术数活动与明清社会》，天津古籍出版社，2012 年。

②如清圣祖谓"愚人遇方术之士，闻其虚诞之言，以为有道，敬之如神，殊堪嗤笑，俱宜严行禁止"（《圣祖仁皇帝实录》卷一二九康熙二十六年二月甲子，《清实录》，中华书局，1985 年，第 5 册，第 385 页），后清高宗亦有"从来左道惑众，最为人心风俗之害，理应严加惩创"的上谕（《高宗纯皇帝实录》卷二六八乾隆十一年六月辛未，《清实录》，第 12 册，第 483 页）。

③《隋书》卷三四《经籍志三》，第 1021 页。

位,然而到清修《四库全书》时,四库馆臣则将诸如《大明清类
天文分野之书》这样的分野文献从天文算法类中清除出去,打
入术数类,并称"星土云物,见于经典,流传妖妄,寖失其真"①,
标志着分野学说被彻底排斥于主流学术文化之外。其实,传统
分野说地位下降的趋势自宋代开始即已显现,至《四库全书总
目》将天文分野归入数术,只不过是这一长期演变的最终结果
而已。从源头上来说,数术地位的降低是导致分野沦落的原因
之一。

表 5-1　历代分野文献归类表

历代书目	天文类	五行类	术数类
《汉书·艺文志》	《海中二十八宿国分》		
《隋书·经籍志》	《天宫宿野图》《二十八宿分野图》	《周易分野星图》	
《新唐书·艺文志》	《周易分野星图》		
《通志·艺文略》	《天宫宿野图》《二十八宿分野图》《周易分野星图》《玄黄十二次分野图》《二十八宿分野五星巡应占》《星土占》		
《郡斋读书志》	《天象分野图》		

①《四库全书总目》卷一〇八子部术数类小序,第914页。

历代书目	天文类	五行类	术数类
《宋史·艺文志》	《仰覆玄黄图十二分野躔次》 《二十八宿分野五星巡应占》		
《千顷堂书目》	《大明清类天文分野书》 《天文地理星度分野集要》 《分野指掌》		
《明史·艺文志》	《清类天文分野书》 《天文地理星度分野集要》		
《四库全书总目》			《清类天文分野之书》 《天文书》（第二册论分野）

　　总而言之，自宋以降传统政治文化陷入崩溃，是宋元明清时代思想史的变迁大势。无论是从宋代以后传统天人观的转变，还是从数术地位的下降来分析传统分野学说走向末路的内在理路，都无法脱离这一基本的历史背景。因此，从这个意义上来说，传统政治文化的崩溃可谓是分野说消亡的根源。

第三节　西学东渐：西方科学对分野学说的冲击

　　分野学说之所以在明清时期日渐衰落，趋于消亡，除了传统政治文化崩溃的内因之外，还有一个至关重要的外部推动因素——西学东渐。自明万历年间耶稣会士利玛窦（Matteo Ric-ci）来华，开启了中西文化交流的新纪元，大量西方科学技术及思想文化传入中国，掀起了西学东渐的第一次高潮。关于这次西学东渐对中国社会之影响，葛兆光教授有一个十分精彩的评价，他认为在中国历史上，除佛教传入中国之外，直至明清时期，作为外来文明的西洋知识、思想与信仰逐渐进入中国，"中国才又一次真正地受到了根本性的文化震撼"，而以利玛窦为代表的传教士在华传播西学就是西洋知识、思想与信仰全面进入中国的标志①。尽管个别学者对葛氏所称明清之际西学冲击的程度有异议②，但不容否认的是，这一时期西方科技文化的传入确实对中国传统社会的诸多方面都造成了显著的"文化震撼"③，而天文分野学说走向末路正与这一历史背景有着直接的因果关系。

自明末清初西学传入之后，有人便援引西方科学知识，对

①葛兆光：《中国思想史》下册《七世纪至十九世纪中国的知识、思想与信仰》，复旦大学出版社，2009年，第328—329页。

②仲伟民：《从知识史的视角看明清之际的"西学东渐"》，《文史哲》2004年第4期，第34—40页。

③如葛兆光《中国思想史》详细论证了西学东渐导致中国传统宇宙观、世界观及天下观的崩塌。台湾学者徐光台亦就西学对中国传统星占学及科举制度的冲击做了专题研究，见《明末清初西学对中国传统占星气的冲击与反应：以熊明遇〈则草〉与〈格致草〉为例》，《暨南史学》第4辑，暨南大学出版社，2005年，第284—303页；《西学对科举的冲激与回响——以李之藻主持福建乡试为例》，《历史研究》2012年第6期，第66—82页。

中国传统分野说展开激烈的批判,从而使分野学说遭遇到巨大的冲击和严峻的挑战。这些批评者主要由两部分人组成:一是来华传教士,他们从自身宗教立场出发,坚决反对包括星占、堪舆、卜筮在内的所有中国传统数术,并不遗余力地试图清除中国人的所谓"迷信"观念①,因此他们对天文分野之说持完全否定的态度;二是深受西学影响的士人阶层,这些知识精英汲取西方传入的先进科学,反思中华传统文化中的某些愚昧之说,故而对分野学说进行了全面检讨。从以上两类人群批判分野的言论来分析,传统分野说所面临的冲击主要来自西方天文学、地理学以及测绘学三个方面。

(一)西方天文学的冲击

在明清之际的西学东渐浪潮中,西方天文学、地理学知识的传入直接对中国传统分野说造成了巨大的冲击,其中尤以天文学的影响为甚。具体来说,西方天文学对于分野学说的消解作用主要体现在如下三个方面。

第一,天体观测学知识的扩展对分野学说的天文系统产生

①在明清天主教文献中,有关来华传教士及其护教信徒批判中国传统数术的言论屡见不鲜,影响较大、最具代表性的作品当属〔意〕利玛窦《畸人十篇》卷下《妄询未来自速身凶》以及〔比〕南怀仁《妄推吉凶辩》《妄占辩》《妄择辩》。关于这方面的研究,可参见黄一农:《耶稣会士对中国传统星占术数的态度》,原载《九州学刊》第 4 卷第 3 期,1991 年,收入氏著《社会天文学史十讲》,第 94—120 页。

冲击。长期以来,古代中国人所观测到的天象皆为北半球可见
之星,而对主要见于南半球的诸多星体则几乎一无所知①,故
中国传统分野说所依据的三垣二十八宿天文系统并不包括南
半球诸星。直至西方天文学传入之后,人们才通过传教士带来
的全天星图,对南半球所见众星有了明确的了解,从而大大拓
展了中国人的天体观测学知识,同时也给分野理论造成了不小
的冲击。明末清初精通西学的方以智云：

> 星土分野,隋唐之志为详。然自西法图成,则两戒之
> 说荒唐矣。……智尝谓《隋志》载见南极老人星下,尚有大
> 星无数(按此说实出《旧唐书·天文志》),此已明矣。利
> 玛窦为两图,一载中国所尝见者,一载中国所未见者。天
> 河自井接尾、箕,尽垓埏万方,而分度界之,真可谓决从古
> 之疑。一行两戒之论,辨若县河,以今直之,皆妄臆
> 耳。……未见之星,如海石、火鸟、金鱼、小斗;曰满剌加星
> 者,满剌加国始见也。②

---

① 唐开元年间进行大规模的天文观测活动,遣使至交州测影,使者大相元太
云：“(南极)老人星下,环星灿然,其明大者甚众,图所不载,莫辨其名。大
率去南极二十度以上,其星皆见。乃古浑天家以为常没地中,伏而不见之所
也。”(《旧唐书》卷三五《天文志上》,第 1303—1304 页)这是明以前文献有
关南极诸星的惟一记载,从中可以看出古代中国人对这些星体是一无所
知的。
② 方以智：《通雅》卷一一《天文·历测》,《方以智全书》,上海古籍出版社,
1988 年,第 1 册,第 450—451 页。

方以智所谓"利玛窦为两图"当指利氏所绘《赤道南极星图》与《赤道北极星图》①，此二图今已佚失，但我们仍可通过明清时期的同类星图了解其基本内容。自利玛窦以后，这种绘有赤道南北诸星的全天星图颇受青睐，流传较广，一方面传教士热衷于通过制作星图宣传西方的天文学成就，另一方面中国的士人精英也希望引入西术以推动传统天文学的发展，故汤若望（Johann Adam Schall von Bell）、徐光启、南怀仁（Ferdinand Verbiest）等人均先后绘制过《赤道南北两总星图》（图 5-1[彩插三]），并收入明《崇祯历书》、清《钦定仪象考成》等官书之中。这类星图按照几何投影原理，将天球依赤道平分为两个半球，"一以北极为（圆）心，一以南极为（圆）心，皆以赤道为界"②，分别描绘出南北半球所见诸星③，其中北极星图乃是"中国所尝见者"，而南极星图则是"中国所未见者"，此即利玛窦之"两图"。方以智通过利氏天文图了解到南北半球星座分布以及银河走向"自井接尾箕"的真实状况，因而斥责一行山河两戒说为

---

① 钱曾《钱遵王述古堂藏书目录》卷五子部历法类著录"利玛窦《赤道南极北极图》一卷一本"（《续修四库全书》影印清钱氏述古堂抄本，第 920 册，第 480 页），此即利氏所绘赤道南北两极星图，方豪《中国天主教史人物传》（中华书局，1988 年）、张西平《利玛窦的著作》（《文史知识》2002 年第 12 期）等诸家整理利氏著述均失收此图。

② [德]汤若望：《赤道南北两总星图说》，潘鼐汇编：《崇祯历书（附西洋新法历书增刊十种）》影印明刻本，上海古籍出版社，2009 年，下册，第 1536 页。

③ 关于此类星图的详细介绍，可参见卢央、薄树人等：《明〈赤道南北两总星图〉简介》，《中国古代天文文物论集》，文物出版社，1989 年，第 401—408 页；潘鼐：《中国恒星观测史（增订版）》，第 592—600 页。

"荒唐"、"妄臆"，同时也表明其否定传统星土分野的鲜明态度。不过，方氏对于西方星图与分野理论究竟有何冲突，语焉不详，没有指明其要害，而"深明西术"①的揭暄则对此做了明确论述："南极以下诸星，如火鸟、金鱼等二十一座百三十余星，在北不见，在南则见矣，独非天星，独无地可分乎?"②意思是说，见于南半球的火鸟、金鱼等二十一星座一百三十余星亦属天星，若照分野之说，理应有与之相对应的地理区域，但传统分野体系却未将这些星宿纳入其中，显然存在逻辑矛盾，这正是西方所传全天星图与分野理论的根本冲突所在，而揭暄就是因为掌握了新的天体观测学知识，所以才对传统分野之天文系统加以批判的。

第二，天体运行理论对传统分野星土对应模式提出质疑。传统分野体系所呈现出来的是一种固化的、静态的星土对应模式，但从实际的天象观测来看，周天众星皆处于运动当中。西方天文学有关天体运行的基本理论可以概括为"两动"，南怀仁即云："论星宿移动，应先知天上有两动：一自东而西，一自西而东。"③所谓"自东而西"者是指日月、五星、二十八宿每日自东

---

①梅文鼎：《勿庵历算书目》之"《写天新语》钞存一卷"条，《丛书集成初编》本，中华书局，1985年，第26页。
②《璇玑遗述》卷二《分野之诞》，第535页。
③〔比〕南怀仁：《不得已辨》之"辨光先第五摘以为新法移寅宫箕三度入丑宫之谬"条，吴相湘主编：《天主教东传文献》，台湾学生书局，1982年，第381—382页。

向西的循环运动,明末来华的耶稣会士艾儒略(P. Jules Aleni)运用这一天文原理对中国传统分野说提出批评:"万国共戴一天,日月列宿自东徂西,先照东邦,后照西土,繇西复转东,原无停住。日月无私照,列星无私顾,何分彼此乎? 分野之说,虽他邦亦有,以理论之,似乎自私其天,予未见其所据也。"①他的意思是,日月、二十八宿自东向西循环运转,普照万国,并无彼此之分,根本不存在某星专属某地之类的情况,分野之说将周天星宿当作自家私有之物,皆对应于本国地理区域,是毫无事实依据的,明确表示出对中国传统星土对应模式的深切质疑。此后,"以西法为宗"②的游艺亦袭取艾氏之言攻评分野③,同时揭暄也有"日月星辰先照东方,后照西方,环转不停,安有专应"的类似看法④。不过需要指出的是,艾儒略之说与上文所述明清人批判分野提出"天动地静并无专应"的见解是异曲同工的,两者只是在星体运行规律的理解上有所区别,前者强调日月列宿自身之运转,后者则认为"二十八宿附天"而动,然其实质并无不同。

所谓"自西而东"者是指恒星东移而造成的一种岁差现象。

---

① 〔意〕艾儒略:《西方答问》卷下"星宿"条,叶农整理:《艾儒略汉文著述全集》影印明崇祯十年晋江景教堂刻本,广西师范大学出版社,2011年,下册,第148页。

② 阮元撰,罗士琳续补:《畴人传》卷三六《游艺传》,《续修四库全书》影印清嘉庆道光阮氏琅嬛仙馆刻本,第516册,第354页。

③《天经或问》地之卷"分野"条,叶9b。

④《璇玑遗述》卷二《分野之诞》,第533页。

关于"岁差"，中国古代天文学家早已发现，传统说法一般将其解释为黄道沿赤道逐年向西滑动导致黄赤道相交的冬至点西移，而西方天文学则认为是恒星在天球上沿黄道自西向东缓慢移动①。西人之说传入之后逐渐为人们所接受，取代了传统的岁差旧说，而且还被人用来抨击分野学说。《钦定热河志》云："以恒星东移岁差五十秒积算之，六千余年之后南易而东，西易而南，万二千余年之后，南易而北，西易而东，方位更而分野亦易。"②意谓按照西法恒星相对位置每年东移五十秒计算，六千余年后全天星宿的方位将发生九十度转变，"南易而东，西易而南"，一万二千余年后则会有一百八十度的反差，即"南易而北，西易而东"。天文系统的方位改变之后，分野体系自然也要产生变化，这就给在理论上保持长期稳定的传统分野模式造成了冲击。此外，李林松也根据"恒星本有东行之差"的天文知识，将那些以某一星宿跨度对应地理区域的说法当作分野"抵牾"之例证③。这是因为二十八宿度数受岁差影响，每年都有细微的变化，当积累至数百年之后就会出现较大偏差，届时所谓"某度至某度属某地"的分野旧说便无法成立了。总之，艾儒略、《钦定热河志》、李林松都是从西方天体运行理论出发对传统星

---

① 参见王广超：《明清之际中国天文学关于岁差理论之争议与解释》，《自然科学史研究》第 28 卷第 1 期，2009 年，第 63—76 页。
② 《钦定热河志》卷六四《暑度》，叶 6b。
③ 《星土释》卷三《星土释说》云："凡某度至某度属某地，古今不同者，恒星本有东行之差，阅代则实测移度。"（叶 1b）

土对应模式提出质疑的。

第三,天地球投影理论对"分野止系中国"的批评。西方天文学为研究天体的位置和运动,以地球为中心,假想出一个与地球南北两极以及赤道相互对应的球体,是为天球,天地球之间具有完整的投影关系,皆分为三百六十度,如利玛窦即云:"地与海本是圆形而合为一球,居天球之中。……天既包地,则彼此相应,故天有南北二极,地亦有之,天分三百六十度,地亦同之。"①这就是天地球投影理论的基本内容,后来南怀仁即运用这一天文学知识对中国传统分野说进行批判:

> 凡所谓分野者,亦惟由人自意而定。盖天之周围分三百六十度,而天下周围相应之大地,亦分三百六十度。今中国于天上相应之地,约包涵二十度,其余三百四十度皆分于外方诸国。又天之照临与其施效,皆随天之转动,然天之转动,不但相对于中国之二十度,还与外国三百四十度相对也。其三百四十度之外国,亦均分天之照临,天之施效也。因此可见,中国之二十度所包涵全天三百六十度之分者,皆由人自意而定,非由天地之理所必分应也。②

---

① 〔意〕利玛窦:《乾坤体义》卷上《天地浑仪说》,朱维铮主编:《利玛窦中文著译集》,复旦大学出版社,2012年,第518页。
② 〔比〕南怀仁:《妄占辩》之"辩分野之占"条,钟鸣旦等编:《法国国家图书馆明清天主教文献》,台北利氏学社,2009年,第16册,第362—363页。

以上这段记载的主要意思是，根据天地球之间的对应关系，中国的地理区域投影到天球之上大约仅占周天之二十度，其余三百四十度则皆分于外国，且天之转动照临又遍及于中外之境，故分野学说以中国之二十度包涵全天三百六十度之分于理不合，乃出于人之臆想。南怀仁从天地球投影的角度批评"分野止系中国"，不仅颇具新意，而且还能很形象地揭示分野之谬，难怪晚清林昌彝十分推崇天地球投影理论，称其"理明气正，可推可见"，而"分野之言则不必论矣"①。

（二）西方地理学带来的挑战

西方地理学中的地圆学说以及世界地理知识传入中国之后，在社会上产生了巨大反响，它们大大拓展了中国人对于地理世界的认识②，同时也给传统分野学说带来了严峻的挑战。

其一，地圆学说对分野理论所蕴含的地理中心观念构成挑战。传统分野学说体现出古代中国人强烈的地理中心观念，从宏

---

① 《三礼通释》卷四九"十二分野、九分野"条云："（地球）周围三百六十度，横直经纬同数，上与天度相应。如地下赤道北某度，是相应天上赤道北某度，此真实之定数也。地球南北东西，周围各方所应，上天亦周围各方。此理明气正，可推可见，而分野之言则不必论矣。"（第368页）

② 参见邹振环：《晚清西方地理学在中国——以1815至1911年西方地理学译著的传播与影响为中心》，上海古籍出版社，2000年，第40—46页；同氏《利玛窦世界地图的刊刻与明清士人的"世界意识"》，复旦大学历史学系、复旦大学中外现代化进程研究中心编：《近代中国的国家形象与国家认同》，上海古籍出版社，2003年，第23—72页。

观层面来说,古人认为中国是天下之中,故将天文分野止系于中国;就具体的地理系统而言,其所采用的十三国与十二州地理系统亦分别以周地和豫州作为各自的几何中心,后清初徐发又提出传统分野体系"以嵩洛为中"的说法①。然而自明末利玛窦来华之后,"地与海本是圆形而合为一球"的地圆学说在中国广泛传播,并逐渐成为主流知识界普遍接受的一种地理观念②,从而与中国传统的地理中心观产生了严重的冲突,同时亦对传统分野说构成了挑战。关于这一问题,清人李林松做了专门论述:

> 地球浑圆,在天之中间,人随所立处,只须对准北极,皆可为中。三百六十度周大地而环之,随处可以为初度。然而其中、其初度,皆从北极南下之一线言之,非即北极也。今以嵩洛为中,而四方之线皆由此出,则似以中岳上应北极矣。③

李氏此语有些晦涩,不过仍可揣摩其大意。他主要针对徐发所谓传统分野"以嵩洛为中"的观点,援引地圆学说予以驳斥,指

---

① 参见徐发:《天元历理全书》卷一〇考古之四"地统为分野地元说"条,第547—548页。
② 参见郭永芳:《西方地圆说在中国》,《中国天文学史文集》第4集,科学出版社,1986年,第155—163页;陈美东、陈晖:《明末清初西方地圆说在中国的传播与反响》,《中国科技史料》第21卷第1期,2000年,第6—12页。
③《星土释》卷三《星土释说》,叶12b—13a。

出地为圆球，从理论上说，地球上任何一点只要对准天北极皆可为世界之中心，为大地三百六十度之初度，但事实上，只有地球北极才与天北极相对应，且所有经线都是从北极点辐射出来的，若从这个意义上来说，地球北极才是世界之中心，故徐发"以嵩洛为中"之说"未免私智穿凿"，不足取信。尽管李林松在此运用西方地圆学说主要是为了批驳徐发之论，但也有据此否定传统分野说的意思，他在上述这段文字之后即明确称"分野之云，其可信乎？揆厥所元，皆由不知地球浑圆之故也"。李林松于此虽未明言地圆之说与分野理论究竟有何抵触，但通过上文的分析，我们不难看出，其本意大概是说传统分野体系所呈现出来的以某一区域为天下之中的地理格局，不符合地为圆球、以北极为中的真实情况，所以分野学说是不可凭信的。

其二，世界地理知识的传播对分野学说的地理系统造成冲击。传统分野说以周天星宿皆对应于中国地理区域而不包括四夷外国之地，自宋代以降已有许多学者针对这一问题提出了种种质疑和非议，但他们大多仍是在以中国为核心的传统天下观范围内进行批判的，并无科学的世界地理观念。直至明清之际，西方地理大发现以来所获得的五大洲地理知识传入中国，广为传布，从而对中国人的传统世界观造成了极大的震撼，人们开始对整个世界的万国图景和海陆分布状况有了真正的认识，传统天下观逐渐崩塌，近代世界观开始建立，这是明清时期思想史的重大变化①。在这一过程中，中国传统分野说也遭受到巨大的冲击和挑战。如"专力西学、推崇甚至"②的江永云："以《职方外纪》考之，大地如球，周九万里，分为五大州，幅员甚广，岂止中土之九州哉？五大州皆有山水人物，皆有君长臣民，则心与普天星宿相关，灾祥祸福随地有之，岂止中土九州分十二次之星，而徼外遐方即无预于天星哉？"③艾儒略《职方外纪》是明末第一部系统介绍世界地理知识的专著，影响甚巨，江永即通过此书了解到世界五大洲的基本状况，故而据此批评天文分野止系中土九州之谬。尽管江永指出的这一问题属于老生常谈，但其批判的视角及其运用的地理知识是颇具新意的。晚清时期，道光《遵义府志》以"经星尽乎天度，而中国不尽地球，以地球一隅之中国配周天之经星"作为分野"渺茫"之明证④。又光绪时人亦谓"中国居地球东北一隅，断无以周天分野俱入中国之理"，故"古来分野之说实不足据"⑤。他们也是根据全球空间地理格局，判定中国仅居于世界之一隅，进而以此抨击分野学说之地理系统的。以上诸例说明，世界地理知识

①参见葛兆光：《中国思想史》下册《七世纪至十九世纪中国的知识、思想与信仰》，第360—379页。
②《畴人传》卷四二《江永传》，第403页。
③江永：《周礼疑义举要》卷四《春官》，《守山阁丛书》本，叶10a。
④平翰等修，郑珍等纂：《(道光)遵义府志》卷一《星野志》，《续修四库全书》影印清道光二十一年刻本，第715册，第227页。
⑤匡良杞：《三才分类粹言·天学》卷三"测各处吉凶祸福"条，北京大学图书馆藏清光绪八年余荫堂刻本，叶15b。

的传播确实使传统分野说面临巨大的理论危机。

（三）西方测绘学取代传统分野说

自宋代以后,随着传统星占学的衰落,分野学说原本用于星象占测的政治功能逐渐弱化,明清时期众多地理文献之所以仍然不厌其烦地记述各地之分野,其主要目的已非"占天时",而是侧重于"志分野以辨方位"①,即通过天文分野来判定某一地点的空间位置,有些类似于现代经纬度的意义②。不过,依靠这种淆乱不堪的分野理论来辨识地理方位,显然是一种很不科学的做法,所以当明末清初西方测绘学方法传入中国并逐渐推广之后,传统分野说在地理学中的重要性日益低落,并最终为科学的经纬度测量所取代。

测绘学是研究地理空间信息采集、处理及应用的一门科学,其下又包含许多分支学科,在明清之际传入中国的西方测绘学中,传布最广、影响最大的是大地测量学和制图学两个分支。众所周知,利玛窦来华传播西学,其中一个重要贡献是带

---

① 嘉靖二十五年江廷藻《钜野县志序》,收录于《（道光）钜野县志》卷首,《中国地方志集成·山东府县志辑》影印清道光二十六年刻本,凤凰出版社、上海书店、巴蜀书社,2004年,第83册,第4页。又民国《芮城县志》卷一《星野志》亦谓"疆土最重方位,星野即所以定地方之位置"(《中国方志丛书》华北地方第85号影印民国十二年铅印本,第77页)。

② 如清王之春《东洋琐记》在记述日本经纬度时,即称其为"日本分野"(光绪十七年上海著易堂《小方壶斋舆地丛钞》本,第十帙叶340a)。

来了世界地图以及科学的地图绘制技术,从而推动了中国传统制图学的发展。由于西方制图学采用三角投影法,故须测定各地经纬度以保证地理方位的准确性,这就使以经纬测定为主要内容的大地测量学也得到了普遍推广,并被大规模应用于清代的地理测绘和地图编纂之中,如康熙《皇舆全览图》、乾隆《内府舆图》、光绪《大清会典》舆图均是在经纬度实测基础上绘制而成的全国地图集①。

　　传自西方的大地测量学广为流行,极大地削弱了传统分野说辨识地理方位的作用,自清中叶以后,人们已普遍形成注重经纬实测、否定天文分野的科学观念,分野学说随之日趋消亡。譬如,乾隆年间全祖望作《皇舆图赋》,其序称各种分野说"支离诞妄",并于赋中注曰"以中西会通之算计地里,故虽穷乡僻社无爽忒者,从古所未有",可"扫除前人分野之说"②。其所谓"中西会通之算"主要指的就是经纬测算之法。又吴长元《宸垣识略》云:"本朝所用西历,专测北极高度、偏度,以推昼夜长短、节气早迟,其分野占候斥而不讲。"③

---

① 参见冯立升:《中国古代测量学史》,内蒙古大学出版社,1995 年,第 228—243、290—324 页;《中国测绘史》编辑委员会编:《中国测绘史》第二卷明代—民国,测绘出版社,2002 年,第 465—488 页。

② 全祖望:《鲒埼亭集》卷二《皇舆图赋》,朱铸禹:《全祖望集汇校集注》,上海古籍出版社,2000 年,上册,第 57—60 页。

③ 吴长元:《宸垣识略》卷一《天文》,《续修四库全书》影印清乾隆五十三年池北草堂刻本,第 730 册,第 301 页。

此处所谓"北极高度"和"偏度"即指经纬度，因中国位于北半球，又明清时期以穿过北京的经线为零度经线，故时人以"北极出地高度"和"东西偏度"分别指称纬度和经度，从吴氏之语可以明确看出他对经纬测量和分野占候的褒贬态度。而前述《钦定热河志》《钦定皇舆西域图志》等书则更是直接取缔了方志中沿袭已久的分野门，代之以记录经纬度信息的晷度门。晚清时期，张文虎说"或曰分野古矣，……今举而归之于经纬度，则古说皆非"[1]；光绪《新宁县志》谓"盖北极高度即古南北里差，东西偏度即古东西里差，可以实测验之，非同分野无稽"[2]，两者皆表示出推崇经纬实测、鄙弃天文分野的鲜明立场。民国年间大兴科学之风，人们更是重实测而诋分野，如《连江县志》即云："时至今日，经纬度数实测而知，审核之精晰及分秒，安用仍沿古说，墨守周天，直如四游归墟，不足深诘，此攻西算者所由深诋分野之无据也。"[3]而《威县志》则进一步改晷度门为经纬门，并明确称"经纬门不从天文分野旧说，以重实测"[4]。由此

---

① 《星土释跋》，叶 1a—1b。
② 何福海修，杜贋国纂：《（光绪）新宁县志》卷七《舆地略上·星度》，《新修方志丛刊》广东方志之七，台湾学生书局影印清光绪十九年刊本，1968 年，第 292 页。
③ 曹刚等修，邱景雍纂：《（民国）连江县志》卷二《纬候表·分野说》，《中国方志丛书》华南地方第 76 号影印民国十六年铅印本，成文出版社有限公司，1967 年，第 13 页。
④ 崔正春修，尚西宾纂：《（民国）威县志》卷一《凡例》，《中国方志丛书》华北地方第 517 号影印民国十八年铅印本，成文出版社有限公司，1976 年，第 21 页。

可见，传统分野说在西方测绘学的冲击之下，至晚清民国已被完全驱逐出地理之学，而为科学的经纬度测量所替代，这亦与上文所述分野学说走向终结的历史发展趋势相契合。

综上所述，自明清之际西学东渐以后，包括天文学、地理学和测绘学在内的西方科学传入中国，对传统分野学说造成了极大的冲击，大大加速了分野消亡的进程。特别是清末民国"提倡科学，反对迷信"成为社会之风尚，西方科学的天文地理知识日渐普及，在这种情况下，愚昧不堪的分野之说自然遭到了世人的一致唾弃。如光绪中，孙宝瑄览《周礼注疏》，评曰："保章氏掌观吉凶妖祥，又以十二次为九州分野，今日天文之学大明，始知古人所言陋妄。"[①]黄遵宪在概述晚清天文学时，也说："今试与近世天文家登台望气，抵掌谈论，谓分野属于九州，灾异职之三公，必有鄙夷不屑道者，盖实验多则虚论自少也。若近者西法推算愈密，……则占星之谬更不待辩而明矣。"[②]可见在西学风潮影响之下，传统分野说已为人所不齿。至民国年间，《重修安泽县志》谓"自科学发明，地球浑圆，五洲交通，万国大同"，而"星土之学谬戾相承"[③]。《邯郸县志》称"二十世纪科

---

① 孙宝瑄：《忘山庐日记》丁酉年（光绪二十三年）三月二十日条，《续修四库全书》影印上海图书馆藏抄本，第 579 册，第 449 页。
② 黄遵宪：《日本国志》卷九《天文志序》，《续修四库全书》影印清光绪十六年广州富文斋刻本，第 745 册，第 97 页。
③ 杨世瑛等修，王锡祯等纂：《（民国）安泽县志》卷二《舆地志·星野》，《中国方志丛书》华北地方第 89 号影印民国二十一年铅印本，成文出版社有限公司，1968 年，第 77 页。

学昌明,星斗之占,或近无稽谰语",故裁去旧志分野之说①。又前述竺可桢反对《浙江通志》设"星野"一卷,其理由亦是"星野之说,求之科学,全属诞妄"。以上诸说均是从近代科学昌明的角度对天文分野加以全盘否定的,说明此时科学观念已深入人心,传统分野旧说则已全无立锥之地。

以上所述传统分野学说走向末路的历程,从更宏观的历史背景来看,可以归属于中国社会近代化转型的范畴。自20世纪50年代以来,有关近代中国社会转型问题是中外学界讨论的一大热点。有学者指出中国社会由传统向近代的转型当肇始于明末清初,并从基层社会政治控制的松弛、商品经济的发展、资本主义萌芽的兴起、反专制主义思想之泛起、科学技术的进步等诸多方面加以论证②,但对于明清时期中国人如何走出愚昧走向科学的思想文化转变则似乎注意不多,本文的研究或许可以为此提供一个新的思路。此外,关于近代中国社会转型的动因,除邓嗣禹、费正清(John K. Fairbank)提出的"冲击—反应"说之外,有人主张中国社会转型的主因"来自传统社会内部结构的冲突和近世西方国家文明冲击形成的合力",而"后者决

---

① 李世昌等纂:《(民国)邯郸县志》卷首《凡例》,《中国方志丛书》华北地方第188号影印民国二十八年刊本,成文出版社有限公司,1969年,第61—62页。
② 参见高翔:《论清前期中国社会的近代化趋势》,《中国社会科学》2000年第4期,第178—189页;张显清:《明代后期社会转型研究》"导论",中国社会科学出版社,2008年,第1—29页。

定了中国社会转变的方向"①,本文对于内外双重因素共同导致分野说消亡、科学观确立的研究或许亦可为此说提供一个很好的范例。

---

①杨杭军:《走向近代化:清嘉道咸时期中国社会走向》"余论",中州古籍出版社,2001 年,第 410 页。

第六章　"普天之下"：传统天文分野说
中的世界图景与政治涵义

　　流行于中国古代社会的传统天文分野学说，集中反映了古代中国人对于天地关系的认知与想象，蕴涵着十分丰富的政治文化及思想文化内容。然而长期以来，学界有关天文分野的研究大多局限于理论源流、星占功能、地理系统等天文学史或地理学史范畴的议题①，而很少有学者从思想史、观念史的层面去发掘传统分野说的思想文化价值②，这为我们探究天文分野学说的思想世界留下了巨大空间。本文着眼于中国传统天下

① 如陈遵妫：《中国天文学史》，第 2 册，第 419—425 页；李勇：《中国古代的分野观》，《南京大学学报（哲学人文社会科学版）》1990 年第 5、6 期合刊，第169—179 页；江晓原：《天学真原》，第 223—229 页；王玉民：《中国古代二十八宿分野地理位置分析》，《自然科学与博物馆研究》第 2 卷，第 115—126 页；等等。
② 据笔者所知，仅唐晓峰教授从地理思想史的角度，对分野学说所体现出来的天命观做过专题研究，参见氏著《从混沌到秩序：中国上古地理思想史述论》第六章《分野理论：天命的区域化》，第 133—155 页。

观的视角,对历代分野说所体现出来的世界图景及其与国家政治版图之间的密切联系进行系统考察,并试图藉此重新思考这样一个老生常谈的问题:中国传统天下观向近代世界观的转变究竟是如何发生的? 希望本章的探索能够成为天文分野思想史研究的一个初步尝试。

第一节 "中国即世界":从分野说看中国传统天下观的内涵

分野学说起源于战国,它将天界星区与地理区域相互对应,其最初目的就是为了配合星占理论进行天象占测。如《周礼》谓保章氏掌天星,"以星土辨九州之地,所封封域,皆有分星,以观妖祥"[①],指的就是以分野星占预测人世间的休咎祸福。这种带有浓厚星占数术色彩的分野之说实质上反映的是古人"在天成象,在地成形"的传统宇宙观。在这种宇宙生成论之下,天地之间处于一种相互映射的状态,任何事物皆可与周天星宿相对应,如《汉书·天文志》即称"凡天文在图籍昭昭可知者,经星常宿中外官凡百一十八名,积数七百八十三星,皆有州、国、官、宫、物类之象"[②],东汉张衡亦云:"众星列布,体生于

---

①《周礼注疏》卷二六《春官·保章氏》,第 819 页。
②《汉书》卷二六《天文志》,第 1273 页。

地,精成于天,列居错峙,各有所属,在野象物,在朝象官,在人象事。"①而分野学说则是将这种天地相通、天地相应的思想具象化,使得周天星宿具体落实于某一地理区域。在这一过程中,人们选择多大范围的一片地理区域来与天文系统相对应,这就必然牵涉到当时人对地理世界的认知问题,换言之,它体现的是古代中国人的世界观。那么,传统分野说究竟向我们展现了一幅怎样的世界图景,又反映出什么样的文化地理观念,便是很值得探讨的问题。

天文分野从最初仅用于星占的实用学说到承载人们世界观的严密体系的变化大约发生于汉代。自《淮南子·天文训》及《史记·天官书》始将二十八宿分别对应于东周十三国及汉武帝十二州地理系统之后②,分野学说逐渐体现出世界观的象征性意义。如《汉书·地理志》将全国分为十三个分野区域分别介绍各地的人文地理状况③,就是藉助十三国分野来了解已知世界的。汉代以后,这种采用十三国与十二州地理系统的二十八宿及十二次分野说更是风靡于世,并逐渐与地理学紧密结合,成为人们认知世界的基本理论框架,屡见于各种地理总志、地方志及舆地图之中。

---

① 张守节《史记正义》引张衡语,见《史记》卷二七《天官书》,第 1289 页。
② 《淮南子集释》卷三《天文训》,第 272—274 页;《史记》卷二七《天官书》,第 1330 页。参见本书第二章。
③ 《汉书》卷二八下《地理志下》,第 1641—1669 页。

　　不过值得注意的是，无论是十三国还是十二州地理系统，就其整体地域格局而言，传统分野体系所涵盖的区域范围基本就是传统意义上的中国，而不包括周边四夷及邻近国家。对此北朝颜之推早已指明分野学说的这一地理特征，他在《颜氏家训》中对传统分野说提出一个疑问："乾象之大，列星之夥，何为分野止系中国？"①其所谓"分野止系中国"正是对汉代以来最为通行的二十八宿及十二次分野体系的准确概括②。此后历代学者谈及分野之说，亦多有类似的看法。譬如，北宋赵普称"五星二十八宿，在中国而不在四裔"③，元永嘉僧德儒谓"天之经星二十八宿，皆属中国分野而无余"④，清人阮葵生亦言"分野配以九州，而环海四夷概不与焉"⑤，表达的都是同一层意思。甚至就连明末清初的耶稣会士安文思（Gabriel de Magalhaes）也发现了同样的问题："他们把天空分为二十八个星宿，同时把中国分成许多地区，每一地区与这些星座中的一个相对应，用星座名称去称呼它们，不留一个给其余国家。"⑥安氏所说的这一现象指的就是中国人"分野止系中国"的传统观念。

---

① 王利器：《颜氏家训集解（增补本）》卷五《归心篇》，第 373 页。
② 其实，除最主流的二十八宿及十二次分野说之外，其他诸如五星、北斗、天市垣墙二十二星、女宿十二国星等分野说亦莫不将天星止系于中国。
③ 周密：《癸辛杂识》后集"十二分野"条引赵韩王疏，第 82 页。
④ 刘节纂修：《（嘉靖）南安府志》卷七《天文志·星野》"知府张弼评曰"引德儒语，第 304 页。
⑤ 阮葵生：《茶馀客话》卷一三"分野"条，中华书局，1960 年，第 372 页。
⑥〔葡〕安文思：《中国新史》，何高济、李申译，大象出版社，2004 年，第 39 页。

那么,传统分野说为何将全天星宿仅对应于中国呢?这就需要从中国古代星占学以及中国传统世界观两个方面去加以理解。

首先,"分野止系中国"是由中国传统星占学的适用范围所决定的。如前所述,分野学说原本是为天文星占服务的,而中国传统星占学主要是通过观测天象以预卜中国范围内的各种吉凶休咎之事,这就决定了与星占理论相配合的分野说必然要保证中国内部各个区域与周天众星一一对应,而忽略中国以外的其他地区。这从汉代至南北朝时期诸多分野星占文献往往会冠以"海中"之名即可得到鲜明的反映。

在《汉书·艺文志》及《隋书·经籍志》所著录的众多天文星占文献中,从书名来看,有一类典籍多以"海中"为名。如《汉书·艺文志》之《海中星占验》《海中五星经杂事》《海中五星顺逆》《海中二十八宿国分》《海中二十八宿臣分》《海中日月彗虹杂占》,《隋书·经籍志》之《海中星占》《星图海中占》《海中仙人占灾祥书》《海中仙人占体瞴及杂吉凶书》《海中仙人占吉凶要略》等①。关于"海中"之义,南宋王应麟认为此即"张衡所谓'海人之占'"②,后世学者大多因袭此说。如清人沈钦韩

---

① 《汉书》卷三〇《艺文志》,第1764页;《隋书》卷三四《经籍志三》,第1020—1038页。

② 王应麟:《汉艺文志考证》卷九天文类"《海中星占验》十二卷"条,张三夕、杨毅点校,中华书局,2011年,第272页。

即赞同王氏之说，并进一步解释道："愚谓海中混芒，比平地难验，著海中者，言其术精，算法亦有《海岛算经》。"①文廷式在引述王说之后，又评曰"观星者必于海中乃见其全，且验测海里得知远近，西汉已有海占之术，则当时远泛溟渤已有其人，且能仰测天文，要非浅识"②。王先谦《汉书补注》亦以"王、沈说是"③。其实，这些解释皆属望文生义，且王应麟所祖述的张衡原文是说"海人之占未存焉"④，故王、沈等人以"海人之占"来解释"海中"之义无异于缘木求鱼，不足取信。笔者注意到，顾炎武对"海中"一词有着与以上诸说迥然不同的解读：

> 《汉书·艺文志》："《海中星占验》十二卷，《海中五星经杂事》二十二卷，《海中五星顺逆》二十八卷，《海中二十八宿国分》二十八卷，《海中二十八宿臣分》二十八卷，《海中日月彗虹杂占》十八卷。"海中者，中国也，故《天文志》曰："甲乙海外，日月不占。"盖天象所临者广，而二十八宿专主中国，故曰"海中二十八宿"。⑤

①沈钦韩：《汉书疏证》卷二六《艺文志》"《海中星占验》十二卷"条，上册，第719页。

②文廷式：《纯常子枝语》卷二一，《续修四库全书》影印民国三十二年刻本，第1165册，第305页。

③王先谦：《汉书补注》卷三〇《艺文志》"《海中星占验》十二卷"条，上册，第898页。

④《续汉书·天文志序》注引张衡《灵宪》，见《后汉书》志一〇，第3217页。

⑤黄汝成：《日知录集释》卷三〇"海中五星二十八宿"条，下册，第1683页。

此处所引《汉书·天文志》"甲乙海外,日月不占"一语实出自《史记·天官书》,指的是一种十干分野星占之法,意谓"海外远,甲乙日时不以占候"①。顾炎武认为所谓"海中"者乃是与《汉书·天文志》之"海外"相对而言的,即指"海内",义为中国,此解可谓正中其鹄。上述诸多分野星占文献之所以皆冠有"海中"之名,当意在强调其星占学说独行于中国,为中国所用,而海外不得占也。这就是顾氏所谓"天象所临者广,而二十八宿专主中国"的原因所在。

其次,"分野止系中国"集中体现了古代中国人认为中华文化至上、"中国即世界"的传统天下观。天下观是古代中国人所特有的一种政治哲学和文化地理观念,它是中国传统世界观的核心。一般认为,古人所说的"天下"主要有两种涵义:就狭义而言,"天下"即指单一的政治社会——"中国";若从广义来说,"天下"则是"天之所覆,地之所载"的普天之下——"世界"②。这两种看似对立的"天下"涵义其实具有紧密的内在逻辑联系,所谓"天下"指"世界"并非近代意义上的世界万国观,

①裴骃《史记集解》引晋灼语,见《史记》卷二七《天官书》,第1332—1333页。
②参见〔日〕安部健夫:《中国人の天下觀念——政治思想史の試論》,(京都)ハーバード·燕京·同志社東方文化講座委員会,1956年,第98页;邢义田:《天下一家——传统中国天下观的形成》,《秦汉史论稿》,(台北)东大图书股份有限公司,1987年,第15页;〔日〕渡边信一郎:《中国古代的王权与天下秩序——从日中比较史的视角出发》,徐冲译,中华书局,2008年,第9—16页;于逢春:《时空坐标、形成路径与奠定:构筑中国疆域的文明板块研究》,黑龙江教育出版社,2013年,第358—362页。

而是一种"以中国为中心、以周边国族乃至整个世界为周边的同心圆式的世界观"①。在这种天下模式中,中国无疑占据着绝对主体地位,构成天下观的核心与内涵,而周边民族和国家则仅是中国的外缘,且往往充斥着很多鄙夷与想象的成分。由于受古代中国人"详近略远"、"重中央轻边缘"的世界地理观念②,以及中国文化至上的华夏中心主义思想的影响,由中国向外伸展出去的这部分"天下"之外延常常会被人们忽略。因此,中国传统天下观无论从狭义还是广义来看,其本质内核均表现为"天下"即"中国"、"中国"即"世界"的狭隘世界观。

关于古代中国人这种狭隘的天下观,早在明清之际,西方传教士即已对此有明确记述。晚明最早来华的耶稣会士利玛窦已指出,中国传统舆图所展现的地理空间仅限于中国十五省及四周海中的几座小岛,那些岛屿加在一起还不如中国最小的省大,故中国人"把自己的国家夸耀成整个世界,并把它叫做天下,意思是天底下的一切"③。清初神甫徐日升(Thomas Pereira)亦谓清朝统治者入主中原后产生了与关内中国人一样的自

---

①虞云国:《古代中国人的周边国族观——以〈文献通考·四裔考〉为中心》,《两宋历史文化丛稿》,上海人民出版社,2011年,第59页。
②参见罗志田:《先秦的五服制与古代的天下中国观》,原载《学人》第10辑,1996年,收入氏著《民族主义与近代中国思想》,(台北)三民书局,2011年,第3—4页。
③〔意〕利玛窦、〔比〕金尼阁(Nicolas Trigault):《利玛窦中国札记》第二卷第六章,何高济等译,中华书局,2012年,第179页。

大感,"以为一切都是属于那个他们高傲地称为'天下'的中国的一部分,好象除中国之外什么都不存在"①。利、徐二人对于中国人世界观的总结概括可谓切中肯綮。清末民初,中国人反思自身历史,对传统天下观亦有十分清醒的认识。1907年,杨度发表长文《金铁主义说》,其中谈及中国人的世界观,称数千年来,中国之人民"以为中国以外,无所谓世界,中国以外,亦无所谓国家。盖中国即世界,世界即中国,一而二二而一者也"②,一针见血地指明中国传统世界观的本质特征。钱穆在比较了东西方世界观的差异之后,说"西方于同一世界中,常有各国并立;东方则每每有即以一国当一世界之感"③,指的也是以中国为世界的传统观念。

这样一种狭隘的天下观,除具有"中国即世界"的地理特征之外,还浸透着古代中国人由衷的文化优越感和华夏中心主义意识。众所周知,古代中国以礼义文明区分华夷,盛行"内诸夏而外夷狄"、"严夷夏之防"的华夷之辨思想。在这种文化氛围之下,中国人始终把自己置于世界文明的中心和顶点,而蔑视

---

①〔美〕约瑟夫·塞比斯(Joseph Sebes):《耶稣会士徐日升关于中俄尼布楚谈判的日记》,王立人译,商务印书馆,1973年,第171页。

②杨度:《金铁主义说》第一节"今中国所处之世界",连载于《中国新报》第一至第五号,1907年1月20日—5月20日,收入刘晴波主编:《杨度集》,湖南人民出版社,2008年,上册,第213页。

③钱穆:《国史大纲(修订本)》"引论",商务印书馆,2006年,上册,第24页。又钱氏所著《中国文化史导论》亦称"中国自始就认为中国已是一个大世界"(商务印书馆,1994年,第55页)。

其他一切民族和国家。这种强烈的文化优越感和华夏中心主义意识亦构成中国传统天下观鲜明的文化特征①。

中国传统分野说之所以仅系于中国，而将中国以外的广大地区排斥于分野体系之外，归根结底就是源自于上述这种具有高度文化优越感的传统天下观，对此古人早有申说。据唐李淳风《乙巳占》记载，曾有人向其表达对于"分野止系中国"的困惑，李淳风遂针对这一问题做了一番充满华夷之辨色彩的解答：

> 或人问曰："天高不极，地厚无穷，凡在生灵，咸蒙覆载，而上分辰宿，下列侯王，分野独擅于中华，星次不霑于荒服。至于蛮夷君长、狄戎虏酋豪，更禀英奇，并资山岳，岂容变化应验全无，岂日月私照？意所未详，冀尔达人，以祛所惑。"
>
> 淳风答之曰："昔者周公，列圣之宗也，挟辅成王，定鼎河洛，辩方正位，处厥土中，都之以阴阳，隔之以寒暑，以为四交之中，当二仪之正，是以建国焉。故知华夏者，道德、礼乐、忠信之秀气也，故圣人处焉，君子生焉。彼四夷者，

①参见〔韩〕全海宗：《试论东亚古代文化中心与周边问题》，原载韩国《东洋史学研究》第 8、9 辑，1975 年，收入氏著《中韩关系史论集》，全善姬译，中国社会科学出版社，1997 年，第 299 页；葛兆光：《古代中国人的天下观念》，《九州》第 4 辑中国地理学史专号，商务印书馆，2007 年，第 125 页。

北狄洹寒,穹庐野牧;南蛮水族,暑湿郁蒸;东夷穴处,寄托海隅;西戎毡裘,爱居瀚海。莫不残暴狼戾,鸟语兽音,炎凉气偏,风土愤薄,人面兽心,宴安鸩毒,以此而况,岂得与中夏皆同日而言哉?故孔子曰'夷狄之有君,不如诸夏之亡',此之谓也。是故越裳重译,匈奴稽颡,肃慎献矢,西戎听律,莫不航海梯山,远方致贡,人畜内首,殊类宅心,以此而言,四夷宗中国之验也。故孔子曰:'为政以德,譬如北辰,居其所而众星拱之。'"①

这段文字是目前所见对分野学说背后的深层思想文化加以阐释的最早记载。李淳风作为精通星占的天文学家,他对分野体系的解读可谓具有相当的代表性。据他所言,华夏乃是礼乐道德文明之邦,而周边四夷则是人面兽心的野蛮之地,不可与华夏同日而语,故"分野独擅于中华,星次不需于荒服"。一方面,此说极力渲染夷夏之别,强调华夷之间的文化差异,贬低周边民族,是中华文化至上论的典型代表;另一方面,他指出中国与四夷不可相提并论,与周天星宿相对应的地理世界只能是中国,而绝不包括夷狄,又明显流露出天下即中国的狭隘世界观。当这两种思想交织在一起,所体现出来的就是具有高度文化优越感、认为"中国即世界"的传统天下观。

①《乙巳占》卷三《分野》,叶 19b—20a。

　　自唐代以后，每当中国深受外族威胁、民族矛盾尖锐的时期，分野学说所承载的这种带有强烈华夷之辨色彩的世界观念便不断被人发掘和宣扬。北宋石介所作名篇《中国论》就有一段专门从天文分野角度论述华夷关系的文字："仰观于天，则二十八舍在焉；俯观于地，则九州分野在焉；中观于人，则君臣、父子、夫妇、兄弟、宾客、朋友之位在焉。非二十八舍、九州分野之内，非君臣、父子、夫妇、兄弟、宾客、朋友之位，皆夷狄也。二十八舍之外干乎二十八舍之内，是乱天常也；九州分野之外入乎九州分野之内，是易地理也。……苟天常乱于上，地理易于下，人道悖于中，国不为中国矣。"①在他看来，二十八宿分野只可系于中国九州，而夷狄绝不能入乎分野体系之内，否则将严重扰乱天地秩序，中国无以自存，这种充满民族主义情绪的狭隘论调显然是与李淳风之说一脉相承的。此后，明郎瑛谓"中国所以为中国者，以天文四七，分野俱在华夏，故曰中天；八荒旷邈，星象亦难于占视，虽与之同覆，不可纪也"②，实际上暗含的也是与石介相同的意思。又明末黄道时将二十八宿对应两京十三布政使司的分野体系绘制成《十三省分野图》（图6-1），其图跋称"自古在昔分中国为十二洲（州），天有星辰，地有方域，

---

①石介：《徂徕石先生全集》卷一〇《中国论》，陈植锷点校，中华书局，1984年，第116页。
②郎瑛：《七修续稿·义理类》"中国"条，《续修四库全书》影印明刻本，第1123册，第356页。

六合之外存而不论,舆舟之所穷,置之可也"①,意谓"分野止系中国"乃是自古以来的"真理",中国以外虽舟车可至,但仍当置而不论。与此图类似的还有同时期张汝璧所绘《中国分野图》②,

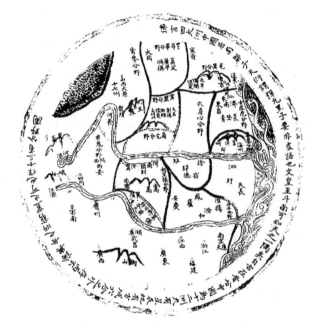

图 6-1　《十三省分野图》

(采自黄道时:《天文三十六全图》,《续修四库全书》影印明崇祯十一年彩绘本,第 1031 册,第 572 页)

①黄道时:《天文三十六全图》之《十三省分野图》,《续修四库全书》影印明崇祯十一年彩绘本,第 1031 册,第 572 页。以上文字见该图外圈回形跋文。
②张汝璧:《天官图》之《中国分野图》,《续修四库全书》影印咸丰三年来宪伊抄本,第 1031 册,第 370 页。

这类图像生动形象地展现了古代中国人唯我独尊、无视域外的传统天下图式。

总而言之，分野学说呈现给我们的世界图景其实就是传统中国的地理区域。古代中国人之所以"分野止系中国"，如就实用目的而言，是出于天文星占为中国所用的需要，但若进一步追究其背后的深层思想文化根源，我们透过天文分野所看到的，实则是一种基于中华文化至上的华夏中心主义意识，以为"中国即世界"的狭隘世界观，而这正是中国传统天下观的内涵与核心。

不过，还需在此附带说明的是，尽管以二十八宿及十二次分野为代表的主流分野学说皆以天星对应中国，但也有一些次要的分野说亦为诸夷狄设定了相应的分星。如青丘七星"主东方三夷"①，狗国四星主"鲜卑、乌丸、沃沮"②，天狼星主"西羌、吐蕃、蕃浑及西南徼外夷"等（参见本书第一章第四节之"夷狄诸星分野说"）③。这只是天文家为占测中国与周边夷狄之间的战事而设计的星占理论，那些与夷狄相对应的诸星多处于三垣二十八宿天文系统的边缘，且往往以贱名称之，根本无法与二十八宿、十二次那样的主体星区相提并论。这种夷狄诸星分野说实际上仅仅是二十八宿及十二次分野"止系中国"的一种

---

① 《乾象通鉴》卷九四《青丘星统占》引《甘德占》，第 260 页。
② 《开元占经》卷七〇《狗国星占》引《甘氏（星经薄）赞》，文渊阁《四库全书》本，第 690 页。
③ 《旧唐书》卷三六《天文志下》，第 1313 页。

补充而已,它们所反映的实质上仍然是具有强烈华夷之辨色彩的传统文化地理观念。

第二节 疆域主权与政治臣属：分野学说的政治涵义

如上所述,传统分野说展示给世人的是一幅"中国即世界"的天下图景。我们知道,自秦汉以后所谓"中国"的具体区域范围是随着历代中原王朝疆域的变化而不断变动的,这种联动性在历代分野区域的调整中亦可得到清晰的反映。伴随着国家政治版图的伸缩与扩张,"分野止系中国"除了体现一种世界观之外,又逐渐衍生出某些特殊的政治涵义与政治功能,这是前人从未注意到的问题,值得做一番深入细致的研究。

中国传统分野说虽然其理论体系自汉代以降保持长期稳定,但其具体的分野区域却是随着历代统一王朝疆域的变迁而处于不断调整变动之中。二十八宿对应战国七雄以及周、宋、鲁、卫、吴、越十三国的分野说形成于西汉前期,从《越绝书·记军气篇》所标注的汉代地名来看,早期十三国分野区域大致与东周列国故地相当[1]。然至汉武帝北击匈奴、南取百越、东破

———————

[1]《越绝书》外传《记军气》,李步嘉:《越绝书校释》卷一二,第290—291页。据周生春考证,此篇文字可能成于汉武帝元狩年间(参见《〈越绝书〉成书年代及作者新探》,《中华文史论丛》第49辑,1992年,第129—130页),故它所反映的应是西汉前期的分野体系。

朝鲜、西平诸夷,汉朝疆域大幅拓展,以致汉代分野区域发生重大变化:一方面,唐都将二十八宿直接对应于武帝所设十二州,从而创立了一套新的分野地理系统;另一方面,刘向对十三国分野区域重新做了大规模的调整,将新开拓的疆土纳入这一既有的分野系统①。这种新的十二州及十三国分野地理系统随后趋于定型,成为两种经典的分野模式(参见本书第二章)。此后,历代统一王朝皆习惯于将本朝疆域和行政区划纳入传统分野的框架之中。如《旧唐书·天文志》谓"贞观中,李淳风撰《法象志》,始以唐之州县配焉"②,北宋重修《灵台秘苑》追叙分野源流,称"一行作《大衍历考古》,以十道州郡配以参之"③,说明唐人即将本朝疆土纳入传统分野体系。在宋代文献中,有关以宋朝疆域配入分野的记载更为常见。如税安礼《历代地理指掌图》所收《二十八舍辰次分野之图》即于传统十三国及十二州分野地理系统之后标注相应的宋代路分④,且有证据表明,宋代《国史·地理志》也包含有各路分野的内容⑤。此后,元明

①详见《汉书》卷二八下《地理志下》,第 1641—1669 页。
②《旧唐书》卷三六《天文志下》,第 1311 页。
③北周庾季才原撰,北宋王安礼等重修:《灵台秘苑》卷三《十二分野》,第 25 页。《新唐书·地理志》所记十道分野,盖即取自一行之说。
④《宋本历代地理指掌图》,第 80—83 页。
⑤周淙纂修:《(乾道)临安志》卷二"星度分野"云:"《国史·地理志》,两浙路当天文南斗、须女之分。"(《宋元方志丛刊》本,第 4 册,第 3222 页)相同记载亦见于淳熙《严州图经》卷一"分野"(《宋元方志丛刊》影印清光绪二十二年《渐西村居汇刊》本,第 5 册,第 4286 页)。此《国史》当指北宋所修《三朝国史》或《两朝国史》。

清时期各朝官修《一统志》等诸多地理文献亦莫不将本朝疆域范围内的省府州郡纳入传统分野说。

由此可见,分野体系下的地理系统是与历代统一王朝疆域的沿革变迁密切相关的。这种高度的联动性使得分野地理区域不再仅仅是十三国、十二州那样的经典记述,而是被赋予了国家政治版图的现实意义,并衍生出一些独特的政治属性。从这个意义上来说,分野与地图颇有相似之处。

法国哲学家福柯(Michel Foucault)指出,地图所呈现给我们的"疆土"是一片由政治权力所控制的区域[1],它暗含有国家版图和领土主权等政治要素。因此,从国家政治的角度来看,地图就是国家的象征符号[2],它具有标识国家疆域范围、宣示领土主权、强化版图意识等重要的政治作用[3]。由于分野地理区域与王朝疆域紧密联系在一起,所以它也逐渐体现出某些与地图类似的政治功能,这主要表现在利用分野以标识国家疆

---

[1]〔法〕福柯:《权力的地理学》,《权力的眼睛——福柯访谈录》,严锋译,上海人民出版社,1997年,第204页。

[2]〔美〕马克·蒙莫尼尔(Mark Monmonier):《会说谎的地图》,黄义军译,商务印书馆,2012年,第107—110页。

[3]参见牛汝辰:《地图测绘与中国疆域变迁》,《测绘科学》第29卷第3期,2004年6月,第73—80页;〔英〕杰里米·布莱克(Jeremy Black):《地图的历史》,张澜译,希望出版社,2006年,第171页;邹逸麟:《论清一代关于疆土版图观念的嬗变》,《历史地理》第24辑,上海人民出版社,2010年,第41—53页。

域、宣示政治主权方面①。此外，我们还能看到，明清时期的某
种分野说打破"分野止系中国"的传统，将朝鲜、安南、琉球三个
周边国家也纳入分野体系，以凸显中国与这些藩国之间的政治
臣属关系，这又是普通地图所不具备而为分野所独有的一项政
治功能，值得引起研究者的关注。以下分别对分野地理区域所
蕴含的这两种政治涵义做一具体的分析和探讨。

（一）天文分野所反映的国家疆域与政治主权

自汉代以降，历代王朝均习惯将本朝实际统治的区域纳入
传统天文分野体系，这就使分野逐渐衍变成为王朝疆域的一种
象征，故《大明一统赋》称"分野既明，疆域乃奠"②。既然分野
与政治版图有如此紧密的联系，那么这就要求分野地理区域必
须与各朝疆域范围相符，从而达到"画分野以正疆域"③的目
的。在此过程中，分野地理区域的调整自然衍生出了标识国家
疆域、宣示领土主权的政治作用。譬如，西汉后期刘向重新划
定十三国分野区域，将元鼎以后陆续创置的河西四郡以及平西

---

①"政治主权"是现代国家形成之后产生的政治概念，指的是国家对其管辖区
　域所拥有的政治权力。中国古代虽然没有明确的"主权"观念，但历代王朝
　开疆拓土，并采取各种措施将新开辟区域纳入朝廷管辖，其行为颇有现代国
　家宣示领土主权的象征意义，故本文亦借用"政治主权"这一语汇来说明天
　文分野在标识国家疆域版图中的政治作用。
②莫旦：《大明一统赋》卷上，第9页。
③程敏政：《篁墩程先生文集》卷一三《河间府真武庙记》，叶3b。

南夷之后增设的牂柯、越嶲、益州三郡,均归于秦地分野;元封三年(前108)击破朝鲜后所设乐浪、玄菟二郡,划入燕之分野;此外又将原越国故地划归吴分野,而改以新设苍梧、南海等岭南诸郡为越之分野。其目的就是为了使汉初开创的十三国分野地理系统与汉武帝时期形成的帝国版图相适应,从而藉此展示汉朝疆域所至及其对新开辟区域的领土主权。

关于分野区域调整所反映出来的这种国家疆界及政治主权象征意义,在清前期疆域开拓过程中表现得最为明显。明清鼎革,满洲人入主中原,以中国自居,并大力开疆拓土,缔造了空前辽阔的大一统帝国①,奠定了现代中国的地理版图。伴随着领土的扩张,如何将新获领土融入中国疆域便是一个首要的政治问题。为此清朝统治者采取了诸如设官分职、建立州县、编纂方志、绘制地图等一系列政治举措,以强化中国对这些地区的政治统属。此外,为这些新开拓的疆土设定分野,从而将其纳入中国传统的分野地理系统,也是清人试图使新辟区域中国化的努力之一。在自宋代以后数术文化早已衰落的背景下,此举绝非出于什么星占的目的,而是为了借用天文分野这种传统文化来宣示国家疆域与政治主权。

先从东北方向来说,传统分野区域最远仅及于辽东。然因

---

① 《清史稿》卷五四《地理志序》谓清朝疆域"东极三姓所属库页岛,西极新疆疏勒至于葱岭,北极外兴安岭,南极广东琼州之崖山"(中华书局,1976年,第1891页),远远超出了传统中国的地理区域。

满洲人在后金时期征服辽东以北长白山、索伦、东海、呼尔哈等
诸部族之后,遂将松花江、黑龙江流域以至库页岛在内的大片
地区并入版图,后置宁古塔将军(后改为吉林将军)及黑龙江将
军加以统辖,于是清人遂将该区域亦列入分野。始修于康熙二
十四年(1685),至乾隆五年(1740)成书的第一部《大清一统
志》[1],即于宁古塔及黑龙江下明确记云"天文尾、箕分野,析木
之次"[2],按照传统分野说,当属燕—幽州分野区。这种做法是
前所未有的事情。据史臣所进《一统志表》称,此书旨在"上核
分野于躔次之合,下表封略与组绣之错",又清高宗御制序亦谓
此书"星野所占,坤舆所载,……眉列掌示"[3]。可见清前期人
们仍沿袭传统观念,认为分野与封略疆域存在天然的对应关
系,"坤舆所载"即当为"星野所占"。那么,属于清朝统治之
下、坤舆之内的东北部族地区自然也当有分星相应,这其中所
体现的可以说就是一种领土主权的象征意义。

北部蒙古向来非中国之地,故不在分野体系之内。然至清
初经略朔漠,招致诸部归附,后又"设理藩院以统之,盖奉正朔、

①参见牛润珍、张慧:《〈大清一统志〉纂修考述》,《清史研究》2008 年第 1 期,
　第 136—141 页。
②蒋廷锡、王安国等纂修:《大清一统志》卷三五"宁古塔",清乾隆九年刻本,
　叶 1a;卷三六"黑龙江",叶 1a。乾隆及嘉庆重修《大清一统志》所记同,惟改
　"宁古塔"为"吉林"。
③乾隆八年《进一统志表》及九年《御制大清一统志序》,见清乾隆九年刻本
　《大清一统志》卷首。

隶版图者,部落二十有五,为旗五十有一,并同内八旗,藩封万里,中外一家,旷古所未有"①。因此,康熙初修《大清一统志》于外藩蒙古统部下称"天文昴、毕及尾、箕分野,躔大梁、析木之次",当属赵—冀州及燕—幽州分野区,从而明确将蒙古五十一旗纳入中国传统分野体系,同样象征着清朝对于蒙古诸部的政治统辖。

至于西部的西藏、新疆,我们也能找到清朝将其列入分野的明确证据。西藏"前代遣使,徒事羁縻,从未内附"②,至清初达赖、班禅始遣使归诚,接受清朝册封。康熙末雍正初,清军入藏平定策妄阿拉布坦及罗卜藏丹津之乱后,始设驻藏大臣监督西藏政务,从而确立了对西藏的政治控制。此后不久,清人即着手考定西藏分野问题。雍正七年(1729)纂修之《四川通志·凡例》星野条云:"今西藏悉归版图,则躔次度数较往时图象自宜恢廓,乃质之天官家,云古制未载,难以悬定,故暂从阙疑,俟将来有所考订,再为补入。"③这段记载说明,西藏本无星宿相应,但自其入中国版图之后,朝廷就必须为其设定分野,这显然有宣示政治统治合法性的目的,只不过当时关于西藏分星尚存分歧,悬而未决,故暂付阙如罢了。曾随岳钟琪入藏参赞军务

①康熙初修《大清一统志》卷三四四"外藩蒙古统部",叶 3b。
②黄廷桂修,张晋生纂:《(雍正)四川通志》卷二一《西域志序》,文渊阁《四库全书》本,第 560 册,第 166 页。
③《(雍正)四川通志·凡例》,第 6 页。

达五年之久的王我师在其后所著《藏炉总记》一书中，开篇即明确称西藏为天文"井、鬼之分野"①，即属秦—雍州分野区，可能就是最终确定的西藏分野说。

乾隆二十年（1755）至二十四年，清军先后平定准噶尔及回部，"西域全地悉归版图"②。然早在二十年初次平定准噶尔时，清高宗已明确要求考定新疆之分野，其上谕云："西师奏凯，大兵直抵伊犁，准噶尔诸部尽入版图。其星辰分野、日月出入、昼夜节气时刻，宜载入《时宪书》，颁赐正朔；其山川道里应详细相度，载入《皇舆全图》，以昭中外一统之盛。"③这道谕旨明确表示要将西域星辰分野载入《时宪书》以备颁赐正朔，并将此事与《皇舆全图》内增入新疆部分相提并论，皆旨在向中外宣示清朝"大一统"之盛，其政治意图彰明较著。此后，清高宗多次命人前往西域实地测量，悉心考订，并将测绘结果编辑成书，至二十七年纂成《皇舆西域图志》。此书专设分野一门④，详细记载新疆各地分野情况，其内容大概是说西域分野当为"星分参、井之躔"⑤，即分属魏—益州及秦—雍州两个分野区，其具体的

---

①王我师：《藏炉总记》，光绪十七年上海著易堂《小方壶斋舆地丛钞》本，第三帙叶 26a。

②《钦定皇舆西域图志·凡例》，叶 1a。

③《高宗纯皇帝实录》卷四九〇乾隆二十年六月癸丑，《清实录》，第 15 册，第 164 页。

④鄂尔泰、张廷玉等纂：《国朝宫史》卷三〇《书籍九·志乘》"《皇舆西域图志》"条，文渊阁《四库全书》本，第 657 册，第 552 页。

⑤乾隆二十七年《进西域图志表》，见《钦定皇舆西域图志》卷首表文，叶 5a。

划分方式是"以京师偏西十八度三十二分至四十度三十三分（今为东经 97°53′—75°52′），当属井宿；自偏西四十度三十三分至四十七度（今为东经 75°52′—69°25′），当属参宿，而始尽夫天山南北路、准回诸境"①。清朝由此将整个新疆地区融入了中国疆域，可见设定分野在确立国家统治过程中的重要作用。

最能体现天文分野之政治主权象征意义的例子是台湾。台湾孤悬海外，"历汉唐宋明未入版图"②，故不入分野。但至康熙二十二年（1683），清军攻占台湾，"荒服之地亦入版图，设郡县，立学校，规制与内郡等"③。次年，首任台湾知府蒋毓英甫一到任，即命人编纂《台湾府志》，以备清修《一统志》采辑，至康熙二十五年便已告成④。此书首次对台湾分野做了明确考定："台湾远隔大海，番彝荒岛，不入职方，分野之辨未有定指。……按考台湾地势，极于南而迤于东，计其道里，当在女、

---

① 《钦定皇舆西域图志》卷七《晷度二》，叶 19a—19b。乾隆二十七年所修《皇舆西域图志》今已佚失难觅，现存者皆为四十七年增修本，今本虽已改分野门为晷度门，但仍保存有若干旧本分野佚文。

② 康熙三十四年朱绣《台湾府志跋》，见靳治扬修、高拱乾纂：《（康熙）台湾府志》卷首，《中国方志丛书》台湾地区第 1 号影印清康熙三十五年序刊补刻本，成文出版社有限公司，1983 年，第 83—84 页。

③ 康熙五十一年周元文《重修台湾府志序》，见宋永清、周元文增修：《（康熙）重修台湾府志》卷首，《中国方志丛书》台湾地区第 2 号影印康熙五十一年刊本，成文出版社有限公司，1983 年，第 99—100 页。

④ 参见陈秉仁：《第一部〈台湾府志〉考辨》，《图书馆杂志》1983 年第 1 期，第 61—63 页。

虚之交,为南纪之极,亦当附于扬州之境,以彰一统之盛焉。"①
即将台湾划归扬州分野区,其分星定为女、虚二宿。此后,历次
重修《台湾府志》亦皆有台湾分野的内容,只不过后经学者仔细
考证,认为"台星野终必以牛、女为定衡"②,遂对台湾分星加以
修正,后又为雍正《福建通志》及《大清一统志》所采纳。关于
台湾被列入分野的政治意义,首部《台湾府志》已明确指出乃是
出于彰显"大一统"的政治目的,若再进一步说,就是为了宣示
清朝对台湾的领土主权。乾隆五年重修《台湾府志·星野志
序》谓"我皇上统驭三辰,光被无外,牧斯土者率上应列宿"③,
意谓凡清朝统驭之地皆当配以星宿④,如今台湾既已为中国疆
土,自然应被列入分野,即将台湾分野背后所隐藏的政治主权
诉求和盘托出。

综观清朝陆续将吉林、黑龙江、蒙古、西藏、新疆、台湾等新
辟领土纳入中国传统分野体系的一系列举措,我们不难看出,
其最终目的就是要使这些地区融入中国疆域,宣示中国对它们

---

① 蒋毓英等纂:《(康熙)台湾府志》卷一"分野",《续修四库全书》影印清康熙
刻本,第 712 册,第 329 页。
② 康熙三十五年高拱乾纂《(康熙)台湾府志》卷一《封域志·星野》,第 136—
139 页。
③ 刘良璧等纂修:《重修福建台湾府志》卷一"星野",第 213 页。
④ 吴宗周修、欧阳曙纂《(光绪)湄潭县志》卷一《天文志序》称"既入皇图,应
占星野"(《中国方志丛书》华南地方第 275 号影印清光绪二十五年刊本,成
文出版社有限公司,1974 年,第 39 页),表达也是与《台湾府志》相同的
意思。

的政治控制和统辖。在这一过程中，即充分体现出分野区域象征国家疆域及领土主权的政治涵义。

需要特别说明的是，调整分野区域以标识国家疆界的政治功能也同样适用于中国疆域收缩的朝代，下面这个例子就颇有代表性。北宋哲宗时期成书的《历代地理指掌图》收录了一幅《唐一行山河两戒图》（图6-2[彩插四]）①，此图乃是根据僧一行山河两戒分野说绘制而成的。按照一行的理论，所谓"两戒"是指中国南北两条主要山系，其中"北戒"的大致走向是西起三危、积石，向东至终南山北侧，过华山，东逾黄河，沿底柱、太行北上，经恒山西侧，连接长城，直达辽东②。但唐晓峰教授注意到，这幅《山河两戒图》竟然将长城以内的燕云十六州置于北戒山系之外③，这既与一行原意相悖，而且也不符合宋人认为"中原土壤北属幽燕，以长城为境"④的传统地理观念。其实，这个问题不能简单地归因于作者的"讹误"，而应从分野区域反映宋辽实际疆界的角度去加以理解。众所周知，宋代疆域较之汉唐

①《宋本历代地理指掌图》，第84—85页。
②《新唐书》卷三一《天文志一》，第817页。参见唐晓峰：《跋宋版"唐一行山河两戒图"》，《跋涉集——北京大学历史系考古专业七五届毕业生论文集》，第249页。
③唐晓峰：《从混沌到秩序：中国上古地理思想史述论》，第151页。
④南宋淳祐七年（1247）王致远《坠理图》跋文，录文见钱正、姚世英：《坠理图碑》，曹婉如等编：《中国古代地图集[战国—元]》，第46—47页。原图文字磨损严重，录文据《江苏通志稿·金石志》（见《石刻史料新编》第1辑，新文丰出版公司，1982年，第13册，第9888—9889页）补正。

大为收缩，其中一个主要原因是契丹崛兴，侵占燕云，以致北宋时期的华夷界限由长城退缩至宋辽边界白沟，这一重大的疆域变化必然会引发分野区域的调整与变动。从这幅《山河两戒图》所标注的地名来看，此图反映的大体是北宋时期的地理建置，故其之所以将燕云十六州划在北戒之外，很可能就是出于现实政治因素的考量而做出的相应调整①，它凸显了宋人的国家边界意识②。这个例证可以从另一个角度说明分野区域体现国家疆域主权范围的政治作用。

（二）明清分野体系下的政治臣属关系

天文分野象征国家疆域及领土主权的政治涵义是在"分野止系中国"的框架下体现出来的。然而笔者注意到，明清时期还存在着一种特殊的分野说，其分野区域突破了当时中国的疆域范围，进一步向外延伸至朝鲜、安南、琉球三个周边国家。这

①与之类似，北宋宣和三年（1121）所刻《九域守令图》按照当时实际的控制范围来描绘宋朝疆域，其北界止于雄州，亦与宋辽边界相吻合，参见郑锡煌：《九域守令图研究》，《中国古代地图集［战国—元］》，第35—40页；林岗：《从古地图看中国的疆域及其观念》，《北京大学学报（哲学社会科学版）》第47卷第3期，2010年，第49页。因分野与地图在标识国家疆界方面具有一定的相似性，所以宋人根据宋辽之间的实际界限调整《山河两戒图》北戒位置是完全有可能的。

②关于国家边界在宋代的重要性及其思想影响，参见陶晋生：《宋辽关系史研究》，中华书局，2008年，第84—85页；葛兆光：《"中国"意识在宋代的凸显——关于近世民族主义思想的一个远源》，《宅兹中国：重建有关"中国"的历史论述》，中华书局，2011年，第49—54页。

种看似与历史传统相矛盾的分野说甚至还是一种朝廷官方的思想观念。

自战国秦汉以来的历代分野说皆秉承"分野止系中国"的传统①，但至明清时期却出现了将中国以外的周边国家纳入分野的情况。明正德七年（1512），翰林院编修湛若水奉命出使安南，册封黎䵮为安南国王，作有名篇《交南赋》。其赋有辞曰"南翼轸而朱鸟兮，帝炎帝而神祝融"，小注云："安南分野，翼、轸之南，朱鸟之地。"又有"曳鹑尾之阛阓"句，小注谓"《地理志》分以安南为鹑尾"②，当指《新唐书·地理志》以安南都护府所辖之地为鹑尾分野，故今安南国亦当为鹑尾之分。这是目前所见最早将邻国安南列入中国传统分野体系的记载，尽管此说出自文学作品，但因湛若水时任安南国王册封使，故其说或许代表的就是朝廷的思想观念。后此说又被采入清朝官修《大清一统志》，称安南"天文翼、轸分野，鹑尾之次"③，按照传统分野说，当附属于楚—荆州分野区。

---

① 《新唐书·天文志》载一行分野说，谓尾箕分野"尽朝鲜三韩之地"，似已将朝鲜纳入分野体系。其实，这只是对《汉书·地理志》将武帝拓边所得朝鲜乐浪、玄菟二郡列入尾箕分野的客观描述，并无将朝鲜纳入中国分野之意，《旧唐书·天文志》"尾箕分野"条小注即称"乐浪在朝鲜县，玄菟在高句骊县，今皆在东夷"。后北宋重修《灵台秘苑》及元《太乙统宗宝鉴》称高丽亦属尾箕分野，则又皆误解一行之说。

② 湛若水：《甘泉先生文集·内编》卷二四《交南赋》，北京大学图书馆藏明嘉靖十五年刊本，叶 23a、叶 27a—27b。

③ 康熙初修《大清一统志》卷三五四"安南"，叶 1a。乾隆及嘉庆重修本同。

朝鲜向来仰慕中华文化，很早就表现出希望融入中国分野体系的愿望，如明永乐九年（1411）李朝太宗即云："予观《文献通考》，二十八宿布列于天，列国各在列宿分度之内。……予以为我国在尾、箕分度。"①不过，关于明朝将朝鲜列入分野的明确记载则相对较晚，就目前所知，最早见于万历二十一年（1593）刘黄裳、袁黄率军入朝抗倭时所携谕朝咨文："今倭夷逞强，其势必亡，尔国虽微，其势必兴，试相与筹之。先论天道，朝鲜分野属析木之次，上年木星躔寅而日本来侵，是我得岁，而彼侵之，逆天而行，虽强亦弱，一也。"②此处借天象星占以说明朝日之间的强弱之势，其中谓"朝鲜分野属析木之次"，即附于燕—幽州分野区，明确将朝鲜视为中国分野地理系统的一部分来看待。后清朝亦继承了明廷的这一立场，于《大清一统志》朝鲜条下记云"天文箕星分野，析津（即析木）之次"③。

除安南、朝鲜之外，琉球至清代亦被纳入分野体系。康熙五十七年（1718），清廷命翰林院检讨海宝、编修徐葆光赴琉球，册封尚敬为中山国王，并遣内廷八品官平安、监生丰盛额同往测量琉球天文道里，归国后撰成《中山传信录》进呈。此书经实地测量考证，首次明确记载"琉球分野与扬州、吴越同属女、牛、

---

① 《太宗恭定大王实录》卷二一太宗十一年正月丙寅，《李朝实录》，（东京）学习院东洋文化研究所影印本，1954 年，第 4 册，第 2 页。
② 《宣祖昭敬大王实录》卷三四宣祖二十六年正月壬戌，《李朝实录》，第 27 册，第 437 页。
③ 康熙初修《大清一统志》卷三五三"朝鲜"，叶 1a。乾隆及嘉庆重修本同。

星纪之次,俱在丑宫"①,即将琉球依附于吴越—扬州分野区,并绘有《琉球星野图》。后此说又转载于周煌《琉球国志略》及潘相《琉球入学见闻录》。康熙初修《大清一统志》虽未载琉球分野,但至嘉庆重修时,特增补此项内容,称琉球"天文牛、女分野"②。

明清时期的分野体系开始打破"分野止系中国"的传统,将其分野地理区域由中国疆域向外延伸至朝鲜、安南、琉球等周边国家③。尤其是清朝甚至将这种分野说载入《大清一统志》,从而使其完全成为一种官方的分野思想,产生了很大的社会影响。那么,我们应当如何理解这样一种看似有悖传统的分野体系,它又具有什么特殊的政治涵义呢? 这就牵涉到明清朝贡体制及对外关系问题。

明清时期形成了一个以中国为核心、以朝贡关系为纽带连结而成的国际政治经济秩序体系,一般称之为朝贡体制,它构成了明清中国对外关系的基本模式。一般认为,明清时代的朝贡国按照其与中国政治关系亲疏程度的不同,大致可以分为以

---

① 徐葆光:《中山传信录》卷四"星野",《续修四库全书》影印清康熙六十年二友斋刻本,第 745 册,第 502 页。
② 穆彰阿、潘锡恩等纂:《大清一统志》卷五五一"琉球",《嘉庆重修一统志》影印《四部丛刊续编》本,中华书局,1986 年,第 34 册,第 27129 页。
③ 清乾隆中人沈可培又谓缅甸属井鬼—秦之分野,日本属斗牛女—吴越之分野,见《溯源问答》卷一〇,《四库未收书辑刊》第 7 辑影印清嘉庆二十年雪浪斋刻本,第 11 册,北京出版社,2000 年,第 609 页。按此系沈氏一家之言,并非官方说法,故无任何政治影响,可置而不论。

下三种类型：一是具有较强政治臣属关系的典型朝贡国，二是表面上接受册封、实无主从关系的一般性朝贡国，三是纯粹为贡赐贸易而来的名义上的朝贡国①。而朝鲜、安南、琉球三国长期以来都是明清两朝最为典型的朝贡国，它们与中国结成了稳定的宗藩关系，其最重要的两个特征就是奉正朔与遣使册封。

朝鲜、安南、琉球自明至清皆奉中国正朔，行中朝年号、历法，这是此三国臣属于明清王朝的首要特征。朝鲜自洪武二年（1369）请封纳贡，用明年号②，后"奉天朝正朔，朝贡二百年，输忠效顺若一日"③。明清鼎革之后，朝鲜亦贡献于清，为其属国，"每岁贡使，于冬至时领颁历，奉正朔"④。安南之臣事明朝，明人记云："自宣庙来，安南奉正朔，益处朝廷，礼数与朝鲜

①参见〔韩〕全海宗：《韩中朝贡关系概观——韩中关系史鸟瞰》，原载韩国《东洋史学研究》第 1 辑，1966 年 10 月，收入氏著《中韩关系史论集》，第 133—136 页；李云泉：《朝贡制度史论——中国古代中外关系体制研究》，新华出版社，2004 年，第 70—72 页。

②据《高丽史》卷四一《恭愍王世家四》，恭愍王十八年（即明洪武二年）五月，高丽停用元至正年号，始行洪武纪年（韩国首尔大学奎章阁藏明万历四十一年太白山史库钞本，叶 24b）。洪武二十五年，王氏高丽为李氏朝鲜所代，《李朝太祖实录》亦于恭愍王十八年下始书"洪武二年"。

③《宣祖昭敬大王实录》卷三二宣祖二十五年十一月辛未载明兵部右侍郎宋应昌檄文，《李朝实录》，第 27 册，第 407 页。

④朱逢甲：《高丽论略》，光绪十七年上海著易堂《小方壶斋舆地丛钞》本，第十帙叶 2a。

等,视他国独优。"①清军入关后,安南黎朝仍奉南明正朔,直至康熙六年(1667)始与清朝建立朝贡关系,其国史《大越史记全书》即于次年停用南明年号,改行清朝纪年②,奉中国正朔,后安南(越南)阮朝亦然③。琉球自明初称臣入贡以来,"世奉正朔唯谨"④,入清后,亦"历奉正朔,贡使至京,必候十月朔颁历赍回"⑤。不过,因琉球海道险远,使者往来耗时过长,故在大多数情况下,明清两朝皆令福建布政使司代为向琉球颁赐历日,现存琉球外交档案汇编《历代宝案》即保存有康熙四十九年(1710)至同治六年(1867)间福建向琉球颁告正朔的文书⑥。由此可见,奉中国正朔是朝鲜、安南、琉球三国的共同特点,这也是它们区别于其他朝贡国的主要标志。

朝鲜、安南、琉球三国与中国之间的特殊政治隶属关系亦体现于册封制度之中。有学者指出,是否遣使册封是判断中外

---

①李文凤:《越峤书》卷一七毛澄《送湛编修若水使安南序》,《四库全书存目丛书》影印明蓝格钞本,齐鲁书社,1996 年,史部第 163 册,第 256 页。

②见《大越史记全书》本纪卷一九《黎纪》玄宗景治六年条,陈荆和编校,日本东京大学东洋文化研究所附属东洋学文献センター刊行委员会,1984 年,第 985 页。此书自黎真宗福泰二年(1644)至黎玄宗景治五年(1667)于南明纪年下亦附记清朝纪年,当出于史官之追叙。

③参见孙宏年:《清代中越宗藩关系研究》,黑龙江教育出版社,2006 年,第 66—69 页。

④嘉靖十三年陈侃《使琉球录序》,《续修四库全书》影印明嘉靖刻本,第 742 册,第 497 页。

⑤《中山传信录》卷五"历"条,第 534 页。

⑥《历代宝案》,台湾大学影印本,1972 年,第 3—15 册。

朝贡关系亲疏强弱的一个重要标准①，而朝鲜、安南、琉球正是仅有的三个贯穿明清两代始终享有遣使册封之礼的朝贡国。明朝凡遇三国新君嗣位，皆按惯例遣使册封，其事俱见《明史·外国传》。至清代，《大清会典》对这一册封制度做了明确规定："凡敕封国王，朝贡诸国遇有嗣位者，先遣使请命于朝廷，朝鲜、安南、琉球钦命正副使奉敕往封；其他诸国以敕授来使赍回，乃遣使纳贡谢恩。"②说明在清朝众多朝贡国中，惟朝鲜、安南、琉球为遣使敕封之国，而其余国家仅以封敕授来使带回，其政治地位之差别由此可见一斑，同时这也凸显出上述三国对中国政治依附程度之深。

由于朝鲜、安南、琉球皆世奉中国正朔，认同中华文化，与中国有着十分紧密的政治臣属关系，故而明清时人对此三国颇有好感，甚至将其视为中国版图的外延，与内地无异。如《明史·朝鲜传》称"朝鲜在明虽称属国，而无异域内，故朝贡络绎，锡赉便蕃，殆不胜书"③，可谓是对明代中朝关系的准确概括，其中明确说朝鲜"无异域内"④。同样的情况亦见于中越关系

① 李云泉：《朝贡制度史论——中国古代中外关系体制研究》，第 143 页。
② 乾隆《钦定大清会典》卷五六《礼部主客清吏司·宾礼》"朝贡"条，文渊阁《四库全书》本，第 619 册，第 499 页。
③ 《明史》卷三二〇《朝鲜传》，中华书局，1974 年，第 8307 页。
④ 据《明太祖实录》卷四七，洪武二年十二月壬午，明太祖曰："今安南、高丽皆臣附，其国内山川宜与中国一体致祭。"（中研院历史语言研究所校印本《明实录》，1962 年，第 2 册，第 938 页）可见明人确实将朝鲜、安南等属国视为"无异域内"。

之中。清雍正年间,中越之间发生边境领土纠纷,经反复交涉,清世宗最终决定将安南侵占的四十里之地赏赐给安南,其上谕云:"朕统驭寰区,凡属臣服之邦皆隶版籍。安南既列藩封,尺地莫非吾土,何必较论此区区四十里之壤。……此四十里之地,在云南为朕之内地,在安南仍为朕之外藩,一毫无所分别。"①从这段话来看,清世宗显然将安南视同于中国版图,即其所谓"臣服之邦皆隶版籍"。其实,不仅清朝统治者持有这样的看法,就连清代普通士人也认为诸如安南等藩属国亦皆隶中国版籍。康熙八年(1669),朝鲜冬至使闵鼎重出使北京,途中两次与直隶玉田县秀才王公濯进行笔谈。当闵鼎重问道:"《禹贡》山川尽入版籍否?"王公濯答曰:"且奉朔者甚广,如安南诸国昨始归去也。"②闵鼎重其实旨在询问中国版籍是否尽已归附,而王公濯却答以安南等朝贡诸国归去,由此可见,这位王秀才明显是将安南等奉正朔之国列入清朝版籍之内的。而乾嘉时期的地理学者江登云则对朝鲜、安南、琉球三国之于中国版图的关系做了最为清楚直白的论述:

---

① 《世宗宪皇帝实录》卷六五雍正六年正月己卯,《清实录》,第 7 册,第 1000—1001 页。

② 〔朝〕闵鼎重:《老峰先生集》卷一〇《王秀才问答》,《韩国汉文燕行文献选编》,复旦大学出版社,2011 年,第 8 册,第 286 页。关于闵鼎重与王公濯笔谈事,参见〔日〕夫马进:《朝鲜燕行使与朝鲜通信使——使节视野中的中国·日本》,伍跃译,上海古籍出版社,2010 年,第 34—36 页。

> 皇朝抚有区宇,中国以外奉朝贡者百有余国,而朝鲜密迩神京,历奉正朔;安南则本古时郡邑,与中国壤相错焉;至琉球虽隔重洋,而世守藩服,最为恭顺。此三国与中土版图无异,且冠裳文物有华风焉,非诸国所能及也。[1]

江氏从政治关系、地理沿革和文化认同的角度,明确指出朝鲜、安南、琉球在众多朝贡国中的特殊之处,并直截了当地说此三国无异于中国版图,反映的应是清代较为流行的一种政治地理观念。

通过以上论证分析,我们可以完全理解明清时期何以将朝鲜、安南、琉球这三个周边国家纳入中国传统分野体系。在明清朝贡体制下,此三国世奉中国正朔,是最为恭顺的遣使册封之国,其政治隶属性最强,故在当时人的政治地理观念中,它们"与中土版图无异",可视为中国疆域之外延。而传统分野说正是将周天星宿对应于中国疆域,既然朝鲜、安南、琉球亦皆隶版籍,那么若从广义的角度来说,分野体系也自然可以延伸至这些国家,所以明清两朝将此三国列入分野与"分野止系中国"并不绝对矛盾。事实上,此举所欲表达的政治意图就是要藉此彰显中国与这些朝贡国之间的政治臣属关系,如《大清一统志》载

---

[1] 江登云:《东南三国记》,光绪十七年上海著易堂《小方壶斋舆地丛钞》本,第十帙叶 1a。

朝贡之国三十有一,却惟独朝鲜、安南、琉球三个藩属国记有分野,就很能说明问题。另外,上文提到,康熙末海宝、徐葆光出使琉球时,亦派人随同前往测量琉球天文道里,其目的是为了将琉球绘入《皇舆全览图》提供相关的经纬度数据①。那么与此同时,清人将琉球列入中国传统分野体系,想必也应具有与天下总图内增绘琉球相同的政治涵义,即旨在向中外宣示琉球对中国的政治依附,而这正是明清分野说又一项重要的政治职能。

综上所述,传统分野说在发展演变中,逐渐衍生出象征国家疆域主权以及宣示中国与周边藩国政治臣属关系这两种政治功能。前者是在分野地理区域随中国政治版图变化而调整的过程中自发产生的一种政治涵义,而后者则是明清时期中国在构筑东亚政治秩序时所赋予天文分野的一种新的政治属性。这种利用分野学说来表达政治诉求的做法也是历代王朝常用的政治手段。

第三节 中国传统世界观转变问题再检讨
——基于中国的立场

古代中国人的传统世界观是一种认为中华文化至上、"中

①参见赖正维:《清代中琉关系研究》,海洋出版社,2011年,第139页。

国即世界"的天下观,上文所述中国传统分野说所体现出来的
世界图景及其与国家政治版图之间的密切联系,都是在这一思
想的主导之下而产生的。不过,随着历史的发展和时代的进
步,这种狭隘的天下观必然要向近代世界观转变。自 20 世纪
中叶以来,关于中国传统天下观之变迁一直是中外学界广泛关
注的一个热点议题,并已形成了某些基本共识,而本节试图立
足于中国自身的立场,透过分野与地图的视角,重新检讨这个
老生常谈的问题:中国传统天下观向近代世界观的转变究竟是
如何发生的?

因古代中国幅员辽阔、人口众多、国力强盛,其文明程度远
高于周边民族和国家,以致中国长期以来习惯将自己视为天
下,认为"中国即世界",而缺乏民族国家的概念,此即梁启超所
谓"知有天下而不知有国家"①,这正是中国传统天下观的基本
特征。而近代世界观则是万国并立,中国只不过是世界众多国
家中的一国而已。因此,所谓中国传统天下观向近代世界观的
转变,其实就是中国人对自身以及世界的认识从"天下"到"国
家"的演变过程。20 世纪 50 年代末,美国汉学家列文森(Jo-
seph R. Levenson)最早对这一问题做了系统论述,他指出 19 世
纪来自外部的"国"强行进入中国后,搅乱了中国人的思想,

---

①梁启超:《饮冰室合集·专集》之四《新民说》第六节"论国家思想",中华书
局,1994 年,第 6 册,第 21 页。

"近代中国思想史的大部分时期,是一个使'天下'成为'国家'的过程"①。受此影响,其后学者凡论及中国传统天下观之变迁,大多都将关注点置于晚清民国,尤其注重考察鸦片战争之后中国人的天下观如何在西方入侵的外力驱动下发生根本性的转变②。

自列文森以来,这种将中国传统天下观的转变完全归因于西方外力作用的历史认识来源于"冲击—反应"的历史分析模式。1954年,邓嗣禹、费正清等人合著的《中国对西方的反应:文献通考(1839—1923)》一书提出了著名的"冲击—反应"论③,并以此作为解释东西方文明冲突以及中国近代化历程的基本模式,后此说风靡欧美,同时对中国史学界也产生了重要影响。"冲击—反应"说认为中国近代所发生的一系列

---

① 〔美〕列文森:《儒教中国及其现代命运》第一卷《思想继承性问题》,郑大华、任菁译,中国社会科学出版社,2001年,第84—88页。

② 代表性的论著有郭双林:《西潮激荡下的晚清地理学》,北京大学出版社,2005年;罗志田:《天下与世界:清末士人关于人类社会认知的转变——侧重梁启超的观念》,《中国社会科学》2007年第5期,第191—204页;陈廷湘、周鼎:《天下·世界·国家——近代中国对外观念演变史论》,上海三联书店,2008年;王尚义、张慧芝:《从"畿服"到"瀛环"——晚清对世界地理空间认识的转变》,虞和平、孙丽萍主编:《穿越时空的目光——徐继畬及其开放思想与实践》,中国社会科学出版社,2009年,第64—71页;陈廷湘:《中国传统天下观的断裂与现代性国家意识的形成及其变异》,《史学月刊》2011年第5期,第52—67页。

③ Ssu-yü Teng, John K. Fairbank, with E-tu Zen Sun, Chaoying Fang and others, *China's Response to the West : A Documentary Survey*, *1839-1923*, Cambridge : Harvard University Press, 1954. 译名采自陶文钊:《费正清与美国的中国学》,《历史研究》1999年第1期,第53页。

变化都是在自 19 世纪中叶以来西方冲击的背景下所做出的回应,作为费正清的弟子,列文森所谓中国传统天下观的转变始于 19 世纪外部国家观念的强行进入就是这种历史分析法的一个具体例证。显然,这种"冲击—反应"模式完全是站在西方近五百年文明发展史的立场之上来看待中国数千年历史进程的,属于典型的西方中心主义(或称欧洲中心主义)历史观,其所假定的理论前提是中国社会长期处于一种停滞不前的状态,费正清称之为中国的"惰性"①,只有在接受西方的外来冲击之后才能发生变化走向进步。这种认为中国历史发展陷于停滞的论调始于 19 世纪初的黑格尔(Georg Wilhelm Friedrich Hegel)②,此后长期盛行于欧美学界,其影响至今不衰③,"冲击—反应"模式正是这一西方中国观的产物。

　　这种带有强烈西方中心主义色彩的"冲击—反应"模式,其背后的逻辑是线性历史观和进化论思想,即认为如果没有西方冲击,中国和东亚无法走出传统,这样的论断实际上是

---

① 〔美〕费正清:《剑桥中国晚清史 1800—1911》上卷《导言:旧秩序》,中国社会科学院历史研究所编译室译,中国社会科学出版社,1993 年,第 7 页。

② 〔德〕黑格尔:《历史哲学》第一部《东方世界·中国》:"中国很早就已经进展到它今日的情状;但是因为它客观的存在和主观运动之间仍然缺少一种对峙,所以无从发生任何变化。……(中国)只是预期着、等待着若干因素的结合,然后才能得到活泼生动的进步。"(王造时译,生活·读书·新知三联书店,1957 年,第 161 页)

③ 如法国学者阿兰·佩雷菲特(Alain Peyrefitte)所著《停滞的帝国——两个世界的撞击》即是中国停滞论的典型代表(王国卿等译,生活·读书·新知三联书店,2007 年)。

割裂了中国与东亚历史的延续性,忽略了东方历史发展的内在动力①。因此,近三十年来,已有越来越多的学者开始反思和批判这一片面的历史观,而主张从东方的立场出发去重新理解近世以来发生的种种变化。20 世纪 80 年代,美国学者柯文(Paul A. Cohen)在其所著《在中国发现历史——中国中心观在美国的兴起》一书中,最先对包括"冲击—反应"说在内的多种西方中心主义式的历史分析模式做了系统而明确的批判,并对欧美学界长期以西方为出发点研究中国近代史的做法提出挑战,倡导从中国而不是从西方着手来研究中国历史,并把关注焦点集中在中国社会内部的变化动力与形态结构而非外来因素上,他将这种新的研究取向称之为"中国中心观"②。后日本东洋史学家沟口雄三也有与柯文类似的看法,他认为不应把中国近代当作被动承受西方冲击的载体,而应从中国自身历史状况、发展规律及其与前近代的关联角度上去把握中国历史的走向,这就是他所说的"中国基体论"③。受这种新的研究思路的启发和影响,自 90 年代以来,有不少学者开始摆脱西方中心主

①参见李扬帆:《走出晚清——涉外人物及中国的世界观念之研究》下篇《走出传统世界观》,北京大学出版社,2012 年,第 292—295 页。
②〔美〕柯文:《在中国发现历史——中国中心观在美国的兴起》,林同奇译,中华书局,1989 年。关于此书内容的介绍及其评价,参见译者代序《"中国中心观":特点、思潮与内在张力》。
③〔日〕沟口雄三:《日本人视野中的中国学》,李甦平等译,中国人民大学出版社,1996 年,第 37、77—78 页。

义思想的束缚,从中国以及亚洲的历史出发思考具体问题,产生了一些重要的研究成果①。

通过以上学术史梳理,我们可以看出,以"冲击—反应"模式为代表的西方中心主义历史观已日益遭受到人们的质疑和批判,而主张从中国自身历史状况及变化动因出发研究中国近世史则已成为一种新潮流。就中国传统天下观转变问题而言,李扬帆所著《涌动的天下:中国世界观变迁史论(1500—1911)》就是一部完全着眼于中国及东亚自身构成要素和内在动因以考察中国世界观变迁的力作②。此书全面检讨了属于欧洲中心主义范式的中国世界观以及对外关系研究,认为中国文化本身的特质和东亚内部国际关系的变动才是导致中国传统天下观及对外关系发生根本性转变的主要原因。不过需要说明的是,李氏主要是从明清中国社会变动以及东亚国际关系体系逐渐瓦解的角度,探寻导致中国传统天下观在近代发生剧变的内因,但并未注意到在传统天下观发生突变之前其实还存

---

①如日本学者滨下武志《近代中国的国际契机——朝贡贸易体系与近代亚洲经济圈》从中国史及东亚史的视角来考察近世亚洲经济体系与中西关系(朱荫贵、欧阳非译,中国社会科学出版社,1999 年);德国学者弗兰克(Andre Gunder Frank)《白银资本——重现经济全球化中的东方》对欧洲中心论的历史源流及其理论学说做了系统梳理和批判,并将东方亚洲置于全球经济的中心来分析自 1500 年以来世界经济体系的结构与变动(刘北成译,中央编译出版社,2000 年)。
②李扬帆:《涌动的天下:中国世界观变迁史论(1500—1911)》,知识产权出版社,2012 年。

在着一个长期而缓慢的渐变过程。

上文提到,就广义而言,古代中国人对于"天下"的认知是一种以中国为中心、以其他民族或国家为周边的同心圆式的世界。在这一天下图式中,其内涵就是占绝对主体地位的中国,但其外缘却可以延伸至中国以外的地理区域,古人所谓"天下至广也,内自中国,外薄四海"①描绘的就是这样一种天下格局。故在此基础上形成的中国传统天下观便也具有两层涵义,其本质核心当即具有高度文化优越感、认为"中国即世界"的中国观,但同时其外延亦可在一定程度上包容其他民族和国家。近代西方入侵之后,随着中国人华夏中心主义意识及中华文化至上观念的崩溃,中国传统天下观的内核亦趋于瓦解,从而向近代世界观发生根本性的蜕变,这是毋庸置疑的事实,前人已多有论述。然而在近代以前很长一段时期内,伴随着中国人世界地理知识的增长和眼界的开拓,传统天下观已在发生着一些微妙的、渐进式的变化,这主要表现在两个方面:一是人们所认知的"天下"之外缘不断地向外扩展,已体现出一种走向世界的趋势;二是一些先知先觉的知识分子开始批判"中国即世界"的狭隘天下观,从某种程度上来说已具有思想启蒙的意义。关于

①《混一疆理历代国都之图》权近跋文,李燦:《韩国の古地图》,韩国汎友社,2005年,图版5,第18—19页;又见权近:《阳村先生文集》卷二二跋语类《历代帝王混一疆理图志》,《域外汉籍珍本文库》第二辑影印朝鲜前期刊本,西南师范大学出版社、人民出版社,2011年,集部第9册,第250页。

中国传统天下观之渐变，目前并无类似的提法，且这一问题也不大引人注意，笔者试图通过分野及地图所反映出来的地理空间和思想观念，从以上两个方面对传统天下观在近代突变之前的渐变过程试作考察。

（一）走向世界："天下"外缘之拓展

中国古代包括分野舆图在内的各种地图承载着丰富的历史信息，它们能够直观地反映当时人所认知的世界图景。我们知道，受华夏中心主义思想的影响，中国传统的天下舆图基本都是将中国置于图像的中央，并占据了大多数图幅，而对于中国周边区域的刻画非常简略，且比例严重失调。这样一种构图形式常常会诱使读图者仅关注位于中心的中国，而对其边缘忽焉不察。其实，那些见于边缘的图像和文字也具有很高的研究价值，譬如从中我们就可以清楚看到古代"天下"的外缘地理空间是如何逐步扩展的。

北宋《历代地理指掌图》所收之《古今华夷区域总要图》（图6-3）、伪齐阜昌七年（1136）据唐贾耽《海内华夷图》改刻的《华夷图》等地图是现存较早的古代全国舆地总图①。从这些图像资料来看，它们都是在中国地理区域的周边标注一些部族名和国名以表示当时人所了解的天下，故日本学者海野一隆

①两图见《中国古代地图集［战国—元］》，图版62、94。

谓"在中国,传统的所谓世界地图,不过是在自己的版图周围粗略地点上一些蛮夷诸国的国名而已"①。这体现的正是"中国即世界"的传统天下观。不过,自元代以后,天下舆图所反映的内容开始发生了一些重要的变化。

图6-3 《古今华夷区域总要图》

(《中国古代地图集[战国—元]》,图版94)

　　蒙元时代,随着伊斯兰地理学的传入,中国人的世界地理知识第一次获得了极大的拓展,其最重要的物证就是两幅著名的舆图《混一疆理历代国都之图》和《大明混一图》。《混一疆理历代国都之图》(图6-4[彩插五])系1402年朝鲜人依据元代李泽民《声教广被图》及僧清濬《混一疆理图》改绘而成,此

————————
①〔日〕海野一隆:《地图的文化史》,王妙发译,新星出版社,2005年,第30页。

图延续中国传统天下舆图的绘法,将中国置于中央,且占据了一半以上的图幅,然而其最大的特点在于,它清晰地绘出了地中海、非洲及阿拉伯半岛的轮廓,并标注出上百个欧洲及非洲地名,故此图可谓是一幅亚非欧世界地图①。《大明混一图》绘于明洪武二十二年(1389)至二十四年之间,其图像内容与《混一疆理历代国都之图》大体相近,推测其所据底图也应是元代舆地图②。据今人研究,以上两图所展示的亚非欧地理知识当源自蒙元时期回回人所传伊斯兰地理学,且极有可能直接来源于元世祖至元年间札马鲁丁所造地球仪及其为编纂《大元一统志》而绘制的世界地图③。由于元代世界地理知识的扩展,致使"天下"的外缘从邻近中国的周边区域一下子推伸至亚、非、欧三洲,故权近所作《混一疆理历代国都之图》跋文即云:"天下至广也,内自中国,外薄四海,不知其几千万里也。"实际上,这就是蒙元时代乃至明初时人的一种世界观,它是中国人在观念上走向世界所迈出的一大步。

---

① 参见〔英〕李约瑟:《中国之科学与文明》第三卷"地理学与地图学",郑子政等译,台湾商务印书馆,1985年,第6册,第149—151页。

② 参见汪前进等:《绢本彩绘〈大明混一图〉研究》,曹婉如等编:《中国古代地图集〔明代〕》,文物出版社,1995年,第51—55页。

③ 参见〔日〕宫纪子:《モンゴル帝国が生んだ世界図》,(东京)日本经济新闻出版社,2007年;刘迎胜主编:《〈大明混一图〉与〈混一疆理图〉研究——中古时代后期东亚的寰宇图与世界地理知识》,凤凰出版社,2010年;葛兆光:《谜一样的古地图》,《宅兹中国:重建有关"中国"的历史论述》,第132—147页。

明代晚期，中国人再次迎来了全面了解世界的契机。万历十一年（1583），耶稣会士利玛窦来华，将西方最新的地圆学说、五大洲地理知识以及世界地图传入中国，从而对中国思想界造成很大震动。利氏所绘世界地图，连同其为介绍地圆说及五大洲所作的《地球图说》，在明末清初广泛流传，甚至被转载于诸如章潢《图书编》、冯应京《月令广义》、王圻《三才图会》、潘光祖《汇辑舆图备考全书》等多种日用类书或图集之中①，深深影响着明清中国人对于世界的认知与理解，这已引起了一些学者的高度重视，他们均不约而同地将其视为中国传统天下观向世界万国观转变的开端②。不过需要指出的是，明清之际的西学东渐尽管再一次大幅拓展了中国人的世界眼界，且对"中国即世界"的传统天下观有所冲击，但并未真正撼动中国传统的华夏中心主义意识和天朝上国心态。实际上，这一时期西方地理学对中国天下观的影响还主要局限于"天下"外缘的进一步扩展方面。

西方世界地理知识传入中国之后，当时给人们的第一印象就是"天下若此之广"，如李长庚《舆图备考全书序》即云："至

---

① 参见黄时鉴、龚缨晏：《利玛窦世界地图研究》，上海古籍出版社，2004年，第3—60页。
② 参见邹振环：《利玛窦世界地图的刊刻与明清士人的"世界意识"》，《近代中国的国家形象与国家认同》，第23—72页；周振鹤：《从天下观到世界观的第一步——读〈利玛窦世界地图研究〉》，《中国测绘》2005年第4期，第60—61页；葛兆光：《山海经、职贡图和旅行记中的异域记忆》《作为思想史的古舆图》，均见《宅兹中国：重建有关"中国"的历史论述》，第66—90、109—111页。

所附五大洲图,殊方绝域,林林总总,上隶星野,纵横数十万里,较若列眉,皆神禹、伯益之所未闻。"①这种最新的地理视域很快就与中国传统天下舆图的绘制紧密结合起来。万历二十一年(1593),常州府无锡县儒学训导梁辀所刻《乾坤万国全图古今人物事迹》是目前所知最早的一幅将西方地理知识融入其中的天下舆图②。此图仍以中国居中,以小岛的形式罗列其他国家地名于四周来表示天下,完全是一幅中国传统式样的世界地图。不过值得注意的是,在这些周边区域出现了利玛窦早期中文世界地图中的一些地名和国名③,说明利玛窦地图绘成不久,即为中国传统天下舆图所吸收。由图式及题名可知,此图所展现的是以中国为中心包容万国的"天下",这已与传统天下观有所不同。

最能反映西方地理学传入之后中国人世界观变化的舆图是明崇祯十七年(1644)金陵曹君义所刊《天下九边分野人迹路程全图》(图6-5)。此图虽仍以明代中国为中心,但已不再用岛屿的形式罗列其他国家于四周来表示天下,而是以图文相

---

① 见潘光祖:《汇辑舆图备考全书》卷首,《四库禁毁书丛刊》影印清顺治刻本,史部第 21 册,第 455 页。

② 该图可见孙果清:《以中国为主的世界地图——〈乾坤万国全图古今人物事迹〉》,《地图》2007 年第 6 期,第 106 页。

③ 参见曹婉如等编:《中国古代地图集［明代]》,图版 146,图版说明第 11 页;李孝聪:《欧洲收藏部分中文古地图叙录》,国际文化出版公司,1996 年,第 146—147 页;北京图书馆善本特藏部舆图组编:《舆图要录——北京图书馆藏 6827 种中外文古旧地图目录》,北京图书馆出版社,1997 年,第 1 页。

兼的形式,展现了中国疆域以外的欧洲、地中海、非洲、南北美洲和南极洲①,这些地理知识显然是来自晚明西方传教士所绘制的世界地图。此图题名为《天下九边分野人迹路程全图》,其中"分野"应是指明朝两京十三省之分野,该图下缘题为"天下两京十三省府州县路程"的注记文字即详细记载了两京十三省的分野情况,这体现的仍是"分野止系中国"的传统天下观。但此图所见"天下"的外缘却已延伸至世界五大洲,其范围之广又远胜于明初《混一疆理历代国都之图》和《大明混一图》,且该图上缘题记谓"阅此图者,万国大全图也",更是凸显出一种世界万国意识,这又是对传统天下观的超越。尤其值得重视的是,此图是坊间刊刻的世界地图,流传很广,如今中外很多图书馆均藏有此图印本,而且还有不少清人翻刻本传世,如康熙二年(1663)姑苏王君甫刻印《天下九边万国人迹路程全图》(图6-6[彩插六])、《大明九边万国人迹路程全图》两种②,康熙十八年北京吕君翰梓行《(天下)分(野)舆图(古今)人(物事)

---

① 参见曹婉如等编:《中国古代地图集[明代]》,图版146,图版说明第11页;李孝聪:《欧洲收藏部分中文古地图叙录》,第6—7页;北京图书馆善本特藏部舆图组编:《舆图要录——北京图书馆藏6827种中外文古旧地图目录》,第2页。关于此图的研究,参见刘雪瑽:《明代人的海外异国想象——以〈天下九边分野人迹路程全图〉为中心》,《形象史学》2021年春之卷,第158—173页。

② 陈熙:《美国哈佛大学图书馆藏中国古旧地图提要》,广西师范大学出版社,2022年,第1—2页。《大明九边万国人迹路程全图》又著录于刘镇伟主编:《中国古地图精选》,中国世界语出版社,1995年,图版27,图版说明见第89页。

迹》等①。这一情况说明这幅《天下九边分野人迹路程全图》所
反映出来的这种包罗五大洲的世界观在清代的流行程度颇高,
这对当时中国人的天下观念想必不无影响。例如,清代常见的
《大清万年一统天下全图》虽然也是重在表现中国的传统天下

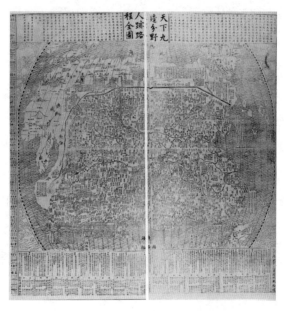

图 6-6　《天下九边万国人迹路程全图》

美国哈佛大学哈佛燕京图书馆藏

---

① 李孝聪:《欧洲收藏部分中文古地图叙录》,第 157—158 页。按此图图题已
　残,另可参见 1754 年日本浮世绘画师宫川长春据吕君翰印本所绘《历代分
　野之图古今人物事迹》(见卜正民(Timothy Brook):《全图:中国与欧洲之间
　的地图学互动》,孔妍婷、李易安、唐宁、黄俊嘉译,台北"中央研究院"近代
　史研究所,2020 年,第 60 页图版 1.13)。

图,但其边缘亦标出大西洋及英吉黎(利)、荷兰等西方国名①;嘉庆五年(1800),庄廷敷所刻《大清统属职贡万国经纬地球式》则更是一幅表现乾隆五十八年以来清朝疆域以及地球上其他国家位置的圆形世界地图②,由此可见清人的世界意识与全球眼界,这是中国人在观念上走向世界所迈出的又一重要步伐。

自元代以来,随着域外地理学的传入,中国人的世界地理知识和眼界急剧拓展,以至于人们所认知的"天下"范围也不断向外延展,先是从中国周边到蒙元时代的亚、非、欧三洲,晚明以后又延伸至世界五大洲,甚至还萌发出世界万国的思想意识。但需要特别强调的是,这一系列变化只是中国传统天下观外延的扩展,作为其内核的中国居于世界中央、中国文化至上、"中国即世界"等狭隘的世界观念并未发生根本改变,它们仍主导着明清中国人的思维世界。正是囿于这种传统的华夏中心主义思想,当时人对于世界的认知只停留在地图所标识的地理空间,而不屑于进一步了解世界万国的真实发展状况,清仁宗所谓"天朝臣服中外,夷夏咸宾,蕞尔夷邦,何得与中国并论"③就是这种思想的典型折射。因此,这就决定了元明清时代中国传统天下观所发生的上述这些变化只能是一种不触及核心的渐变,而只有当19

---

①北京图书馆善本特藏部舆图组编:《舆图要录——北京图书馆藏 6827 种中
　外文古旧地图目录》,第 40 页。此图为清黄证孙绘,乾隆三十二年刻印本。
②李孝聪:《美国国会图书馆藏中文古地图叙录》,文物出版社,2004 年,第 2 页。
③《仁宗睿皇帝实录》卷二〇二嘉庆十三年十月癸巳,《清实录》,第 30 册,第
　687 页。

世纪西方入侵彻底击碎中国人的华夏中心意识和天朝上国心态之后，才最终导致传统天下观向近代世界观的质变。

（二）坐井观天：传统天下观之批判

尽管自元代以来"天下"外缘地理空间的扩展未能撼动以华夏中心主义和"中国即世界"思想为核心标志的传统天下观，但这并不代表没有人反思和检讨传统天下观的狭隘之处。事实上，随着中国人世界地理知识的增长，已有一些先知先觉的知识分子对传统天下观提出质疑和批判，从而体现出某种思想启蒙的意义。

由于古代中国人的世界观念集中反映于天文分野学说之中，故人们对于传统天下观的攻讦往往是从批判分野说开始的。就目前所知，元初周密最早从世界观的角度抨击传统分野说："世以二十八宿配十二州分野，最为疏诞。中间仅以毕、昂二星管异域诸国，殊不知十二州之内，东西南北不过绵亘一二万里，外国动是数万里之外，不知几中国之大，若以理言之，中国仅可配斗、牛二星而已。"[1]周密所谓"以毕、昂二星管异域诸国"之说不太准确，昂、毕二宿在二十八宿分野体系中属赵国及冀州之分野，并不涉及异域诸国，只有在另一种天街二星分野理论中才有昂宿兼主西北夷狄之国的说法[2]，两者不可混为一

---

[1]周密：《癸辛杂识》后集"十二分野"条，第81—82页。
[2]据《史记·天官书》记载，因位于昂、毕之间的天街二星恰好分处黄道南北两侧，故星占家以天街南星主毕为阳，其分野为东南华夏之国；天街北星主昂为阴，其分野为西北夷狄之国，参见本书第一章第四节之"天街二星分野说"。

谈。其实，以上这段论述乃是专就二十八宿分野而言的，周密认为传统分野说"最为疏诞"之处就是，"分野止系中国"，而数万里之广的外国却无任何分星，显然这是针对隐藏于分野背后认为"中国即世界"的传统天下观所提出的质疑。此后，不断有学者就此问题反复加以批判。如元永嘉僧德儒质问说："天之经星二十八宿，皆属中国分野而无余，中国之外四方万国岂无一分星邪?"[1]明谢肇淛谓"天无私覆，地无私载，今分野以五星二十八宿皆在中国，仅以毕、昴二星管四夷异域(按此系因袭周密之误)，计中国之地仅十之一，而星文独占十之九也，偏僻甚矣"，故以分野之说"最为渺茫无据"[2]。以上二人之说都是从中外地理空间布局的角度来批判分野学说的，他们明确指出中国之外有四方万国，中国之地仅占天下十分之一，这些思想同时也是对"中国即世界"的传统天下观所发起的挑战。

至明末清初，西方地理学和世界地理知识的传入更是直接对中国传统天下观造成了一定的冲击，甚至有一些接受西学、思想前卫的文人士大夫开始抛弃传统的天下观。譬如，据利玛窦称，李之藻"少年时曾绘一中国全图，图上有十五省，颇精确，以为天下尽在于此。及见吾人之《山海舆地全图》，始恍然知中

---

[1] 刘节纂修：《(嘉靖)南安府志》卷七《天文志·星野》"知府张弼评曰"引德儒语，第304页。
[2] 谢肇淛：《五杂组》卷三《地部一》，《续修四库全书》本，第1130册，第376—377页。

国与世界相比，殊为渺小"①。瞿氏毅在见到传教士艾儒略介绍世界五大洲的地理著作《职方外纪》之后，也说："按图而论，中国居亚细亚十之一，亚细亚又居天下五之一，则自赤县神州而外，如赤县神州者且十其九，而戈戈持此一方，胥天下而尽斥为蛮貊，得无纷井蛙之诮乎！"②李、瞿二人在接触世界地理知识后，均意识到中国之于世界的渺小，而中国传统天下观以为"中国即世界"，犹如井底之蛙，殊为狭隘。又如江永抨击"分野止系中国"之说，亦云："以《职方外纪》考之，大地如球，周九万里，分为五大州，幅员甚广，岂止中土之九州哉？"③也是依据最新的地理知识，对传统分野说及其背后的天下观加以批判的。

元代以降，随着中国人世界地理知识和眼界的拓展，已有不少学者认识到以"分野止系中国"为代表的天下观念其实是一种坐井观天式的狭隘世界观，如明末王英明《历体略》即谓"夫十二次尽乎天矣，华夏郡国亦尽乎地耶？多见其为坐井也"④。因此，这种"中国即世界"的传统天下观日益遭受到人们的质疑和批判。尽管如此，然而在元明清时代，以上那些具

---

① 转引自方豪：《李之藻研究》，台湾商务印书馆，1966 年，第 19 页。此段记载原文出自意大利天主教耶稣会史学家德礼贤（Pasquale M. D'Elia）编著之《利玛窦中国传教史》，今虽有台湾译本（见《利玛窦全集》，刘俊余、王玉川译，台湾光启出版社、辅仁大学出版社，1986 年，第 2 册，第 370 页），然仍以方豪译文为优，故从之。
② 瞿氏毅：《职方外纪小言》，谢方：《职方外纪校释》，中华书局，1996 年，第 9 页。
③ 江永：《周礼疑义举要》卷四《春官》，叶 10a。
④ 王英明：《历体略》卷上"辰次"条，清顺治刻本，叶 11a。

有理性批判主义色彩的启蒙思想只是一部分知识分子的前卫观念,它们并没有颠覆中国传统天下观,但却构成了晚清以后传统天下观崩溃的一个远源。从这个意义上来说,元明清时期人们对于传统天下观的反思和批判也是天下观渐变的一个侧面。

综上所述,自 20 世纪中叶以来,因受西方中心主义范式的"冲击—反应"论的影响,中外学者大多将中国传统天下观的转变完全归因于 19 世纪西方入侵的外力驱动,而长期忽视对于晚清以前天下观内在变化的考察。事实上,中国传统天下观土崩瓦解,并向近代世界观发生本质剧变,固然是鸦片战争以后的事情,但在此之前的很长一段时期,传统天下观已经开始产生了一系列不太引人注目但却影响深远的渐变。这主要表现在元明清时期中国人主动吸收外来地理知识,拓展"天下"之外缘以及批判狭隘天下观两个方面,它们为近代传统天下观的崩溃和突变埋下了伏笔。一旦中国人顽固的华夏中心意识和天朝上国心态在外力作用下被彻底击破之后,那些隐而不显的内部变动因素就会颠覆传统天下观,完成从"天下"到"国家"的根本性转变。

余英时先生在总结明清社会史和思想史的变迁大势时,有一段发人深省的评论:

> 自十五、十六世纪以来,中国社会开始了一个长期的变动历程。由于变动是在日积月累中逐步深化起来的,当时身在其中的人往往习以为常而无所察觉,后世史家也不免

视若无睹。尤其是十九世纪中叶以来，这一内在的渐变和西方文化入侵所激起的剧变会合了，前者因此也淹没在后者的洪流之中，更不易引起现代人的注意。李鸿章认为鸦片战争以后，中国面临着"三千年未有之变局"，这自然是一个无可争议的事实。但是我们如果真想对这一个半世纪的中国"变局"有深入的历史理解，那么明清时期的内在渐变必须尽早提到史学研究的日程上来。据我所见，这一内在渐变虽为近代的剧变所掩，却并未消逝。相反地，在李鸿章所说的"变局"开始展现的早期，它曾在暗中起到了导向的作用。换句话说，近代中国的"变局"决不能看作是完全由西方入侵所单独造成的，我们更应该注意中国在面对西方时所表现的主动性。①

这段话很有启发性，中国近代所发生的一系列社会思想转变绝不是简单地由西方冲击而造成的，其发展变化的源头往往可以追溯至 15、16 世纪的中国内部，只不过这些缓慢而又细微的渐变常常被人忽视，后又为近代剧变的洪流所掩盖而已。本文所讨论的中国传统天下观变迁问题就完全符合这样一种历史发展规律，而笔者的研究就是试图立足于中国自身的立场，揭橥那些被洪流所遮掩的历史真相。

---

①余英时：《士商互动与儒学转向——明清社会史与思想史之表现》，《现代儒学论》，上海人民出版社，1998 年，第 58—59 页。

第七章 从星占秘术到地理常识：知识史 视野下的天文分野说之传衍

　　中国古代的"天文分野"是由传统星占学衍生出来的一套认知天地对应关系的理论体系，源远流长，对古代中国人的宇宙认知与世界观念具有很强的形塑作用和持久影响。过去科技史家对于天文分野的研究，主要聚焦在其星占功能以及星土对应关系的生成方面。尽管分野学说的产生确实与星占学有着密切的内在关联，并在秦汉以降被广泛应用于各种星象占测之中，服务于王朝政治，但汉晋时期，随着以二十八宿分野与十二次分野为主流的分野理论体系逐渐形成并趋于定型，成为一种天地对应的经典"知识"。而这种"知识"在后世的传衍明显呈现出从天文星占著作向地理类文献扩散传布的现象，乃至自唐宋以后悄然融入地理学，成为人们了解地理沿革的常规性内容，为人所熟知，从而渐渐完成了从星占秘术向地理常识的转化。对于这一知识流变，前人研究并无关注，实有必要从知识史的视角来梳理天文分野这种神秘主义学说走向社会大众的普及化、常识化过程①，这也有助于我们理解分野学说在古代社会和士民思想世界中为何具有如此长久的生命力。

第一节　分野学说的星占功能与早期流传

天文分野学说产生的最初源头就是通过观测天象以预卜吉凶的星占思想，《周礼·保章氏》所谓"以星土辨九州之地，所封封域，皆有分星，以观妖祥"②，历来被视为分野说之滥觞。《国语·周语》载周景王二十三年（前522），王问律于伶州鸠，对曰："昔武王伐殷，岁在鹑火。……岁之所在，则我有周之分野也。"③这是传世文献所见"分野"一词的最早记载，讲的是当年岁星（即木星）行至鹑火星次，对应周之分野，预示周武王伐殷得天护佑，此即属星占事例。就目前所知，《国语》《左传》《晏子春秋》等早期文献所记分野之例均与星象占测活动有关（参见本书第一章第一节）。

至西汉时期出现了成体系的天文分野学说。无论是银雀

---

①近年来日益兴起的知识史研究注重考察知识与社会之间的互动，探究知识形成、发展、传播与接受的历史（参见陈恒：《知识史研究的兴起及意义》，《光明日报》2020年12月21日第14版），本章关于天文分野学说传衍过程的梳理即本自这一研究旨趣。
②《周礼注疏》卷二六《春官·保章氏》，第819页。
③《国语集解》卷三《周语下》，第123—125页。

山汉墓出土《占书》残简和马王堆帛书《日月风雨云气占》所见分野说,还是如《淮南子·天文训》、《史记·天官书》、费直说《周易》以及纬书《春秋元命苞》《洛书》等文献记载的二十八宿及十二次分野,大多都属于一种天文星占理论的记述。西晋时的天文学大家陈卓厘定分野体系(见《晋书·天文志》),也应是出于星占目的(参见本书第二章)。此后这些分野学说也主要是在天文星占类著作中流传①,而且这些知识多被统治阶层所垄断,禁止民间私习私议②。

　　不过与此同时,在某些地理方志类文献中也开始出现了天文分野学说的身影。如在记吴越地方史的《越绝书》中有《记军气篇》,其主体内容为军气占,附记二十八宿对应列国的分野说③,亦当与星占相关。《汉书·地理志》依据刘向"域分",将汉代疆域划分为十三个区域,分别记述各地的人文地理状况,并言及各个区域之分野,如"秦地,于天官东井、舆鬼之分野也"等④,最早将天文分野说明确引入地理撰述之中。这种做法是否寓有以星宿占测地理之义,尚不能确言。至西晋,陈卓所定"州

①此类著作数量众多,可参见《隋书》卷三四《经籍志三》子部天文类,第1018—1021页;李凤:《天文要录》卷一《采例书名目录》,《稀见唐代天文史料三种》,上册,第24—27页;〔日〕藤原佐世:《日本国见在书目录》"天文家"类,叶30a—33a。
②参见江晓原:《谈历朝"私习天文"之厉禁》,《中国典籍与文化》1993年第1期,第97—100页。
③《越绝书》外传《记军气》,李步嘉:《越绝书校释》卷一二,第290—291页。
④《汉书》卷二八下《地理志下》,第1641—1669页。

郡躔次"在二十八宿分野之十二州地理系统下，又析分星宿度数
以对应诸州所辖郡国，从而使分野区域细分到郡、国一级政区，标
志着传统分野理论更趋细密化（参见本书第二章第三节），而且
分野体系的这一新变化很快便在西晋地理总志的编纂中得到反
映。《隋书·经籍志》记云："晋世，挚虞依《禹贡》《周官》，作《畿
服经》，其州郡及县分野封略事业，国邑山陵水泉，乡亭城道里土
田，民物风俗，先贤旧好，靡不具悉，凡一百七十卷，今亡。"①挚虞
所撰《畿服经》是一部全国性的地理总志，早已亡佚，据《隋书·
经籍志》可知，此书记述西晋州、郡、县三级政区，即包含有各地
分野的内容。从《隋书·经籍志》表述及陈卓"州郡躔次"来看，其
分野划分的细密程度至少应到郡国层级。按挚虞本人"善观玄
象"②，通晓天文，其书记分野之说，或许也有便于观象占测的意图。

后东晋常璩撰《华阳国志》记述巴、蜀、汉中的历史地理，亦
载三地分野，称巴地"其分野，舆鬼、东井"，蜀地"星应舆鬼，故
君子精敏，小人鬼黠。与秦同分，故多悍勇"③，这里采用的是
二十八宿分野之十三国地理系统，秦地为东井、舆鬼之分野，
巴、蜀皆属秦地，故分星相同，《华阳国志》还以此比附当地人之
秉性；汉中谓"其分野，与巴、蜀同占"④，则指明分野之星占意

---

① 《隋书》卷三三《经籍志二》史部地理类小序，第 988 页。
② 《晋书》卷五一《挚虞传》，第 1427 页。
③ 常璩：《华阳国志》卷一《巴志》、卷三《蜀志》，任乃强校注：《华阳国志校补
　图注》，上海古籍出版社，1987 年，第 4、113 页。
④ 《华阳国志》卷二《汉中志》，《华阳国志校补图注》，第 61 页。

义。然《华阳国志·序志》又曰："案《蜀纪》：'帝居房心，决事参伐。'参伐则蜀分野，言蜀在帝议政之方，帝不议政，则王气流于西，故周失纪纲，而蜀先王；七国皆王，蜀又称帝。"①此处"帝居房心，决事参伐"句实出自《三国志·蜀书·秦宓传》，原作"天帝布治房心，决政参伐，参伐则益州分野"②。"参伐"即指参宿，其为益州分星，所据为《史记·天官书》记载之二十八宿对应十二州分野说，益州即蜀地，如此则蜀之分星与前说不同，这是由于采用两种不同地理系统的分野学说而造成的。尽管如此，但此记载以分野言王气，仍含有占测意味。

总之，分野学说作为传统星占学的理论基础，其最初起源与应用即明确出于星象占测的目的。自汉代形成严密的二十八宿及十二次分野理论体系以后，其分野说的流传亦主要是在天文星占类著述之中。即便有某些地理类文献记载分野，也大体不脱星占背景，这是由中古时期以五德终始、谶纬、星占为代表的神秘主义学说盛行于世的传统政治文化氛围所决定的。然而一个明显的变化是，至唐宋时期，尽管分野知识仍见诸天文星占类典籍（如李淳风《乙巳占》、瞿昙悉达《开元占经》等），在一些具体的星占事例中亦会援引分野学说，但同时这种知识也越来越多地出现在地理志书之中。

---

① 《华阳国志》卷一二《序志》，《华阳国志校补图注》，第 727 页。
② 《三国志》卷三八《蜀书·秦宓传》，第 975 页。

第二节　分野知识与地理著述的全面融汇

　　如前所述，《汉书·地理志》是第一部全国性的地理总志，影响巨大，它首次将天文分野与区域地理联系起来，开分野说与古代地理学相结合之先河。不过，此后魏晋南北朝时期，地理文献记述天文分野还不是一个普遍现象。如据今所见，《宋书·州郡志》、《南齐书·州郡志》、《魏书·地形志》、郦道元《水经注》等代表性的地理著述均不记各地分野，说明这一时期在地理纂述中，天文分野尚未成为一个必要元素。

　　至唐宋时期，天文分野才逐渐进入地理志书的编纂体系之中。唐初修《隋书·地理志》和杜佑撰《通典·州郡典》均有区域分野的系统记载，且将传统的十三国、十二州地理系统改换为古九州地理系统（主要依据《禹贡》九州），即采用古九州的区域范围作为记述地理沿革的基本框架，以统摄各地郡县（参见本书第三章第一节）。但唐人编纂的《括地志》《贞元十道录》《元和郡县图志》等地理总志却又不记载各地之分野①。至

---

①李泰等著《括地志》已失传，今见贺次君辑校《括地志辑校》（中华书局，2005年）不载分野。贾耽撰《贞元十道录》亦已佚，根据权德舆撰《魏国公贞元十道录序》（《文苑英华》卷七三七，中华书局，1982年，第5册，第3841页）及敦煌文书 P. 2522 写本《贞元十道录》残叶（《法国国家图书馆藏敦煌西域文献》，第15册，第3页）来看，此书应当没有分野内容。今存李吉甫撰《元和郡县图志》（贺次君点校，中华书局，1983年），不记分野。

宋初,乐史纂修《太平寰宇记》仅于部分府州记有分野,余皆无之①。《新唐书·地理志》含有十二次分野,而北宋后期成书的王存《元丰九域志》、欧阳忞《舆地广记》则又不载分野。由此可见,在南宋以前,天文分野仍不是地理总志纂述的固有内容,各书记载或有或无,体例并不一致。

然而至南宋王象之撰成《舆地纪胜》,情况发生了变化。王象之《舆地纪胜》成书不早于南宋理宗宝庆三年(1227),此后直至嘉熙年间陆续皆有增补②,原书有二百卷,今传世本缺三十一卷,另有二十二卷存在不同程度的阙页情况③。此书于各府州军监之下基本均有天文分野的记述,据标注可知,其内容来源或为《汉书·地理志》《晋书·天文志》《隋书·地理志》等前代天文、地理类文献,或是采自宋代的各郡邑方志,有的府州分野还有作者的考证按语,不妨在此试举一例加以说明。例如两浙东路绍兴府,正文谓"《禹贡》扬州之域。粤地,星纪之次,牵牛、婺女之分野",其下有小注云:

---

① 乐史:《太平寰宇记》,王文楚等点校,中华书局,2007 年。书中记有分野的府州如下:开封府、河南府、许州、滑州、郑州、陈州、郓州、曹州、徐州、泗州、青州、淄州、齐州、兖州、沂州、密州、晋州、潞州、绛州、怀州、魏州、洺州、贝州、邢州、镇州、深州、德州、棣州、瀛州、易州、霸州、幽州、涿州、蓟州、妫州、燕州、洪州、禹州、扬州。绝大多数在河南、河北、河东诸道境内。
② 李勇先点校:《舆地纪胜》"前言",四川大学出版社,2005 年,第 1 册,第 25—29 页。
③ 靳生禾:《中国历史地理文献概论》,山西人民出版社,1987 年,第 187 页;赵一生点校:《舆地纪胜》"前言",浙江古籍出版社,2013 年,第 1 册,第 6 页。

　　《汉书·地理志》云："吴地，斗分野。今之会稽等郡，
尽吴分也。"又云："粤地，牵牛、婺女之分野。"似有不同。
象之谨按：班固《志》初云"吴地，斗分野"，盖合汉会稽郡
地总而言之耳。是时，会稽所统稍广，南至越之山阴，故总
谓之斗分野。班固《志》又云"越（按当作粤）地，牵牛之分
野。少康封庶子于会稽，其后勾践称王"，则牵牛之分野似
指勾践所封之地，则当谓为越地，牵牛之分野。虞翻曰：
"会稽上应牵牛之宿。"今之婺女正与会稽郡邻壤。而《春
秋》昭公三十二年，史墨曰："越得岁，而吴伐之。"是吴、越
度数亦不同也。《春秋元命苞》亦云："牵牛流为扬州，分
为越国。"今从虞翻及《元命苞》，以为牵牛之分。《晋书
志》亦云："会稽入斗之一度。"[1]

　　此处考证绍兴府所对应的二十八宿分野，王象之首先引述《汉
书·地理志》有关吴地和粤地分野的不同说法，随后有一段考
述文字，大意为绍兴府古为会稽，班固《汉书·地理志》所说的
"吴地"范围较广，包含汉会稽郡，而"粤地"其实本义指的就是
少康所封、勾践称王之会稽越地，当为牵牛之分野，并引东汉末

---

[1]王象之：《舆地纪胜》卷一○绍兴府，李勇先点校，四川大学出版社，2005年，
　　第2册，第543—544页。此处引文标点稍有改动，以下引《舆地纪胜》皆据
　　此本。

虞翻语及纬书《春秋元命苞》以为证①,加之婺女分野之地与会稽郡毗邻,故绍兴府应为牵牛、婺女之分野。最后,又引《晋书·天文志》聊备一说。从这个例子可以看出,作者记述府州军监分野,仔细搜集了相关文献资料,并加以辨析考证,力求言之有据。王象之《舆地纪胜》在传统地理学史上具有重要影响,它集前代地理总志和各地方志编纂之大成,初步确立了宋以后地理总志的编纂体例,起到了承前启后的作用②。因此,自《舆地纪胜》开始全面系统地记载各地分野,此后例如《方舆胜览》《大元一统志》以及明清时期编纂的各种地理总志亦皆有天文分野的内容。

而且自宋代以后,全国性地理总志记各地分野的叙述模式皆是,在各府州沿革之前首先说明该地属《禹贡》某州及其对应之分星。例如,北宋初乐史《太平寰宇记》已见"开封府,《禹贡》为兖、豫二州之域。星分房宿"③之类的说法,至南宋《舆地纪胜》更是将这种记述方式全面应用于各府州军监的分野记载。此后如《元一统志》襄阳路房州条载"《禹贡》梁州之域,楚地,翼轸之分野,鹑尾之次,于辰在巳"④;《明一统志》卷一顺天

①虞翻语见《三国志》卷五七《吴书·虞翻传》引《会稽典录》,第 1325 页。
②参见李勇先:《〈舆地纪胜〉研究》,巴蜀书社,1998 年,第 32—35 页。
③《太平寰宇记》卷一,第 1 页。
④孛兰肹等撰,赵万里校辑:《元一统志》卷三,中华书局,1966 年,第 306 页。

府开篇即谓"《禹贡》冀州之域,天文尾、箕分野"①,皆沿袭了宋代以来的分野记述模式。明永乐十六年(1418)颁降的《纂修志书凡例》还明确规定,"分野"门下要写清楚"属某州,天文某宿分野之次"②,著为定例,今后各地修志均需遵从。这种分野记述模式应该是受到了《隋书·地理志》和《通典·州郡典》分野体系采用古九州地理系统的影响,此二书可以说为分野知识在地理类文献中的进一步传播奠定了基础,而《舆地纪胜》则是全面推广这一分野记述模式的关键。

　　除全国性地理总志之外,宋代郡邑方志在记述各地沿革时也常包含天文分野的内容。唐宋是方志学迅猛发展并趋于定型的时期,各地普遍编纂郡邑方志,有"图经"、"地记"、"乘"等不同名称,至南宋逐渐定为"志"③。唐代的图经、地记存世极少,仅有陆广微《吴地记》、莫休符《桂林风土记》残本及敦煌文书《沙州都督府图经》《西州图经》残卷。其中,惟《吴地记》云:"今郡在京师东南三千一百九十里,当磨蝎、斗牛之位列,婺女星之分野。"④今《吴地记》乃是晚唐至宋初屡经纂辑的本子,已明确记有吴地分野,而且此处还引入了黄道十二宫,这是唐代

①李贤等修:《明一统志》卷一顺天府,上册,第2页。
②吴宗器纂修,杨鹄重修:《(正德)莘县志》卷首《纂修志书凡例》,《天一阁藏明代方志选刊》影印明正德原刻、嘉靖增刻本,第44册,叶1a。
③参见桂始馨:《宋代方志学成立史论》,北京大学博士学位论文,2009年;后修订出版改题为《宋代方志考证与研究》,上海人民出版社,2021年。
④陆广微撰,曹林娣校注:《吴地记》,江苏古籍出版社,1999年,第1页。

分野体系出现的新的天文元素。今存宋代方志,《宋元方志丛刊》共收录二十九种,其中至少有十六种皆有天文分野的记载①,有的还单独列出"分野"的门目,或广泛征引历代文献的分野记载②,或引据前人之说论证本地之分星③。而数量更多的已散佚方志记载分野的情况,则集中见于前面提到的王象之《舆地纪胜》。此书于各府州军监之下记述天文分野,常常会注明当时所见郡邑方志是否有相关的分野记载,若无则称某某志书不载分野,若有则引录其说加以考证辨析,或直接转载(参见表7-1)。

表7-1　今本《舆地纪胜》分野记载总汇表④

序号	府州军监	分野记述	征引宋代方志	分野判定依据
1	嘉兴府	吴地,斗分野,星纪之次。		依据《汉书·地理志》《晋书·天文志》说明"嘉兴乃斗之分野矣"。

①它们分别是熙宁《长安志》、淳熙《严州图经》、绍定《吴郡志》、淳熙《三山志》、嘉定《镇江志》、宝庆《四明志》、淳熙《新安志》、咸淳《临安志》、嘉泰《会稽志》、咸淳《毗陵志》、嘉泰《吴兴志》、乾道《四明图经》、乾道《临安志》、景定《建康志》、宝庆《会稽续志》、宝祐《仙溪志》。

②例如,潜说友纂修《(咸淳)临安志》卷一八《疆域志三》"星土日辰"下胪列了有关临安"分野为星纪"、"日为丁"、"辰为丑"、"五星为火"的各种前代文献记载,多达二十余条,《宋元方志丛刊》影印清道光十年(1830)钱塘汪氏振绮堂刊本,第4册,第3534—3535页。

③例如,沈作宾修,施宿等纂《(嘉泰)会稽志》卷一《分野》论证会稽当为"斗、牛之分",《宋元方志丛刊》影印清嘉庆十三年(1808)刻本,第7册,第6722—6723页。

④本表据王象之撰、李勇先点校本《舆地纪胜》,所征引宋代方志的判断依据,参考顾宏义:《宋朝方志考》,上海古籍出版社,2010年。

序号	府州军监	分野记述	征引宋代方志	分野判定依据
2	安吉州	分野于震泽、具区之间,于辰曰丑,次曰星纪,宿曰斗牛。	采嘉泰《吴兴志》	附记《汉书·地理志》、宋《国史·地理志》、唐顾况《壁记》的相关记载。
3	平江府	吴地,斗分野,星纪之次。		依据《汉书·地理志》《晋书·天文志》说明"姑苏乃斗之分野"。
4	常州	于天文,为须女之分。	采淳熙《毗陵志》	
		星纪之次,于辰在丑。		依据《汉书·地理志》《晋书·天文志》的相关记载。
5	镇江府	吴地,斗分野,或云在斗、牛之间。	采乾道《镇江志》	又引《晋书·天文志》及唐孙万寿、白居易诗补论。
6	严州	斗之分野。		依据《春秋元命苞》《汉书·地理志》《新唐书·天文志》及宋《国史·地理志》的相关记载。
7	江阴军	于天文,为须女之分。吴地,斗分野。	采淳熙《毗陵志》引《(江阴军)图经》	按语引《(江阴军)图经》,《图经》又引《汉书·地理志》《后汉书·郡国志》《晋书·天文志》的相关记载。

序号	府州军监	分野记述	征引宋代方志	分野判定依据
8	绍兴府	粤地,星纪之次,		采《春秋左氏传》。
		牵牛、婺女之分野。		按语引《汉书·地理志》《春秋元命苞》《晋书·天文志》及虞翻曰(出《会稽典录》)考证。
9	庆元府	粤地,星纪之次,		采《春秋左氏传》。
		牵牛、婺女之分野。		依据《春秋元命苞》《汉书·地理志》《晋书·天文志》《晏公类要》及虞翻曰(出《会稽典录》)的相关记载。
10	台州	南斗、须女之分。	采《赤城新志》(系绍定《赤城三志》)	附记《汉书·地理志》《晋书·天文志》的相关记载。
		上应台星。		采陶弘景《真诰》。
11	建康府	吴地,斗分野,		采《汉书·地理志》。
		星纪之次。		采《周礼·保章氏》注。
12	太平州	吴地,斗分野,	采淳熙《姑孰志》	
13	宁国府	吴地,斗分野,		采《汉书·地理志》。
		星纪之次,于辰在丑。		采《晋书·天文志》。

续表

序号	府州军监	分野记述	征引宋代方志	分野判定依据
14	徽州	吴地，斗分野，		采《汉书·地理志》。
		次为星纪，于辰在丑。	采淳熙《新安志》	
15	信州	吴地，斗之分野。		采《汉书·地理志》，又引《后汉书·郡国志》，称"总而言之，则曰斗之分；析而言之，则曰星纪之次"。
16	池州	吴地，斗分野。		依据《后汉书·郡国志》《晋书·天文志》的相关记载。
17	饶州	星纪之次，		采《后汉书·郡国志》《新唐书·天文志》。
		牵牛、须女之分，		采宋《国史·地理志》。
		巳午之间。		采《元和郡县志》引《鄱阳旧记》。
18	广德军	吴地，斗分野，		采《汉书·地理志》，附记《后汉书·天文志》引《星经》。
		次为星纪，于辰在丑。	引《（广德军）图经》	采《晋书·天文志》。
19	南康军	吴地，斗分野。		依据《汉书·天文志》《汉书·地理志》的相关记载①。

---

①《舆地纪胜》卷二五江南东路南康军，"吴地，斗分野"下有注云："《汉·天文志》……九江、豫章属焉。今郡南境析自豫章，北境析自九江，则以九江、豫章之星度为密。稽之二史，寔为斗分。"（第2册，第1147页）按此处有脱文，除引《汉书·天文志》外，"九江、豫章属焉"当据《汉书·地理志》。

序号	府州军监	分野记述	征引宋代方志	分野判定依据
20	隆兴府	星分翼畛。		采王勃《滕王阁记》,又引《汉书·天文志》《汉书·地理志》的不同说法,谓"盖豫章乃吴楚之交,故星分亦难尽拘于一,当考"。
21	瑞州	《汉书·地理志》豫章郡,吴地,斗分野。	引《蜀江志》《(筠州)旧经》	采《汉书·地理志》,又引《蜀江志》《(筠州)旧经》及黄庭坚《江西道院赋》考证。
22	袁州	天官星纪,为斗分。		采《汉书·地理志》。
23	抚州	于天文,为星纪之分野。	采嘉定《临川志》	又引《晋书·天文志》补论。
24	江州	斗、牛之分。		依据《史记·天官书》《汉书·天文志》《晋书·天文志》的相关记载。
25	吉州	兼荆、扬、吴、楚之分野,为星纪、鹑尾及斗、牛、女、翼、轸之次。		依据《隋书·地理志》《新唐书·天文志》《晋书·天文志》及《通典》的相关记载。
26	赣州	于天文,为星纪之分野。	采乾道《章贡志》	

续表

序号	府州军监	分野记述	征引宋代方志	分野判定依据
27	兴国军	分野界于吴头、楚尾之间。	引《鄂州志》（盖即绍熙《武昌志》）、绍熙《富川志》	依据《鄂州志》、绍熙《富川志》及《晋书·天文志》、苏东坡《二十八舍辰次图》考证。
28	临江军	吴地，斗分野。		采《晋书·天文志》。
29	建昌军	在天官星纪，为斗之分野。	采《抚州临川志》（盖系嘉定《临川图志》）	
30	南安军	吴及百粤之地，于天文，为星纪之分野。	采乾道《章贡志》	又引《汉书·地理志》补论。
31	扬州	于天文，为牛、斗之分，		采《太平寰宇记》。
		星纪之次。	采绍熙《仪真志》	又引《晋书·天文志》补论。
32	真州	于天文，为牛、斗之分，		采《太平寰宇记》。
		星纪之次。	采绍熙《仪真志》	
33	楚州	天文，上当星纪，在牵牛之分。		附记《晋书·天文志》的相关记载。

序号	府州军监	分野记述	征引宋代方志	分野判定依据
34	泰州	于天文,为牛、斗之分,星纪之次。		采《太平寰宇记》。
				依据《新唐书·地理志》《晋书·天文志》《左传》的相关记载。
35	通州	星土分野与泰州同。		采《太平寰宇记》。
36	滁州	吴地,斗分野,		采《汉书·地理志》。
		于辰在丑。		采《隋书·地理志》。
37	高邮军	星土分野与扬州同。	淳熙《高邮志》不载星土分野	"高邮本扬州属邑,当同扬州。"
38	盱眙军	于天文,为鹑尾、星纪之次,		依据《晏公类要》的相关记载。
		《旧经》以为在牛、女之间。	引《(盱眙军)图经》	
39	庐州	吴地,斗分野。		依据《汉书·地理志》《晋书·天文志》的相关记载。
40	安庆府	天官星纪,为斗分野。	采宣和《同安志》	《新唐书·天文志》。

续表

序号	府州军监	分野记述	征引宋代方志	分野判定依据
41	蕲州	楚地,翼、轸之分野。		依据《汉书·地理志》《新唐书·天文志》的相关记载。
42	和州	于天文,直南斗魁下。		采刘禹锡《和州壁记》。
43	黄州	楚地,翼、轸之分野。		依据《汉书·地理志》《晋书·天文志》的相关记载。
44	衡州	于天文,当鹑尾之次,翼、轸之分野。	引《旧经》(系李宗谔祥符《(衡州)图经》)	依据《汉书·地理志》《后汉书·郡国志》及李宗谔祥符《(衡州)图经》记载论证。
45	永州	楚地,翼、轸之分野。	淳熙《零陵志》不载分野	按语引《史记·天官书》为证。
46	郴州	翼、轸之分野。		采《史记·天官书》。
47	道州	楚、越之分,翼、轸之星。	采《(道州)图经》	
48	宝庆府	于辰在巳,楚之分野。	采《邵阳志》(系淳熙《邵阳图志》)	
49	全州	楚地,翼、轸之分野。	引《全州图经》	依据《全州图经》《晋书·天文志》记载论证。

序号	府州军监	分野记述	征引宋代方志	分野判定依据
50	桂阳军	于辰在巳,楚之分野。	采嘉定《桂阳志》	依据《晋书·天文志》补论。
51	武冈军	楚地,翼、轸之分野。	采《武冈都梁志》	
52	江陵府	楚地,翼、轸之分野,		依据《春秋元命苞》《汉书·地理志》及《资治通鉴》记载论证。
		鹑尾之次。		采《汉书·地理志》。
53	鄂州	于天文,为翼、轸,		采《汉书·地理志》。
		次为鹑尾。		采《后汉书·天文志》,附记《晋书·天文志》的相关记载。
54	常德府	以星土辨之,当为翼、轸,鹑尾之次。	采《(常德府)图经》	附记《晋书·天文志》《新唐书·地理志》的相关记载及刘禹锡语。
55	岳州	《西汉志》以翼、轸为楚分。	引《岳阳志》(系马子严《岳阳志》,盖作于庆元、嘉泰年间)	采《汉书·地理志》。

序号	府州军监	分野记述	征引宋代方志	分野判定依据
56	澧州	荆、楚之分,上应天文,为翼、轸,鹑尾之次。		依据《春秋元命苞》《晋书·天文志》的相关记载。
57	沅州	鹑尾,楚分。		采《新唐书·地理志》。
		《春秋元命包》曰轸星散为荆州。		引《春秋元命苞》。
58	靖州	鹑尾,楚分。		采《新唐书·地理志》。
		《春秋元命包》曰轸星散为荆州。		引《春秋元命苞》。
59	峡州	在星土,为鹑尾之分野。	采《夷陵志》	附记《春秋元命苞》《汉书·地理志》的相关记载。
60	归州	楚地,翼、轸之分野。		采《史记·天官书》及《汉书·天文志》《地理志》,附记《春秋元命苞》《晋书·天文志》《新唐书·地理志》及费直说《周易》、蔡邕《月令章句》的相关记载。

序号	府州军监	分野记述	征引宋代方志	分野判定依据
61	辰州	楚地,翼、轸之分野,		采《汉书·地理志》。
		轸星散为荆州,		采《春秋元命苞》。
		为鹑尾分。		采《新唐书·地理志》。
62	复州	楚地,翼、轸,鹑尾之次。	采淳熙《(复州)图经》	
63	德安府	楚地,翼、轸之分野。		依据《汉书·天文志》《晋书·天文志》的相关记载。
64	荆门军	星土分野,五代已前并同江陵府。		采《舆地广记》,又附记《太平寰宇记》。
65	汉阳军	在天文,为翼、轸之分野。	采《(汉阳军)图经》	
66	信阳军	鹑尾之分。		采《新唐书·地理志》,附记《晏公类要》的不同记载。
67	寿昌军	楚地,翼、轸之分野,次为鹑尾。	采《鄂州图经》	
68	襄阳府	楚地,翼、轸之分野。		采《汉书·地理志》,附记《晏公类要》的相关记载。

序号	府州军监	分野记述	征引宋代方志	分野判定依据
69	随州	韩地，角、亢、氐分野。		采《晏公类要》，附记《后汉书·郡国志》的相关记载。
70	郢州	鹑尾之次，于辰在巳，楚之分野。		采《晋书·天文志》，附记《汉书·地理志》的相关记载。
71	均州	秦、韩之交，角、亢、氐、东井、舆鬼之分野。		注云："南阳属韩，韩为角、亢、氐之分野。汉中属秦，秦为东井、舆鬼之分野。"
72	房州	楚地，翼、轸之分野，		采《汉书·地理志》。
		鹑尾之次，于辰在巳。		采《后汉书·郡国志》。
73	光化军	韩地，角、亢、氐之分野。		采《汉书·地理志》。
74	广州	在天文，牵牛、婺女，		依据《通典》《新唐书·地理志》的相关记载。
		则越之分野，兼得楚之交。		采《通典》。
75	韶州	星土分野与广州同。	引《（韶州）旧（图）经》、绍熙《（韶州）新（图）经》	引《（韶州）旧（图）经》、绍熙《（韶州）新（图）经》的两种不同说法，附以案断。
76	连州	翼、轸之分野。	采《（连州）图经》	

序号	府州军监	分野记述	征引宋代方志	分野判定依据
77	南雄州	越地,牵牛、婺女之分野。	采《(雄州)图经》	
78	封州	星纪之次。	采《临封志》	
79	英德府	越地,牵牛、婺女之分野。	引《(英州)旧图经》引《(英州)新图经》	引《(英州)新图经》的不同说法,附有王象之按语考证。
80	肇庆府	分野星土与广州同。		依据《元和郡县志》的相关记载。
81	新州	分野星土与广州同。		依据《皇朝郡县志》的相关记载。
82	南恩州	粤地,斗、牛之分野。	采《罳山志》	
83	惠州	古南粤之地,星纪之次。	采《(惠阳)图经》	
84	潮州	牵牛之分野。	采淳熙《(潮州)图经》	
85	德庆府	越地,牛、女之分野。	采祥符《(康州)图经》	
86	梅州	牵牛之分野。	采淳熙《潮州图经》	
87	静江府	翼、轸之分,鹑尾之次。	采乾道《桂林志·星分门》	《桂林志·星分门》引《汉书·地理志》论证。
88	容州	于天文,其次星纪,其星牵牛。	采《(容州)图经》	《(容州)图经》引《汉书·地理志》及韩愈《送南海从事窦平序》。

序号	府州军监	分野记述	征引宋代方志	分野判定依据
89	象州	于天文,属翼、轸之度,鹑尾之次。	采《(象州)图经》	附记《汉书·地理志》《晋书·天文志》《新唐书·天文志》的不同记载,称"当考"。
90	邕州	于天文,其次星纪,其星牵牛。	采《建武志》	附记《汉书·地理志》及陶弼诗的相关记载。
91	昭州	牵牛、婺女之分野。		采《汉书·地理志》。
92	梧州	越地,婺女、牵牛之分。	引《昭州志》	采《汉书·地理志》,附记《昭州志》的记载(与《元和郡县志》不同)。
93	藤州	《汉(书)·地理志》曰:"粤地,牵牛之分野。"即《唐志》(系《新唐书·天文志》)所谓韶南以西,珠崖以东,为星纪之分,是也。	采《(藤州)图经·分野门》	
94	浔州	粤地,牵牛、婺女之分野,		采《汉书·地理志》。
		其次星纪,其星牵牛。		采韩愈《送南海从事窦平序》,附记《新唐书·地理志》的不同记载,略论待考。

序号	府州军监	分野记述	征引宋代方志	分野判定依据
95	贵州	牵牛、婺女之分野,		采《汉书·地理志》。
		其次星纪,其星牵牛。		采韩愈《送南海从事窦平序》,附记《新唐书·地理志》的不同记载,待考。
96	柳州	牵牛、婺女之分野。	采《(柳州)图经》	《(柳州)图经》引《汉书·地理志》。
97	横州	牵牛、婺女之分野。	采《(横州)图经》	
98	融州	《汉志》以为牛、女之分野,《唐志》以为翼、轸之分野。	引《(融州)图经》	存《汉书·地理志》《新唐书·地理志》两说,并附记《(融州)图经》的另一记载,待考。
99	宾州	天文于《汉志》以为牵牛、婺女之分野,《唐志》以为翼、轸之分野。		存《汉书·地理志》《新唐书·地理志》两说。
100	化州	牵牛、婺女之分野。	采《(化州)图经》	注又依据《星经》《新唐书·地理志》的相关记载,论证化州属星纪之分。
101	高州	牵牛、婺女之分野,星纪之次。	引《图经》(系嘉泰《高凉志》)	依据《图经》《春秋元命苞》《通典》《新唐书·地理志》《后汉书·郡国志》的相关记载论证。

续表

序号	府州军监	分野记述	征引宋代方志	分野判定依据
102	雷州	牵牛、婺女之分野。		采《汉书·地理志》,附记《通典》《新唐书·地理志》的相关记载。
103	钦州	于天文,其次星纪,其星牵牛。		依据《汉书·地理志》及韩愈《送南海从事窦平序》的相关记载。
104	廉州	牵牛、婺女之分野。		采《汉书·地理志》。
105	郁林州	《前汉》(《汉书·地理志》)为牛、女分野,至《唐志》(《新唐书·地理志》)乃以南越分属翼、轸。	采《(郁林州)图经》	
106	宜州	粤地,牵牛分野。	《(宜州)图经》	
107	贺州	于天文分野,当星纪、鹑尾之次。	引《(贺州)图经》	依据《(贺州)图经》引《汉书·地理志》及《后汉书·郡国志》《新唐书·地理志》的相关记载论证。
108	琼州	牵牛、婺女之分野。	采《琼管志》	《琼管志》引《汉书·地理志》《新唐书·地理志》。

序号	府州军监	分野记述	征引宋代方志	分野判定依据
109	昌化军	星土分野与珠崖同。		依据《太平寰宇记》。
110	万安军	星土分野并同琼州。	采《(万安军)图经》	
111	吉阳军	星土分野并同琼州。	采《(吉阳军)图经》	
112	福州	星纪,斗、须女之分。	采绍兴《(福州)图经》	
113	建宁府	星纪,须女之分。	采绍兴《福州图经》	附记庆元《建安志》的不同说法,有王象之按语据《隆兴滕王阁记》论证。
114	泉州	星纪之次,斗、牛之分。	采《(泉州)图经》	
115	邵武军	星土分野与建宁府同。		注云:"元自建州割邵武县为军治,故星土分野与建宁府同。"
116	兴化军	星土分野与泉州同。		注云:"元自泉州割莆田县为军,故星土分野与泉州同。"
117	简州	秦地,东井、舆鬼之分野。		采《汉书·地理志》。
118	嘉定府	按《汉志》,秦地,于天官应东井、舆鬼之分野。		采《汉书·地理志》,附记《晋书·天文志》的不同记载,待考。

续表

序号	府州军监	分野记述	征引宋代方志	分野判定依据
119	雅州	《汉志》东井、舆鬼之分野，鹑首之次，秦之分也。	引《(雅州)图经》	采《汉书·地理志》，附记《(雅州)图经》的不同说法。
120	威州	秦地，东井、舆鬼之分野。	采《(威州)图经》	
121	茂州	《西汉志》曰"秦地，井、鬼之分野"，蜀郡入井三度。	引《茂州志》	采《汉书·地理志》，引"《茂州志》云同石泉军"。
122	隆州	秦地，天官东井、舆鬼之分野，鹑首之次。	采《(隆州)图经》	
123	永康军	秦地，东井、舆鬼之分野。	引《续永康志》	当采《汉书·地理志》，附记《续永康志》的不同说法。
124	石泉军	秦地，井、鬼之分野。	采《(石泉军)图经》	
125	泸州	天文，东井、舆鬼之分野。	采《(泸州)图经》	附记《晋书·天文志》《新唐书·地理志》的不同记载。
126	潼川府	东井、舆鬼之分野。	采《潼川新志》《新潼川志》》	
127	遂宁府	秦地，天官东井、舆鬼之分野。		采《汉书·地理志》。

序号	府州军监	分野记述	征引宋代方志	分野判定依据
128	顺庆府	秦、楚之交,鹑首之次,		依据《汉书·地理志》《新唐书·地理志》的相关记载。
		参、井之分。		引《通典》《晋书·天文志》的相关记载,以《通典》为正。
129	资州	秦地,东井、舆鬼之分野,		采《史记·天官书》。
		入参三度。		采《晋书·天文志》。
130	普州	秦地,天官东井、舆鬼之分野。		采《汉书·地理志》。
131	合州	秦地,参、井之分野。	采《(合州)图经》	
132	荣州	天官东井、舆鬼之分野。		采《汉书·地理志》。
133	昌州	鹑首之次,井、柳之度。	采《(昌州)图经》	
134	渠州	秦地,于天官东井之分野。		采《汉书·地理志》。
135	叙州	秦地,天官东井、舆鬼之分野,	采《(叙州)图经》引《汉书·地理志》	
		入参三度。	采《(叙州)图经》引《晋书·天文志》	

续表

序号	府州军监	分野记述	征引宋代方志	分野判定依据
136	怀安军	天官东井、舆鬼之分野，		采《汉书·地理志》。
		入参七度。	采《（怀安军）图经》	
137	广安军	东井、舆鬼之分野，统于鹑首。	采《（广安军）图经》	
138	长宁军	秦地，于天官东井、舆鬼之分野。		采《汉书·地理志》。
139	富顺监	天官东井、舆鬼之分野。	采《（富顺监）图经》	
140	涪州	秦地，于天文东井、舆鬼之分野。		采《汉书·地理志》。
141	重庆府	《汉书·地理志》："秦地，于天官东井、舆鬼之分野。"西南有巴蜀、广汉、犍为、武都，皆宜属焉。	采绍定《（重庆）图经》又引《巴志》（按疑为《巴州图经》）载星分合	
142	黔州	楚地，翼、轸之分野。	采《（黔州）图经》引《汉书·地理志》	

序号	府州军监	分野记述	征引宋代方志	分野判定依据
143	万州	《史记·天官书》云："巴、蜀本秦地,为鹑首之分野。"	采《(万州)图经》	
144	思州	楚地,翼、轸之分野。	采《(思州)图经》	
145	梁山军	于天文,属鹑首之次。	采《(梁山军)图经》	
146	南平军	天文,东井、舆鬼之分野。		采《汉书·地理志》,附记《晋书·天文志》的不同记载。
147	大宁监	分占翼、轸。		
148	兴元府	秦楚之交,	引《果州图经》	采《通典》,引《果州图经》亦同。
		东井、舆鬼、翼、轸之分野。		依据《汉书·地理志》《晋书·天文志》及《华阳国志》的相关记载。
149	利州	井、柳之分,鹑首之次。	采《(利州)图经》	兼采《新唐书·地理志》。
150	阆州	东井、舆鬼之分野。		采《碑记序》。
		《晋志》(《晋书·天文志》)梁、益分野临参宿,唐一行定鹑首之次(当出《新唐书·天文志》),井、柳之度。	采《(阆州)图经》	

续表

序号	府州军监	分野记述	征引宋代方志	分野判定依据
151	隆庆府	秦地，东井、舆鬼之分野。		采《汉书·地理志》，附记《隋书·地理志》的不同记载。
152	巴州	鹑首分野。		采《汉书·地理志》。
153	蓬州	秦地，天官东井、舆鬼之分野。		采《汉书·地理志》，又引《新唐书·地理志》补论。
154	金州	秦、楚之交，天官东井、舆鬼之分野，		采《晋书·天文志》。
		又兼得翼、轸之分野。		依据《通典》及《晏公类要》引《汉书·地理志》的相关记载。
155	洋州	益州分野，参宿临之。		引《汉书·地理志》《晋书·天文志》《新唐书·地理志》的不同记载论证，从《晋志》。
156	大安军	星土分野与兴元府同。	《（大安军）图经》不载星土分野	
157	剑门关	秦地，东井、舆鬼之分野，上应参宿。		依据《汉书·地理志》《隋书·地理志》及李白《蜀道难》论证。

今本《舆地纪胜》虽稍有残缺，但仍保存有一百五十七条各

府州军监的分野记载,可供分析。此书作者自序称"余因暇日,搜刮天下地理之书及诸郡图经,参订会萃"①,知王象之编撰时参考了大量地理志书,其中包括郡邑方志,它们在《舆地纪胜》中均有广泛征引。例如,福建路建宁府,正文谓"星纪、须女之分",其下注云:"此据《福州图经》,而《建安志》以为分界翼、轸、牛、斗之间,与《福州图经》所载不同。象之谨按:隆兴《滕王阁记》云'星分翼轸',则是江西为翼、轸之分,非福建也。今福建在汉隶会稽郡,属扬州,当为须女之分。"②知"星纪、须女之分"乃是直接采自绍兴《福州图经》③,然庆元《建安志》说法不同④。王象之在此提及两部方志的分野记载,并辨析二说,终以前者为是,其他各条皆类此。

从表7-1来看,宋代郡邑方志记载天文分野呈现出两个特点。第一,数量众多。今本《舆地纪胜》共有八十六条分野记载征引了宋代郡邑方志,其中仅指出三种方志不载分野⑤,而引述各种记有分野内容的"图经"或"志"共计八十三种,数量差距悬殊。上文提到,《宋元方志丛刊》收录存世宋代方志二十九

①王象之:《〈舆地纪胜〉自序》,《舆地纪胜》附录三,第10册,第6430页。
②《舆地纪胜》卷一二九建宁府,第7册,第4071页。以上引文标点有所改动。
③此处《舆地纪胜》所引《福州图经》,据考证当为绍兴《福州图经》,参见顾宏义:《宋朝方志考》,第299—300页。
④此庆元《建安志》著录于陈振孙《直斋书录解题》卷八(第257—258页),另参见顾宏义:《宋朝方志考》,第304—305页。
⑤分别是淳熙《高邮志》、淳熙《零陵志》、《(大安军)图经》。

种,与《舆地纪胜》所引宋代方志八十六种合计,除有二种重复之外①,共计一百一十三种,其中九十七种都有分野记载,占比约86%。尽管这一百一十三种方志还不到宋代方志总数的11%②,但却可以通过这一比值推测出,很可能有超过80%以上的宋代郡邑方志都记有天文分野的内容,数量十分可观。故绍定《江阴志》即谓"分野之说,图志所不容缺"③,这已成为一种较为普遍的编纂体例。

第二,论证本地在既有天文分野体系中的星土对应关系。这些郡邑方志记述分野的一般模式是先征引前代文献中的分野之说,然后着重说明本地应属于传统分野地理系统中的哪个区域,从而确定其分星。例如,"《(江阴军)图经》引《史记·天官书》:'牵牛、婺女,扬州。'《前汉·地理志》:'吴地,斗分野。'《后汉·郡国志》:'斗十一度,至须女七度,吴越分。'《晋·天文志》:'斗、牵牛、须女,吴越、扬州,自南斗十二度至须女七度为星纪。'"以说明江阴于天文当属"须女之分,吴地,斗分野"④。乾道《镇江志》云:"马迁述《天官》,班固述《天文》,皆以斗、牛为江湖,扬州分野。然犹概以言之。至《晋志》而后析

---

① 分别是嘉泰《吴兴志》、淳熙《新安志》。
② 顾宏义《宋朝方志考》统计宋代方志共有1031种(第4页),桂始馨《宋代方志考证与研究》的统计数量为1038种(第3页)。
③ 绍定《江阴志》卷一《分野》,钱建中辑:《无锡方志辑考》下卷江阴县,世界知识出版社,2006年,第209页。
④ 《舆地纪胜》卷九两浙西路江阴军,第1册,第511页。

言丹阳入斗十度,会稽入牛一度。由是推焉,则京口当在斗、牛之间。故唐孙万寿诗有'天津望牛斗',白居易诗有'城高逼斗牛'之句,皆谓此也。"①这种记载虽引述前代天文分野说,甚至包括一些星占事例,但其主要目的并不是宣扬星占之学,而是比较纯粹地讨论本地与传统分野地理区域的关系,将既有分野体系进一步析分细化,对应到每一个州郡(乃至县),这已成为考订地理沿革的一个必要组成部分,说明分野知识已全面融入郡邑方志之中。

王象之《舆地纪胜》吸收前代地理志书的编纂成果,其中一个重要工作是"盖以诸郡图经,节其要略"②,所以此书便因袭了宋代郡邑方志的内容体例,系统记载各地分野,其记述方式也与方志类同,亦旁征博引前代分野说以考证各地的星土对应关系。值得一提的是,方志学的定型即以《舆地纪胜》为标志,它为南宋以后包括全国总志和地方志在内的地理志书的编纂确定了基本体例③,因而天文分野便成了记述地理沿革的必备要素,遂成为后世各种地理志书编纂的定例。因此,《舆地纪胜》也标志着分野知识与地理著述的完全融汇。

综上所述,唐宋时期天文分野逐渐全面进入地理志书的编

①《舆地纪胜》卷七两浙西路镇江府,第1册,第403页。按"至《晋志》而后析言丹阳入斗十度",《晋书·天文志》作"丹杨(阳)入斗十六度",此处当脱一"六"字。
②《直斋书录解题》卷八《舆地纪胜》解题,第240页。
③参见李勇先:《〈舆地纪胜〉研究》,第32—35页。

纂体系。至南宋中后期,一方面,方志学趋于定型,其编纂体例亦随之固化,"分野"多被单独列为一个门目;另一方面,王象之撰《舆地纪胜》吸取郡邑方志的编纂之法革新地理总志的纂修体例,将天文分野确立为记述地理沿革的必备要素。至此,天文分野说完全融入了传统地理学,成为地理纂述不可或缺的组成部分。此后,元明清时期纂修的各种地理总志和地方志即因循南宋以来的传统,无不记述各地之分野。一直到清乾隆四十六年(1781)修《钦定热河志》,秉承清高宗圣意,裁撤分野门,代之以记录实测经纬度的晷度门,从而开启了对传统地理志书编纂的检讨,但天文分野被完全摒除于地理著述之外,则已是晚至民国年间的事情了(详见本书第五章),从中可以反映出千年来中国传统地理学思想之变迁。

还需要说明的是,唐宋时期星占、谶纬等传统政治文化逐渐式微,特别是到了宋代陷入全面崩溃的境地①。随着自宋代以后传统星占学及灾异政治文化的衰落,天文分野对于政治领域的影响也趋于消亡,但却与地理学的结合日益紧密。此时各种地理著述大多记有分野内容,其目的并非为了星象占测,而仅限于地理考订,甚至还产生了认为可以依靠天文分野来辨识地理方位的观念,如明嘉靖二十五年(1546)江廷藻作《钜野县

---

① 参见刘浦江:《"五德终始"说之终结——兼论宋代以降传统政治文化的嬗变》,《中国社会科学》2006年第2期,第177—190页。

志序》即谓"志分野以辨方位"①。分野知识进入地理志书,在社会上得以更广泛地传播,这本身也显现出分野说已褪去了其神秘的星占色彩,逐渐演变为社会大众文化的一部分。

第三节　分野学说的普及化与常识化

唐宋时期,尽管天文分野说仍在天文类文献中继续传承,但其占决军国大事的政治功能却在逐渐被削弱,至宋代以后,成为民间社会所共享的一种知识、思想乃至信仰,体现了分野学说的普及化与常识化过程。特别是在地理认知方面,分野之说可谓完全转化成了地理常识,这主要表现在以下三个方面。

第一,自唐宋以降有大量的诗文作品运用分野典故以代指地理。譬如,唐王勃《滕王阁诗序》"星分翼轸,地接衡庐"②,李白《蜀道难》诗"扪参历井仰胁息"③,刘禹锡《和州刺史厅壁

①黄维翰纂修,袁传裘续纂修:《(道光)钜野县志》卷首,《中国地方志集成·山东府县志辑》,第 83 册,第 4 页。又民国《芮城县志》卷一《星野志》亦谓"疆土最重方位,星野即所以定地方之位置"(《中国方志丛书》华北地方第 85 号影印民国十二年铅印本,成文出版社有限公司,1968 年,第 77 页)。
②王勃:《王子安集》卷五《滕王阁诗序》,《四部丛刊初编》影印明张绍和刊本,叶 1a。
③李白:《李太白文集》卷三《蜀道难》,商务印书馆影印万有文库本,1930 年,第 2 册,第 4 页。

记》"历阳,古扬州之邑。于天文直南斗魁下"①;宋夏竦《送人游关右》诗"鹑首右瞻秦分野,虎牢西入汉关防"②,黄庭坚《江西道院赋》"勾吴之区,维斗所直"③;元方回《五湖空濛图》诗"斗牛分野古彭蠡,橘柚包贡今洞庭"④,王冕《过扬州》诗"东南重镇是扬州,分野星辰近斗牛"⑤。诸如此类与天文分野有关的诗文不胜枚举,有的还是我们耳熟能详的名篇佳句,说明自唐宋以后讲究天地对应的分野之说已是时人创作诗文信手拈来的一种地理常识。上文提到对地理志书编纂具有体例定型意义的《舆地纪胜》,亦带有为文人墨客吟诗作赋用典提供资料汇编的性质⑥,此类地理志书应是人们诗文创作援引分野知识的一大来源。

第二,分野地理知识的图像化普及。自唐宋以降,分野之说作为一种地理知识在民间社会以多种形式广泛传播开来,除

---

①《刘禹锡集》卷八《和州刺史厅壁记》,上海人民出版社,1975 年,第 4 页。

②夏竦:《文庄集》卷三四《七言律诗·送人游关右》,文渊阁《四库全书》本,第 1087 册,第 323 页。

③黄庭坚:《豫章黄先生文集》卷一《江西道院赋》,《四部丛刊初编》影印嘉兴沈氏藏宋刊本,叶 5a。

④方回:《桐江续集》卷二六《五湖空濛图》,文渊阁《四库全书》本,第 1193 册,第 323 页。

⑤《王冕集》卷上《七言律诗·过扬州》,寿勤泽点校,浙江古籍出版社,2012 年,第 54 页。

⑥参见邹逸麟:《〈舆地纪胜〉的流传及其价值》,《椿庐史地论稿》,天津古籍出版社,2005 年,第 544—545 页。

了上文所述各种地理志书中的文字记述之外，还流行着各式各样的图谱。如北宋税安礼《历代地理指掌图》是现存最早的一部历史地图集，由宋至明流传甚广，曾多次刊印①，此书收录有三幅与分野相关的图像：《天象分野图》大体是依据《汉书·地理志》的记载，在地理舆图上标识出二十八宿与十三国的对应关系（图7-1[彩插七]）。《二十八舍辰次分野之图》是一幅同心圆式的圈层分野图，按照天文、地理系统分为内外两个层次，内圈由里向外依次列出十二辰、十二次及其起讫度数、二十八宿，外圈列出十三国、十二州地理系统，并附注相应的北宋路分（参见图3-4）②。《唐一行山河两戒图》则是根据僧一行山河两戒分野说绘制而成的一幅舆地图。南宋唐仲友所作图谱类类书《帝王经世图谱》今仍存嘉泰元年（1201）金氏赵善鐻刻本，此书收录有《周保章九州分星之谱》《魏陈卓十二次分野之图》《唐一行山河分野图》《世记（纪）十二次配合谱》《九州分星旁通谱》《六家分星异同之谱》《三家分星异同谱》七种分野图谱③。其中，前三种是分别依据《汉书·地理志》《晋书·天文志》及一行山河两戒说而绘制成的地理图，其底图蓝本可能

---

① 参见《宋本历代地理指掌图》谭其骧《序言》，第1—4页；曹婉如：《〈历代地理指掌图〉研究》，《中国古代地图集［战国—元］》，第31—34页。

② 《宋本历代地理指掌图》，第80—85页。

③ 此七幅图谱皆见于唐仲友：《帝王经世图谱》卷六，《北京图书馆古籍珍本丛刊》影印宋刻本，第79—87页。

来自《历代地理指掌图》①，后四种则是以表格的形式胪列历代
文献的分野记载。此后如《今古舆地图》等明清时期的历史地
图集也都绘有不少分野舆图②，还有很多明清地方志，亦配有
各式各样的天文图或地理图以展示本地之分野，兹不赘举。

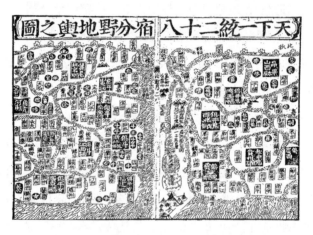

图7-2　《天下一统二十八宿分野地舆之图》

（《鼎锲崇文阁汇纂士民万用正宗不求人全编》，《明代通俗日用类
书集刊》，第9册，第233页）

---

①王焦《〈历代地理指掌图〉研究》指出《周保章九州分星之谱》《魏陈卓十二
　次分野之图》两图是在《历代地理指掌图》之《禹迹图》的基础上改绘而成，
　《唐一行山河分野图》是以《历代地理指掌图》之《唐一行山河两戒图》为蓝
　本（陕西师范大学硕士学位论文，2019年，第64页）。
②吴国辅、沈定之《今古舆地图》卷下收录有《汉书地理志列国分野图》《二十
　八舍辰次分野合太乙奇门宫次图》《九州二十八宿分野图》《唐一行山河两
　戒图》（《四库全书存目丛书》影印明崇祯十六年刻朱墨套印本，史部第170
　册，第730—738页）。

宋元以后,更具民间普及性的日用类书也常有分野知识的介绍以及分野图像。如元代《事林广记》见有《十二宫分野所属图》《天轮之图》①,以圆图的形式来记述分野之说,并与其他一些数术理论相结合。流传更广的明代日用类书如《新锲全补天下四民利用便观五车拔锦》《新刻天下四民便览三台万用正宗》《鼎锲崇文阁汇纂士民万用正宗不求人全编》《鼎锲龙头一览学海不求人》等均载有分野舆地图,在明代疆域之上标注二十八宿所对应的各分野区域,且有《皇明一统二十八宿分野地舆之图》②、《二十八宿分野皇明各省地舆总图》③、《天下一统二十八宿分野地舆之图》④、《二十八宿分野皇明据各堪舆地之图》⑤等不同题名(参见图7-2)。这些舆地图的流行,说明分野与地理的结合已经成为人们习以为常的一种表现方式。

此外,在社会上还有一种刻印单行的大幅分野舆图。美国哈佛燕京图书馆藏《皇明分野舆图古今人物事迹》抄绘本(图

---

①两图分别见于北京大学图书馆藏元后至元六年郑氏积诚堂刻本《纂图增新群书类要事林广记》甲集卷上和己集卷上,《事林广记》,第3、155页。
②徐三友校:《新锲全补天下四民利用便观五车拔锦》卷二地舆门,中国社会科学院历史研究所文化室编:《明代通俗日用类书集刊》影印明万历二十五年书林闽建云斋刊本,西南师范大学出版社、东方出版社,2012年,第5册,第341页。
③余象斗编:《新刻天下四民便览三台万用正宗》卷二地舆门,《明代通俗日用类书集刊》影印明万历二十七年余氏双峰堂刻本,第6册,第222—223页。
④龙阳子编:《鼎锲崇文阁汇纂士民万用正宗不求人全编》,《明代通俗日用类书集刊》影印明万历三十五年潭阳余文台刊本,第9册,第233页。
⑤佚名:《鼎锲龙头一览学海不求人》卷二地舆门,《明代通俗日用类书集刊》影印明刊本,第14册,第149页。

7-3[彩插八]），纵 139 厘米，横 123 厘米，主要描绘的是明朝两
京十三省疆域兼及周边区域，图中有旁注详记地理建置及历史
沿革。图的上缘为序文，交代制图原委；下缘则有一篇题为"两
京十三省图考"的注记文字，详载明两京十三省所属分野、下辖
州府、户口总数、出产税赋等情况，末有牌记明"崇祯癸未（十六
年，1643）仲秋日南京季明台选录梓行"，说明其原据底图乃是
明末崇祯十六年的南京季明台刻本①。此图原刻本在图像部
分并未体现天文分野的内容，而是见于注记之中，却径称"皇明
分野舆图"，说明在时人看来分野与地理已然混同。而且此类
分野舆图在明清之际流传很广，不断有人翻刻、改绘。如加拿
大英属哥伦比亚大学亚洲图书馆藏《九州分野舆图古今人物事
迹》印本，完全是季明台刻本《皇明分野舆图古今人物事迹》的
翻版，只不过删改了"皇明"、"崇祯"等与明朝有关的文字内
容，应当是在入清以后翻刻的②。崇祯十七年金陵曹君义刊
《天下九边分野人迹路程全图》（图 6-5），其所绘中国部分与

———————

① 陈熙：《美国哈佛大学图书馆藏中国古旧地图提要》，广西师范大学出版社，
2022 年，第 23 页。
② 关于此图的介绍，参见韦胤宗：《加拿大英属哥伦比亚大学亚洲图书馆藏
〈九州分野舆图古今人物事迹〉》，台湾中国明代研究学会编《明代研究》第
27 期，2016 年 12 月，第 189—219 页。按作者因不了解《九州分野舆图古今
人物事迹》与《皇明分野舆图古今人物事迹》的翻刻关系，将被删去"崇祯"
年号的"癸未仲秋日南京季明台选录梓行"解释为万历十五年癸未（1587），
从而错误判断了《九州分野舆图古今人物事迹》的编刻年代，卜正民所著
《全图：中国与欧洲之间的地图学互动》对这两幅地图之间的关系已有讨论
（第 168—171 页）。

《皇明分野舆图古今人物事迹》（图 7-3[彩插八]）高度雷同，应当存在直接的因袭关系，所不同的是此图又吸收了晚明西方传教士带来的世界地理知识，在中国以外画出了欧洲、地中海、非洲、南北美洲和南极洲①，体现了当时人世界观的拓展，然仍名以"天下九边分野"，亦不脱中国传统的分野地域观念。此图在清代被坊肆多次翻刻，如存留至今者有康熙二年（1663）姑苏王君甫刻印《天下九边万国人迹路程全图》（图 6-6[彩插六]）、《大明九边万国人迹路程全图》两种②，康熙十八年北京吕君翰梓行《（天下）分（野）舆图（古今）人（物事）迹》等③。这些大幅分野舆地图的销售、张贴和观赏，更有利于分野知识在社会民众中的普及。

第三，分野思想转化为地理景观与民间信仰。随着唐宋时期天文分野之说与地理学的紧密结合，这种天地对应思想亦直接体现于地理建置，甚至在某些地方衍生出相应的景观和信仰。例如浙江金华，秦汉属会稽郡，三国孙吴置东阳郡；梁武帝

①参见曹婉如等编：《中国古代地图集[明代]》，图版 146，图版说明第 11 页；李孝聪：《欧洲收藏部分中文古地图叙录》，第 6—7 页；北京图书馆善本特藏部舆图组编：《舆图要录——北京图书馆藏 6827 种中外文古旧地图目录》，第 2 页。

②陈熙：《美国哈佛大学图书馆藏中国古旧地图提要》，第 1—2 页；刘镇伟主编：《中国古地图精选》，图版 27，图版说明见第 89 页。

③李孝聪：《欧洲收藏部分中文古地图叙录》，第 157—158 页。按此图图题已残，另可参见 1754 年日本浮世绘画师宫川长春据吕君翰印本所绘《历代分野之图今人物事迹》（见卜正民：《全图：中国与欧洲之间的地图学互动》，第 60 页图版 1.13）。

改置金华郡，"隋开皇九年（589）平陈置婺州，盖取其地于天文为婺女之分野"①；元末至正二十二年（1362），改为金华府②。知婺州之名即直接来源于古越地上应女宿（又名婺女）的分野说。唐武德四年（621），州人营建了一座婺星祠，专门供奉婺女星君，"初在郡城西北"，吴越国时，"刺史钱俨徙于子城上西南隅"，南宋淳熙十三年（1186），知州洪迈请赐额名"宝婺观"，元代毁于火，明代重建，改名为"星君楼"，清初复毁，至康熙年间再度重建，屹立至今③。明洪武中重建宝婺观时，主观道士杨道可求文于宋濂云：

> 婺以星名州，星之泽州民者甚大。宋宣和三年（1121），方腊反睦，将陷郡，统领刘光世讨之，兵次兰溪，未敢进，梦霞冠羽衣神趣之行，且以病指告。刘至，盗党就擒，及谒星祠，其像如梦中，一指将坠。开禧三年（1207），大水，先期告守土吏为备，民不漂溺。景定四年（1263），武义山寇为乱，来犯城，南屯于溪南，遇媪鬻履，长数尺，盗怪问之，媪

①《元和郡县图志》卷二六《江南道二》"婺州"，第 620 页。
②《（万历）金华府志》卷一《建置沿革》，第 41—44 页。
③《（万历）金华府志》卷二三《祀典》"婺女星君祠"及卷二八《艺文》载宋濂《婺星祠记》，第 1664—1665、2010—2011 页；张荩等修，沈麟趾等纂：《（康熙）金华府志》卷二四《寺观》"宝婺观"，《中国地方志集成·浙江府县志辑》影印清宣统元年嵩连石印本，江苏古籍出版社、上海书店、巴蜀书社，1993 年，第 49 册，第 369 页。

曰:"城中人履,皆如是耳!"盗惊散去。元至元十三年
(1276),郡既降复守,元将高兴怒,欲屠城,梦神谕以勿杀。
明日,以火矢射观,矢返堕,军中见巨人坐城上,濯足城南
水中,大骇,遂下令讽民降,不敢戮一人。至正十六年
(1356),沿海翼兵自兰溪夜叛还,谋袭郡城。神化妇人导
叛兵食瓜田间,食已,皆昏迷失道,至城而天已曙,官兵有
备,遂伏诛。此皆彰灼可征之大者,而疾疠旱涝之祷为尤
验,固未易悉数也。①

由此可知,婺州因分野而得名,并将其所对应的婺女星供为本
地神明,不仅建立专祠,而且还流传出婺女星君显灵庇佑婺城
百姓的种种故事,泽被苍生,深受民众爱戴,据说"禬禳每效,福
毆频集,邦人奉承,无敢不肃"②。这是取分野之说化用为地
名,进而建庙祠祀,产生景观效应,推动信仰传播的一个典型案
例,同时也使得分野思想更加深入人心,至今"宝婺"(或"婺")
仍是金华的别称。

除婺州之外,我们还能找到其他类似的例子。如浙江丽

---

① 宋濂:《芝园后集》卷一〇《重建宝婺观碑》,《宋濂全集》,吴宏定点校,浙江
古籍出版社,2014年,第5册,第1666—1667页。以上引文据《(万历)金华
府志》卷二八《艺文志三》载宋濂《婺星祠记》(第2010—2013页)校正文字,
标点亦有所改动。
② 《叶适集》卷一一《宝婺观记》,刘公纯、王孝鱼、李哲夫点校,中华书局,2010
年,第194页。

水，南北朝时为永嘉郡，隋开皇九年平陈，改置处州，十二年又改曰括州，至唐大历十四年（779）因避唐德宗讳，又回改为处州①。据传处州之得名乃因"适处士星见分野"②，意谓隋平陈时恰有处士星（即少微星）见于永嘉所属之天文分野③，遂改名处州。后来当地人便建有"应星桥"④，久之又在桥上建楼名曰"应星楼"，南宋叶宗鲁撰《处州应星楼记》叙其原委云："在昔有隋处士星见，因置处州。然则吾州素号多士，衣冠文物之盛，得非星分之应耶！州治东南三百余步有应星桥，会城郭之水尾间□下归于大溪。桥之西隅居民屋坏，每遇溪流□涨，必为冲浸。嘉祐间，郡守崔公愈始作石堤以捍水患，就桥立屋。时迁岁久，雨剥风颓，庳陋不耸，无以壮水□之势，士民佥以为言。岁在丁卯（开禧三年）七月初吉，郡守寺丞王公庭芝撤旧图新，

①《隋书》卷三一《地理志下》，中华书局，2011 年，第 879 页；李吉甫：《元和郡县图志》卷二六《江南道二》处州，贺次君点校，中华书局，1983 年，第 623—624 页。

②邵博：《邵氏闻见后录》卷二六，李剑雄、刘德权点校，中华书局，1983 年，第 206 页。按邵氏误将此事系于唐德宗改名处州时，曹学佺编纂《大明一统名胜志·浙江省》卷八处州府谓"隋开皇九年，处士星见于分野，因置处州"（《四库全书存目丛书》影印明崇祯三年刻本，齐鲁书社，1996 年，史部第 169 册，第 150 页），当是。

③按后世皆以处州为斗宿分野，如刘宣等纂修：《（成化）处州府志》卷一《分野》，《域外汉籍珍本文库》第 3 辑影印明成化二十二年刊本，西南师范大学出版社、人民出版社，2012 年，史部第 21 册，第 86 页。

④叶廷珪：《海录碎事》卷三下《地部上·桥道门》"应星桥"条云："隋时，因处士星现，改括州为处州。今在城有应星桥，盖本于此。"（李之亮点校，中华书局，2002 年，第 108 页）按此处记述有所错乱，"改括州为处州"并非"隋时"。

敞以高楼,载揭扁榜,因以名之。"①尽管处州并非直接得名于其所对应的星宿,而因处士星见于其地之分野,但仍蕴含着天文分野思想,这从"应星桥"之名即可窥知,人们亦将处州"多士"视为"星分之应",北宋嘉祐中在桥上立屋,至南宋开禧三年又改建高楼,因桥为名,"以祠星君"。同样也是由于分野之说而成地理景观,引得民众奉祀。此外,北宋时山西汾州有"毕宿庙",乃因"毕八星为天纲,赵地,冀州之域,分野所在"②,故建庙祠之;扬州有"斗野亭",原"在邵伯镇梵行院之侧,熙宁二年(1069)建,按《舆地志》扬州于天文属斗分野,发运司元居中名。绍兴元年(1131),郑兴裔更造于州城迎恩桥南"③。以上所举因天文分野而产生的地理景观,说明分野思想的流行不仅使普通民众广泛接受了天地相应的观念,对本地分野形成一种常识性认知,强化地方认同,而且还将其神圣化,衍生出庇佑地方黎民的民间信仰。

总而言之,自唐宋以降,分野学说的普及化与常识化是一个显著的社会现象,不仅有文人墨客援引入诗文创作,而且也

①阮元:《两浙金石志》卷一一《处州应星楼记》,浙江古籍出版社影印清光绪十六年刻本,2012年,第254页。

②胡聘之:《山右石刻丛编》卷二二收录金泰和元年许安仁撰《汾州西河县毕宿庙记》引《汾州图经》,《续修四库全书》影印清光绪二十七年刻本,第907册,第517页。

③朱怀幹、盛仪纂修:《(嘉靖)惟扬志》卷七《公署志》,《天一阁藏明代方志选刊》影印明嘉靖残本,第14册,叶24a。

通过图谱等各种形式为普罗大众所熟知了然，成为民间社会所共享的一种知识、思想与信仰。这对于人们的地理认知和世界观念也有着重要影响。

通过上文论述，我们可以了解中国古代的天文分野从星占秘术逐渐演变为地理常识的全过程，进而对分野学说的知识生成、衍化、传播与被接受史有了更全面的认识。本章研究有助于我们解答这样一个疑问：包括五德终始、谶纬、星占为代表的神秘主义传统政治文化在宋代就已被扬弃，陷入全面崩溃的境地，而天文分野学说尽管也受到一些冲击和挑战，但却依然能够盛行于世，成为朝野士民所熟知的"常识"，津津乐道，直至清乾隆以后才逐渐走向沦落消亡。其主要原因就是自唐宋以降，天文分野说褪去了军国星占色彩，与地理著述全面融汇，成为传统地理学的必要组成部分，进而下沉入社会大众文化，通过地理志书、诗文、图谱等各种形式广泛传播普及，乃至衍生出相关的地理景观与民间信仰，对民间社会的思想文化影响深远，这正是分野学说在古代社会和士民思想世界具有长久生命力的根本所在。明乎此，亦可帮助我们更好地理解历史文献中的大量分野记述、保留至今的物质遗存以及天地谐应的传统观念。

第八章　天文分野的全球视阈：东西方
　　　　　世界观之比较

　　德国哲学家恩斯特·卡西尔(Ernst Cassirer)在分析古代人类社会天文崇拜的社会学基础时说:"如果人首先把他的目光指向天上,那并不是为了满足单纯的理智好奇心。人在天上所真正寻找的乃是他自己的倒影和他那人的世界的秩序。人感到了他自己的世界是被无数可见和不可见的纽带而与宇宙的普遍秩序紧密联系着的——他力图洞察这种神秘的联系。"①这段话精辟地揭示出在古代社会,人们之所以热衷于观天占星,其终极目的就是为了发现天地人之间的神秘联系,构建人间世界与宇宙秩序的和谐体系。而中国古代的"天文分野"就是将地理世界投影于天界星空从而建立天地联系、沟通天人的

_____

①〔德〕恩斯特·卡西尔:《人论》第四章《人类的空间与时间世界》,甘阳译,上海译文出版社,2004年,第66—67页。

一种具体方式,它集中体现了古代中国人的宇宙观和世界观。其实,若放眼全球,类似于"天文分野"这样的思想学说,并非中国所独有,而是一种流行于古代世界的普遍现象,亦见于世界其他古代文明之中,如清人揭暄即已注意到"他国亦有为分野之说者"①。那么,哪些古代文明曾出现过与分野相似的天地学说,它们与中国传统分野说又有何异同,便是十分有趣的问题,本章尝试对此做一番初步的比较研究。

据笔者所知,除中国之外,从两河流域到埃及、希腊等古代文明以及近世日本皆有与分野类似的天地学说。若将这些域外学说与中国传统分野说加以对比,不难发现,虽然它们所采用的天文、地理系统及对应形式各有不同,但其所反映的实际上都是"在天成象,在地成形"、天地相通、天人和谐的普世宇宙观,而它们之间最大的区别则在于其地理系统所体现出来的东西方世界观差异。这在文化人类学上是一个很值得考究的问题,它有助于我们了解古代东方与西方人是如何认知自我与世界关系的。

通过对古代世界诸文明中的各种天地学说加以考察,可将东西方的地理世界观分为封闭与开放两大类型②。以下分别

①揭暄:《璇玑遗述》卷二《分野之诞》,第535页。
②需要说明的是,印度佛教经典《大方等大集经》卷五六《月藏分·星宿摄品》记有一套释迦牟尼佛将婆娑世界万千诸国配属于二十八宿的"配宿摄诸国"体系(昙无谶、那连提耶舍译,《大正新修大藏经》第13卷大(转下页注)

对这两种类型世界观的具体表现及特点略作介绍，并进而对其成因试作一比较分析。

第一节　东亚诸国的封闭型世界观

由第六章可知，中国传统分野说无论是采用十三国，还是十二州地理系统，皆是"分野止系中国"，而"环海四夷概不与焉"，反映的正是古代中国人认为中华文化至上、"中国即世界"的传统天下观。这一狭隘的世界观将中国区域视为普天之下，而鄙夷、排斥乃至无视周边民族和国家，无疑具有很强的封闭性。事实上，随着古代中外交流的扩展以及东亚汉文化圈的形成，这种以自我为天下的世界观逐渐从中国传至日本、朝鲜、越南等周边国家，从而演化成为流行于整个东方世界的普遍思维观念，其中尤以日本的情况最为典型，这从日本的分野学说中即可得到清晰的呈现。

中国传统分野学说早在唐代即已传入日本，后经日人对中国分野体系加以改造，创制出一套日本分野说，其记载见于江户时代天文学家涩川春海（又名保井春海）作于延宝五年（1677）

（接上页注）集部，第371—373页），明人邢云路将其视为一种佛教分野说（《古今律历考》卷二八《藏经考·佛藏》，明万历三十六年刻本，叶10a）。因在这一分野体系中，与二十八宿相对应的乃是一个想象的虚拟世界，并不反映古印度人真实的地理世界观，故本章暂不纳入讨论。

的《天文分野之图》。这是一幅描绘中国传统星官体系的圆形
天文图,有手绘及刊印两个版本传世①。在手绘本中(参见图
8-1),涩川春海于此圆形星图的外缘依次列出十二辰与日本
地方行政区划令制国的相互对应关系,并将其与中国传统分野
说相比附,现将这一分野体系表列于下:

表 8-1　涩川春海《天文分野之图》所见分野体系一览表

十二辰	日本令制国地理系统	十二次	黄道十二宫	中国地理系统	
				十三国	十二州
子	越前、若狭、丹后	玄枵	宝瓶宫	齐	青州
丑	佐渡、越中后、能登、加贺、飞驒	星纪	磨(摩)蝎宫	吴	杨州
寅	陆奥、出羽、上下野	析木	人马宫	燕	幽州
卯	安房、上下总、常陆、武藏、相模、甲斐、信浓、美浓	大火	天蝎宫	宋	豫州
辰	伊豆、骏河、远江、叁河、尾张	寿星	天枰(秤)宫	郑	兖州
巳	志摩、伊势、伊贺	鹑尾	双女宫	楚	荆州

---

① 参见〔日〕涩川春海:《渋川春海の星図》,(仙台)平山谛,1959 年;〔日〕渡边
敏夫:《保井春海星图考》,《東京商船大學研究報告(自然科學)》第 14 号,
1963 年 9 月,第 7—50 页;潘鼐:《中国古天文图录》,上海科技教育出版社,
2009 年,第 197、206—207 页。关于涩川春海的天文学成就,可参见〔日〕西
内雅:《澁川春海の研究》,(东京)锦正社,1987 年。

十二辰	日本令制国地理系统	十二次	黄道十二宫	中国地理系统	
				十三国	十二州
午	纪伊、和泉	鹑火	师(狮)子宫	周	三河
未	四国、淡路	鹑首	巨蟹宫	秦	雍州
申	九州	实沈	阴阳宫	晋魏	益州
酉	长门、周防、安艺、备前中后、播磨	大梁	金牛宫	赵	冀州
戌	二岛、隐岐、石见、出云、伯耆、美作	降娄	白羊宫	鲁	徐州
亥	丹波、但马、因幡	娵(娵)訾	双鱼宫	卫	并州

表8-1所见十二次、十二辰、黄道十二宫对应十三国、十二州地理系统即袭取自中国传统分野说，而越前、若狭等五十一个藩国名则代表的是日本律令制时代五畿七道政区下的所谓"令制国"①。其中，"四国"、"九州"包括了分别设于此二岛之上的南海道六国及西海道十一国，"二岛"指的是位于种子岛与屋久岛上的多祢、掖玖二国，而其余藩国均为日本设于本州岛上的畿内及东海、东山、北陆、山阴、山阳五道诸国。涩川春海之所以要将日本行政区划与天文系统相对应，据其跋文自称，

①参见〔日〕早川庄八：《「律令制の形成」に「令制国と国宰」の见出しがある》，《岩波讲座日本历史》第2卷，(东京)岩波书店，1975年；〔日〕坂本太郎：《上代道路制度の一考察》，《坂本太郎著作集》第8卷《古代の駅と道》，(东京)吉川弘文馆，1989年。

是因为"此图本是日本国所得,故内层分野皆是日本国地属"。从上表来看,此处所记十二辰对应日本令制国地理系统的分野说,显然是在中国传统十二次分野体系的框架下,将原来十三国或十二州的中国地理系统替换为日本令制国而成的,这就是涩川春海所"创造"的日本分野体系。后来他在刻印这幅《天文分野之图》时,又将星图最外层涉及十二次、黄道十二宫对应十三国、十二州地理系统的文字全部删去,从而抹杀了改造中国传统分野说的痕迹,最终确立了看似出自本土的日本分野说。

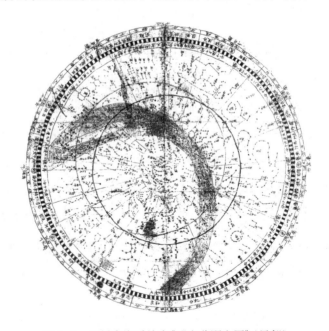

图 8-1　涩川春海手绘本《天文分野之图》(局部)

(潘鼐:《中国古天文图录》,第 197 页)

这套日本分野说完全仿照中国传统的分野模式,并承袭"分野止系中国"的狭隘世界观,将周天星区全部对应于日本地理区域,反映了日本袭自中国的天下观念。汉文中的"天下"一词早在公元5世纪即已流传于日本,随着日本大化改新后王权统治的发展以及律令制国家的形成,日人遂效仿中国,将"天下"用以指称天皇统治的区域,从而确立了以日本列岛为天下的世界观①。日本人的这种天下观意识在17世纪下半叶得到进一步强化。时逢明清鼎革,满洲人入主中原,日人认为此时处于清朝满族治下的中国实已沦为"夷狄"之区,失去了正统地位,而惟有日本才是中华文化的继承者,故自称为"中国"、"华夏",并要求摆脱以中国为中心的华夷秩序体制。在这种思潮的深刻影响下,德川时代的日本遂实行锁国政策,断绝与中国的往来,形成了以日本为中心的新型华夷秩序体制②,故"日本即世界"的天下观念亦得到空前强化,上述涩川春海《天文分野之图》所见"分野止系日本"的天地对应学说就是在这一历史背景下产生的。其实,这种将自身等同于世界的思想,反映的就是以中国为核心的整个东亚地区所共有的封闭型世界观。

---

① 参见甘怀真:《"天下"观念的再检讨》,吴展良编:《东亚近世世界观的形成》,台湾大学出版中心,2007年,第99—108页;〔日〕渡边信一郎:《中国古代的王权与天下秩序——从日中比较史的视角出发》,第31—36页。
② 参见〔日〕荒野泰典:《近世日本と東アジア》,东京大学出版社,1988年;陈文寿:《近世初期日本与华夷秩序研究》,香港社会科学出版社有限公司,2002年。

第二节　西方文明的开放型世界观

与中国、日本等东方人狭隘封闭的世界观不同,西方人对于自我与世界关系的认知很早就体现出一种开放性的特点,这可以通过古代西方诸文明中的分野星占学说以及宗教信仰等方面去加以考察。

天文星占是古代人类社会所共有的文化现象,见于大多数古文明之中。一般来说,星占学可分为军国星占学和生辰星占学两大类型。其中,军国星占学旨在占卜王朝盛衰、战争胜负、年成丰歉等国家大事①,这就必然涉及到人们如何将天象星辰与地理空间相对应的问题。我们知道,中国传统星占学主要占测的是中国地理区域内部的各种休咎祸福,这正与"分野止系中国"的世界观相吻合,然而在古代两河流域、埃及和希腊的军国星占学中,天地之间的对应情况却与中国传统分野说迥然不同。

在环地中海及西亚的近东世界,军国星占学最早发源于古代两河流域。大约编成于公元前 1530 年至前 1200 年亚述帝国时期的大型星占文献《征兆结集》(*Enūma Anu Enlil*) 记录了七千余项征兆事例。其中,有相当一部分占测的是亚述国内所

————————————
①参见江晓原:《天学真原》,第 216 页。

发生的种种吉凶之事,但也有许多占例是将天象之征对应于亚述周边的埃兰(Elam)、阿穆鲁(Amurru)等其他民族国家①。这透露出在当时人的头脑中,周天星象所对应的分野地理区域并不仅限于亚述本国,而是将周边国家亦纳入其中。不过,《征兆结集》所保存的材料十分零散,不成体系,在古埃及文献中,我们能找到将天象星区对应多国的系统记载。

古埃及形成年代最早的分野星占学说,今见于公元2至3世纪罗马统治埃及时代抄写的星占文献《维也纳世俗体交食征兆纸草书》残卷②。这件文书记述了不同情况下日月交食所示天象的休咎之征,其中提到了分别按照月份、昼夜时辰及天区来划分地理区域的三种星占说,江晓原教授将前两者称为"时间分野",后者称为"天区分野"③,现将其理论体系整理为表8-2,以便讨论。

此表所列分野体系十分庞杂繁复,需要做一点解释。这件《维也纳世俗体交食征兆纸草书》记有时间与天区两大分野说,两者之下又可细分为若干子类,且每种分野理论又分别有适用

---

①参见江晓原:《历史上的星占学》,第30、53页。在两河流域地区发现的某些古巴比伦至亚述时期的境界石上刻有黄道十二宫图像,或许也有表示"分野"的涵义。

②R. A. Parker, *A Vienna Demotic Papyrus on Eclipse and Lunar-Omina*, Providence, R. I. 1959.

③江晓原:《古埃及天学三问题及其与巴比伦及中国之关系》,《大自然探索》第11卷第40期,1992年,第120—125页。

表 8-2　《维也纳世俗体交食征兆纸草书》分野说一览表

时间分野										天区分野		
按月份划分						按昼夜时辰划分				按天区划分		
体系一				体系二		适用于日食		适用于月食		适用于日食		适用于月食
适用于日食		适用于月食		适用于日、月食		昼12时	地区	夜12时	地区	三大天区	地区	四大天区
月份	地区	月份	地区	月份	地区							（残缺）
洪水4月—冬3月	（残缺）	洪水4月—冬2月	希伯来	洪水1月/冬1月/夏1月	亚摩利[1]	1—4	埃及	1—3	埃及	北天	希伯来	（残缺）
冬4月—夏3月	希伯来	冬3月—夏1月	亚摩利[1]	洪水2月/冬2月/夏2月	埃及	5—8	克里特	4—6	希伯来	中天	克里特	
夏4月—洪水3月	埃及	夏2月—4月	埃及	洪水3月/冬3月/夏3月	叙利亚	9—12	亚摩利[1]	7—9	亚摩利[1]	南天	埃及	

时间分野										天区分野		
按月份划分						按昼夜时辰划分				按天区划分		
体系一				体系二		适用于日食		适用于月食		适用于日食		适用于月食
适用于日食		适用于月食		适用于日、月食		昼12时	地区	夜12时	地区	三大天区	地区	四大天区（残缺）
月份	地区	月份	地区	月份	地区							
洪水1月—3月	叙利亚			洪水4月、冬4月、夏4月	克里特			10—12	叙利亚			

表注：

1. "亚摩利"，《维也纳世俗体交食征兆纸草书》原文皆记作"Amor"，江晓原教授误译为"阿莫"。由该文书所记星占实例可知，此"Amor"当为"Amorite"之缩写，即指古巴比伦王国的建立者亚摩利人。

于日食及月食两种类型。其中,天区分野说较为简单,适用于日食的天区分野是将全天分为北、中、南三个天区,分别对应三大地理区域,而月食型天区分野现仅残存"the four places of the sky（四大天区）"的文字,不知其详。此文书所载时间分野说则相当复杂,其下分为按月份及昼夜时辰划分地理区域两大类,而月份分野之下又包括两套不同的子系统。古埃及人将一年分为三个季节,即洪水季（Akhet）、冬季（Peret,又名播种季）和夏季（Shomu,又名收获季）,每季四月,并以尼罗河开始泛滥的洪水季为岁首。此处第一套月份分野体系,就是将一年十二个月分为若干组,分别对应不同地理区域,其中日食型分野分为三组,月食型分野分为四组;而第二套月份分野体系,则是逐月依次对应亚摩利、埃及、叙利亚、克里特四地,轮流循环,且日、月食均可适用。至于昼夜时辰分野,是将古埃及人平分昼夜而来的昼十二个时与夜十二个时各划分为三或四个时段,以与不同地理区域相对应。需要说明的是,在实际星占中,以上所述各种分野之法是相互配合运用的。如假设日食发生于洪水季 2 月昼 1—4 时的南部天区,那么其征兆仅应于埃及;若发生于冬季 4 月昼 9—12 时的中天,其征应范围则包括埃及以及克里特、亚摩利、希伯来四地①。尽管

①参见 R. A. Parker, "Egyptian Astronomy, Astrology, and Calendrical Reckoning", in *Dictionary of Scientific Biography*, C. C. Gillispie ed. Vol. 16, New York: Scribner, 1981, pp. 723-724. 关于古埃及的季节时令及昼夜划分习俗,可参见 R. A. Parker, "Ancient Egyptian Astronomy", in *The Place of Astronomy in the Ancient World*, F. R. Hodson ed. *Philosophical Transactions of the Royal Society of London*. Series A, Vol. 276, London: Oxford University Press, 1974, pp. 51-65.

《维也纳世俗体交食征兆纸草书》所记古埃及分野说有所残缺，但仍可看出，它原本应是一套自成体系的星占学说，一般认为这应是源自古巴比伦地区，至公元前4世纪波斯统治埃及之前形成的星占理论①。

从以上分野诸说来看，在古埃及星占学中，与天象相对应的地理世界显然不限于埃及一国，而是囊括了包括克里特岛、亚摩利（巴比伦地区）、希伯来（犹太地区）、叙利亚在内的广大区域。除此之外，其他文献还有将更多民族国家列入星占的记载。如抄成于希腊化时期的《开罗纸草书》31222号所见星占卜文即又提到位于伊朗高原的帕提亚帝国②，而公元5世纪埃及星占家Hephaistio of Thebes托名尼克普埃（Nechepso）和裴托西瑞斯（Petosiris）的星占说，则又将分野地理区域扩展至三十九个国家或地区③。这种情况表明，古埃及人的世界观具有很强的开放性，它几乎包容了整个环地中海及西亚的近东世界。

与古埃及人的世界观相比，公元2世纪古希腊天文学家托勒密（Claudius Ptolemy）所记载的分野说则又展现出一幅更为

---

①O. Neugebauer, *A History of Ancient Mathematical Astronomy*, Part 2, Book Ⅲ E-gypt, Berlin-Heidelberg-New York：Springer-Verlag, 1975, p. 568.

②"If it（Sothis）rises when Saturn is in Sagittarius：…will occur in the country of the Parthian."意为若天狼星升起时，土星位于人马宫……将发生于帕提亚帝国，参见 G. R. Hughes, "A Demotic Astrological Text", *Journal of Near East-ern Studies*, Vol. 10, 1951, pp. 258-259.

③参见 R. A. Parker, "Egyptian Astronomy, Astrology, and Calendrical Reckon-ing", in *Dictionary of Scientific Biography*, p. 724.

广阔的世界图景。托勒密在其星占学著作《四书》（*Tetrabiblos*）卷二中系统论述了他的"星占地理学"思想①，其中提到一套内容翔实、体系繁复的黄道十二宫分野说②（参见表8-3）。

表8-3　托勒密《四书》分野说一览表

分组	黄道十二宫	分野地理区域			
		中心分野区	外缘分野区		
一	白羊宫	柯里叙利亚、巴勒斯坦、以土买、犹太	东南地区	不列颠、（阿尔卑斯山北）高卢、日耳曼尼亚、巴斯达尼亚	西北地区：凯尔特高卢，统称欧罗巴。
	狮子宫	腓尼基、迦勒底亚，Orchenia		意大利、阿尔卑斯山南高卢、西西里岛、阿普利亚	
	人马宫	阿拉伯费利克斯区		提伦尼亚、凯尔特、西班牙	
二	金牛宫	基克拉泽斯、塞浦路斯、小亚细亚濒海地带	西北地区	帕提亚、米堤亚、波斯	东南地区：东埃塞俄比亚，即南部亚洲。
	处女宫	希腊、亚该亚、克里特		美索不达米亚、巴比伦尼亚、亚述	
	摩羯宫	色雷斯、马其顿、伊利里亚		印度、阿里亚那、格德罗西亚	

---

① 参见江晓原：《托勒密传》，《随缘集》，复旦大学出版社，2011年，第101—102页。

② Ptolemy, *Tetrabiblos*, Book Ⅱ.3, Cambridge：Harvard University Press, 1980, pp. 129-161.

分组	黄道十二宫	分野地理区域		
		中心分野区	外缘分野区	
三	双子宫	昔兰尼加、马尔马利卡、下埃及	西南地区	赫卡尼亚、亚美尼亚、马蒂亚利	东北地区：塞西亚，即北部亚洲。
	天秤宫	底比斯、奥西斯、Troglodytica		巴克特里亚那、卡斯佩里亚、赛里加	
	水瓶宫	阿拉伯、阿扎尼亚、中埃塞俄比亚		Sauromatica、奥克西安纳、索格底亚那	
四	巨蟹宫	比提尼亚、佛里吉亚、柯契卡	东北地区	努米底亚、迦太基、阿非利加	西南地区：西埃塞俄比亚，又称利比亚，即北非。
	天蝎宫	叙利亚、科马吉尼、卡帕多西亚		Metagonitis、毛里塔尼亚、加图里亚	
	双鱼宫	吕底亚、西里西亚、潘菲利亚		费赞尼亚、Nasamonitis、革剌漫的亚	

托勒密的分野体系相当复杂,简而言之,其天文系统采用的是黄道十二宫,它们被等分为四组。其地理系统则是由内外两个层次所组成的同心圆式结构:内层大致涵盖了从希腊经西亚至埃及的月牙形濒地中海地带,托勒密认为这是世界的中心,而这一中心区以外的所有地理空间都是世界之外缘,它包括了自印度以西的亚洲、整个欧洲以及北非地区。为与天文系统相对应,托勒密也将内外两层地理系统分别划分为四个部分,不过每组黄道十二宫所对应的中心分野区和外缘分野区地理方位相反,如白羊、狮子、人马三宫所属地理区域为位于世界

中心地带东南部的腓尼基、巴勒斯坦等地，以及外缘空间西北方向的欧罗巴洲（其余各例可参见表8-3），同时又列出各宫与相应区域内诸多民族国家或地区的具体对应关系。

据笔者推断，托勒密这种将天地各分为四的思想很可能来源于古埃及传统的"生命之屋（House of Life）"神学体系。"生命之屋"在古埃及是一个象征宇宙和谐、维系社会政治正常运转的核心文化概念，其神学体系将神灵所居住的空间等分为四[①]，并在神庙中建有类似的实体建筑，以象征天地和谐。因托勒密曾长期求学于埃及的亚历山大城，所以他很有可能是将埃及人的"生命之屋"观念应用于星占学中，进而构建出上述这套天地学说。不过，值得特别注意的是，托勒密的这一分野学说体现出比古埃及人更宽广的世界观——从分野地理区域来看，其地域范围已远远超出近东地区，而是囊括了当时希腊人所了解的整个亚非欧世界。尽管托勒密眼中的世界格局亦有中心与边缘，但这只是纯粹就相对地理位置而言的内外之分，并无鄙夷蔑视外缘民族国家之意。其实托勒密对这两部分地理区域的描述是比较客观的，这与古代中国人认为中国即世界、域外民族国家仅为戎狄岛夷的传统天下观有着本质区别，由此可见东西方世界观之间的重大差异。

[①]参见纸草书 Papyrus Salt 825, Philippe Derchain, *Le Papyrus Salt 825（B. M. 10.051）et la Cosmologie Égyptienne*, Cairo：Institut Franc̦ais D'arche'ologie Orientale, 1959。

此外,在中世纪欧洲也出现过一种带有鲜明宗教色彩的天地学说。12 世纪,英国天文学家阿德拉德(Adelard of Bath)提出一种将世界不同民族与日月五星相附会的理论,即以太阳、木星统摄信奉基督教诸民族,以火星、金星统摄阿拉伯民族,以土星统摄犹太民族①。此说亦可归入西方人的世界观类型。

　　综上所述,从古代西方诸文明到中世纪欧洲,都曾经出现过各种不同形式的天地学说。从其地理区域来看,它们均不约而同地呈现出一种开放的态势,即将环地中海及西亚的近东区域甚至整个已知世界皆纳入视野,而非仅限于本国。笼统地说,这样一种世界图景可以归结为西方人的开放型世界观。

　　那么,东西方人的地理世界观为何会存在封闭与开放的差异呢? 据笔者浅见,这或可从东西方民族国家的历史特征、国际环境以及宗教哲学思想等多个方面去加以理解。

　　关于中国何以形成"中国即世界"的狭隘世界观问题,自近代以来国人已有很多反思和检讨。一方面,就地域因素而言,中国虽幅员辽阔,但其周边地理环境却较为闭塞,东南限海,北拒沙碛,西隔群山,这一地理特征限制了中外交通的广度和深度,容易产生井底之蛙式的世界观念。另一方面,从历史文化角度来看,中华民族源远流长,形成了高度发达的古代文明和

---

① 转引自江晓原:《历史上的星占学》,第 150 页。关于阿德拉德之生平著述,可参见 Louise Cochrane, *Adelard of Bath: The First English Scientist*, London: British Museum Press, 1994。

国力强盛的中央集权制国家,而周边民族国家的文化程度及政治军事实力皆与中国存在较大落差,不可同日而语,即便有外族入侵中国,最终也会在"用夏变夷"的历史规律下为中国所同化,这种一枝独秀的地缘环境催生了中国人的文化优越感,孕育了唯我独尊、傲视天下的世界观。此外,中国古代自给自足的农业经济也会制约人们视野的开拓。因此,在以上诸种因素的作用下,中国人逐渐养成封闭型世界观就是一种自然而然的结果①。随着中华文化影响的不断扩展,这种中国式的天下观念亦为日本等受汉文化辐射的东亚国家所承袭,从而衍变成为整个东方世界共同的价值取向。

而西方人之所以形成开放型的世界观,主要应归结为两个因素。第一,因帝国扩张与生存压力而催生出的国际视野。与中国长期称雄东亚、难逢敌手的地缘政治局势相比,环地中海及西亚的近东世界则完全是另一幅帝国迭兴、群雄逐鹿的场景。历史上,在该区域分布着众多的古代民族,他们相继建立了埃及、巴比伦、赫梯、亚述、波斯等一系列帝国,并无一例外地走上了对外争霸扩张的道路,故各民族国家的生存压力主要来自外族入侵。此类帝国征服所造成的后果就是近东民族的消亡和文明的断裂,即便是以上那些称霸一时的帝国最终也无法

①参见陈卫平:《第一页与胚胎——明清之际的中西文化比较》,上海人民出版社,1992年,第77—78页;刘再复、林岗:《传统与中国人》,中信出版社,2010年,第383—388页。

逃脱这一残酷的历史命运。在这种严峻的生存状况之下,处于近东世界的诸民族大多不会沉溺于盲目自大的幻觉之中,而是时刻警惕周边民族国家的威胁,从而不自觉地体现出较为宽广的国际视野。如以上文所述分野星占学说为例,亚述帝国时期,埃兰王国是亚述人的强劲对手①,故《征兆结集》中多有涉及埃兰的占辞。又如古埃及《维也纳世俗体交食征兆纸草书》分野说所见克里特、亚摩利、希伯来、叙利亚等族群,也是自埃及新王国时期以来在近东舞台扮演重要角色、具有一定影响的政治势力,所以它们皆被纳入星占体系。从这些例证来看,亚述与埃及人世界观所体现出来的开放性,应当是在由近东世界帝国扩张导致生存危机的压力之下催生出来的。

第二,宗教哲学所孕育出的世界观念。中国传统的儒家思想讲求修齐治平的经世致用之学,这使中国人的视野常聚焦于中国内部,缺乏认知外部世界的兴趣,以致古人虽有诸如邹衍"大九州"说那样的世界想象,但终究被视为奇谈怪论,难以在哲学体系中构建真正的世界概念。而西方宗教哲学所构拟的宇宙秩序却是包罗天地、超越国度的,这对人们的地理视野也会产生一定影响,如古希腊托勒密将整个亚非欧世界与黄道十二宫相对应的分野说很可能就来源于古埃及"生命之屋"的宗

---

① 如《亚述王辛那赫瑞布八次战役铭记》即有亚述与埃兰王国多次交战的记载,汉译本见吴宇虹等编:《古代两河流域楔形文字经典举要》,黑龙江人民出版社,2006年,第341—373页。

教神学体系。由此可见，宗教哲学对于孕育开放型世界观的重要作用。

关于古代东西方世界观的差异与成因，其实是一个十分宏大的问题，笔者并无能力全面妥善地予以回应。本章仅从中外天地对应学说的特殊视角，试图针对这一问题提出一点有益的思考，希望能够为我们更好地理解东西方世界观有所帮助，并引起更多学者的关注和讨论。

余论　天文分野与中国古代政治文化

　　通过以上各章的研究可知，自战国秦汉以来，传统天文分野学说在中国古代社会具有十分广泛而深刻的影响，涉及政治军事、历史地理、学术知识、思想文化、中西交通等诸多问题。笔者在绪论中已交代，本书并不是有关天文分野面面俱到、教科书式的研究，而是选择若干前人不曾关注或研究不足的问题进行深入探讨。不过，这也并不意味着本书论述内容的散漫，实际上，各章之间既有内在的逻辑联系，又各有明确的问题导向。

　　第一章全面梳理中国古代天文分野学说的起源、释义和理论类型，这是研究天文分野最为基本的一些问题，必须首先予以厘清。尤其是关于各种分野学说的清理，是一项很基础的工作，尽管前辈学者已有不少总结、归类，但其对历史文献记载的搜讨并不彻底，还有较大的研究空间。经笔者搜抉整理，共发掘出包括星土分野及其变种在内的历代分野学说多达二十二种，并对每一种分野说的源流和内涵加以辨析。在历代分野说中，二十八宿分野与十二次分野是流传最广、影响最大的两种分野理论。此二者的理论体系经历了十分复杂的变化，而前人研究讲得都比较简略，有许多疑难问题尚待解决。譬如，二十八宿分野与十二次分野分别是如何形成的，二十八宿及十二次所对应的十三国、十二州地理系统究竟反映了怎样的地理格局和地理观念，其后又有什么衍生变化。这些问题都需详加论证，于是便有了第二、三章对传统二十八宿及十二次分野说的专题考察。以上三章为本书研究奠定了扎实的理论基础。

中国古代传统分野说之所以广泛流行，其最重要的社会功用就是通过天地之间的对应，将天象灾异落实到地理空间，并藉助星占学的解释，进而影响人间政治。自战国秦汉以至隋唐，分野星占与王朝政治始终保持着紧密联系，这是研究天文分野无可回避的核心议题。不过，在这方面，前贤时彦已有许多个案研究和精彩论述，笔者并不打算重复前人的研究路数，对某些具体的分野星占实例作单独考察，而是选择了一个相对宏观的视角，从贯穿于整个中古时代的"依分野而命国"思想出发，分别考索诸多禅代型王朝和自立型政权的建国历史与国号来源，然后再进行综合分析，以期发前人未发之覆。因此，第四章便从二十八宿及十二次分野说的理论研究延伸到王朝政治的层面，以专论的形式回应分野与政治这一核心议题。

正所谓原始要终，既知分野之起源及其兴盛，也应知其衰亡之势。曾经在中国古代社会普遍流行的传统分野学说是如何走向末路的，这也是研究天文分野的一个基本问题，但此前缺乏系统论述。其实，自宋代以降，不断有学者对传统分野说提出各种质疑和批判，并在社会上逐渐形成了一股否定分野的思潮，最终导致乾嘉以后分野学说被彻底摒弃，这一发展脉络正可与第四章所论中古时期天文分野直接影响王朝政治的情况相接续，并凸显其巨大反差，从而折射出社会思想之变迁。

此前学者对于天文分野的研究主要集中在分野学说的起源、理论体系、地理系统、星占应用、政治影响等方面，如何进一步拓展天文分野研究的议题，是我们需要思考的深层问题。第六章从思想史、观念史的层面，探讨传统天文分野说中的世界观念与政治涵义，就是一个初步的尝试。第七章则从知识史的视角进行观察，梳理天文分野学说逐渐融入传统地理学，并走向社会大众的普及化、常识化过程，这有助于我们解释分野之说在古代社会和士民思想世界为何具有长久的生命力。而第八章更是跨出了分野研究的中国边界，试图将古代世界诸文明中的类似天地对应学说纳入考察视野，进行比较研究，以期窥探东西方世界观之差异，不过因笔者学力所限，该章所论仅仅是一个很粗浅的分析，与其说要得出什么结论，毋宁说是提出问题、抛砖引玉、启发思考，希望能够引起其他学者的关注，做出更深入的研究。

总之，本书研究虽各设专题，但又自成体系，仍不失为一部系统研究天文分野的专著。此外,绪论亦曾交代,"分野"此前多归入天文学史的范畴,属于科技史的研究领域,而作为历史学者,本书研究区别于科技史家论著,主要是从历史学的视角出发,寻求天文分野与各方面社会历史相交叉的问题,进行跨学科的研究。综观各章,关于分野学说起源、释义和理论的梳理,主要基于历史文献学的分析;二十八宿及十二次分野地理系统的考察,天文分野说与地理著述的融汇,则属历史地理问题;传统分野说对中古时期王朝政治的影响及其走向衰亡的根源,与政治文化有关;历代分野体系所呈现出的中国古代世界观、天下观及其变迁,分野学说的普及化和常识化,又是思想文化方面的议题;黄道十二宫与中国传统分野体系的结合,明清时期西方科学对分野学说的冲击,中外天地学说之比较,皆为中西交通、中外关系史的考察内容。由此可见,本书旨在突破传统科技史的研究框架和视野,在大历史中充分发掘天文分野研究的广阔空间、多重面相和重大价值,这既是历史学者的本职工作,同时也是科技史回归历史的必由之路。

最后,还有一个问题需要在此略作申论,那就是天文分野学说对中国古代的政治文化产生了什么持久性的影响? 窃以为有两点值得思考。

第一,分野说因其天地对应的独特理论体系,成为中古时期政权更迭寻求"天命"的重要依据之一。魏晋南北朝时代,天下长期处于分裂割据的状态,诸多政权相继建立,旋兴旋灭,以五德终始、谶纬、星占为代表的神秘主义学说盛行于世，被各政权建立者援引为寻求政治合法性与王朝正统的理论依据，成为一种传统政治文化。各个新生政权在建国时都要为自己寻找"天命"的表征，从而证明自身的政治合法性。且所谓的"天命"不能仅仅是孤单的一两条材料，而需从多个方面形成一组证据链才能具有说服力，充分体现出"天命"的效力。最完整的"天命"构成应当包含谶语、符命、天象三方面的各种祥瑞，这在魏晋南北朝时期禅代型政权的禅让程式中表现得最为明显，基本上都有代表官方天学阐释权威的太史局长官进献祥瑞的环节。就存世文献所见，以曹魏代汉和晋宋禅代时的祥瑞记载最为完整，我们不妨以此为例来看看谶语、符命、天象各方在"天命"中的构成比重。

《三国志》裴注引《献帝传》详细记录了汉魏之际的"禅代众事"，其主旨就是"灵象变于上，群瑞应于下"，魏王曹丕当顺天应人，受禅称帝。当时群臣献上的祥瑞之兆，最集中的记述见于建安二十五年（220）十月辛亥日，"太史丞许芝条魏代汉见谶纬于魏王曰"：

> 【谶语】《易传》曰："圣人受命而王，黄龙以戊己日见。"七月四日戊寅，黄龙见，此帝王受命之符瑞最著明者也。又曰："初六，履霜，阴始凝也。"又有积虫大穴天子之宫，厥咎然，今蝗虫见，应之也。又曰："圣人以德亲比天

下，仁恩洽普，厥应麒麟以戊己日至，厥应圣人受命。"又曰："圣人清净行中正，贤人福至民从命，厥应麒麟来。"《春秋汉含孳》曰："汉以魏，魏以征。"《春秋玉版谶》曰："代赤者魏公子。"《春秋佐助期》曰："汉以许昌失天下。"故白马令李云上事曰："许昌气见于当涂高，当涂高者当昌于许。"当涂高者，魏也；象魏者，两观阙是也；当道而高大者魏。魏当代汉。今魏基昌于许，汉征绝于许，乃今效见，如李云之言，许昌相应也。《佐助期》又曰："汉以蒙孙亡。"说者以蒙孙汉二十四帝，童蒙愚昏，以弱亡。或以杂文为蒙其孙当失天下，以为汉帝非正嗣，少时为董侯，名不正，蒙乱之荒惑，其子孙以弱亡。《孝经中黄谶》曰："日载东，绝火光。不横一，圣聪明。四百之外，易姓而王。天下归功，致太平，居八甲；共礼乐，正万民，嘉乐家和杂。"此魏王之姓讳，著见图谶。《易运期谶》曰："言居东，西有午，两日并光日居下。其为主，反为辅。五八四十，黄气受，真人出。"言午，许字。两日，昌字。汉当以许亡，魏当以许昌。今际会之期在许，是其大效也。《易运期》又曰："鬼在山，禾女连，王天下。"

【符命】臣闻帝王者，五行之精；易姓之符，代兴之会，以七百二十年为一轨。有德者过之，至于八百，无德者不及，至四百载。是以周家八百六十七年，夏家四百数十年，汉行夏正，迄今四百二十六岁。又高祖受命，数虽起乙未，然其兆征始于获麟。获麟以来七百余年,天之历数将以尽终。帝王之兴,不常一姓。

【天象】太微中,黄帝坐常明,而赤帝坐常不见,以为黄家兴而赤家衰,凶亡之渐。自是以来四十余年,又荧惑失色不明十有余年。建安十年,彗星先除紫微,二十三年,复扫太微。新天子气见东南以来,二十三年,白虹贯日,月蚀荧惑,比年己亥、壬子、丙午日蚀,皆水灭火之象也。

【符命】殿下即位,初践阼,德配天地,行合神明,恩泽盈溢,广被四表,格于上下。是以黄龙数见,凤皇仍翔,麒麟皆臻,白虎效仁,前后献见于郊甸;甘露醴泉,奇兽神物,众瑞并出。斯皆帝王受命易姓之符也。昔黄帝受命,风后受《河图》;舜、禹有天下,凤皇翔,洛出《书》;汤之王,白鸟为符;文王为西伯,赤鸟衔丹书;武王伐殷,白鱼升舟;高祖始起,白蛇为征。巨迹瑞应,皆为圣人兴。观汉前后之大灾,今兹之符瑞,察图谶之期运,揆河洛之所甄,未若今大魏之最美也。

【天象·分野】夫得岁星者,道始兴。昔武王伐殷,岁在鹑火,有周之分野也。高祖入秦,五星聚东井,有汉之分野也。今兹岁星在大梁,有魏之分野也。

而天之瑞应,并集来臻,四方归附,襁负而至,兆民欣戴,咸乐嘉庆。《春秋大传》曰:"周公何以不之鲁?盖以为虽有继体守文之君,不害圣人受命而王。"周公反政,《尸

子》以为孔子非之，以为周公不圣，不为兆民也。京房作
《易传》曰："凡为王者，恶者去之，弱者夺之。易姓改代，
天命应常，人谋鬼谋，百姓与能。"伏惟殿下体尧舜之盛明，
膺七百之禅代，当汤武之期运，值天命之移受，河洛所表，
图谶所载，昭然明白，天下学士所共见也。臣职在史官，考
符察征，图谶效见，际会之期，谨以上闻。①

在曹魏代汉的祥瑞中，引述谶语的内容较多，而关于符命和天
象的说法大致相当，但这并不意味着在"天命"构成中谶语就占
有最大的比重。其实，在不同王朝的禅代过程中，构成"天命"
的三方面祥瑞比重是因时而异的，如《宋书·符瑞志》记载"晋
既禅宋，太史令骆达奏陈天文符谶曰"：

【天象】去义熙元年，至元熙元年十月，太白星昼见经
天凡七。占曰："天下革民更王，异姓兴。"义熙元年至元熙
元年十一月朔，日有蚀之凡四，皆蚀从上始，臣民失君之象
也。义熙十一年五月三日，彗星出天市，其芒扫帝坐。天
市在房、心之北，宋之分野。得彗柄者兴，此除旧布新之
征。义熙七年七月二十五日，五虹见于东方。占曰："五虹
见，天子黜，圣人出。"义熙七年八月十一日，新天子气见东

---

① 《三国志》卷二《魏书·文帝纪》裴注引《献帝传》，第 62—65 页。

南。十二年,北定中原,崇进宋公。<u>岁星裴回房、心之间,大火,宋之分野。</u>与武王克殷同,得岁星之分者应王也。十一年以来至元熙元年,月行失道,恒北入太微中。占:"月入太微廷,王入为主。"十三年十月,镇星入太微,积留七十余日,到十四年八月十日,又入太微不去,到元熙元年,积二百余日。占:"镇星守太微,亡君之戒。有立王,有徙王。"十四年五月十七日,茀星出北斗魁中。占曰:"星茀北斗中,圣人受命。"十四年七月二十九日,彗星出太微中,彗柄起上相星下,芒尾渐长至十余丈,进扫北斗及紫微中。占曰:"彗星出太微,社稷亡,天下易政。入北斗,帝宫空。"一占:"天下得召人。"召人,圣主也。一曰:"彗孛紫微,天下易主。"十四年十月一日,荧惑从入太微钩己,至元年四月二十七日,从端门出积尸,留二百六日,绕镇星。荧惑与填星钩己天廷,天下更纪。十四年十二月,岁、太白、辰裴回居斗、牛之间经旬。斗、牛,历数之起。占曰:"三星合,是谓改立。"元熙元年十二月二十四日,四黑龙登天。

【谶语】《易传》曰:"冬龙见,天子亡社稷,大人应天命之符。"《金雌诗》云:"大火有心水抱之,悠悠百年是其时。"火,宋之分野。水,宋之德也。《金雌诗》又曰:"云出而两渐欲举,短如之何乃相岨,交哉乱也当何所,唯有隐岩殖禾黍,西南之朋困桓父。"两云"玄"字也。短者,云胙短也。岩隐不见,唯应见谷,殖禾谷边,则圣讳炳明也。《易》

曰:"西南得朋。"故能困桓父也。刘向谶曰:"上五尽寄致
太平,草付合成集群英。"前句则陛下小讳,后句则太子
讳也。

【符命】十一年五月,西明门地陷,水涌出,毁门扉阃。
西者,金乡之门,为水所毁,此金德将衰,水德方兴之象也。
太兴中,民于井中得栈钟,上有古文十八字,晋自宣帝至
今,数满十八传。义熙八年,太社生桑,尤著明者也。夫
六,亢位也。汉建安二十五年,一百九十六年而禅魏。魏
自黄初至咸熙二年,四十六年而禅晋。晋自泰始至今元熙
二年,一百五十六年。三代数穷,咸以六年。①

在晋宋禅代时,则是有关天象的祥瑞数量最多。实际上,中古
时期王朝开国所热衷寻求的完整"天命"应包含谶语、符命、天
象三方面的祥瑞,三者的比重可能大体相当,须三者皆备,但在
不同时期根据时人所能找到的具体瑞应情况,可以有所参差,
不必追求绝对的数量均衡。其中,在天象祥瑞部分,有的星象
毋需藉助分野即可直接预示"除旧布新之征",而有些星象则需
要通过分野学说与具体的地理区域联系起来进行占测。如上
引曹魏代汉,太史丞许芝献瑞有"今兹岁星在大梁,有魏之分野
也";晋宋禅代,太史令骆达奏陈两次提到有星象见于房、心之

①《宋书》卷二七《符瑞志上》,第784—786页。

间为"宋之分野"。因此,天文分野说也就成为魏晋南北朝时期乃至隋唐五代各政权寻求"天命"的一种理论工具,体现出"依分野而命国"的特点,有的甚至可能直接依据祥瑞星象所对应的分野地域来命名国号。

第二,分野说的流行对于强化古代中国人的"大一统"观念具有重要意义。至汉代形成的二十八宿及十二次分野说采用十三国和十二州地理系统,前者反映的是春秋战国以来的传统文化地理观念,而后者体现的是汉武帝时期"大一统"的政治地理格局。无论是哪一种系统,其地理区域都涵盖了整个中华大地。至西晋陈卓厘定分野说,最终确立了以十二州为主并兼容十三国的分野模式,说明"大一统"的地理观念已成为主导。魏晋南北朝时期,虽长期处于分裂割据的状态,但星象占测所依据的分野学说仍采用汉代以来的十三国和十二州地理系统,各个政权并未创制出仅适用于本国所占领区域的分野说。这体现出自秦汉以后,建立"大一统"帝国已成为中国历史发展的一条主线,尽管期间有天下分裂的时候,但最终的目标都是要实现统一。同时,也正因为这一时期各个政权均依奉同一套天文分野体系,所以人们才能藉此来寻求"天命",昭示天下"正统"所在。

此外,天文分野学说所体现的"大一统"观念还蕴含有华夷之辨思想。二十八宿及十二次分野所采用的地理系统,无论是十三国,还是十二州,就其整体地域格局而言,传统分野体系所涵盖的区域范围基本就是传统意义上的中国，而不包括周边四夷及邻近国家，这就是北朝颜之推所指出"分野止系中国"的地理特征，它清晰地反映出"中国即世界"的传统天下观。这种世界观思想从汉代分野说形成以后一直延续到明清，不过分野区域所涵盖不同时期"中国"的地理范围则随着历代统一王朝疆域的变迁而处于不断调整变动之中，最终在清代臻于极盛。

附录一　李淳风《乙巳占》的成书与版本研究

　　李淳风是唐代前期著名的天文学大家[1]，因中国古代天文学与星占学紧密相连，不容分割，所以他也是唐代著名的星占学家。其所撰《乙巳占》分类辑录唐以前诸家天文星占学说，并附有李淳风本人的天学阐述，是一部相当重要的天文星占学著作，流传至今，对于中国古代科技史研究具有很高的学术价值[2]。尽管科技史学界对李淳风《乙巳占》一书十分看重，利用颇多，但关于此书的基本文献问题却探究不深，存在一些误解。例如此书的撰成年代及衍生著作、版本流传中的卷数差异与内容出入等方面都还有较多疑问，有待进一步解释澄清。本文即从历史文献学和版本目录学的角度，对李淳风《乙巳占》的成书

---

[1] 关于其人物事迹及天文学成就，参见陈久金主编：《中国古代天文学家》，中国科学技术出版社，2008年，第207—216页。

[2] 参见关增建：《李淳风及其〈乙巳占〉的科学贡献》，《郑州大学学报（哲学社科科学版）》第35卷第1期，2002年，第121—124页。

与版本问题作一考察。

一、《乙巳占》的撰成年代

李淳风《旧唐书》有传，称其"所撰《典章文物志》《乙巳占》《秘阁录》，并演《齐民要术》等凡十余部，多传于代"①。《旧唐书·经籍志》天文类亦著录"《乙巳占》十卷，李淳风撰"②，知《乙巳占》确为李淳风的代表性著作。不过对于此书的撰成年代学者有不同意见，曾提出过两种说法。

第一种观点是唐太宗贞观十九年（645）说。《乙巳占》书前有李淳风自序叙述撰作缘由，其中提到"赐名乙巳"③，似指此书乃由皇帝赐名，而"乙巳"这一干支最容易被人理解为是指某一具体年份。清乾隆年间的四库馆臣就明确称《乙巳占》"盖以贞观十九年乙巳，在上元甲子中，书作于是时，故以为名"④，即将贞观十九年乙巳定为此书的撰成时间。当代学者多有赞成此说者，如刘金沂进一步指明，在李淳风一生中只有

---

① 《旧唐书》卷七九《李淳风传》，第 2719 页。
② 《旧唐书》卷四七《经籍志下》，第 2037 页。
③ 李淳风：《乙巳占序》，《乙巳占》，清光绪二年陆心源校刻《十万卷楼丛书》本，叶 4a。以下引用《乙巳占》皆依据《十万卷楼丛书》本，若其他版本有文字内容的差异，另行说明。
④ 《四库全书总目》卷一一〇子部术数类存目一《乙巳占略例》提要，第 936 页。

公元 645 年是乙巳年,所以"赐名乙巳"很可能就在此年①。邓文宽也认为《乙巳占》应成书于贞观十九年,并对四库馆臣所谓"在上元甲子中"做了补充解释:"'三元甲子'为隋代术士袁充所创,以隋仁寿四年甲子(604)为上元元年,664 年入中元甲子,724 年入下元,784 年又入上元,往复不已。贞观十九年正在上元甲子之中。"②

这种说法虽看似有理,但将"乙巳"理解为贞观十九年之干支,并无依据,纯属清人想当然的推断。相较之下,前人对《乙巳占》得名之由的另一种解释则有书中内证,更为可信。南宋陈振孙《直斋书录解题》谓此书"起算上元乙巳,故以名焉"③,后清代学者钱曾、陆心源等亦认可此说④。按《乙巳占》中记载了李淳风早年创制的一种历法推算之术《乙巳元历》,原详载于李氏的另一部著作《历象志》,但该书已佚,惟赖《乙巳占》得以保存此历术之大略⑤,其云:"上元乙巳之岁十一月朔甲子冬至

①刘金沂:《李淳风的〈历象志〉和〈乙巳元历〉》,《自然科学史研究》第 6 卷第 2 期,1987 年,第 160 页。
②邓文宽:《敦煌 S.3326 号星图新探》,《敦煌吐鲁番研究》第 15 卷,上海古籍出版社,2015 年,第 503 页。
③陈振孙:《直斋书录解题》卷一二历象类《乙巳占》解题,第 364 页。
④钱曾:《读书敏求记》卷三子部五行类《乙巳占》,《四库全书存目丛书》影印清雍正四年赵孟升松雪斋刻本,齐鲁书社,1996 年,史部第 277 册,第 591 页;陆心源:《仪顾堂集》卷五《重刻乙巳占序》,王增清点校,浙江古籍出版社,2015 年,第 79 页。
⑤参见前揭刘金沂:《李淳风的〈历象志〉和〈乙巳元历〉》,第 157—163 页。

夜半，日月如合璧，五星如连珠，俱起北方虚宿之中，合朔冬至
已来，至今大唐正(贞)观三年己丑之岁，积七万九千二百四十
五年算上矣。"①所谓上元是指该历法推演的起算点，李淳风选
定为远古时期某个乙巳年的十一月朔甲子冬至夜半为始，由此
至该历法制作时的唐贞观三年所积累之年数即为上元积年，这
是历术演算的一个重要参数。某些古代历法会以上元之年的
干支命名，李淳风的这部《乙巳元历》即为其例。《乙巳占》尽
管以采辑前代诸家天文星占学说为主，但书中各篇开首及其间
多有李淳风本人的解说之辞②，在卷一《日占》与卷二《月占》两
篇中便记有其《乙巳元历》对于求冬至日所在度和月朔的推算
方法，皆提及上元积年③。且《乙巳占》还多次提到相关内容另
著于《历象志》④，说明两书之间存在比较紧密的联系，《乙巳
占》之所以能够得到皇帝赐名，或许就与李淳风曾进献《乙巳元
历》有关。因此，陈振孙著录《乙巳占》时，称此书乃因李淳风

①李淳风:《乙巳占》卷一《日占》，叶15a—15b。"正观"当作"贞观"，此系宋仁宗嫌名改，说详下文。
②李淳风《乙巳占序》谓"每于篇首，各陈体例"(《乙巳占》，叶4a)。
③《乙巳占》卷二《月占》:"上元乙巳之岁十一月甲子冬至夜半，日月如合璧，五星如连珠，俱起北方虚宿之中，合朔冬至，与日俱行，各修其度。至合正(贞)观三年己丑之岁，积七万九千三百四十五算上矣。"(叶1b—2a)此处上元积年诸本皆同，与卷一《日占》所记"七万九千二百四十五年"略有出入。
④《乙巳占》卷一《日占》:"夫日之体象周径之数，余别验之，著于《历象志》，此非所须，故不录之也。"(叶15a)卷二《月占》:"其推求法术，并著在《历象志·乙巳元经》，事烦不能具录，略表纲纪焉。"(叶3b)卷三《分野》:"其诸家星次、度数不同者，乃别考论，著于《历象志》云。"(叶2a)

《乙巳元历》所定上元乙巳而得名，更为合理，而所谓贞观十九年乙巳成书之说并不可取。

第二种观点是唐高宗"显庆元年（656）稍后"说。据笔者所见，可能是关增建在为《中国科学技术典籍通汇·天文卷》收录《乙巳占》所撰写的提要中最先提出这一看法①，此后亦有人信从②。然而这些学者却均未具体解释得出这一结论的理由，不过我们可以大概推知其判断依据。今传本《乙巳占》卷首皆有李淳风题衔作"朝议郎、行秘阁郎中、护军、昌乐县开国男李淳风撰"③。检《旧唐书·李淳风传》，"显庆元年，复以修国史功封昌乐县男"④，既然在《乙巳占》的李淳风题衔中见有"昌乐县开国男"的封爵，则可知其编撰时间当在显庆元年或其稍后。但其实，这一判断亦有差误。李淳风本传明确称其因修国史有功而获封昌乐县男，那么他所参预纂修的是哪部"国史"呢？《册府元龟》国史部载，中书令许敬宗"受诏与中书侍郎许圉师、太史令李淳风、著作佐郎杨仁卿、著作郎顾裔等撰贞观二十三年已后至显庆三年实录。显庆四年二月，撰成二十卷"⑤，奏

──────────

①关增建：《〈乙巳占〉提要》，《中国科学技术典籍通汇·天文卷》第4分册，河南教育出版社，1993年，第451页。

②如孙猛：《日本国见在书目录详考》考证篇《乙巳占》，中册，第1341页。

③见《十万卷楼丛书》本李淳风《乙巳占序》下题名，其他版本则多在《乙巳占》卷一卷名后，且文字有些讹误，如"秘阁"误作"秘门"，"护军"误作"获军"。

④《旧唐书》卷七九《李淳风传》，第2719页。

⑤《册府元龟》卷五五四《国史部·选任》，第6650页。

上，太史令李淳风因此"封昌乐县男"①。可见李淳风因修成贞观二十三年以后至显庆三年实录有功，而于显庆四年封昌乐县开国男，《旧唐书·李淳风传》误系此事于显庆元年，故前人所谓《乙巳占》成书于"显庆元年稍后"之说自然也就不能成立了。照理来说，《乙巳占》李淳风题衔中出现"昌乐县开国男"，则只能说明此书当撰成于显庆四年二月以后。

实际上，在上述李淳风题衔中，还含有比显庆四年更晚的年代信息。从题衔来看，李淳风编撰《乙巳占》时所任官职为"行秘阁郎中"。据《旧唐书》本传，李淳风自贞观初入太史局，二十二年迁为太史令，"龙朔二年（662），改授秘阁郎中。……咸亨初，官名复旧，还为太史令"②。这里牵涉到唐代天文机构太史局的建置沿革，《唐六典》谓太史局"龙朔二年，改为秘书阁局，令改为秘阁郎中，咸亨元年（670）复旧"③。可知太史令李淳风自龙朔二年改称秘阁郎中，咸亨元年又复为太史令，而

---

① 《册府元龟》卷五五四《国史部·恩奖》："许敬宗为中书令，与中书侍郎许圉师、著作郎杨仁卿等受诏，撰贞观二十三年以后至显庆三年实录，凡成二十卷。显庆四年二月毕功，奏上之。封敬宗子选为新城县男，国子祭酒令狐德棻进封彭阳县公，中书侍郎许圉师封平恩县公，太史令李淳风封昌乐县男，著作郎、北平县男杨仁卿，著作郎、余杭县男顾裔并加朝议大夫，并赏修实录之功也。"（第6658页，据《宋本〈册府元龟〉》校正，中华书局，1989年，第2册，第1557页）
② 《旧唐书》卷七九《李淳风传》，第2717—2719页。
③ 李林甫等：《唐六典》卷一〇"太史局"，陈仲夫点校，中华书局，1992年，第302页。

《乙巳占》的题衔恰为秘阁郎中，说明此书当撰成于龙朔二年至咸亨元年之间。考虑到《乙巳占》所载历法乃是李淳风早年所造尚不成熟的《乙巳元历》，麟德二年（665）五月他又制成了更为精审的《麟德历》，颁行天下①，而《乙巳占》中并未提及。由此推测，李淳风《乙巳占》最有可能撰成于龙朔二年改授秘阁郎中后至创制《麟德历》之前。

二、《乙巳占》与《乙巳占略例》的关系

说到《乙巳占》的编撰成书，不得不提其与另一部题名李淳风的著作《乙巳占略例》的关系。《四库全书总目》子部术数类存目著录有《乙巳占略例》十五卷，提要云：

> 旧本题唐李淳风撰，皆杂占天文、云气、风雨并及分野星象之说。案淳风有《乙巳占》十卷，盖以贞观十九年乙巳，在上元甲子中，书作于是时，故以为名。《唐志》《宋志》所载卷数并同。惟《宋志》别出有《乙巳指占图经》三卷，不言何人所撰，而无此书。尤袤《遂初堂书目》、焦竑

---

① 《旧唐书》卷四《高宗纪上》麟德二年五月辛卯，"以秘阁郎中李淳风造历成，名《麟德历》，颁之"（第87页）。又王溥：《唐会要》卷四二《历》载"（麟德）二年正月二十日，以秘阁郎中李淳风所撰《麟德历》，颁于天下"（中华书局，2017年，中册，第751页），此处"正月"当为"五月"之误。

《国史经籍志》亦仅载《乙巳占》，不云别有《略例》。检
《永乐大典》，绝无一字之征引，可知明以前无此书矣。
钱曾《述古堂书目》始以《乙巳占》《乙巳略例》二书并
列，而又不言其所自来。考朱彝尊《曝书亭集》有《乙巳
占跋》，是其书近时尚存，今特偶未之见耳。彝尊所论分
野，以此本相较，皆参错不合。且所占至于天宝九载，其
非淳风所作甚明。书中援引亦多庞杂无绪，疑后人取
《开元占经》与《乙巳占》之文参互成书，而别题此名，托
之淳风也。①

清修《四库全书》时，馆臣并没有见到李淳风《乙巳占》一
书，却征集到一部亦题作唐李淳风撰的《乙巳占略例》十五卷，
系两淮盐政采进本。四库馆臣指出此书在《旧唐书·经籍志》
《新唐书·艺文志》和《宋史·艺文志》中均无著录，南宋尤袤
《遂初堂书目》与明焦竑《国史经籍志》亦未载，《永乐大典》也
没有征引，说明"明以前无此书"，直到清初钱曾《述古堂书目》
才始以《乙巳占》《乙巳略例》二书并列②，加之此书内容与朱彝

---

① 《四库全书总目》卷一一〇子部术数类存目一《乙巳占略例》提要，第
936 页。
② 钱曾：《钱遵王述古堂藏书目录》卷五子部占验类著录"《乙巳占》十卷，一本
（原注：抄）；《乙巳略例》十五卷，四本（原注：抄）"（《续修四库全书》影印清
钱氏述古堂抄本，第 920 册，第 478 页）。

尊《乙巳占跋》引录的《乙巳占》分野论不合①，且书中援引"庞杂无绪"，甚至有晚至唐玄宗天宝九载（750）的占例，已远在李淳风去世之后。因此综合判断，这部《乙巳占略例》应是后人假托李淳风之名而作的伪书，具体手法是摘取唐瞿昙悉达《开元占经》与《乙巳占》之文"参互成书"。然而四库馆臣的这段分析论述存在很大漏洞，有待我们重新梳理李淳风《乙巳占》与《乙巳占略例》之间的关系。

首先，《乙巳占略例》在明以前是否有书流传？其实，陈乐素早已注意到，《宋史·艺文志》子部五行类著录"李淳风《乙巳占》十卷"，此外在天文类中又见"《乙巳略例》十五卷"，未题作者②，不过从书名、卷数来看，它与清人所见《乙巳占略例》当为一书，可知"宋时固已有此书矣"③，盖四库馆臣检阅《宋史·艺文志》不细，失之眉睫。在宋代文献中，我们还能找到《乙巳略例》实有其书的更早记载。两宋之际，因战乱官方藏书大量散失，天文历法类图书亦甚匮乏。据《宋会要》记载，建炎三年（1129），南宋行在太史局请求向官民人户征集一些亟需的天文历法书籍，并拟定了一个访书目录，包括"《纪元历经本立成》

①朱彝尊：《曝书亭集》卷四四《乙巳占跋》，《四部丛刊初编》本，叶 2a—2b。
②《宋史》卷二〇六《艺文志五》，第 5235、5239 页。
③陈乐素：《〈四库提要〉与〈宋史·艺文志〉之关系》，原载《图书季刊》第 7 卷第 3、4 期，1946 年，收入陈智超编：《陈乐素史学文存》，广东人民出版社，2012 年，第 430 页。

二册"等约二十种。三月二日，宋廷遂"诏《纪元历经》等文字，如人户收到并习学之家，特与放罪，赴行在太史局送纳，当议优与推恩"，鼓励朝野官民献书。在这些待访书中，列有"《乙巳占》一十册，《乙巳略例》一十二册"①，或即分别为十卷和十五卷。这条史料说明这两部书在宋代民间亦有所流传，且宋人早已将两书并列，而非如四库馆臣所言晚至清初钱曾《述古堂书目》方始见。《宋史·艺文志》的主要史源为四部宋《国史·艺文志》，反映的是宋代官方实藏图书的情况，《乙巳占》十卷已见于北宋《崇文总目》②，而《乙巳略例》十五卷可能就是通过建炎三年的这次图书征集从而进入官藏书系统，最终载入《宋史·艺文志》。总而言之，《乙巳（占）略例》至少已流传于宋代，故四库提要所谓"明以前无此书"的说法绝不可信。

其次，李淳风是否撰有《乙巳（占）略例》一书？笔者注意到，在《乙巳占》中李淳风多次自述其撰有《略例》一篇。例如，卷一《天占》有李淳风按语云："汉魏时造作宫室过度，而频有天灾，其后寻有兵乱。隋末大业十二年（616），东京灾宫，西京灾显阳门。至十三年，二邑并被围没，即绝其宗庙社稷，亦天告

---

① 徐松辑：《宋会要辑稿》职官三一之五至六，第3003—3004页。按《乙巳占》在宋代是很常用的占书，如宋徽宗自称"朕常置《乙巳占》在侧，每自仰占天象，以为儆戒"（《宋会要辑稿》蕃夷二之三〇，第7707页）。
② 王尧臣、王洙、欧阳修等：《崇文总目》卷八天文占书类，文渊阁《四库全书》本，第674册，第93页。

之验。天雨下物，非人所闻见者，皆大兵也，其灾见所主国分应发远近，皆在《略例》篇中。"①此处大意是说天灾的发生乃是对人事的谴告，如果降雨时伴随某些物体落下，皆为大兵之凶象，而各种"天雨下物"的情形所对应地上分野区域的具体灾应，则另载于《略例》篇中。又卷一《日蚀占》在记述十二月每月发生日蚀所降临的灾祸之后，称"其日之甲乙，一如《略例》中"②，指的应是通过日蚀之日干支中甲乙等十个天干所对应的地理系统来确定具体的灾祸发生之地③，这些内容亦详见于《略例》篇。又卷九《云气入外官占》末曰："豫晓祅变，括量铨度，唯气幽深，穷之更坚，钻之更邃。诸隐辞占决，并在《略例》中。"④这里提到有关各种云气占决的事例也都在《略例》篇中。尽管李淳风多次提及"略例"，但在《乙巳占》全书中却无此篇，这说明《略例》并非附于《乙巳占》内，而是单独的一部著作，那么这部书就应当是流传于后世的《乙巳（占）略例》。从这一《略例》篇与《乙巳占》的密切关系来看，其书名全称当为《乙巳占略例》，后人简称《乙巳略例》，据《宋史·艺文志》当有十五卷。

　　这部《乙巳占略例》十五卷本在宋代以后亦有流传，见于

①《乙巳占》卷一《天占》，叶14a—14b。
②《乙巳占》卷一《日蚀占》，叶29b。
③关于这种天干分野说，参见本书第一章第五节之"干支分野说"。
④《乙巳占》卷九《云气入外官占》，叶27b。

《传是楼书目》《述古堂书目》等私家藏书目录①，至清修《四库全书》时列为存目，未予收录，此后逐渐散佚，今已不得见。不过，我们还是可以通过《乙巳占》的叙述以及明清时人的转引了解其大致内容。《乙巳占》主要是分类汇辑前人有关天文星占基本原理的论述，并加以阐释，属于理论层面的总结，而与之相配合的《乙巳占略例》则更偏重于实用性，习学者当可直接根据书中的指示从事天文占测。李淳风在《乙巳占》卷九开首小序中概述其撰作宗旨，称其"缀集众书，考论群氏，错综黄咸，博闻甘石，及以三都、鬼谷、王霸、高宗，略其旨要撮录，秘验吉凶胜负，以类相从，勒为一部，聊备遗忘"，即指辑录诸家旨要编为《乙巳占》，随后紧接着又言"并指图《略例》"②，大概意思是说同时又撰成了便于按图索骥、具有指示性质的实用星占手册《乙巳占略例》。具体来说，这部《乙巳占略例》可能主要包含两大部分内容。

第一，占验之法。《乙巳占》所记多为各类星占术的基本原理，而缺乏具体的占验之法。例如卷一《天占》讲到"天雨下

---

①徐乾学《传是楼书目》子部天文总占类有"《乙巳略例》十五卷，二本，抄本"（《续修四库全书》影印清道光八年刘氏味经书屋抄本，第 920 册，第 790 页）。又钱谦益《绛云楼书目》卷二子部天文类亦著录《乙巳略例》（《续修四库全书》影印清嘉庆二十五年刘氏味经书屋抄本，第 920 册，第 370 页），但未言卷数；毛扆《汲古阁珍藏秘本书目》子部天文类记有"《乙巳略例》九卷，二本，旧抄，一两"（《续修四库全书》影印清嘉庆五年黄氏士礼居刻本，第 920 册，第 575 页），当为一残本。
②《乙巳占》卷九，叶 1a—1b。

物"时,列举了如"天雨鱼鳖,国有兵丧"、"天雨筋,国大饥"等等各种不同情形及其预示的灾祸,这些灾变许多都需要藉助分野学说才能具体落实到某一地理区域,获得实际的灾应,这也就是李淳风所说的"其灾见所主国分应发远近",而这些应用性较强的内容则载于《乙巳占略例》。又卷一《日蚀占》记云:"日以正月蚀,人多病。二月蚀,多丧。三月蚀,大水。四月、五月蚀,大旱,民大饥。六月蚀,六畜死。七月蚀者,岁恶,秦国恶之。八月蚀者,兵起。九月蚀者,女工贵。十月蚀者,六畜贵。十一月、十二月蚀者,籴贵,牛死于燕国。"①此处所载的日蚀占属于规律性论说,在实际运用时需要通过天干分野说转化为针对某一地域的灾变之征,这一占测方法亦须参见《乙巳占略例》。除了上述这些与《乙巳占》记载相关的内容之外,《乙巳占略例》还记录了一些《乙巳占》未载的占候学说。如后人假托李淳风所作的《观象玩占》保存有两段《乙巳占略例》的佚文②,分别为八节风占和日辰风占③,也具有较强的实用性,不见于《乙巳占》。由此可见,《乙巳占略例》所记天文星占之说多可为《乙巳占》提供补充,这显示出两书之间的内在理论

①《乙巳占》卷一《日蚀占》,叶29b。
②按《观象玩占》始见于明以后,当系伪书,参见《四库全书总目》卷一一〇子部术数类存目一《观象玩占》提要,第936—937页。
③旧题李淳风:《观象玩占》卷四六《风角》所载《乙巳略例·八节风占》及《水火灾风占》引《乙巳占略例》,《续修四库全书》影印明抄本,第1049册,第566、573页。

联系。

　　第二，占例。清初钱曾实际藏有两部《乙巳略例》，其著录称"一为清常道人手校，一是旧钞，后俱附《占例》"①，明确提到《乙巳占略例》含有《占例》这部分内容。所谓"占例"就是利用各种天文星占学说进行占测的具体事例，亦即李淳风自称之"诸隐辞占决"，对此我们可以找到同出李氏之手的参照文本。今本《晋书》和《隋书》的《天文》《律历》《五行》三志皆为李淳风所作②，《晋书·天文志》和《隋书·天文志》在记述各种天文理论和星占学说之后，各有一篇《史传事验》和《五代灾变应》③，汇集前代各类具体的占验实例和史事记载。《乙巳占略例》中的《占例》想必当与《史传事验》《五代灾变应》类似，亦附于前文所记占验学说之后，作为实际例证，以说明其星占理论的可靠性。由此看来，李淳风编撰正史《天文志》与《乙巳占略例》的体例可谓如出一辙，这也可以进一步印证《乙巳占略例》确应为李淳风之作。

---

①《读书敏求记》卷三子部五行类《乙巳略例》，第 591 页。按赵琦美自号清常道人，其书多归钱谦益，而钱谦益之书后又赠予钱曾（王立民、余彦焱：《钱曾藏书之来源概述》，《图书馆杂志》2009 年第 4 期，第 76—79 页），故此清常道人手校本盖即《绛云楼书目》著录之《乙巳略例》。

②《旧唐书》卷七九《李淳风传》："预撰《晋书》及《五代史》，其《天文》《律历》《五行志》皆淳风所作也。"（第 2718 页）《隋书》诸志即唐代所修梁、陈、北齐、北周、隋《五代史志》。

③《晋书》卷一二《天文志中》及卷一三《天文志下》，第 336—400 页；《隋书》卷二一《天文志下》，第 593—615 页。

由以上分析可知，李淳风确实撰有《乙巳占略例》一书，其与《乙巳占》在内容记载上互为表里，关系密切。《乙巳占》对历代天文星占学说做了系统的理论总结，而《乙巳占略例》则为习学者提供了更具体的占验之法及相关占例，表现出明显的实用目的。李淳风称其《略例》即为"若志士研精，须得指图者也"①，说明《乙巳占略例》就是为便于后人研习占验之术而撰，可谓是一部《乙巳占》的衍生著作。

在此还需附带解释四库馆臣对《乙巳占略例》的另外两点质疑。其一，所谓朱彝尊论分野，盖指其《乙巳占跋》引《乙巳占》所见《诗纬推度灾》国次星野及《洛书》禹贡山川对应二十八宿的记载，四库馆臣大概是在《乙巳占略例》中没有找到相关内容，故称"参错不合"。其实，这两种分野说仅见于东汉时期的纬书《诗纬推度灾》和《洛书》，并无任何实际运用，《乙巳占》姑置其说，而如上所述《乙巳占略例》则主要记实用性的占候之说，且此书与《乙巳占》内容互补，各自有其独立性的记载，四库馆臣在没有见到《乙巳占》原书、不明其体例的情况下，武断地判定两书"参错不合"，甚不妥当。其二，《乙巳占略例》中出现了天宝九载的占例。按《乙巳占略例》乃是一部实用星占手册，后人研习时往往会在相关条目下附记后世发生的同类占验事例，这些增益的内容又为其后之人所抄录，以致与原文混淆，这

---

① 《乙巳占》卷九《云气入外官占》，叶27b。

在星占数术类书籍的流传过程中十分常见，那条天宝九载的占例可能就是由此而来的。尽管清代传本《乙巳占略例》已含有个别后人增添的内容，而且可能还有比较严重的文字错乱，但不容否认此书原本确为李淳风所撰。

三、《乙巳占》版本流传初探

上文提到，《旧唐书·经籍志》著录"《乙巳占》十卷，李淳风撰"。按《旧唐书·经籍志》主要是删略唐开元年间毋煚编纂的《古今书录》而成①，由此可知《乙巳占》在唐代最初的卷数就是十卷。此后，如《日本国见在书目录》以及《崇文总目》《直斋书录解题》《宋史·艺文志》等宋代书目著录亦皆为十卷②，惟《新唐书·艺文志》的记载不同，当予说明。

《新唐书·艺文志》子部天文类著录"李淳风《释周髀》二卷"，其下又记"又《乙巳占》十二卷，《天文占》一卷，《大象元文》一卷，《乾坤秘奥》七卷，《法象志》七卷，《太白会运逆兆通代记图》一卷（原注：淳风与袁天纲集）"共六部李淳风著作，并且在该类末尾的书籍总计后有小注曰"李淳风《天文占》以下

---

① 参见《旧唐书》卷四六《经籍志序》，第 1961—1966 页。
② 〔日〕藤原佐世：《日本国见在书目录》天文家类，清光绪十年刊《古逸丛书》本，叶 30b。《崇文总目》《直斋书录解题》《宋史·艺文志》并见上文注。

不著录六家"①。这里需要首先解释《新唐书·艺文志》的编纂体例。《新唐书·艺文志》所载各类书籍分为"著录"和"不著录"两部分,据学者研究,前者大体是以《旧唐书·经籍志》为主,又据《隋书·经籍志》及北宋《崇文总目》加以修订补充,而后者则是依据《崇文总目》及其他史传文献附录前者未载的唐代应有之书②。此处谓自李淳风《天文占》以下的六家著作皆为"不著录",查其来源应为《崇文总目》和《旧唐书·李淳风传》③,那么前两种"李淳风《释周髀》二卷"和"又《乙巳占》十二卷"当源于《旧唐书·经籍志》的已著录书。然检《旧唐书·经籍志》,两书确有著录④,但《乙巳占》仅为十卷,《崇文总目》同,那么《新唐书·艺文志》提到的《乙巳占》十二卷本就显得有些蹊跷,未知何据,可能是欧阳修在编撰时又依据另一文献著录对《乙巳占》的卷数做了修订,不排除在宋代另有一种十二卷本《乙巳占》流传的可能。清人陆心源曾推测,今传本《乙巳占》十卷"每卷约万余言,惟第十卷几及三万言。或后人合三卷

<hr />

① 《新唐书》卷五九《艺文志三》,第1544—1545页。
② 马楠:《〈新唐书·艺文志〉增补修订〈旧唐书·经籍志〉的三种文献来源》,《中国典籍与文化》2018年第1期,第4—21页。
③ 《天文占》一卷、《大象元文》一卷、《乾坤秘奥》七卷、《太白会运逆兆通代记图》一卷皆见于《崇文总目》卷八天文占书类(第93—94页)。《法象志》七卷则见于《旧唐书》卷七九《李淳风传》(第2718页)。
④ 《旧唐书》卷四七《经籍志下》著录赵婴注《周髀》一卷,又有甄鸾注一卷、李淳风撰二卷(第2036页)。

为一卷，故与《唐志》不符，未可知也"①。他注意到今本《乙巳
占》卷十篇幅过大，明显与前九卷不相称，故疑其原分十二卷，
后来有人又依据《乙巳占》的最初卷数，将末三卷合成一卷，以
复原十卷之数。此说有一定道理，而且这一合卷有可能是在南
宋绍兴后期太史局校定此书时发生的（说详下文），由此来看，
北宋时或许曾流传着一种与原十卷本分卷不同的十二卷本《乙
巳占》。

需要附带一提的是，《玉海》卷三天文门引《书目》云："《乙
巳占》十卷，贞观中太史令李淳风撰，始于天象，终于风气，序云
'五十卷'，今合为十卷。"②此《书目》是指成书于南宋淳熙五年
（1178）的《中兴馆阁书目》，收录宋廷南渡以后搜集之图书，原
书已亡佚③。由《玉海》的引文可知，该《书目》著录有一部《乙
巳占》十卷，其解题称"贞观中太史令李淳风撰"，对此书撰成
年代的判断并不准确，又言此书"序云'五十卷'"，但实际上应
为十卷。按李淳风《乙巳占序》曰其书篇目"始自天象，终于风
气，凡为十卷"④，而《中兴馆阁书目》著录本序却作"凡为五十
卷"，从今本《乙巳占》的内容来看，不大可能析分为五十卷之

①《仪顾堂集》卷五《重刻乙巳占序》，第 79 页。
②王应麟：《玉海》卷三《天文·天文书下》"唐《法象志》《乾坤秘奥》《天文占》
《泰乾秘要》《乙巳占》"条，第 1 册，第 53 页。
③参见李静：《〈中兴馆阁书目〉成书与流传考》，《山东图书馆学刊》2011 年第
5 期，第 103—107 页。
④李淳风：《乙巳占序》，《乙巳占》，叶 4a。

多,估计该本序文恐衍一"五"字,当以"凡为十卷"为是,如此则与实际卷数相符,南宋时期应不存在所谓的"五十卷"本。

宋代以后,《乙巳占》的版本流传情况略显复杂,出现了多种卷数不同的传本,据笔者初步调查,其中以十卷本较为多见,而且在十卷本中又可区分出两个不同的版本系统。如清初钱曾《述古堂书目》即著录抄本"《乙巳占》十卷,一本"①,不过此本今恐已失传。后黄丕烈亦藏有一部"《乙巳占》十卷,旧钞本",并撰有题跋交代来历②,这部书后来转辗归于陆心源皕宋楼,明确著录为"明抄本"③,共有四本④,而《汲古阁珍藏秘本书目》有"《乙巳占》四本,旧抄"⑤,很可能就是后黄、陆二人相继弆藏之本。清光绪二年(1876),陆心源将此本雕印,收入《十万卷楼丛书》,他在《重刻乙巳占序》中对这一版本的最初来源做了判断:

　　　　余所藏为明人抄本,得之金匮蔡氏,卷三、卷六后有题

①《钱遵王述古堂藏书目录》卷五子部占验类,第691页。
②黄丕烈撰,缪荃孙辑:《荛圃藏书题识》卷四子类一《乙巳占》,余鸣鸿点校,《黄丕烈藏书题跋集》,上海古籍出版社,2015年,上册,第215—216页。
③陆心源:《皕宋楼藏书志》卷五一子部数术类《乙巳占》,《续修四库全书》影印清刻《潜园总集》本,第928册,第556页。
④皕宋楼藏书后皆归日本静嘉堂文库,河田罴编《静嘉堂秘籍志》卷二五术数类著录《乙巳占》"明抄,四本",并转录《皕宋楼藏书志》的记载(杜泽逊等点校,上海古籍出版社,2016年,第2册,第920页)。
⑤《汲古阁珍藏秘本书目》子部天文类,第575页。

> 名三行：一曰"太史局直长主管刻漏臣成衍书"；一曰"太史局中官正、太史局提点历书、赐绯鱼袋臣李维宗校"；"宁海军承宣使、提举佑神观、博陵郡开国公、食邑二千二百户、食实封二百户提举臣邵谔"。考《玉海》，建炎三年三月二日，诏《纪元历经》等书送太史局，中载《乙巳占》计十册，今本十卷，又有太史局诸人题名，或即从建炎本传抄欤？①

据陆心源自述，这部明抄本《乙巳占》得自于"金匮蔡氏"，当指金匮籍（今江苏无锡）藏书家蔡廷相②。《玉海》有关建炎三年三月二日"诏《纪元历经》等书送太史局"的记载，就是上文提到的建炎三年应太史局之请向官民征集天文历法书籍一事，其中包括《乙巳占》十册，此事原载于《宋会要》，《玉海》即引自《会要》③。陆心源见此本《乙巳占》十卷与十册之数似可对应，且卷三、卷六后有南宋太史局官员的题名，遂推测其祖本或许就是建炎三年征入太史局的一个传抄本。这一说法尚待求证，其关键是要考察书中所见三行题名的年代信息。

---

①《仪顾堂集》卷五《重刻乙巳占序》，第79页。
②陆心源所藏影抄宋本《国语》二十一卷，最初从汲古阁流出，辗转经过黄丕烈、汪士钟、蔡廷相等藏书之手，终归于陆心源（参见郭万青：《〈士礼居藏书题跋记〉"〈国语〉二十一卷校宋本"辑证》，《国学》第五集，巴蜀书社，2017年，第293—294页），此处所论《乙巳占》十卷本的流传过程当与之相同，或为同一批藏书。
③《玉海》卷三《天文·天文书下》"国朝天文书"条，第62—63页。

查陆心源据此明抄本刊刻的《十万卷楼丛书》本《乙巳占》,其实是在卷一和卷六末各有三行题名:

太史局直长主管刻漏臣成衍书。

太史局中官正、判太史局、提点历书、赐绯鱼袋臣李维(一作"继")宗校。

宁海军承宣使、提举佑神观、博陵郡开国公、食邑二千二百户、食实封二百户提举臣邵谔。

在这三位官员中,"成衍"其人不详,而其余二人则见于宋代文献记载,可略考其事迹。官衔为"太史局中官正、判太史局、提点历书、赐绯鱼袋"者,卷一末题作"李维宗",卷六末题作"李继宗",两者不一,据其他《乙巳占》版本的共同题名可知,此人当为"李继宗"。据《宋会要》,绍兴二年(1132)七月四日,"诏太史局生李继宗、宋公庠、赵祺为演求纪元立成法,推步气朔七政,可以颁朔,特并补保章正,差充太史局同知筹造"①。知绍兴二年李继宗方由太史局学生始任保章正,待其仕至判太史局需要经历较长时间②。又据《建炎以来系年要录》,绍兴二十九

①《宋会要辑稿》职官一八之八八,第2798页。
②《宋史》卷一六四《职官志四》"太史局"云:"其官有令,有正,有春官、夏官、中官、秋官、冬官正,有丞,有直长,有灵台郎,有保章正。其判局及同判,则选五官正以上业优考深者充。保章正五年、直长至令十年一迁。"(第3879页)

年显仁皇后韦氏卒，权厝攒宫，有朝臣奏请于周边设立禁地四隅，判太史局李继宗参预勘察风水①；三十一年六月，"中官正、判太史局李继宗等各降一官，坐奏星文不实故也"②。可见李继宗在绍兴末已任太史局中官正、判太史局。按绍兴二十年七月五日，"诏武经郎吴师颜可罢判太史局，送吏部与江西监当差遣"③，李继宗或于此后接任判太史局，至宋孝宗乾道年间仍在职④。

至于"提举臣邵谔"，亦有记载。宋代天文机构司天监（元丰以后改为太史局）"掌测验天文，考定历法"⑤，其人员皆由专业的技术官僚充任，但同时又常命儒臣提举司天监，遇到天文

---

① 李心传：《建炎以来系年要录》卷一八五"绍兴三十年四月辛未"条载："初，显仁皇后既掩攒宫，而大理少卿张运因请建立四隅，其中皆属禁地，乃撤篱寨。而巑城之四隅之内，有士民丘墓八百余，判太史局李继宗谓：'并在国音风水形势之间，悉合挑去。'"（胡坤点校，中华书局，2013 年，第 8 册，第 3574 页）又卷一八三"绍兴二十九年十一月丙午"条云："显仁皇后掩攒宫在永祐陵之西，去显肃攒宫十九步。旧下宫分前、后殿，至是更筑前殿，以奉徽宗，中殿以奉显肃、显恭、显仁三后神御，而后殿奉懿节如故。于是始立四隅，以二十里为禁城，居民皆徙之。又有士庶丘墓，杂错其间，阴阳家请悉挑去，宗正寺主簿、权太常丞吴曾从而和之。"（第 8 册，第 3539 页）所记为同一事，此处"阴阳家"即指"判太史局李继宗"。
② 《建炎以来系年要录》卷一九〇"绍兴三十一年六月癸亥"，第 8 册，第 3695 页。
③ 《宋会要辑稿》职官一八之九一，第 2800 页。
④ 参见赵贞：《唐宋天文星占与帝王政治》附录《宋代天文官员表》，第 421—424 页。需要指出的是，此表于北宋宣和七年、九年亦列有判太史局李继宗，乃因所据史料系年有误，二者实皆为南宋乾道七年、九年事。
⑤ 《宋史》卷一六四《职官志四》，第 3879 页。

考验、仪器制造、历法制定等重要事项时,还会另委派大臣监定、提举天文历法①。绍兴十四年下令制作浑天仪,"乃命宰臣秦桧提举铸浑仪,而以内侍邵谔专领其事"②,实际上等于专差邵谔为提举,当时他的武阶和宫观官正是"宁海军承宣使、提举佑神观"③。至绍兴三十二年浑仪制成,交付太史局,邵谔遂罢此兼职④。因此,内侍邵谔应是在绍兴十四年至三十二年间以提举浑仪的身份介入太史局事务。

在了解了李继宗与邵谔的任职情况之后,再来看《乙巳占》十卷本所见题名。当时太史局重新校抄了一部《乙巳占》,由太史局直长成衍书写,判太史局李继宗负责校定,并署提举官邵谔之名,抄成年代当在绍兴二十年以后李继宗任判太史局至三十二年邵谔罢提举浑仪之前,而非陆心源所说的建炎三年抄本。此次太史局校抄《乙巳占》所依据的底本有可能是北宋流传的一种十二卷本,成衍抄录时或如前引陆心源之言,将末三卷合为一卷,从而复原了《乙巳占》最初的

---

① 参见韦兵:《星占历法与宋代政治文化》,第 230—240 页。

② 《宋史》卷四八《天文志一》,第 965 页。

③ 南宋礼部太常寺纂修《中兴礼书》卷一四《吉礼·郊祀大乐三》谓"绍兴十八年五月二十五日尚书省札子,宁海军承宣使、提举佑神观邵谔申"云云(《续修四库全书》影印清蒋氏宝彝堂抄本,第 822 册,第 59 页)。

④ 《宋会要辑稿》运历二之一八记载绍兴十四年制浑仪,"命秦桧提举修制,其后委内侍邵谔专主之。后浑仪虽成,至绍兴三十二年谔亦罢职,遂以浑仪付太史局安设焉"(第 2153 页)。

十卷之数①。这个宋校本就是黄丕烈、陆心源等人所藏《乙巳占》十卷明抄本的祖本，《十万卷楼丛书》据以刻印，遂成为一个通行本。是故在这一版本系统中保存有避宋讳的情况，例如"正观"原当作"贞观"，系避宋仁宗嫌名改。

此外，晚清刘承幹嘉业堂还藏有一部李淳风撰《天文乙巳占》十卷，"明抄本，八册"②；又孙诒让见过一种《乙巳占》十卷，"旧目题覆宋钞本"③。这些本子详情不明，有待查访。今浙江大学图书馆藏《乙巳占》十卷明抄本及上海图书馆藏《乙巳占》十卷清初抄本，其内容起讫与《十万卷楼丛书》所据之底本相同④，当皆出自南宋绍兴年间太史局校定本系统。

据笔者所见，与此十卷本系统相关，还有七卷和三卷两种

---

①需要指出的是，此次太史局校本《乙巳占》虽复为十卷，但正文中的具体文字与最初原本已有所差别。《太平御览》卷二五《时序部一〇·秋下》和卷二七《时序部一二·冬下》引录了两段《乙巳占》的原文（第 1 册，第 118、128—129 页），分别见于今本《乙巳占》卷六《太白占》和《辰星占》，两相比较可知其文字不尽相同。
②周子美编：《嘉业堂钞校本目录》卷三子部数术类，华东师范大学出版社，2000 年，第 46 页。
③孙诒让撰，雪克辑点：《籀庼遗著辑存·籀庼读书录》，中华书局，2010 年，第 246 页。
④浙江大学图书馆藏本可见浙江大学古籍特藏资源发布平台公布的书影，http://absc. zju. edu. cn/document/info/ee7bd3b2 - 57ef - 49ba - b5d4 - 83f918ebbf33/public，参见杨国富主编：《浙江大学图书馆古籍善本书目》，国家图书馆出版社，2016 年，第 145 页。上海图书馆藏本（典藏号 788698-700）据笔者目验，系清惠栋旧藏。

《乙巳占》残本。朱彝尊称其家藏《乙巳占》七卷,似非完书①。今国家图书馆藏有一部《乙巳占》七卷(卷一至七),明抄本,三册,半叶十一行,每行二十四字,无栏格②,应该就是原朱彝尊藏本。此本各卷所载篇目与十卷本的前七卷相同(参见表10-1),且在卷三、卷四及卷七末尾也有太史局直长成衍、判太史局李继宗与提举官邵谔三行题名,可知此本亦源出南宋绍兴校定本系统,惟缺后三卷。不过其序文却说"始自天象,终于风气,凡为七卷",但此本卷七为流星、客星占,并不涉及风、气占的内容,显然与序言不合。其实,上文已提到,李淳风序原称"始自天象,终于风气,凡为十卷",想必是后来七卷本的抄录者据该本现存状况改易了此处卷数,以掩饰其阙。又宁波天一阁也藏有一部《乙巳占》存前七卷,"明蓝丝栏抄本,三册"③,或与朱彝尊藏本类同。

国家图书馆另藏有一部残本《乙巳占》存三卷(卷一至三),清嘉庆二十四年(1819)东武镏氏嘉荫簃抄本,一册,半叶

①《曝书亭集》卷四四《乙巳占跋》谓"《乙巳占》七卷,唐太史令李淳风撰。《唐志》作十二卷,陈氏《书录解题》作十卷,则予家所藏非完书矣"(叶2a)。

②参见北京图书馆编:《北京图书馆古籍善本书目·子部》术数类,书目文献出版社,1981年,第1307页。典藏号为A01460。

③骆兆平编:《天一阁访归书目》子部,《新编天一阁书目》,中华书局,1996年,第166页。此本每册首钤有"天一阁"朱文方印,"东明山人之印"朱文长方印,本已散失,1961年由天一阁购回。

八行,每行二十四字,蓝格白口四周双边①。此本序文称"凡为
十卷",卷一和卷三末皆有南宋太史局官员题名,知其亦出自宋
校十卷本系统。又莫绳孙钞本《邵亭知见传本书目》提到一种
"《乙巳占》三卷,唐李淳风撰,四库未收。影宋抄残本,半页十
行,行二十四字"②,或与嘉荫簃抄本类同。

除了出自南宋绍兴校定本的十卷本系统之外,明清时期还
流传着另一种十卷本《乙巳占》。北京大学图书馆藏有一部
《乙巳占》十卷旧抄本(以下简称"北大本"),半叶十行,每行二
十字,共六册,每册卷首钤印中有"子京之印""墨林秘玩",知
其最初为明代嘉万年间藏书家项元汴(字子京,号墨林)所有,
则此书当系一明抄本③。该本中无南宋太史局官员的题名,其
内容篇目与上述宋校本存在明显差异。《十万卷楼丛书》本
(以下简称"《丛书》本")《乙巳占》正文共有细目百篇,分别以
序数标识,从《天象第一》《天数第二》,直至《杂占王侯公卿二
千石出入第一百》,而北大本只有六十八篇,无序数编号。而且
各卷篇目多有出入,或有篇名不同者,例如表10-1所见,北大
本卷二《月晕五星及中外列宿占》,《丛书》本作《月晕五星及列

①参见《北京图书馆古籍善本书目·子部》术数类,第1307页。典藏号为
10114。书后题记云:"嘉庆己卯(二十四年)夏,借易湖董方立藏本钞出。"
②莫友芝撰,傅增湘订补,傅熹年整理:《藏园订补邵亭知见传本书目》卷九子
部七术数类,中华书局,2009年,第2册,第601—602页。
③北京大学图书馆编《北京大学图书馆藏古籍善本书目》著录为清抄本(典藏
号为LSB/1764,北京大学出版社,1999年,第255页),有误。

宿中外官占》;北大本卷六《辰星干犯列宿占》《辰星干犯中外官占》两篇,《丛书》本作《辰星入列宿占》《辰星入中外官占》。亦有拆合篇目者,如《丛书》本卷一《日蚀占》内含"蚀列宿占",北大本则单列一目《日蚀列宿占》,卷二《月晕中外官占》和卷四《五星行术》与此类同;然《丛书》本卷四《五星干犯中官占》与《五星干犯外官占》两篇,北大本却又合为一篇《岁星干犯中外官占(附五星内)》。差别最大的是卷八、卷九,北大本有多个篇目为《丛书》本所无,且北大本卷十之篇目,《丛书》本皆列于卷九。从这些情况来看,北大本与《丛书》本似乎源出不同的祖本。

值得特别注意的是,在以北大本为代表的《乙巳占》十卷本基础上,又衍生出一种九卷本。瞿氏铁琴铜剑楼藏有"《乙巳占》九卷,旧钞本"①,此本今度藏于国家图书馆,著录为清抄本,半叶九行,每行二十字,无栏格②。又天津图书馆另有一部清抄九卷本《乙巳占》③,文字内容与国图藏本基本一致,此本后被收入《续修四库全书》影印出版(第 1049 册),故近年来这一九卷本亦广为人知,多有学者征引。这种九卷本其

---

① 瞿镛:《铁琴铜剑楼藏书目录》卷一五子部三天文算法类,《续修四库全书》影印清光绪常熟瞿氏家塾刻本,第 926 册,第 257 页。

② 参见《北京图书馆古籍善本书目·子部》术数类,第 1307 页。典藏号为 06846。

③ 天津图书馆编:《天津图书馆古籍善本书目》,国家图书馆出版社,2008 年,上册,第 326 页。

书前李淳风序称"始自天象,终于风气,凡为九卷"①,貌似全本,但通过检核可知,这种九卷本的内容篇目与北大本完全相同,仅将北大本卷八、卷九的内容合并为卷八,并相应地将北大本卷十改为卷九(参见表10-1),且抄录者又改易了原序所记卷数。因此实际上,这种九卷本也应归属于以北大本为代表的《乙巳占》十卷本系统。那么这一版本系统与以《丛书》本为代表的《乙巳占》十卷宋校本究竟孰优孰劣呢? 这就需要对这两种十卷本的篇目编排和具体内容进行更深入的辨析。

表10-1 《乙巳占》诸本各卷篇目一览表②

卷数	国图藏七卷本	《十万卷楼丛书》十卷本	北大藏十卷本	国图、天图藏九卷本
卷一	天象、天数、天占、日占、日月旁气占、日蚀占(含蚀列宿占)	天象、天数、天占、日占、日月旁气占、日蚀占(含蚀列宿占)	天象、天数、天占、日占、日月旁气占、日蚀占、<u>日蚀列宿占</u>	天象、天数、天占、日占、日月旁气占、日蚀占、<u>日蚀列宿占</u>

---

① 李淳风:《乙巳占序》,《续修四库全书》影印天津图书馆藏清抄本《乙巳占》,第1049册,第20页。国图藏九卷本同。
② 分别选取国家图书馆藏七卷本、《十万卷楼丛书》十卷本、北京大学图书馆藏十卷本以及国家图书馆、天津图书馆藏两种九卷本。各卷篇目内容以诸本正文为准,参校书前目录。划线部分为北大本、九卷本篇目特异者。表中六角括号表示补字,圆括号内为文字更正或附注说明。

卷数	国图藏七卷本	《十万卷楼丛书》十卷本	北大藏十卷本	国图、天图藏九卷本
卷二	月占、月与五星相干犯占、月干犯列宿占、月干犯中外官占、月晕占、月晕五星及列宿中外官占(含晕中外官占)、月蚀占、月蚀五星及列宿中外官占	月占、月与五星相干犯占、月干犯列宿占、月干犯中外官占、月晕占、月晕五星及列宿中外官占(含晕中外官占)、月蚀占、月蚀五星及列宿中外官占	月占、月与五星相干犯占、月干犯列宿占、月干犯中外〔官〕占、月晕占、<u>月晕五星及中外列宿占</u>、<u>月晕中外官占</u>、月蚀占、月蚀五星及列宿中外宫(官)占	月占、月与五星相干犯占、月干犯列宿占、月干犯中外〔官〕占、月晕占、<u>月晕五星及中外列宿占</u>、<u>月晕中外官占</u>、月蚀占、月蚀五星及列宿中外宫(官)占
卷三	分野、占例、日辰占、占期、修德、辩惑(原注:元阙)、史司	分野、占例、日辰占、占期、修德、辨惑(原注:元阙)、史司	分野、占例、日辰占、占期、修德、辨惑(原注:原缺)、史司	分野、占例、日辰占、占期、修德、辨惑(原注:原缺)、史司
卷四	五星占、星官占、岁星占(含五星行术)、岁星入列宿占、五星干犯中官占、五星干犯外官占	五星占、星官占、岁星占(含五星行术)、岁星入列宿占、五星干犯中官占、五星干犯外官占	五星占、星官占、岁星占、<u>五星行术</u>、岁星入列宿占、<u>岁星干犯中外官占(原注:附五星内)</u>	五星占、星官占、岁星占、<u>五星行术</u>、岁星入列宿占、<u>岁星干犯中外官占(原注:附五星内)</u>

续表

卷数	国图藏七卷本	《十万卷楼丛书》十卷本	北大藏十卷本	国图、天图藏九卷本
卷五	荧惑占、荧惑入列宿占、荧惑干犯中外官占、填星占、填星入列宿占、填星干犯中外官占	荧惑占、荧惑入列宿占、荧惑干犯中外官占、填星占、填星入列宿占、填星干犯中外官占	荧惑占、荧惑入列宿占、荧惑干犯中外官占、填星占、填星入列宿占、填星干犯中外官占①	荧惑占、荧惑入列宿占、荧惑干犯中外官占、填星占、填星干犯中外官占
卷六	太白占、太白入列宿占、太白入中外官占、辰星占、辰星入列宿占、辰星入中外官占	太白占、太白入列宿占、太白入中外官占、辰星占、辰星入列宿占、辰星入中外官占	太白占、太白干犯列宿占、太白干犯中外官占、辰星占、辰星干犯列宿占、辰星干犯中外官占	太白占、太白干犯列宿占、太白干犯中外官占、辰星占、辰星干犯列宿占、辰星干犯中外官占
卷七	□□占②、流星犯日月占、流星与五星相犯占、流星入列宿占、流星犯中外官占、客星犯列宿占、客星干犯中外官占	流星占、流星犯日月占、流星与五星相犯占、流星入列宿占、流星犯中外官占、客星犯列宿占、客星犯中外官占	流星犯日月占、流星平（干）犯五星占、流星入列宿占、流星犯中外官占、客星犯列星占、客星犯中外官占	流星犯日月占、流星干犯五星占、流星入列宿占、流星犯中外官占、客星犯列星占、客星犯中外官占

---

① 按北大本书前目录有此篇，但正文此处存有大段脱文，篇名亦脱去，两种九卷本同。

② 按七卷本正文此篇目有残缺，据《丛书》本可知当为"流星占"。

卷数	国图藏七卷本	《十万卷楼丛书》十卷本	北大藏十卷本	国图、天图藏九卷本
卷八		慧孛占、慧孛入列宿占、慧孛入中外官占、杂星祆星占、候气占、云占	慧孛占、慧孛犯列宿占、慧孛犯中外官占、杂星妖星占、云气入三垣占、五星气占	慧孛占、慧孛犯列宿占、慧孛犯中外官占、杂星妖星占、云气入三垣占、五星气占、云气入列宿占、云气入外官占、云占(原注:附气)、云气吉凶占(原注:附雾)
卷九		帝王气象占、将军气象占、军胜气象占、军败气象占、城胜气象占、屠城气象占、伏兵气象占、暴兵气象占、战阵气象占、国谋气象占、吉凶气象占、九土异气象占、云气入列宿占、云气入中官占、云气入外官占	云气入列宿占、云气入外官占、云占(原注:附气)、云气吉凶占(原注:附雾)	帝王气象占、将军气象占、军胜气象占、军败气象占、城胜气象占、屠城气象占、伏兵气象占、暴兵气象占、战阵气象占、国谋气象占、九土异气象占、后序

卷数	国图藏七卷本	《十万卷楼丛书》十卷本	北大藏十卷本	国图、天图藏九卷本
卷十		候风法、占风远近法、排风声五音法、五音所主占、五音风占、论五音六属、五音受正朔日占、五音相动风占、五音日鸣条已上并卒起宫宅中占、推岁月日时干德刑杀法（含辨和风灾风法）、论六情法、阴阳六情五音立成、五音刑德日辰所属立成、六情风鸟所起加时占、八方暴风占、行道宫宅中占、十二辰风占、诸解兵风占、诸陷城风、占入兵营风、五音容主法、四方夷狄侵郡国风占、占官迁免罪法、候诏书、候赦赎书、候大赦风、候大兵将起、候大兵且解散、候火灾、候诸公贵客、候大兵攻城	帝王气象占、将军气象占、军胜气象占、军败气象占、城胜气象占、屠城气象占、伏兵气象占、暴兵气象占、战阵气象占、国谋气象占、九土异气象占、后序	

卷数	国图藏七卷本	《十万卷楼丛书》十卷本	北大藏十卷本	国图、天图藏九卷本
		并胜负候贼占、候丧疾、候四夷入中国、杂占王侯公卿二千石出入①		

四、两种十卷本系统的内容比较

以下分别以北大本和《丛书》本为例,来具体分析两者所代表的十卷本系统之版本优劣。首先,看整体篇目。北大本虽有十卷,表面上看似乎首尾完整,但实际篇目仅六十八篇,远远少于《丛书》本的百篇。而且李淳风自序称其内容"始自天象,终于风气",然北大本篇目仅止于气象占,并无风占,可见此本绝非李淳风《乙巳占》原书全本,相较之下《丛书》本的内容更为完整。

其次,考察具体的内容记载。有证据表明北大本显然经过了后人的改编增订。如卷八《彗孛犯中外官占》在"彗孛出摄提,天下乱"条后载"元顺帝末年,昴宿出彗,乃洪武改元之

---

① 《十万卷楼丛书》十卷本卷一〇末另附有"占风图"、"占八风知主客胜负法"、"占风出军法"、"占旋风法"、"三刑法"、"相刑法"、"五墓法"、"德神法"八篇。

兆"①，显系明人之语。卷五《荧惑干犯中外官占》记云："荧惑
当以十月、十一月入太微天庭，受制而出行列宿，伺察无道之君
臣以罚之。若干犯左、右相，左、右相有诛。守宫三旬，必有赦，
期六十日。"该篇末有评语曰："太微垣下、翼轸宿上是黄道，为
日月五星所行之道也。若云荧惑常以十月、十一月入太微垣受
制而出，此语不经。"②这明显是后世抄录者之言，不可能为《乙
巳占》原文。又北大本卷一○末有一篇题"淳风撰"的《后
序》③，其内容实际上就是《丛书》本卷九末篇《云气入外官占》
结尾的一段文字④，大概是后人为求此书在形式上首尾完备，
故从《云气入外官占》中截取了这段内容充作《后序》。

　　通过对比可知，北大本虽有部分篇目与《丛书》本存有篇名
或分合出入，但内容基本相同。即便是差异最大的卷八、卷九，
北大本有多个篇目为《丛书》本所无，然其内容亦大致不超出
《丛书》本的范围：卷八《云气入三垣占》，实即《丛书》本之《候

---

①九卷本同，可见《续修四库全书》影印本，第 1049 册，第 128 页。

②九卷本同，可见《续修四库全书》影印本，第 1049 册，第 93 页。

③"吉凶之得失者，犯官座而人善察焉。预晓妖变，括量铨度，惟气出深穷之更
　透。其诸隐辞占决，并在《略例》中。苦志研精，得须图指者也。仆为之白
　首，粗得其门。后世学人，观此意也。慎毋忽诸。"天图藏本与此文字略有出
　入（九卷本略同，见《续修四库全书》影印本，第 1049 册，第 151 页）。

④《乙巳占》卷九《云气入外官占》："辰星出丧，气长一丈，大水，气象升沉，表
　吉凶之得失。青气白黑，犯官坐而入占者察焉。豫晓袄变，括量铨度，唯气
　幽深，穷之更坚，钻之更邃。诸隐辞占决，并在《略例》中。若志士研精，须
　得指图者也。仆寻之白首，粗得其门，后世学人，观此意也。"（叶 27b）

气占》，后半部分又混入了《丛书》本卷九《云气入中官占》的一些内容；卷八《五星气占》，实为《丛书》本《候气占》之末五条；卷九《云气入外官占》，《丛书》本同，然末尾混有《丛书》本卷九《云气入中官占》的部分内容；卷九《云占》，其中混有大段《丛书》本卷八《杂星祆星占》的文字；卷九《云气吉凶占（附雾）》，实为《丛书》本之《吉凶气象占》，惟条目顺序有所不同。北大本的篇目改易和内容混杂，可能也是后世抄录者造成的，其中错漏丛生，存在很多问题。

此外，就北大本所见，后人很可能还对《乙巳占》原文做过一些修订增补，主要有以下两种情况。

第一，修改文字表述。例如卷四至卷六记载各种五星占，在说到五星干犯诸星宿时，《丛书》本大多称金、木、水、火、土，而北大本则分别改从篇名作太白、岁星、辰星、荧惑、填星。又如《丛书》本卷七《客星犯列宿占》篇载"客星入参，中央星色白，县令有赐，若伐色青黑，县令有罪。又云边有暴兵起，边城围而坏"①，在此类句式中，"又云"北大本皆改作"一曰"。可见北大本或许对原文做过某些系统性的文字改写。

第二，依据其他文献对原书加以订补。在内容修订方面，最典型的例子就是卷三《分野》篇所载"陈卓分野"。这里记载的是一种二十八宿对应十三国和十二州的分野说，同时又将星

①《乙巳占》卷七《客星犯列宿占》，叶 19a。

宿度数析分对应各分野区域内的诸郡国，这套分野体系又见于《晋书·天文志》（以下简称《晋志》）和敦煌写卷 P. 2512《星占》①，但具体文字内容各有出入，反映出陈卓分野说在传流过程中出现的不同文本（参见表 10-2）。其中，敦煌写本《星占》的记载较为原始，而《晋志》所见分野体系经过后人改定，存在一些错乱（参见本书第二章第三节），《乙巳占》的文本则介于两者之间。从表 10-2 来看，一方面，北大本与《丛书》本有某些共同的文字特征。例如角、亢、氐—兖州分野，"山阴入角六度"句两者皆同，但其实此处"山阴"当作"山阳"，《晋志》及《星占》不误；室、壁—并州分野，两本所记星宿度数均仅称室、壁，而《晋志》则称营室、东壁；昴、毕—冀州分野，"中山入昴八度""信都入昴三度"两句两本皆同，然《晋志》却作"中山入昴一度""信都入毕三度"。另一方面，北大本所记陈卓分野又明显依据《晋志》做了不少修订。譬如房、心—豫州和尾、箕—幽州分野，北大本分别有"楚国入房四度"与"凉州入箕中十度"两句，显然来自《晋志》，而《丛书》本及《星占》皆无；觜、参—益州分野，《丛书》本作"巴郡入参六度"，北大本据《晋志》改为"巴郡入参八度"，"益州入参七度，汉中入参九度"北大本亦据

①《晋书》卷一一《天文志上》，第 309—313 页。敦煌写本《星占》见《法国国家图书馆藏敦煌西域文献》第 15 册（题作《二十八宿次位经和三家星经》），第 36—37 页，整理本参见关长龙辑校：《敦煌本数术文献辑校》，中华书局，2019 年，中册，第 511—512 页。

《晋志》调换了两句顺序；井、鬼—雍州分野，"云中入井一度，定襄入井八度"两句顺序，北大本亦同于《晋志》，又《丛书》本及《星占》称井宿止作"井"，而北大本从《晋志》称"东井"。由此可知，北大本所载陈卓分野确实依据《晋志》多有校订。至于内容增补的例子，如北大本卷八《云占》篇附录候气之法，但《丛书》本并没有此项内容，检其所谓"凡候气之法"云云一大段实当出自《隋书·天文志》①。这些情况说明北大本的抄录者在抄书的同时，还参考过其他文献的相关记载，并据以对《乙巳占》原文做了某些修订补充。

表 10-2　多种文献所见陈卓分野说对照表②

二十八宿分野	郡国所入宿度			
	《丛书》本《乙巳占》卷三	北大本《乙巳占》卷三	《晋书·天文志》	敦煌写本《星占》
角、亢、氐，郑，兖州	东郡入角一度，东平、任城、山阴入角六度，泰山入角十二度，济北、陈留入亢五度，济阴入氐二度，东平入氐七度。	东郡入角一度，东平、任城、山阴入角六度，泰山入角十二度，济北、陈留入亢五度，济阴入氐一度，东平入氐七度。	东郡入角一度，东平、任城、山阳入角六度，泰山入角十二度，济北、陈留入亢五度，济阴入氐二度，东平入氐七度。	东郡入角一度，陈留入亢六度，太白入角十二度，济北入亢一度，山阳入角六度，济阴入氐一度，东平入氐十度。

---

① 《隋书》卷二一《天文志下》，第 591—592 页。

② 本表所据《乙巳占》卷三《分野》选取《十万卷楼丛书》本（叶 14a—14b）及北京大学图书馆藏十卷本（亦可见《续修四库全书》影印本，第 1049 册，第 65—66 页），如有文字校正另行说明。敦煌写本《星占》一栏括号内为笔者所做文字校正，六角括号为补字，圆括号为改字。

续表

二十八宿分野	郡国所入宿度			
	《丛书》本《乙巳占》卷三	北大本《乙巳占》卷三	《晋书·天文志》	敦煌写本《星占》
房、心，宋，豫州	颍川入房一度，汝南入房二度，沛郡入房四度，梁国入房五度，淮阳入心一度，鲁国入心三度。	颍川入房一度，汝南入房二度，沛郡入房四度，梁国入房五度，淮阳入心一度，鲁国入心三度，楚国入房四度。	颍川入房一度，汝南入房二度，沛郡入房四度，梁国入房五度，淮阳入心一度，鲁国入心三度，楚国入房四度。	颍川入房一度，汝阴（汝南）入房二度，沛郡入房四度，梁国入房一度，鲁国入心三度。
尾、箕，燕，幽州	上谷入尾一度，渔阳入尾三度，右北平入尾七度，西河、上郡、北地、辽西、辽东入尾十度，涿郡入尾十六度，渤海入箕一度，乐浪入箕三度，玄菟入箕六度，广阳入箕九度。	凉州入箕中十度，上谷入尾一度，渔阳入尾三度，右北平入尾十度，西河、上郡、北地、辽西、辽东入尾十度，涿郡入尾十六度，渤海入箕一度，乐浪入箕三度，玄菟入箕六度，广阳入箕九度。	凉州入箕中十度，上谷入尾一度，渔阳入尾三度，右北平入尾七度，西河、上郡、北地、辽西、辽东入尾十度，涿郡入尾十六度，渤海入箕一度，乐浪入箕三度，玄菟入箕六度，广阳入箕九度。	上谷入尾一度，温（渔）阳入尾三度，右北平入尾七度，辽东入尾□度，涿郡入尾□度，渤海入箕一度，乐浪入箕三度，玄菟入箕六度，广阳入箕九度。
斗、牛、女，吴越，扬州	九江入斗一度，庐江入斗六度，豫章入斗十度，丹阳入斗十六度，会稽入牛一度，临淮入牛四度，广陵入牛八度，泗水入女一度，六安入女六度①。	九江入斗一度，庐江入斗六度，豫章入斗十度，丹阳入斗十六度，会稽入牛一度，临淮入牛四度，广陵入牛八度，泗水入女一度，六安入女六度。	九江入斗一度，庐江入斗六度，豫章入斗十度，丹杨入斗十六度，会稽入牛一度，临淮入牛四度，广陵入牛八度，泗水入女一度，六安入女六度。	九江入斗一度，庐江入斗六度，豫章入斗十度，丹阳入〔斗〕十六度，广陵入斗（牛）六度，会稽入斗廿一度，临淮入斗（牛）四度，海西入女一度。

① "泗水入女一度，六安入女六度"，两处"女"字原皆误作"牛"，今据国图藏七卷本《乙巳占》订正。

二十八宿分野	郡国所入宿度			
	《丛书》本《乙巳占》卷三	北大本《乙巳占》卷三	《晋书·天文志》	敦煌写本《星占》
虚、危,齐,青州	齐国入虚六度,北海入虚九度,济南入危一度,乐安入危四度,东莱入危一度,平原入危十一度,淄川入危十四度。	齐国入虚六度,北海入虚九度,济南入危一度,乐安入危四度,东莱入危九度,平原入危十一度,淄川入危十四度。	齐国入虚六度,北海入虚九度,济南入危一度,乐安入危四度,东莱入危九度,平原入危十一度,淄川入危十四度。	齐入虚六度,东莱入危九度,五(平)原入危十度。
室、壁,卫,并州	安定入室一度,天水入室八度,陇西入室四度,酒泉入室十一度,张掖入室十二度,武都入壁一度,金城入壁四度,武威入壁六度,敦煌入壁八度。	安定入室一度,天水入室八度,陇西入室四度,酒泉入室十一度,张掖入室十二度,武都入壁一度,金城入壁四度,武威入壁六度,敦煌入壁八度。	安定入营室一度,天水入营室八度,陇西入营室四度,酒泉入营室十一度,张掖入营室十二度,武都入东壁一度,金城入东壁四度,武威入东壁六度,敦煌入东壁八度。	安定入室一度,陇西入室四度,酒泉入室七度,天水入室八度,张掖入室十度,武都入壁四度,金城入壁六度,武威入壁六度。
奎、娄,胃,鲁,徐州	东海入奎一度,琅琊入奎六度,高密入娄一度,阳城入娄九度,胶东入胃一度。	东海入奎一度,琅琊入奎六度,高密入娄一度,城阳入娄九度,胶东入胃一度。	东海入奎一度,琅邪入奎六度,高密入娄一度,城阳入娄九度,胶东入胃一度。	东海入奎一度,琅琊入奎六度,高密入娄一度,城阳入娄九度,胶东入胃一度。
昴、毕,赵,冀州	魏郡入昴一度,钜鹿入昴三度,常山入昴五度,广平入昴七度,中山入昴八度,清河入昴九度,信都入昴三度,	魏郡入昴一度,钜鹿入昴三度,常山入昴五度,广平入昴七度,中山入昴八度,清河入昴九度,信都入昴三度,	魏郡入昴一度,钜鹿入昴三度,常山入昴五度,广平入昴七度,中山入昴一度,清河入昴九度,信都入毕三度,	魏郡入昴一度,钜鹿入昴三度,常山入昴五度,广平入昴七度,清河入昴九度,中山入毕一度,安平入毕四度,

续表

二十八宿分野	郡国所入宿度			
	《丛书》本《乙巳占》卷三	北大本《乙巳占》卷三	《晋书·天文志》	敦煌写本《星占》
	赵郡入毕八度，安平入毕四度，河间入毕十度，真定入毕十三度。	赵郡入毕八度，安平入毕四度，河间入毕十度，真定入毕十三度。	赵郡入毕八度，安平入毕四度，河间入毕十度，真定入毕十三度。	赵入毕八度，河间入毕十度。
觜、参，魏，益州	广汉入觜一度，越嶲入觜二度，蜀郡入参一度，犍为入参三度，牂柯入参五度，巴郡入参六度，益州入参七度，汉中入参九度。	广汉入觜一度，越嶲入觜三度，蜀郡入参一度，犍为入参三度，牂柯入参五度，巴郡入参八度，汉中入参九度，益州入参七度。	广汉入觜一度，越嶲入觜三度，蜀郡入参一度，犍为入参三度，牂柯入参五度，巴郡入参八度，汉中入参九度，益州入参七度。	广汉入觜一度，越嶲入觜三度，蜀郡入参一度，犍为入参三度，牂柯入参五度，巴郡入参九度，汉中入参九度，益州国入参十度。
井、鬼，秦，雍州	云中入井一度，定襄入井八度，雁门入井十六度，代郡入井十八度，太原入井二十九度，上党入鬼二度。	定襄入东井八度，云中入东井一度，雁门入东井十六度，代郡入东井二十八度，太原入东井二十九度，上党入鬼二度。	云中入东井一度，定襄入东井八度，雁门入东井十六度，代郡入东井二十八度，太原入东井二十九度，上党入舆鬼二度。	云中入井一度，定襄入井八度，太原入井九度，雁门入井十六度，上党入鬼二度。
柳、七星、张，周，三河	弘农入柳一度，河南入七星三度，河东入张一度，河内入张九度。	弘农入柳一度，河南入七星三度，河东入张一度，河内入张九度。	弘农入柳一度，河南入七星三度，河东入张一度，河内入张九度。	弘农入〔柳〕一度，河南入星二度，河东入张一度，河内入张九度。
翼、轸，楚，荆州	南阳入翼六度，南郡入翼十度，江夏入翼十二	南阳入翼六度，南郡入翼十度，江夏入翼十二	南阳入翼六度，南郡入翼十度，江夏入翼十二	南阳入翼一度，南郡入翼十度，江夏入翼十度，

二十八宿分野	郡国所入宿度			
	《丛书》本《乙巳占》卷三	北大本《乙巳占》卷三	《晋书·天文志》	敦煌写本《星占》
	度,零陵入轸一度,桂阳入轸六度,武陵入轸十一度,长沙入轸十六度。	度,零陵入轸十一度,桂阳入轸六度,武陵入轸十度,长沙入轸十六度。	度,零陵入轸十一度,桂阳入轸六度,武陵入轸十度,长沙入轸十六度。	零陵入轸一度,桂阳入轸一度(按此为衍文),桂阳入轸六度,武陵入轸十度,长沙入轸十六度。

综上所述,北大本虽有十卷,但非全本,其篇目结构和具体内容实已经过后人的改编增订,失去了《乙巳占》一书的原貌。相较而言,《丛书》本首尾完赡,内容基本完整,当可信据。不过,这两个本子也有一些共同的特点。如卷三《辨(一作辩)惑》篇,两本皆阙。又卷七第一篇本为《流星占》,北大本无,而与《丛书》本同出一系的七卷本开首有"□□占第四十"的篇名(参见表10-1),正文仅残存"日辰所在宿分国属而占"一句,说明这一版本系统在流传过程中曾有一个中间文本于此处发生了严重脱漏,七卷本与北大本所据底本有可能都转辗出自这个中间文本,惟处理方式不同,前者照录其残缺面貌,后者则索性删去此篇。这些迹象透露出,北大本系统与《丛书》本系统两者的祖本或许有些渊源。

需要指出的是,尽管以北大本为代表的《乙巳占》十卷本系统被后人动过手脚,已失原貌,但也并非完全没有版本校勘价

值。以《十万卷楼丛书》本为代表的通行十卷本《乙巳占》，虽
被誉为"最为善者"①，但其实也存在一些内容错简、文字缺漏
等问题。例如，卷五《荧惑入列宿占第二十九》篇《丛书》本竟
窜至《填星占第三十一》篇之后，而北大本不误。《丛书》本卷
九《云气入列宿占》篇记"角宿有云状如刀剑，□□□角间，有
忧，阴谋起，天子下殿"②，此处有阙字，而北大本卷九《云气入
列宿占》记此句作"直冲经角间"③，可补其阙。又北大本卷二
《月干犯中外（官）占》载"晋孝武太元二十一年四月内，月犯东
咸。吴郡内史王钦发人诚严，吴兴诸郡向应为贼，残破地
方"④，《丛书》本无"月内"之"内"及"残破地方"等字，且"内
史"误作"内使"⑤；同卷《月晕占》篇开首有"晕圈外色混若朦，
圈内色青而明，此其常也。设内外皆糊涂，不分较常之晕占尤
甚"一段⑥，然《丛书》本无。诸如此类可资校勘之处还有很多，
说明北大本的某些文字内容可能优于《丛书》本，应当对《乙巳
占》存世诸本进行全面的校勘整理。

　　由于历史学与科技史在今天的学科体系中分属不同的文

---

① 胡玉缙撰，吴格整理：《四库未收书目提要续编》卷三子部天文算法类《乙巳
　占》提要，《续四库提要三种》，上海书店出版社，2002年，第172页。
② 《乙巳占》卷九《云气入列宿占》，叶20b。
③ 九卷本同，可见《续修四库全书》影印本，第1049册，第134页。
④ 九卷本同，惟"诚"作"戒"，"向"作"响"，可见《续修四库全书》影印本，第
　1049册，第48页。
⑤ 《乙巳占》卷二《月干犯中外官占》，叶12b。
⑥ 九卷本同，可见《续修四库全书》影印本，第1049册，第51页。

理科门类,导致两个学界之间长期缺乏应有的交流。科技史研究尽管在探索中国古代的科学技术成就方面取得了令人瞩目的成果,但在文献基础和借鉴历史学研究方法方面却多有不足。目前存世的众多科技史典籍无疑是我们研究古代科学技术的基本史料,而对于这些文献源流的梳理和版本的鉴别又是一项最基本的工作,往往需要历史学者的参与。本文考察李淳风《乙巳占》的成书情况与版本流传,认为此书当撰于龙朔二年李淳风改授秘阁郎中以后至麟德二年制成《麟德历》之前(662—665),且李淳风同时撰有一部与《乙巳占》相配合的实用星占手册《乙巳占略例》;《乙巳占》初为十卷,北宋时期又出现了一种十二卷本,南宋绍兴后期太史局校定此书,复为十卷,今存诸本中存在着两种十卷本系统:其一以《十万卷楼丛书》本为代表,明确出自南宋太史局校定本系统;其二以北大藏明抄本为代表,实非全本,且经过后人的改编增订,但仍有校勘价值。希望通过这一研究案例,能够帮助科技史学者更好地认识《乙巳占》一书,并且注重科技史研究中历史学思维和方法的培养。

附录二　分野·信仰·景观：宝婺星辉祐金华

　　中国古代的"天文分野"是将天上的星宿或星区与地上的不同区域相互对应的思想学说，在文献记载中又称"星野"、"星分"或"星土"。它最初是由星占学衍生出来，旨在建立起天地之间的映照关联，以便依据天象来判断地上人间的吉凶灾祥，即《周礼·保章氏》所谓"以星土辨九州之地，所封封域，皆有分星，以观妖祥"①。大概在战国时期，逐渐出现了一些较为固定的星土对应关系及星占事例。至汉代形成了体系化的天文分野学说，以二十八宿及十二星次对应十三国或十二州地理系统，后经西晋天文星占家陈卓厘定，最终确立了以十二州兼容十三国的二十八宿及十二次分野体系。作为中国传统军国星占学的重要组成部分，这种经典的分野学说被广泛应用于中古时期的各种星象占测之中。而且它所建构的天地对应模式

①《周礼注疏》卷二六《春官·保章氏》，阮元校刻《十三经注疏》本，第819页。

还对人们的地理认知产生了深远影响,早在《汉书·地理志》所记刘向"域分"中就已吸收分野之说,将西汉疆土划分为十三个分野区域分别记述各地的人文地理状况。至唐宋时期,分野学说又完全融入了中国传统地理学,广泛见诸各种地理志书,成为考订地理沿革的一部分。以致宋代以后尽管传统星占学及灾异政治文化衰落式微,分野学说对政治领域的影响大大减弱,趋于消亡,但在民间社会却随着方志编纂而愈加流行,直至清乾隆以后才逐渐消退。

对于分野说由天学向地学的转变,固然值得关注,不过除此之外,还应充分注意分野说对"人"的影响。清人周于漆谓"分星、地舆与人事,三而一者也"[1],指出分野思想其实贯穿着天、地、人三方面的因素。他主要是针对星占灾祥中的分野说而言的,天象异变通过分野体系对应到具体的地理区域,最终还是要落实到人事休咎上来,故三位一体。但其实,在星占学退出之后,分野说仍然发挥着沟通天地的作用,深深影响着人们的知识、思想与信仰。金华的区域文化史就为我们提供了一个很典型的研究案例,可观分野思想之流变,体察天、地、人三才之互动。

---

[1]周于漆:《三才实义·天集》卷二〇《分野分星论》,《续修四库全书》影印清乾隆二十年汤滢抄本,第 1033 册,第 423 页。

一、分野：金华与婺州之得名

金华地处浙江省金衢盆地东部，不妨先来梳理其建置沿革。春秋战国时期为越地，秦、汉属会稽郡，三国孙吴时分会稽，置为东阳郡，"晋、宋、齐皆因之"①。南朝刘宋郑缉之撰《东阳记》是金华地区最早的方志，其中提到"东阳上应婺女"②。"婺女"即二十八宿中的女宿，又名"须女"。据《史记·天官书》所记二十八宿对应西汉十二州的分野体系，"牵牛、婺女，杨（扬）州"③；而汉晋文献记载二十八宿与十三国分野说，具体的星土对应关系有所出入，《淮南子·天文训》谓"斗、牵牛，越；须女，吴"④，《汉书·地理志》称"吴地，斗分野也；粤地（指岭南地区），牵牛、婺女之分野也"⑤，还有的以"南斗、牵牛，吴、越之分野；须女、虚，齐之分野"⑥，婺女星所对应的地域各有不同。

---

①杜佑：《通典》卷一八二《州郡一二·古扬州下》，第4837页。

②彭泽、汪舜民纂修：《（弘治）徽州府志》卷一《地理一》"婺源县"条引《东阳记》，《天一阁藏明代方志选刊》影印明弘治刻本，第21册，叶5b。按此条引文内容已见于北宋初乐史《太平寰宇记》卷一〇四《江南西道二》"婺源县"条引《东阳记》。郑缉之原纂、胡宗楙辑《东阳记拾遗》载"上应婺女，故名之"，《浙江图书馆藏稀见方志丛刊》影印民国二十一年永康胡氏梦选楼刻本，国家图书馆出版社，2011年，第39册，第583页。

③《史记》卷二七《天官书》，第1330页。

④《淮南子集释》卷三《天文训》，第272—274页。

⑤《汉书》卷二八下《地理志下》，第1666—1669页。

⑥《史记》卷二七《天官书》所见张守节《史记正义》引《星经》，第1346页。

《晋书·天文志》记载陈卓分野体系,以斗、牵牛、须女为吴越及扬州之分野①,后为定说。金华本为越地,州域属扬州,从理论上来说,其分星可为斗、牛、女三宿。若按照陈卓进一步析分星宿度数的"州郡躔次"体系,"会稽入牛一度"②,则金华当对应牛宿,而《东阳记》径以其地上应婺女,虽与陈卓"州郡躔次"不同,但仍符合西晋以降定型的二十八宿对应十三国、十二州地理系统。

南朝萧梁,改东阳郡为金华郡③。南宋祝穆《方舆胜览》称"《玉台新咏序》云'金星与婺女争华',故曰金华"④,似乎金华得名与星宿有关,后此说广为流传。按《玉台新咏序》乃梁武帝时徐陵所作,其中有一句"金星将(一作与)婺女争华,麝月与(一作共)嫦娥竞爽"⑤,但最近有学者考证,金华地名之由来实与此诗句无关,祝氏之言乃宋人牵强附会,"金华"应得名于当地自东晋以来的道教名山——金华山⑥。

---

①《晋书》卷一一《天文志上》,第 310 页。
②《晋书》卷一一《天文志上》,第 310 页。
③《通典》卷一八二《州郡一二·古扬州下》,第 4837 页。
④祝穆撰,祝洙增订:《方舆胜览》卷七浙东路"婺州",施和金点校,中华书局,2003 年,第 129 页。
⑤徐陵编,吴兆宜注:《玉台新咏》书前《玉台新咏序》,上海书店,1988 年,第 1 页。按徐陵编《玉台新咏》成书于梁武帝中大通六年(534),故后人多称梁武帝改置金华郡。
⑥金晓刚:《浙江地名"金华"并非源于"金星与婺女争华"》,《中国历史地理论丛》第 38 卷第 4 辑,2023 年,第 155—158 页。

梁亡以后,陈武帝改置为缙州。隋文帝开皇九年(589)平陈,"置婺州,盖取其地于天文为婺女之分野"①,直接以《东阳记》所载该地对应的分星为本州之名②,这可能是明确依据天文分野命名州郡的最早事例③。后隋炀帝废州制,复置东阳郡。唐高祖武德四年(621)回改为婺州,然玄宗天宝元年(742)又改曰东阳郡,至肃宗乾元元年(758)复为婺州。其后历五代十国、宋、元,婺州之名皆因袭未改。至元末至正十八年(1358),朱元璋攻占婺州,改为宁越府,二十二年又改为金华府④,延续至今。由此可知,金华的婺州旧名来源于本地上应婺女星的分野说,曾沿用七百余年,那么这种天文与地名的关联有没有对当地民众的知识、思想与信仰产生直接影响呢? 下文将作解答。

---

① 《元和郡县图志》卷二六《江南道二》"婺州",第 620 页。《通典》卷一八二《州郡一二·古扬州下》记曰:"隋平陈,置婺州,以当天文婺女之分为名也。"(第 4837 页)

② 歙州休宁县,唐代一度隶属婺州,开元二十八年(740)分置婺源县(《旧唐书》卷四〇《地理志三》,第 1596 页),有一种说法称因《东阳记》上应婺女星,故名"(佚名:《锦绣万花谷》卷五地门"徽州"条引《十道志》,《北京图书馆古籍珍本丛刊》影印宋刻本,书目文献出版社,1998 年,第 73 册,第 96 页),若此则是以分野名县之例。

③ 王治国原纂,赵泰甡增修:《(康熙)金华县志》卷九《艺文上篇》载郐象云《重建星君楼碑记》即云:"古未有以星名其州者,名之自婺州始,而州之以婺名者,自隋唐始。"(《中国方志丛书》华中地方第 497 号影印清康熙三十四年增刊本,成文出版社有限公司,1983 年,第 588 页)

④ 《(万历)金华府志》卷一《建置沿革》,第 41—44 页。

二、信仰：婺女星君祠祀

由于分野学说属于天文星占的范畴,在中古时期这些知识多被统治阶层所垄断,禁止民间私习私议①。不过,同时分野说又具有一些地理学的意义,特别是自《汉书·地理志》采录之后,开始进入地理著述,时有援引,如上文所引郑缉之《东阳记》谓"东阳上应婺女",婺州的得名即与此有关。又东晋常璩撰《华阳国志》也记有巴、蜀对应的分星②,说明天文分野的知识已有流向民间的迹象。唐宋以降,随着分野学说与传统地理学的融汇,分野知识的流传更是渐趋普及化与常识化(参见本书第七章)。在这一背景下,我们再来看建置婺州的社会影响便会更加清晰。婺州之名得自金华上应之婺女星,这个州名的行用无形中强化了人们对本地分野的认识,尽管普通庶民很可能对分野学说并无系统了解,但却知晓婺州与婺女星宿之间存在着一种似乎是天经地义的对应关系,这为分野说在民间的流行奠定了认知基础,并由此催生出婺女星君的民间信仰。

---

① 参见江晓原:《谈历朝"私习天文"之厉禁》,《中国典籍与文化》1993 年第 1 期,第 97—100 页。
② 《华阳国志》卷一《巴志》、卷三《蜀志》,《华阳国志校补图注》,第 4、113 页。

据明初宋濂所撰《重建宝婺观碑》①，唐武德四年复婺州，当时州人便建造了一座婺女星君祠(亦称"婺星祠")，专"祠婺女星"，"初在郡城西北"。吴越国时，刺史钱俨将婺星祠迁徙"于子城上西南陬"。南宋孝宗淳熙十三年(1186)，知州洪迈向朝廷请赐额名"宝婺观"。元代曾两次被毁，皆由官府重建②。明洪武五年(1372)，"观复灾"被毁。宝婺观的主观道士杨道可欲重修，与其徒德生、德清谋曰："祠星所以休民，兴役而出于官，是厉民也。厉民弗祥。"意谓婺女星保佑黎庶，与民休息，而官府兴役修建妨害百姓，非祥也，故此次重建宝婺观，不准备依托官府，而由杨道可在境内化缘，"告于众庶"，募集资金、建材，然后"僦匠佣工"，兴建殿宇。工程始于洪武六年，"越六春秋，至十二年冬始成"，杨道可请名士宋濂作文记之，宋濂欣然应允，记云：

> 道可持币走告于濂曰："婺以星名州，星之泽州民者甚
> 大。宋宣和三年(1121)，方腊反睦，将陷郡，统领刘光世讨

---

① 宋濂：《芝园后集》卷一〇《重建宝婺观碑》，《宋濂全集》，第 5 册，第 1665—1668 页。以下引文据《(万历)金华府志》卷二八《艺文》载宋濂《婺星祠记》(第 2010—2013 页)校正文字，标点亦有所改动。

② 邓钟玉等纂：《(光绪)金华县志》卷五《建置·寺观》"宝婺观"条谓"元皇庆元年(1312)毁，延祐三年(1316)宪长札剌儿台令总管胡椿龄建"(《中国地方志集成·浙江府县志辑》影印民国二十三年铅印本，上海书店，1993 年，第 48 册，第 759—760 页)，仅提及一次毁建。

之,兵次兰溪,未敢进,梦霞冠羽衣神趣之行,且以病指告。刘至,盗党就擒,及谒星祠,其像如梦中,一指将坠。开禧三年(1207),大水,先期告守土吏为备,民不漂溺。景定四年(1263),武义山寇为乱,来犯城,南屯于溪南,遇媪鬻屦,长数尺,盗怪问之,媪曰:"城中人屦,皆如是耳!"盗惊散去。元至元十三年(1276),郡既降复守,元将高兴怒,欲屠城,梦神谕以勿杀。明日,以火矢射观,矢返堕,军中见巨人坐城上,濯足城南水中,大骇,遂下令讽民降,不敢戮一人。至正十六年(1356),沿海翼兵自兰溪夜叛还,谋袭郡城。神化妇人导叛兵食瓜田间,食已,皆昏迷失道,至城而天已曙,官兵有备,遂伏诛。此皆彰灼可征之大者,而疾疠旱涝之祷为尤验,固未易悉数也。"今观事幸复乎故,皆神灵之所致,愿记之。

由上可知,婺州因星野而得名,其与婺女星的固定对应关系确立之后,自唐初开始,婺女星君就被直接认定为护佑婺州的本地神明,建立专祠供奉,成为当地的一种民间信仰。而且宋元时期,还流传出婺女星君在每当发生战乱灾害之时显灵庇佑婺城百姓的种种故事,泽被苍生,故"州民瞻敬",深受民众爱戴,据说"檜禳每效,福瑕频集,邦人奉承,无敢不肃"①。南宋时婺

---

① 《叶适集》卷一一《宝婺观记》,第194页。

星祠赐名宝婺观后,婺女星君信仰遂又与道教相结合,如杨道可这样的主观道士"劬躬焦思,而尽力于神","为民祈福",观毁复建,树碑作记,进一步扩大了婺女星君信仰的影响。在道可举述的星君显圣故事中,神灵化身皆为女性形象,与婺女星神相符。道可重建宝婺观,欲为星君塑像,初未具,时任杭州卫都指挥使徐司马此前在镇守婺州期间"屡徵灵于星祠",十分灵验,一日在杭梦见星君,便遣使者问建观所需,"以像阙告,因命斫沉水香为像",像成置于观内灵华阁,"道可复迎其教所严事者共祠焉"①。可见婺州的婺女星君信仰具有完整的祠祀供奉系统和广泛的信众基础,在当地颇为流行,"宝婺"也成了婺州(金华)的别称。

除婺州城中的宝婺观外,其下辖诸县内还立有分祠。如永康县西二百二十步有"婺宿宫",南宋末咸淳三年(1267)建②。又浦江县有"星君别祠":"去县南一百步,星君即婺女星也。婺分直焉,其正祠在郡城宝婺观。元大德十年(1306)县人朱仙母病,祷之应,因与兄熊为立行祠于县之东南陬。至正十二年(1352)达鲁花赤廉公阿年八哈移建今所。"③知元大德中,朱

---

① 《芝园后集》卷一〇《重建宝婺观碑》,第 1666 页。
② 沈藻等修,朱谨等纂:《(康熙)永康县志》卷一四《寺观》"婺宿宫"条,《中国方志丛书》华中地方第 528 号影印清康熙三十七年刊本,成文出版社有限公司,1983 年,第 962—963 页。
③ 毛文堃修,张一炜纂:《(康熙)浦江县志》卷二《规制志》,《中国地方志集成·善本方志辑》第 1 编影印清康熙十二年刻本,凤凰出版社、上海书店、巴蜀书社,2014 年,第 77 册,第 33 页。

仙、朱熊兄弟因在宝婺观为其母祈祷禳病得到灵应,而于浦江县东南隅建立了一座星君行祠,至正十二年县达鲁花赤廉阿年八哈又移建于县南①,次年落成,邑人戴良撰《新建星君行祠记》②。这也可以反映宋元时期婺女星君信仰在金华地区流传颇广。

　　在明清时期,宝婺观又屡有毁建。明"隆庆四年(1570)冬毁于火"③,"万历间,郡守曾如春、卢奇前后重建"④,大概此时改名为"星君楼"⑤。清顺治三年(1646)再次"毁于兵燹",后由知府夏之中重建⑥。康熙二十年(1681),知府张蓘、同知王禹兴重修,"庠生李一经与兄一鹤助以巨室材",三十年知府王无忝再修。"嘉庆元年(1796),知府玉柱、副将保光捐修。"⑦道光

①参见王梅堂:《廉阿年八哈考述》,《西域研究》2003年第4期,第112—113页。
②毛凤韶修,王庭兰校:《(嘉靖)浦江志略》卷八《杂志·碑碣》,《天一阁藏明代方志选刊》影印明嘉靖刻本,上海古籍书店,1982年,第19册,叶8b;全文见《(康熙)浦江县志》卷一一《艺文志·记二》戴良《星君别祠記》,第295—296页。
③《(万历)金华府志》卷二三《祀典》"婺女星君祠"条,第1664—1665页。
④《(康熙)金华府志》卷二四《寺观》"宝婺观"条,第369页。据《(万历)金华府志》卷一〇《官师》,曾如春、卢奇先后于万历十三年至十六年(1585—1588)间、二十三年至二十六年(1595—1598)间任金华知府。
⑤《(万历)金华府志》卷二四《古迹》"废子城"条谓桐树门"今建星君楼于其上"(第1763页)。
⑥《(康熙)金华府志》卷二四《寺观》"宝婺观"条,第369页上栏。据同书卷一一《官师》,夏之中于顺治九年至十三年间任金华知府(第140页)。
⑦黄金声修,李松林纂:《(道光)金华县志》卷四《建置志·寺观》"宝婺观"条,《中国地方志佛道教文献汇纂·诗文碑刻卷》影印道光三年刻本,国家图书馆出版社,2013年,第197册,第11—13页。

十八年至二十一年(1838—1841),郡人又加以修葺①。光绪二十一年(1895),知府继良"躬率郡之官绅士庶捐资集议,悉撤其故而新之",重建星君楼,次年落成②,保存至今。从清人碑记来看,明清时金华地区的民众仍普遍信奉婺女星君。如康熙二十年分守金衢严道梁万禩撰《重建星君祠碑文》云:"郡人岁时有献,水旱有祷,捍灾御患,蕃祉隆康,虽数千百年如一日也。"③金华知府张苔表彰曰:"宋景濂(即宋濂)纪星君之遗烈,如卖履食瓜、感梦止杀数事,是其神灵赫变祚国祐民者甚大。故昔为宝婺观,以俎豆之;继则改为星君楼,以崇礼之。"④至晚清,"观中奉祀分野之宝婺星君,捍患御灾,灵迹丕显,郡之人谨祀事焉"⑤。这些记载说明金华的婺女星君信仰自唐宋以来长盛不衰,婺星"祚国祐民"的思想深入人心。

综上所述,婺州之名来自以本地上应婺女星的天文分野说,从而给当地民众普及了这种固定化的天地对应观念,并诞生出婺女星君的民间信仰。在这一过程中,分野学说对人们认知的影响并非通过其原本的星占灾祥功能,而是建立起了特殊的星神崇拜。在自宋代以后星占灾异政治文化日益衰微的背

①据今金华八咏楼保存的道光三十年《重建宝婺观星君楼碑记》。
②据今金华八咏楼保存的光绪二十二年《重建宝婺观八咏楼碑记》。
③《(康熙)金华县志》卷九《艺文上篇》载梁万禩《重建星君祠碑文》,第582页。
④《(康熙)金华县志》卷九《艺文上篇》载张苔《重建星君楼碑记》,第584页。
⑤据今金华八咏楼保存的道光三十年《清理宝婺观租产碑》。

景下,天文分野之说仍长期流行于民间社会,其中一个重要的
社会基础恐怕就是民众的这种星神信仰。

其实,从宋代开始就一直有学者对传统分野说提出各种质
疑和批判(参见本书第五章)。对于婺州专祠婺女星的分野说
依据,有人就曾表示非议:"说者乃谓自南斗十二度至婺女七度
为星纪,吴越之分皆属焉,何独婺之人得专祠婺女乎?"对此宋
濂回应道:"是不然,吴越之分固广,而斗、牛、女之所该亦广,苟
以躔度细推之,郡之墟正上直于婺女尔,星之降祚,焉可诬
也。"①按传统分野说中二十八宿及十二次所对应的地理区域
是很笼统的,并未细化到具体某地对应某星。如《晋书·天文
志》所记分野体系,以斗、牵牛、须女为吴越之分野;若按星次
论,则"自南斗十二度至须女七度为星纪",吴越之分野②。斗、
牛、女三宿及星纪之次所涵盖的天区很广,吴越的地域范围也
很大,凭什么唯独婺人专祠婺女星。宋濂仍欲维护传统分野
说,解释称以星宿躔度推定可知婺州正上应婺女星,天星降福,
不可不信,且又言:"婺女之于兹郡,犹参之于晋阳,辰之于商
丘,固宜祠而祭之。"③此处所引的典故是相传上古高辛氏有二
子,长曰阏伯,迁居于商丘,主祀辰星,后商人因之,故辰为商
星;幼曰实沈,迁居于大夏,主祀参星,后唐人因之,唐灭封晋,

①《芝园后集》卷一○《重建宝婺观碑》,第1667页,标点有改动。
②《晋书》卷一一《天文志上》,第308、310页。
③《芝园后集》卷一○《重建宝婺观碑》,第1667页。

故参为晋星①，据此则婺人专祠婺女星的情况当与之相同。不过后来，金华人郑宗疆写了一篇长文《婺星所舍辩》，详细论证了星占意义上的"分野之说，即星之所应，言之则可，以地验之则不可"，认为传统分野说不可信，然又极力赞同主祀之星说，明言婺郡祠婺星乃"因所主宇而祀之，非有局于分野"②。这种说法实际上是某些明人在已认识到传统分野说荒诞不经的情况下，又试图保存金华本地与婺女星之间的密切联系和星神信仰而做出的一种辩解，后清人又多承袭此说。但无论如何，金华上应婺女星的观念最初来源于天文分野的星土对应之说是毋庸置疑的，由此衍生出祠祀婺女星君的民间信仰，这可谓是分野思想在区域基层社会传播的一种流变形式。即便在明清时期传统分野说本身遭到批判，但这种源自分野的星神崇拜却在民众的精神生活中得以长存。

三、景观：星君楼与八咏楼

如上所述，婺人因其地之分星而崇拜婺女星君，并建庙祠

---

① 《春秋左传正义》卷四一昭公元年（前541），子产曰："昔高辛氏有二子，伯曰阏伯，季曰实沈。……后帝不臧，迁阏伯于商丘，主辰，商人是因，故辰为商星；迁实沈于大夏，主参，唐人是因。……及成王灭唐而封大叔焉，故参为晋星。"（第2023页）据杜预注解，此处"主辰"、"主参"为"主祀"之意。

② 《（万历）金华府志》卷一《星野》载郑宗疆《婺星所舍辩》，第55—60页。

祀,从而营造了一个重要的信仰空间和实体建筑,起初为婺星祠,南宋赐额宝婺观,明代改名为星君楼,这在历代金华城内都是一座十分著名的景观。清人甚至还将星君楼视为婺女星君的化身,金华本地之所以风调雨顺、人杰地灵、商贸繁荣,即有赖于星君楼的显灵赐福,这也是每一位助成楼者的功业,其云:"今者人事告虔,天麻滋至,三时于是乎不害,万宝于是乎岁登,百室于是乎盈宁,人文于是乎蔚起,商贾于是乎辐辏,皆是楼之炳灵,即皆成是楼者之辉映也。"①这就把天、人、楼三者串联在了一起,共同构成民众的信仰世界。因此,我们有必要考察这一建筑景观的变迁,特别是其与当地另一名胜八咏楼的关系,以见星神信仰流行所带来的文化汇聚效应。

前文提到,唐初婺州建婺女星君祠"在郡城西北",吴越国时刺史钱俨将祠迁徙"于子城上西南隅",具体位置是在子城西南的桐树门②。按唐代婺州原本只是一座"周长四里"的小城,至唐昭宗天复三年(903),吴越国王钱镠割据两浙,在小城以外加筑了一圈"周十里"的大城,之前的小城便成为了子城,地处今金华市东南的高阜台地,地势明显高出周边一

---

① 《(康熙)金华县志》卷九《艺文上篇》载王治国《重建星君楼碑记》,第596—597页。
② 《(光绪)金华县志》卷五《建置·寺观》"宝婺观"条,第759—760页。按钱俨迁祠的具体年代有后周显德间和北宋乾德四年(966)两种说法,桐树门在今八咏楼台基下。

截①。此后历宋、元、明、清,金华府城虽屡经修建,但子城范围基本保持不变(见图11-1),婺星祠亦有多次毁建,然其基址未改。

图 11-1　金华古子城范围示意图

(采自蒋金治:《金华子城考》,第 125 页)

　　目前所知,有关婺星祠建筑布局的明确记载最早见于明洪武五年杨道可重建之宝婺观。宋濂《重建宝婺观碑》云:“甓城增址,作正殿五楹间,其南为重阁三间,殿与阁之中构为飞亭,亭之后先联屋以合庭霤。三门旧在阁南,正直通涂,今迁阁东三十步。由门循廊西上,抵玄武神祠,又折而西,始升于阁。三

①郑嘉励:《金华四记》,《考古者说》,广西师范大学出版社,2020 年,第170 页。另参见蒋金治:《金华子城考》,《东方博物》第 51 辑,中国书店,2014 年,第 122—127 页。

门之右，别建玄坛庙，余若斋居宾馆之属，各以次就绪。"①可知明初重建宝婺观在原址上有所增广，南为重阁三间，即奉置婺女星君神像的灵华阁，北为正殿五间，中间有廊屋、飞亭构成庭园。观之山门开三洞，原在阁南正中，今往东挪移三十步，信众入观，需先循廊西上至玄武神祠，然后才能到灵华阁，盖因婺女星为北方玄武七宿之一，故设有玄武神祠。此外，山门另一侧还建有玄坛庙和斋居房舍，规模可观。

明清时期，宝婺观又经数次毁坏复建，其具体的建筑格局大多已不知其详。不过，明万历《金华府志》所载《金华府境界图》（图 11-2）和清康熙《金华府志》所载《金华府治图》（图 11-3）在府城中部均绘有"星君楼"②，尽管二者所画位置并不一致，有所误差，但其图像皆为高耸的重楼，说明其标志性的楼阁建筑相沿不辍。光绪二十一年重建星君楼，有记曰"首正殿，次中庭，次前楼，从而两廊缭垣，以若左近蓉峰书院之属，并于升阶而上"③，显示出清末建造的这座星君楼主体是由前楼、中庭、正殿及两廊垣墙构成，这一建筑格局保存至今，然较之明初当已大幅缩减。

说起金华的星君楼，常常会与八咏楼混为一谈，今人皆未厘

①《芝园后集》卷一〇《重建宝婺观碑》，第 1667 页。
②《（万历）金华府志》卷首《金华府境界图》，第 23—24 页；《（康熙）金华府志》卷首《金华府治图》，第 14 页。
③据今金华八咏楼保存的光绪二十二年《重建宝婺观八咏楼碑记》。

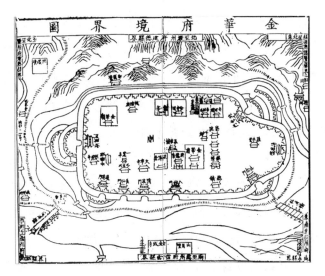

图 11-2 万历《金华府志》所载《金华府境界图》

图 11-3 康熙《金华府志》所载《金华府治图》

清①,那么这两座名楼究竟是如何联系在一起的呢？八咏楼相传是南朝萧齐隆昌元年(494)东阳太守沈约所建,原名玄畅楼,沈约赋诗八篇,题于楼壁间,"时号绝唱"②,广为传颂,至唐代遂改名为八咏楼③,历代文人墨客来此题诗作赋者甚多,可谓当地的文化胜地。此楼不知毁于何时,北宋景祐二年(1035),知州林洙重建。南宋淳熙十四年(1187),郡人唐仲友作《续八咏》诗,序云："郡西楼以八咏名,文高而宇褊,太守参政李公即其东,更创宏敞于旧,目力所及,旷豁几倍。"④据唐氏自述,林洙所建之八咏楼当在婺州城西,殿宇狭小,淳熙十四年时任知州李彦颖在其东边创建新楼,规模数倍于旧,仲友于落成之日登楼观赏,赋诗刻碑⑤。这次迁建的结果很可能是使八咏楼与宝婺观相毗邻,后来宝婺观将八咏楼包纳入其中,连成一个建

---

① 如蒋金治主编《国家级历史文化名城金华历史街区之八咏楼》叙"八咏史话"(西泠印社出版社,2015 年,第 2—4 页),直接将宝婺观(星君楼)的毁建经过当作八咏楼的历史,而未解释两者关系。今有关八咏楼的介绍,径称其即为星君楼,却不明所以。

② 《(万历)金华府志》卷三〇《诗类》"八咏诗"条,第 2137—2149 页。

③ 《(光绪)金华县志》卷五《建置·古迹》"八咏楼"条云："齐隆昌元年沈约为东阳太守,尝登此赋诗,复制八咏。唐时遂易今名。"(第 762 页)按金华地方志另有记载称北宋至道二年(996)知州冯伉易名八咏楼,然八咏楼之名已见于唐人诗作,当非宋时所改,参见严军：《八咏楼考略》,《浙江学刊》1990 年第 5 期,第 123 页。

④ 唐仲友：《悦斋文钞》卷一〇《续八咏并序》,《续修四库全书》影印民国十三年胡氏梦选廎刻《续金华丛书·金华唐氏遗书》本,第 1318 册,第 255 页。

⑤ 《(光绪)金华县志》卷五《建置·古迹》"八咏楼"条云："宋淳熙十四年,知州李彦颖以旧楼褊迫,就东偏重创宏敞,郡人唐仲友续拟八咏序其事,并勒约诗于碑。"(第 762 页)

筑群。嘉定十二年（1219），叶适作《宝婺观记》，开篇谓"观即八咏楼也，道士陈守正职补治，历十年乃具"①，明确说此时宝婺观又被称为八咏楼，可见经过道士陈守正的十年营缮，二者已然合为一体，自此命运相连。至宝祐四年（1256），郡守谢奕修又对宝婺观内的建筑做了"改创"②，郡人王柏作《宝婺新楼赋》云："一念差兮百智穷，八咏八咏兮胡为乎楼中。"③可知当时所建宝婺观中的"新楼"乃是八咏楼。其后，元至元二十六年（1289），方凤游览金华，自述正月十九日"入宝婺观，谒星祠，登八咏楼"④，亦可证星君祠与八咏楼二者当同属宝婺观。

在元代，宝婺观两度被毁。明洪武五年重建宝婺观"前殿灵华宝阁，东建玉皇阁"⑤。宋濂撰《重建宝婺观碑》提到观"三门之右，别建玄坛庙"，这很可能就是"玉皇阁"，盖此殿起初本欲为供奉赵公明的玄坛庙，后改成玉皇阁。据说玉皇阁其地就是八咏楼的"故址"⑥，万历《金华府志》称八咏楼"近改为星君

①《叶适集》卷一一《宝婺观记》，第193页。该记撰作年代参见周梦江：《叶适年谱》，浙江古籍出版社，2006年，第155页。
②方凤：《金华洞天行纪》卷上，顾宏义、李文整理标校：《金元日记丛编》，上海书店出版社，2013年，第155页。
③王柏：《鲁斋王文宪公文集》卷一《宝婺新楼赋》，国家图书馆藏明正统刻本，叶2a。按王柏此赋当作于宝祐四年宝婺观"改创"之时，参见刘碧波、李炜、雷雨豪：《中国辞赋编年史·宋代卷》，山东大学出版社，2019年，第426页。
④方凤：《金华洞天行纪》卷上，第155页。
⑤《（康熙）金华府志》卷二四《寺观》"宝婺观"条，第369页。
⑥《（光绪）金华县志》卷五《建置·古迹》"八咏楼"条，第762页。

楼之玉皇阁，道士移其扁八咏门城楼上"①。此处所谓"近"当指洪武初，玉皇阁乃是宝婺观（万历中更名星君楼）的附属建筑，观中道士将原八咏楼的匾额移置于临近的金华外城八咏门城楼上，观主杨道可还曾编辑过一部《八咏楼诗纪》三卷，宋濂作序②。可知明初虽未恢复八咏楼的景观，但人们应该知晓宝婺观与八咏楼之间的联系。

万历二十三年至二十六年卢奇任金华知府期间，"郡守卢公复取休文遗咏，刻石于祠星君之后阁，此八咏之流芳于婺观，其约略可概见焉"③。卢奇将沈约（字休文）的八咏诗刻石，置于星君楼后阁之内，从而使八咏文脉得以赓续，自此星君楼与八咏楼便开始纠缠在一起，给人以星君楼亦即八咏楼的印象。历经明清鼎革之兵燹，顺治年间知府夏之中重建星君楼，其建筑格局想必与明代不同，后康熙二十年知府张荩修缮时，"又重建八咏，附其内，有碑记"④。这里所谓"重建"不是指另建一座八咏楼，而是因"卢公向刻沈公之八咏，亦皆碑残磢落，豕亥难凭"⑤，故于星君楼内重刻沈约八咏诗碑。在清代，金华人常以

---

① 《（万历）金华府志》卷二四《古迹》"八咏楼"条，第 1768 页。
② 《（道光）金华县志》卷一一《艺文志·集部》，第 19 页。
③ 《（康熙）金华县志》卷九《艺文上篇》载王治国《重建星君楼碑记》，第 593 页。
④ 《（康熙）金华府志》卷二四《寺观》"宝婺观"条，第 369 页。
⑤ 《（康熙）金华县志》卷九《艺文上篇》载王治国《重建星君楼碑记》，第 593 页。

星君楼(或宝婺观)与八咏楼连称,在记叙建楼沿革时也往往会掺杂两楼的历史,不加区分。如道光三十年《重建宝婺观星君楼碑记》,碑文首行题名为"重建宝婺观八咏楼记",正文主要叙述的是八咏风韵;光绪二十二年的重建碑,碑额即题作"重建宝婺观八咏楼碑记"。久而久之,人们就彻底混淆了星君楼和八咏楼之间的历史因缘,以为自建楼之始便是一楼两名。不过,其主体性质还是宗教寺观,晚清时复其旧名宝婺观,并建立董事会管理其观田租产①。但进入民国以后,或因随着科学知识的普及,婺女星君信仰逐渐消亡,星君楼的社会影响大大降低,而八咏遗韵仍名扬乡里,于是这座名楼便正式换上了八咏楼的牌匾,今已看不到任何星神崇拜元素。

婺星祠(或称宝婺观、星君楼)是金华地区婺女星君崇拜的物理空间和实体象征,历代修建具有鲜明的景观效应,有助于信仰传播,并且使得本地上应天星的分野说在民众中更加根深蒂固。而且有趣的是,金华本地的另一代表性文化景观八咏楼在南宋逐渐与宝婺观合为一体,体现出婺女星君信仰广泛流行所产生的文化汇聚效应,至明清时期八咏文脉的存续竟然依托于星君楼,同时也使星君楼成为当地人文荟萃之所,最终八咏楼又"喧宾夺主",取星君楼名而代之。

---

① 据今金华八咏楼保存的道光三十年《清理宝婺观租产碑》。至民国初年,宝婺观仍有田产,被称为"神会公产"(《照会城区董事会清查宝婺观公产酌助修齐女校文》,《金华县公报》第 1 卷第 11 期,1912 年,第 6—7 页)。

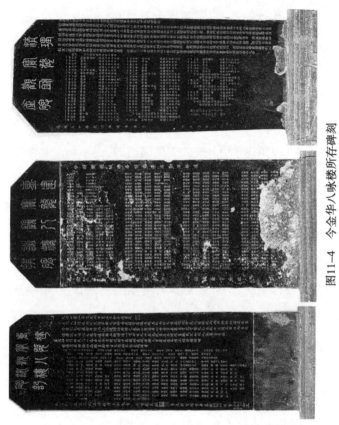

图11-4　今金华八咏楼所存碑刻

（邱靖嘉拍摄）

结　语

通过考察金华的区域文化史我们知道,金华古称婺州,乃因其地上应婺女星的天文分野说而得名。这一星土对应关系的流传催生出了婺女星君庇佑婺城生灵的星神崇拜,当地民众立祠供奉,历代官民兴修营建,出现了像宝婺观、星君楼这样的地标景观,甚至还将本地另一文化名胜八咏楼包纳其中,深刻影响了人们的知识、思想与信仰。依托于这一婺女星君信仰及其建筑景观载体,金华地区逐渐形成了浓厚的"宝婺"文化传统和鲜明的地方特色,如清代便称金华书生为"宝婺生"[1],直至今日当地民众仍寄予着宝婺星辉祐金华的美好祝愿。

其实,这种由分野学说衍生出来的天地认知和星神信仰在地方社会广泛存在,具有一定的普遍性,并非只有金华一例。又如浙江丽水,南北朝时为永嘉郡,隋开皇九年平陈,改置处州,十二年又改曰括州,至唐大历十四年(779)因避唐德宗讳,又回改为处州[2]。据传处州之得名乃因"适处士星见分

---

[1] 张潮辑:《虞初新志》卷九陆次云《宝婺生传》,上海书店,1986年,第134—135页。

[2]《隋书》卷三一《地理志下》,中华书局,2011年,第879页;李吉甫:《元和郡县图志》卷二六《江南道二》处州,贺次君点校,中华书局,1983年,第623—624页。

野"①,意谓隋平陈时恰有处士星（即少微星）见于永嘉所属之天文分野②,遂改名处州。后来当地人便建有"应星桥"③,久之又在桥上建楼名曰"应星楼"。南宋叶宗鲁撰《处州应星楼记》叙其原委云："在昔有隋处士星,因置处州,然则吾州素号多士,衣冠文物之盛,得非星分之应耶！州治东南三百余步有应星桥,会城郭之水尾间□下归于大溪。桥之西隅居民屋坏,每遇溪流□涨,必为冲浸。嘉祐间,郡守崔公愈始作石堤以捍水患,就桥立屋。时迁岁久,雨剥风颓,庳陋不耸,无以壮水□之势,士民金以为言。岁在丁卯（开禧三年）七月初吉,郡守寺丞王公庭芝撤旧图新,敞以高楼,载揭扁榜,因以名之。"④尽管处州并非直接得名于其所对应的星宿,而因处士星见于其地之分野,但仍蕴含着天文分野思想,这从"应星桥"之名即可窥知,人们亦将处州"多士"视为"星分之应"。北宋嘉祐中在桥上立屋,

①邵博:《邵氏闻见后录》卷二六,李剑雄、刘德权点校,中华书局,1983 年,第206 页。按邵氏误将此事系于唐德宗改名处州时,曹学佺编纂《大明一统名胜志·浙江省》卷八处州府谓"隋开皇九年,处士星见于分野,因置处州"（《四库全书存目丛书》影印明崇祯三年刻本,齐鲁书社,1996 年,史部第 169册,第 150 页）,当是。
②按后世皆以处州为斗宿分野,如刘宣等纂修:《（成化）处州府志》卷一《分野》,《域外汉籍珍本文库》第 3 辑影印明成化二十二年刊本,西南师范大学出版社、人民出版社,2012 年,史部第 21 册,第 86 页。
③叶廷珪:《海录碎事》卷三下《地部上·桥道门》"应星桥"条云:"隋时,因处士星现,改州为处州。今在城有应星桥,盖本于此。"（李之亮点校,中华书局,2002 年,第 108 页）按此括述有所错乱,"改州为处州"并非"隋时"。
④阮元:《两浙金石志》卷一一《处州应星楼记》,第 254 页。

至南宋开禧三年又改建高楼，因桥为名，"以祠星君"，是由于分野之说而成地理景观，引得民众奉祀。此外，北宋时山西汾州有"毕宿庙"，乃因"毕八星为天纲，赵地，冀州之域，分野所在"[1]，故建庙祠祀。扬州有"斗野亭"，原"在邵伯镇梵行院之侧，熙宁二年（1069）建，按《舆地志》扬州于天文属斗分野，发运司元居中名。绍兴元年（1131），郑兴裔更造于州城迎恩桥南"[2]。这些例子说明我们对于天文分野思想流变的考察应该"眼光向下"，追寻分野说对不同地方民众日常生活和思想世界的广泛影响。由此可深入观察分野说在民间区域基层社会的传播和流变，探究"分星、地舆与人事"的现实关联与深层互动。

---

[1] 胡聘之：《山右石刻丛编》卷二二收录金泰和元年许安仁撰《汾州西河县毕宿庙记》引《汾州图经》，《续修四库全书》影印清光绪二十七年刻本，第907册，第517页。

[2] 朱怀幹、盛仪纂修：《（嘉靖）惟扬志》卷七《公署志》，叶24a。

主要征引文献

一、史料文献

〔汉〕司马迁:《史记》,北京:中华书局,1982 年。

〔汉〕班固:《汉书》,北京:中华书局,2009 年;影印乾隆四年武英殿本,上海:上海古籍出版社、上海书店,1986 年。

〔汉〕荀悦、〔东晋〕袁宏:《两汉纪》,张烈点校,北京:中华书局,2002 年。

〔汉〕郑玄注,〔唐〕贾公彦疏:《周礼注疏》,〔清〕阮元校刻《十三经注疏》本,北京:中华书局,1982 年。

〔汉〕孔安国注,〔唐〕孔颖达疏:《尚书正义》,〔清〕阮元校刻《十三经注疏》本,北京:中华书局,1982 年。

〔汉〕刘熙撰,〔清〕毕沅疏证,〔清〕王先谦补:《释名疏证补》,祝敏彻、孙玉文点校,北京:中华书局,2008 年。

〔魏〕王弼注，〔唐〕孔颖达疏：《周易正义》，〔清〕阮元校刻《十三经注疏》本，北京：中华书局，1982年。

〔晋〕陈寿撰，〔南朝宋〕裴松之注：《三国志》，北京：中华书局，2004年。

〔晋〕杜预注，〔唐〕孔颖达疏：《春秋左传正义》，〔清〕阮元校刻《十三经注疏》本，北京：中华书局，1982年。

〔晋〕郭璞注，〔宋〕邢昺疏：《尔雅注疏》，〔清〕阮元校刻《十三经注疏》本，北京：中华书局，1982年。

〔晋〕王嘉撰，〔南朝梁〕萧绮录，齐治平校注：《拾遗记》，北京：中华书局，1981年。

〔南朝宋〕范晔：《后汉书》，北京：中华书局，1973年。

〔南朝宋〕郑缉之原纂，〔清〕胡宗楙辑：《东阳记拾遗》，《浙江图书馆藏稀见方志丛刊》影印民国二十一年永康胡氏梦选楼刻本，北京：国家图书馆出版社，2011年，第39册。

〔南朝梁〕沈约：《宋书》，北京：中华书局，1974年。

〔南朝梁〕萧子显：《南齐书》，北京：中华书局，1974年。

〔南朝梁〕萧统编，〔唐〕李善注：《文选》，上海：上海古籍出版社，1986年。

〔南朝陈〕徐陵编，〔清〕吴兆宜注：《玉台新咏》，上海：上海书店，1988年。

〔北魏〕崔鸿：《十六国春秋》，明万历三十七年屠氏兰晖堂刻本（一百卷本）；明万历二十年何允中刊《广汉魏丛书》本（十六卷本)。

〔北齐〕魏收:《魏书》,北京:中华书局,1974 年。

〔北周〕庾季才原撰,〔宋〕王安礼等重修:《灵台秘苑》,影印文渊阁《四库全书》本,台北:台湾商务印书馆,1986 年,第807 册。

〔隋〕王通撰,〔唐〕薛收传,〔宋〕阮逸注:《元经》,影印文渊阁《四库全书》本,台北:台湾商务印书馆,1986 年,第 303 册。

〔隋〕杜公瞻:《编珠》,清康熙三十七年刻本。

〔唐〕欧阳询:《艺文类聚》,上海:上海古籍出版社,2010 年。

〔唐〕房玄龄等:《晋书》,北京:中华书局,1974 年。

〔唐〕姚思廉:《梁书》,北京:中华书局,1973 年。

〔唐〕姚思廉:《陈书》,北京:中华书局,1972 年。

〔唐〕李百药:《北齐书》,北京:中华书局,1972 年。

〔唐〕令狐德棻等:《周书》,北京:中华书局,1974 年。

〔唐〕魏徵等:《隋书》,北京:中华书局,2011 年。

〔唐〕李延寿:《南史》,北京:中华书局,1975 年。

〔唐〕李延寿:《北史》,北京:中华书局,1974 年。

〔唐〕温大雅:《大唐创业起居注》,李季平、李锡厚点校,上海:上海古籍出版社,1983 年。

〔唐〕李淳风:《乙巳占》,清光绪二年陆心源校刻《十万卷楼丛书》本;《续修四库全书》影印天津图书馆藏九卷清抄本,上海:上海古籍出版社,2002 年,第 1049 册;国家图书馆藏三卷清嘉庆二十四年东武镏氏嘉荫簃抄本（典藏号 10114）、七卷明抄本（典藏号 A01460）、九卷清抄本（典藏号 06846）；北京大学图书馆藏十卷明抄本（典藏号 LSB/1764）；上海图书馆藏十卷清初抄本（典藏号 788698-700）。

〔唐〕李淳风：《玉历通政经》，《北京图书馆古籍珍本丛刊》影印明《天文汇抄十一种》本，北京：书目文献出版社，1998 年。

〔唐〕旧题李淳风：《观象玩占》，《续修四库全书》影印明抄本，上海：上海古籍出版社，2002 年，第 1049 册。

〔唐〕萨守真：《天地瑞祥志》，高柯立选编：《稀见唐代天文史料三种》，北京：国家图书馆出版社，2011 年。

〔唐〕李凤：《天文要录》，高柯立选编：《稀见唐代天文史料三种》，北京：国家图书馆出版社，2011 年。

〔唐〕徐坚：《初学记》，北京：中华书局，1962 年。

〔唐〕贾嵩：《华阳陶隐居内传》，《续修四库全书》影印明正统《道藏》本，上海：上海古籍出版社，2002 年，第 1294 册。

〔唐〕李林甫等：《唐六典》，陈仲夫点校，北京：中华书局，1992 年。

〔唐〕瞿昙悉达：《开元占经》，清末恒德堂刻本；影印文渊阁《四库全书》本，台北：台湾商务印书馆，1986 年，第 807 册；薄树人主编：《中国科学技术典籍通汇·天文卷》影印明大德堂抄本，第 5 分册，开封：河南教育出版社，1993 年；影印文津阁《四库全书》本，北京：商务印书馆，2010 年。

〔唐〕李白：《李太白文集》，上海：商务印书馆，1930 年。

〔唐〕刘禹锡:《刘禹锡集》,上海:上海人民出版社,1975 年。

〔唐〕濮阳夏:《谯子五行志》,《续修四库全书》影印明抄本,上海:上海古籍出版社,2002 年,第 1049 册。

〔唐〕旧题王希明:《太乙金镜式经》,影印文渊阁《四库全书》本,台北:台湾商务印书馆,1986 年,第 810 册。

〔唐〕杜佑:《通典》,王文锦等点校,北京:中华书局,1992 年。

〔唐〕李吉甫:《元和郡县图志》,贺次君点校,北京:中华书局,1983 年。

〔唐〕吕温:《吕和叔文集》,《四部丛刊初编》影印述古堂景宋钞本,上海:商务印书馆,1922 年。

〔唐〕姚汝能:《安禄山事迹》,曾贻芬点校,上海:上海古籍出版社,1983 年。

〔唐〕陆广微:《吴地记》,曹林娣校注,南京:江苏古籍出版社,1999 年。

〔后晋〕刘昫等:《旧唐书》,北京:中华书局,1975 年;影印乾隆武英殿本,上海:上海古籍出版社、上海书店,1986 年。

〔宋〕王溥:《唐会要》,北京:中华书局,2017 年。

〔宋〕乐史:《太平寰宇记》,王文楚等点校,北京:中华书局,2007 年。

〔宋〕王钦若等编:《册府元龟》,北京:中华书局,1982 年;《宋本〈册府元龟〉》,北京:中华书局,1989 年。

〔宋〕李昉等编:《文苑英华》,北京:中华书局,1982 年。

〔宋〕李昉等编：《太平御览》，北京：中华书局，1995 年。

〔宋〕石介：《徂徕石先生全集》，陈植锷点校，北京：中华书局，
1984 年。

〔宋〕陈祥道：《礼书》，《中华再造善本》影印元至正七年福州路
儒学刻明修本，北京：北京图书馆出版社，2006 年。

〔宋〕杨惟德：《景祐太乙福应经》，《续修四库全书》影印明谈剑
山居抄本，上海：上海古籍出版社，2002 年，第 1061 册。

〔宋〕欧阳修：《新唐书》，北京：中华书局，1975 年。

〔宋〕欧阳修：《新五代史》，北京：中华书局，1974 年。

〔宋〕司马光编，〔元〕胡三省注：《资治通鉴》，北京：中华书局，
1976 年。

〔宋〕苏颂：《新仪象法要》，《守山阁丛书》本。

〔宋〕沈括：《梦溪笔谈》，胡道静：《梦溪笔谈校证》，北京：古典
文学出版社，1957 年。

〔宋〕税安礼：《宋本历代地理指掌图》，上海：上海古籍出版社，
1989 年。

〔宋〕税安礼：《历代地理指掌图》，《四库全书存目丛书》影印中
国科学院图书馆藏明刻本，济南：齐鲁书社，1996 年，史部第
166 册。

〔宋〕李季：《乾象通鉴》，《续修四库全书》影印明抄本，上海：上
海古籍出版社，2002 年，第 1050、1051 册。

〔宋〕洪迈：《容斋随笔》，孔凡礼点校，北京：中华书局，2009 年。

〔宋〕郑樵:《通志》,北京:中华书局,1987年。

〔宋〕叶梦得:《春秋左传谳》,台北:台湾商务印书馆影印文渊阁《四库全书》本,1986年,第149册。

〔宋〕邵博:《邵氏闻见后录》,李剑雄、刘德权点校,北京:中华书局,1983年。

〔宋〕毛晃:《禹贡指南》,台北:台湾商务印书馆影印文渊阁《四库全书》本,1986年,第56册。

〔宋〕李心传:《建炎以来系年要录》,胡坤点校,北京:中华书局,2013年。

〔宋〕陈藻:《乐轩集》,台北:台湾商务印书馆影印文渊阁《四库全书》本,1986年,第1152册。

〔宋〕胡宏:《皇王大纪》,台北:台湾商务印书馆影印文渊阁《四库全书》本,1986年,第313册。

〔宋〕王灼:《颐堂先生文集》,《续修四库全书》影印宋乾道八年王抚幹宅刻本,上海:上海古籍出版社,2002年,第1317册。

〔宋〕洪兴祖:《楚辞补注》,白化文等点校,北京:中华书局,1983年。

〔宋〕吕祖谦:《吕祖谦全集》,黄灵庚、吴战垒主编,杭州:浙江古籍出版社,2008年。

〔宋〕罗泌:《路史》,《四部备要》本,上海:中华书局,1936年。

〔宋〕周淙纂修:《(乾道)临安志》,《宋元方志丛刊》影印清光绪七年《武林掌故丛编》本,北京:中华书局,1990年。

〔宋〕陈公亮纂修:《(淳熙)严州图经》,《宋元方志丛刊》影印清
　　光绪二十二年《渐西村居汇刊》本,北京:中华书局,1990 年。

〔宋〕叶廷珪:《海录碎事》,李之亮点校,北京:中华书局,2002 年。

〔宋〕唐仲友:《帝王经世图谱》,《北京图书馆古籍珍本丛刊》影
　　印宋刻本,北京:书目文献出版社,1988 年,第 76 册。

〔宋〕唐仲友:《悦斋文钞》,《续修四库全书》影印民国十三年胡
　　氏梦选廔刻《续金华丛书·金华唐氏遗书》本,上海:上海古
　　籍出版社,2002 年,第 1318 册。

〔宋〕魏了翁:《重校鹤山先生大全文集》,《宋集珍本丛刊》影印
　　明嘉靖二年铜活字印本,北京:线装书局,2004 年,第 76 册。

〔宋〕王象之:《舆地纪胜》,李勇先点校,成都:四川大学出版
　　社,2005 年;赵一生点校,杭州:浙江古籍出版社,2013 年。

〔宋〕潘自牧:《记纂渊海》,《北京图书馆古籍珍本丛刊》影印宋
　　刻本,北京:书目文献出版社,1998 年。

〔宋〕林希逸:《竹溪鬳斋十一藁续集》,《宋集珍本丛刊》影印清
　　钞本,北京:线装书局,2004 年,第 83 册。

〔宋〕谈钥:《(嘉泰)吴兴志》,《宋元方志丛刊》影印民国三年
　　《吴兴丛书》本,北京:中华书局,1990 年。

〔宋〕叶适:《习学记言序目》,北京:中华书局,2009 年。

〔宋〕叶适:《叶适集》,刘公纯、王孝鱼、李哲夫点校,北京:中华
　　书局,2010 年。

〔宋〕叶时:《礼经会元》,《通志堂经解》本,扬州:广陵书社,

2007 年。

〔宋〕陈振孙:《直斋书录解题》,徐小蛮、顾美华点校,上海:上海古籍出版社,2006 年。

〔宋〕黎靖德编:《朱子语类》,王星贤点校,北京:中华书局,1986 年。

〔宋〕旧题莆阳二郑先生:《六经雅言图辨》,北京师范大学图书馆藏清抄本。

〔宋〕旧题郑樵:《六经奥论》,台北:台湾商务印书馆影印文渊阁《四库全书》本,1986 年,第 184 册;《通志堂经解》本,扬州:广陵书社,2007 年,第 16 册。

〔宋〕章如愚:《群书考索》,扬州:广陵书社影印明正德刘洪慎独斋刻本,2008 年。

〔宋〕王应麟:《通鉴地理通释》,《丛书集成初编》本,北京:中华书局,1985 年。

〔宋〕王应麟:《玉海》,扬州:广陵书社影印清光绪九年浙江书局刊本,2007 年。

〔宋〕王应麟:《汉艺文志考证》,张三夕、杨毅点校,北京:中华书局,2011 年。

〔宋〕王应麟:《六经天文编》,《丛书集成初编》本,北京:中华书局,1985 年。

〔宋〕王应麟:《小学绀珠》,北京:中华书局影印《津逮秘书》本,1987 年。

〔宋〕鲍云龙：《天原发微》，明正统《道藏》本，台北：艺文印书
馆，1977 年，第 46 册。

〔宋〕周密：《癸辛杂识》，吴企明点校，北京：中华书局，1988 年。

〔宋〕沈作宾修，〔宋〕施宿等纂：《（嘉泰）会稽志》，《宋元方志
丛刊》影印清嘉庆十三年刻本，北京：中华书局，1990 年，第
7 册。

〔宋〕祝穆撰，〔宋〕祝洙增订：《方舆胜览》，施和金点校，北京：
中华书局，2003 年。

〔宋〕潜说友纂修：《（咸淳）临安志》，《宋元方志丛刊》影印清
道光十年钱塘汪氏振绮堂刊本，北京：中华书局，1990 年，第
4 册。

〔宋〕佚名：《锦绣万花谷》，《北京图书馆古籍珍本丛刊》影印宋
刻本，北京：书目文献出版社，1998 年，第 73 册。

〔元〕陈元靓：《事林广记》，北京：中华书局影印元后至元年郑
氏积诚堂本，1999 年。

〔元〕马端临：《文献通考》，北京：中华书局，1986 年。

〔元〕王恽：《玉堂嘉话》，杨晓春点校，北京：中华书局，2006 年。

〔元〕晓山老人：《太乙统宗宝鉴》，《续修四库全书》影印明抄
本，上海：上海古籍出版社，2002 年，第 1061 册。

〔元〕黄镇成：《尚书通考》，《通志堂经解》本，扬州：广陵书社，
2007 年。

〔元〕脱脱等：《宋史》，北京：中华书局，1977 年。

〔元〕苏伯衡:《苏平仲文集》,《四部丛刊初编》影印明正统七年刊本,上海:商务印书馆,1922年。

〔元〕陶宗仪编:《说郛》,《说郛三种》影印涵芬楼本及宛委山堂本,上海:上海古籍出版社,1988年。

〔元〕方回:《桐江续集》,台北:台湾商务印书馆影印文渊阁《四库全书》本,1986年,第1193册。

〔元〕孛兰肹等撰:《元一统志》,赵万里校辑,北京:中华书局,1966年。

〔元〕王冕:《王冕集》,寿勤泽点校,杭州:浙江古籍出版社,2012年。

〔明〕刘基:《大明清类天文分野之书》,《续修四库全书》影印明刻本,上海:上海古籍出版社,2002年,第585册。

〔明〕刘璲:《自怡集》,台北:台湾商务印书馆影印文渊阁《四库全书》本,1986年,第1233册。

〔明〕程敏政:《篁墩程先生文集》,明正德二年刻本。

〔明〕李贤等修:《明一统志》,西安:三秦出版社影印明天顺五年刻本,1990年。

〔明〕顾清:《东江家藏集》,台北:台湾商务印书馆影印文渊阁《四库全书》本,1986年,第1261册。

〔明〕李文凤:《越峤书》,《四库全书存目丛书》影印明蓝格钞本,济南:齐鲁书社,1996年,史部第163册。

〔明〕湛若水:《甘泉先生文集》,北京大学图书馆藏明嘉靖十五年刊本。

〔明〕陈侃:《使琉球录》,《续修四库全书》影印明嘉靖刻本,上海:上海古籍出版社,2002 年,第 742 册。

〔明〕陆深:《俨山外集》,明嘉靖二十四年刻本。

〔明〕杨慎:《丹铅总录》,明嘉靖三十三年刻本。

〔明〕叶春及:《石洞集》,台北:台湾商务印书馆影印文渊阁《四库全书》本,1986 年,第 1286 册。

〔明〕莫旦:《大明一统赋》,《四库禁毁书丛刊》影印明嘉靖郑普刻本,北京:北京出版社,2000 年,史部第 21 册。

〔明〕陈洪谟纂修:《(嘉靖)常德府志》,《天一阁藏明代方志选刊》影印明嘉靖刻本,上海:上海古籍书店,1982 年,第 56 册。

〔明〕杨宗甫纂:《(嘉靖)惠州府志》,《天一阁明代方志选刊》影印明嘉靖三十五年刻本,上海:上海古籍出版社,1982 年,第 62 册。

〔明〕刘节纂修:《(嘉靖)南安府志》,《天一阁藏明代方志选刊续编》影印本,上海:上海书店,1990 年,第 50 册。

〔明〕沈节甫:《纪录汇编》,《中国文献珍本丛刊》影印明万历四十五年阳羡陈于廷刻本,北京:全国图书馆文献缩微复制中心,1994 年。

〔明〕王世贞:《弇州山人四部稿》,台北:伟文图书出版社有限公司影印明万历刻本,1976 年。

〔明〕王慎中:《遵岩集》,明隆庆五年邵廉刻本。

〔明〕孙承恩:《文简集》,台北:台湾商务印书馆影印文渊阁《四库全书》本,1986年,第1271册。

〔明〕胡献忠:《天文秘略》,《四库全书存目丛书》影印清初抄本,济南:齐鲁书社,1995年,子部第60册。

〔明〕万民英:《三命通会》,台北:台湾商务印书馆影印文渊阁《四库全书》本,1986年,第810册。

〔明〕熊大木编:《全汉志传》,《古本小说集成》第2辑影印清宝华楼覆刻明三台馆刊本,上海:上海古籍出版社,2017年。

〔明〕佚名:《两汉开国中兴传志》,《古本小说丛刊》第2辑影印明万历三十三年西清堂詹秀闽刊本,北京:中华书局,1990年。

〔明〕邢云路:《古今律历考》,明万历三十六年刻本。

〔明〕王邦直:《律吕正声》,《四库全书存目丛书》影印明万历三十六年黄作孚刻本,济南:齐鲁书社,1997年,经部第183册。

〔明〕章潢:《图书编》,明万历四十一年涂镜源刻本。

〔明〕郎瑛:《七修续稿》,《续修四库全书》影印明刻本,上海:上海古籍出版社,2002年,第1123册。

〔明〕谢肇淛:《五杂组》,《续修四库全书》影印明万历四十四年潘膺祉如韦馆刻本,上海:上海古籍出版社,2002年,第1130册。

〔明〕佚名:《朝鲜史略》,《丛书集成续编》影印明万历刻本,台北:新文丰出版公司,1985年。

〔明〕张瀚:《松窗梦语》,盛冬铃点校,北京:中华书局,1997年。

〔明〕陶珽编：《说郛续》，《说郛三种》影印明刻本，上海：上海古籍出版社，1988 年。

〔明〕王鸣鹤：《登坛必究》，《四库禁毁书丛刊》影印明万历刻本，北京：北京出版社，2000 年，子部第 34 册。

〔明〕潘光祖：《汇辑舆图备考全书》，《四库禁毁书丛刊》影印清顺治刻本，北京：北京出版社，2000 年，史部第 21 册。

〔明〕萧良幹、张元忭等纂修：《（万历）绍兴府志》，《四库全书存目丛书》影印明万历刻本，济南：齐鲁书社，1996 年，史部第 200 册。

〔明〕王懋德、陆凤仪等纂修：《（万历）金华府志》，《中国方志丛书》华中地方第 498 号影印明万历六年刊本，台北：成文出版社有限公司，1983 年。

〔明〕周述学：《神道大编象宗华天五星》，《续修四库全书》影印明抄本，上海：上海古籍出版社，2002 年，第 1031 册。

〔明〕吴国辅、沈定之：《今古舆地图》，《四库全书存目丛书》影印明崇祯十六年刻朱墨套印本，济南：齐鲁书社，1996 年，史部第 170 册。

〔明〕黄道时：《天文三十六全图》，《续修四库全书》影印明崇祯十一年彩绘本，上海：上海古籍出版社，2002 年，第 1031 册。

〔明〕汪三益：《参筹秘书》，《续修四库全书》影印明崇祯十二年杨廷枢刻本，上海：上海古籍出版社，2002 年，第 1051 册。

〔明〕黄道周：《洪范明义》，明崇祯十六年刊本。

〔明〕张汝璧:《天官图》,《续修四库全书》影印咸丰三年来宪伊抄本,上海:上海古籍出版社,2002 年,第 1031 册。

〔明〕王英明:《历体略》,清顺治刻本。

〔明〕董说:《丰草庵文集》,《清代诗文集汇编》影印清顺治刻本,上海:上海古籍出版社,2010 年,第 71 册。

〔明〕李自滋、刘万春纂:《(崇祯)泰州志》,《四库全书存目丛书》影印明崇祯六年刻本,济南:齐鲁书社,1996 年,史部第 210 册。

〔明〕钱谦益:《绛云楼书目》,《续修四库全书》影印清嘉庆二十五年刘氏味经书屋抄本,上海:上海古籍出版社,2002 年,第 920 册。

〔明〕宋濂:《宋濂全集》,吴宏定点校,杭州:浙江古籍出版社,2014 年。

〔明〕彭泽、汪舜民纂修:《(弘治)徽州府志》,《天一阁藏明代方志选刊》影印明弘治刻本,上海:上海古籍书店,1982 年,第 21 册。

〔明〕吴宗器纂修,〔明〕杨鹄重修:《(正德)莘县志》,《天一阁藏明代方志选刊》影印明正德原刻、嘉靖增刻本,上海:上海古籍书店,1982 年。

〔明〕毛凤韶修,〔明〕王庭兰校:《(嘉靖)浦江志略》,《天一阁藏明代方志选刊》影印明嘉靖刻本,上海:上海古籍书店,1982 年,第 19 册。

〔明〕朱怀幹、盛仪纂修：《（嘉靖）惟扬志》，《天一阁藏明代方志选刊》影印明嘉靖残本，上海：上海古籍书店，1982 年，第 14 册。

〔明〕徐三友校：《新锲全补天下四民利用便观五车拔锦》，《明代通俗日用类书集刊》影印明万历二十五年书林闽建云斋刊本，重庆：西南师范大学出版社、北京：东方出版社，2012 年，第 5 册。

〔明〕余象斗编：《新刻天下四民便览三台万用正宗》，《明代通俗日用类书集刊》影印明万历二十七年余氏双峰堂刻本，重庆：西南师范大学出版社、北京：东方出版社，2012 年，第 6 册。

〔明〕龙阳子编：《鼎锓崇文阁汇纂士民万用正宗不求人全编》，《明代通俗日用类书集刊》影印明万历三十五年潭阳余文台刊本，重庆：西南师范大学出版社、北京：东方出版社，2012 年，第 9 册。

〔明〕佚名：《鼎锓龙头一览学海不求人》，《明代通俗日用类书集刊》明刊本，重庆：西南师范大学出版社、北京：东方出版社，2012 年，第 14 册。

〔清〕顾祖禹：《读史方舆纪要》，贺次君、施和金点校，北京：中华书局，2005 年。

〔清〕董以宁：《正谊堂文集》，《四库未收书辑刊》第 7 辑影印清康熙书林兰荪堂刻本，北京：北京出版社，2000 年，第 24 册。

〔清〕陆世仪:《分野说》,《丛书集成三编》影印清光绪二十五年刻《陆桴亭先生遗书》本,台北:新文丰出版公司,1997年,第29册。

〔清〕朱奇龄:《拙斋集》,《四库全书存目丛书》影印清康熙间介堂刻本,济南:齐鲁书社,1997年,集部第251册。

〔清〕游艺:《天经或问》,北京大学图书馆藏日本享保十五年翻刻本。

〔清〕方以智:《通雅》,《方以智全书》,上海:上海古籍出版社,1988年。

〔清〕张永祚:《天象源委》,《续修四库全书》影印清乾隆抄本,上海:上海古籍出版社,2002年,第1034册。

〔清〕陆陇:《三鱼堂賸言》,《丛书集成续编》影印清光绪四年秀水孙氏望云仙馆刻《橋李遗书》本,台北:新文丰出版公司,1989年,第42册。

〔清〕毛奇龄:《经问》,影印阮元编《皇清经解》本,南京:凤凰出版社,2005年。

〔清〕徐乾学:《传是楼书目》,《续修四库全书》影印清道光八年刘氏味经书屋抄本,上海:上海古籍出版社,2002年,第920册。

〔清〕钱曾:《钱遵王述古堂藏书目录》,《续修四库全书》影印清钱氏述古堂抄本,上海:上海古籍出版社,2002年,第920册。

〔清〕钱曾:《读书敏求记》,《四库全书存目丛书》影印清雍正四年赵孟升松雪斋刻本,济南:齐鲁书社,1996 年,史部第 277 册。

〔清〕毛扆:《汲古阁珍藏秘本书目》,《续修四库全书》影印清嘉庆五年黄氏士礼居刻本,上海:上海古籍出版社,2002 年,第920 册。

〔清〕钱澄之:《田间文集》,《续修四库全书》影印清康熙刻本,上海:上海古籍出版社,2002 年,第 1401 册。

〔清〕阮葵生:《茶馀客话》,北京:中华书局,1960 年。

〔清〕梅文鼎:《勿庵历算书目》,《丛书集成初编》本,北京:中华书局,1985 年。

〔清〕江永:《周礼疑义举要》,《守山阁丛书》本。

〔清〕徐发:《天元历理全书》,《续修四库全书》影印清康熙刻本,上海:上海古籍出版社,2002 年,第 1032 册。

〔清〕王棠:《燕在阁知新录》,《四库全书存目丛书》影印清康熙五十六年刻本,济南:齐鲁书社,1995 年,子部第 100 册。

〔清〕朱彝尊:《曝书亭集》,《四部丛刊初编》影印清康熙原刊本,上海:商务印书馆,1922 年。

〔清〕李光地:《榕村全集》,北京大学图书馆藏清乾隆元年刻本。

〔清〕徐文靖:《天下山河两戒考》,《四库全书存目丛书》影印清雍正元年刻本,济南:齐鲁书社,1996 年,史部第 173 册。

〔清〕朱逢甲:《高丽论略》,光绪十七年上海著易堂《小方壶斋舆地丛钞》本。

〔清〕张廷玉等:《明史》,北京:中华书局,1974年。

〔清〕黄廷桂修,〔清〕张晋生纂:《(雍正)四川通志》,台北:台湾商务印书馆影印文渊阁《四库全书》本,1986年,第560册。

〔清〕王我师:《藏炉总记》,光绪十七年上海著易堂《小方壶斋舆地丛钞》本。

〔清〕徐文靖:《管城硕记》,范祥雍点校,北京:中华书局,1998年。

〔清〕周于漆:《三才实义》,《续修四库全书》影印清乾隆二十年汤滢抄本,上海:上海古籍出版社,2002年,第1033册。

〔清〕徐葆光:《中山传信录》,《续修四库全书》影印清康熙六十年二友斋刻本,上海:上海古籍出版社,2002年,第745册。

〔清〕刘光宿、詹养沈等纂修:《(康熙)婺源县志》,《中国地方志丛书》华中地方第676号影印清康熙三十二年刊本,台北:成文出版社有限公司,1985年。

〔清〕张奇勋、周士仪纂:《(康熙)衡州府志》,《北京图书馆古籍珍本丛刊》影印清康熙十年刻二十一年续修本,北京:书目文献出版社,1990年,第36册。

〔清〕蒋毓英等纂:《(康熙)台湾府志》,《续修四库全书》影印清康熙刻本,上海:上海古籍出版社,2002年,第712册。

〔清〕靳治扬修,〔清〕高拱乾纂:《(康熙)台湾府志》,《中国方志丛书》台湾地区第1号影印清康熙三十五年序刊补刻本,台北:成文出版社有限公司,1983年。

〔清〕宋永清、周元文增修:《(康熙)重修台湾府志》,《中国方志

丛书》台湾地区第 2 号影印清康熙五十一年刊本，台北：成文
出版社有限公司，1983 年。

〔清〕刘良璧等纂修：《重修福建台湾府志》，《中国方志丛书》台
湾地区第 3 号影印清乾隆七年刊本，台北：成文出版社有限
公司，1983 年。

〔清〕汪绂：《戊笈谈兵》，《中国兵书集成》影印清光绪刻本，北
京：解放军出版社、沈阳：辽沈书社，1990 年，第 44 册。

〔清〕蒋廷锡、王安国等纂修：《大清一统志》，清乾隆九年刻本；
乾隆重修本，台北：台湾商务印书馆影印文渊阁《四库全书》
本，1986 年，第 474—483 册；《嘉庆重修一统志》影印《四部
丛刊续编》本，北京：中华书局，1986 年。

〔清〕郑兰等修，〔清〕陈之兰等纂：《（乾隆）南康县志》，《中国
方志丛书》华中地方第 822 号影印清乾隆十八年刊本，台北：
成文出版社有限公司，1989 年。

〔清〕孙和相修，〔清〕戴震纂：《（乾隆）汾州府志》，《续修四库
全书》影印乾隆三十六年刻本，上海：上海古籍出版社，2002
年，第 692 册。

〔清〕全祖望：《鲒埼亭集》，朱铸禹：《全祖望集汇校集注》，上
海：上海古籍出版社，2000 年。

〔清〕揭暄：《璇玑遗述》，《续修四库全书》影印清乾隆三十年刻
本，上海：上海古籍出版社，2002 年，第 1033 册。

〔清〕陶士偰：《运甓轩文集》，《四库未收书辑刊》第 9 辑影印清

乾隆二十七年刻本,北京:北京出版社,2000年,第22册。

〔清〕吴长元:《宸垣识略》,《续修四库全书》影印清乾隆五十三年池北草堂刻本,上海:上海古籍出版社,2002年,第730册。

〔清〕江登云:《东南三国记》,光绪十七年上海著易堂《小方壶斋舆地丛钞》本。

〔清〕王懋竑:《读书记疑》,《续修四库全书》影印清同治十一年福建抚署刻本,上海:上海古籍出版社,2002年,第1146册。

〔清〕鄂尔泰等纂:《授时通考》,影印文渊阁《四库全书》本,台北:台湾商务印书馆,1986年,第732册。

〔清〕允禄等纂:《钦定仪象考成》,清乾隆二十一年刻本。

〔清〕鄂尔泰、张廷玉等纂:《国朝宫史》,影印文渊阁《四库全书》本,台北:台湾商务印书馆,1986年,第657册。

〔清〕乾隆《钦定大清会典》,影印文渊阁《四库全书》本,台北:台湾商务印书馆,1986年,第619册。

〔清〕和珅、梁国治等纂:《钦定热河志》,《辽海丛书》本,民国二十三年铅印本。

〔清〕英廉等增纂:《钦定皇舆西域图志》,清乾隆武英殿刻本。

〔清〕嵇璜、刘墉等纂:《续通志》,影印万有文库《十通》本,杭州:浙江古籍出版社,2000年。

〔清〕嵇璜、刘墉等纂:《清朝通志》,影印万有文库《十通》本,杭州:浙江古籍出版社,2000年。

〔清〕永瑢等:《四库全书总目》,北京:中华书局,1965年。

〔清〕永瑢、纪昀等：《纪晓岚删定〈四库全书总目〉稿本》，北京：国家图书馆出版社，2011年。

〔清〕官修《钦定天文正义》，《续修四库全书》影印清抄本，上海：上海古籍出版社，2002年，第1033册。

〔清〕沈可培：《泺源问答》，《四库未收书辑刊》第7辑影印清嘉庆二十年雪浪斋刻本，第11册，北京：北京出版社，2000年。

〔清〕盛百二：《尚书释天》，清道光九年广东学海堂刻《皇清经解》本。

〔清〕钱大昕：《廿二史考异》，方诗铭、周殿杰点校，上海：上海古籍出版社，2004年。

〔清〕钱大昕：《三史拾遗》，方诗铭、周殿杰点校，上海：上海古籍出版社，2004年。

〔清〕王念孙：《读书杂志》，清同治九年金陵书局重刊本。

〔清〕王念孙：《广雅疏证》，北京：中华书局，1983年。

〔清〕王太岳等纂：《钦定四库全书考证》，影印文渊阁《四库全书》本，台北：台湾商务印书馆，1986年，第1498册。

〔清〕清高宗御制，〔清〕蒋溥、于敏中、王杰编：《御制诗集》，影印文渊阁《四库全书》本，台北：台湾商务印书馆，第1302—1311册。

〔清〕黄丕烈：《黄丕烈藏书题跋集》，余鸣鸿、占旭东点校，上海：上海古籍出版社，2015年。

〔清〕徐松辑：《宋会要辑稿》，北京：中华书局，1957年。

〔清〕徐松辑:《中兴礼书》,《续修四库全书》影印清蒋氏宝彝堂抄本,上海:上海古籍出版社,2002 年,第 822 册。

〔清〕孙星衍:《平津馆鉴藏记》,《丛书集成初编》本,北京:中华书局,1985 年。

〔清〕孙星衍:《平津馆文稿》,《丛书集成初编》本,北京:中华书局,1985 年。

〔清〕阮元撰,〔清〕罗士琳续补:《畴人传》,《续修四库全书》影印清嘉庆道光阮氏琅嬛仙馆刻本,上海:上海古籍出版社,2002 年,第 516 册。

〔清〕王谟:《汉唐地理书钞》,北京:中华书局,1961 年。

〔清〕万年淳:《易拇》,《四库未收书辑刊》第 3 辑影印清道光四年刻本,北京:北京出版社,2000 年,第 3 册。

〔清〕黄汝成:《日知录集释》,栾保群、吕宗力点校,上海:上海古籍出版社,2007 年。

〔清〕瞿镛:《铁琴铜剑楼藏书目录》,《续修四库全书》影印清光绪常熟瞿氏家塾刻本,上海:上海古籍出版社,2002 年,第 926 册。

〔清〕牟庭相:《雪泥书屋杂志》,《续修四库全书》影印咸丰安吉官署刻本,上海:上海古籍出版社,2002 年,第 1156 册。

〔清〕李林松:《星土释》,北京大学图书馆藏清光绪十年重刊本。

〔清〕刘宝楠:《愈愚录》,《续修四库全书》影印光绪十五年广雅书局刻本,上海:上海古籍出版社,2002 年,第 1156 册。

〔清〕马国翰:《玉函山房辑佚书》,影印光绪九年嫏嬛仙馆刊本,上海:上海古籍出版社,1990 年。

〔清〕雷学淇:《古经天象考》,《四库未收书辑刊》第 4 辑影印清道光五年刻本,北京:北京出版社,2000 年,第 26 册。

〔清〕阮元修,陈昌齐等纂:《(道光)广东通志》,影印清同治三年刻本,北京:商务印书馆,1934 年。

〔清〕平翰等修,郑珍等纂:《(道光)遵义府志》,《续修四库全书》影印清道光二十一年刻本,上海:上海古籍出版社,2002 年,第 715 册。

〔清〕黄维翰等纂:《(道光)钜野县志》,《中国地方志集成·山东府县志辑》影印清道光二十六年刻本,南京:凤凰出版社、上海:上海书店、成都:巴蜀书社,2004 年,第 83 册。

〔清〕孙殿起:《贩书偶记》,上海:上海古籍出版社,1982 年。

〔清〕何宁:《淮南子集释》,北京:中华书局,2010 年。

〔清〕王先谦:《汉书补注》,影印清光绪二十六年虚受堂刊本,北京:中华书局,1983 年。

〔清〕陆心源:《仪顾堂题跋》,冯惠民整理:《仪顾堂书名题跋汇编》,北京:中华书局,2009 年。

〔清〕陆心源:《仪顾堂集》,王增清点校,杭州:浙江古籍出版社,2015 年。

〔清〕陆心源:《皕宋楼藏书志》,《续修四库全书》影印清刻潜园总集本,上海:上海古籍出版社,2002 年,第 928 册。

〔清〕沈钦韩:《汉书疏证》,影印清光绪二十六年浙江书局刻本,上海:上海古籍出版社,2006 年。

〔清〕莫友芝:《宋元旧本书经眼录》,张剑点校,北京:中华书局,2008 年。

〔清〕姚振宗:《隋书经籍志考证》,《二十五史补编》本,北京:中华书局,1986 年。

〔清〕姚振宗:《汉书艺文志条理》,《二十五史补编》本,北京:中华书局,1986 年。

〔清〕姚振宗:《汉书艺文志拾补》,《二十五史补编》本,北京:中华书局,1986 年。

〔清〕沈家本:《诸史琐言》,《续修四库全书》影印民国《沈寄簃先生遗书》刻本,上海:上海古籍出版社,2002 年,第 451 册。

〔清〕沈曾植:《海日楼札丛》,钱仲联辑:《海日楼札丛(外一种)》,北京:中华书局,1962 年。

〔清〕杨守敬:《隋书地理志考证》,《二十五史补编》本,北京:中华书局,1986 年。

〔清〕李明彻:《圜天图说续编》,《四库未收书辑刊》第 4 辑影印清道光元年松梅轩续刻本,北京:北京出版社,2000 年,第 26 册。

〔清〕林昌彝:《三礼通释》,《四库未收书辑刊》第 2 辑影印清同治三年广州刻本,北京:北京出版社,2000 年,第 8 册。

〔清〕刘沅:《春秋恒解》,清同治十一年重刻《槐轩全书》本。

〔清〕匡良杞:《三才分类粹言》,北京大学图书馆藏清光绪八年余荫堂刻本。

〔清〕王之春:《东洋琐记》,光绪十七年上海著易堂《小方壶斋舆地丛钞》本。

〔清〕文廷式:《纯常子枝语》,《续修四库全书》影印民国三十二年刻本,上海:上海古籍出版社,2002 年,第 1165 册。

〔清〕莫友芝撰,傅增湘订补,傅熹年整理:《藏园订补邵亭知见传本书目》,北京:中华书局,2009 年。

〔清〕王肇赐等修,〔清〕陈锡麟等纂:《(同治)新淦县志》,《中国方志丛书》华中地方第 888 号,台北:成文出版社有限公司影印,1976 年。

〔清〕《上海求志书院丁丑冬季题目》,《申报》光绪三年十一月十一日(1877 年 12 月 15 日)第 1733 号第 2 版。

〔清〕《宁郡辨志文会七月分课题》,《申报》光绪六年七月初六日(1880 年 8 月 11 日)第 2615 号第 2 版。

〔清〕曾国藩等修,〔清〕刘绎等纂:《(光绪)江西通志》,《续修四库全书》影印清光绪七年刻本,上海:上海古籍出版社,2002 年,第 656 册。

〔清〕李鸿章等修,〔清〕黄彭年等纂:《(光绪)畿辅通志》,影印清光绪十年刻本,北京:商务印书馆,1934 年。

〔清〕杨琪光:《望云寄庐读史记臆说》,《四库未收书辑刊》第 6

辑影印清光绪十年刻本,北京:北京出版社,2000年,第5册。

〔清〕恩联等修,〔清〕王万芳纂:《(光绪)襄阳府志》,《中国方志丛书》华中地方第362号影印清光绪十一年刊本,台北:成文出版社有限公司,1989年。

〔清〕何福海修,〔清〕杜赓国纂:《(光绪)新宁县志》,《新修方志丛刊》广东方志之七,影印清光绪十九年刊本,台北:台湾学生书局,1968年。

〔清〕吴宗周修,〔清〕欧阳曙纂:《(光绪)湄潭县志》,《中国方志丛书》华南地方第275号影印清光绪二十五年刊本,台北:成文出版社有限公司,1974年。

〔清〕胡聘之:《山右石刻丛编》,《续修四库全书》影印清光绪二十七年刻本,上海:上海古籍出版社,2002年,第907册。

〔清〕孙诒让撰,雪克辑点:《籀庼遗著辑存》,北京:中华书局,2010年。

〔清〕康有为:《新学伪经考》,北京:生活·读书·新知三联书店,1998年。

〔清〕昆冈等修,〔清〕刘启端纂:《钦定大清会典图》,《续修四库全书》影印清光绪石印本,上海:上海古籍出版社,2002年,第796册。

〔清〕黄遵宪:《日本国志》,《续修四库全书》影印清光绪十六年广州富文斋刻本,上海:上海古籍出版社,2002年,第745册。

〔清〕胡玉缙撰,吴格整理:《四库未收书目提要续编》,《续四库提要三种》，上海：上海书店出版社，2002 年。

〔清〕贺涛：《贺先生文集》，《续修四库全书》影印民国三年徐世
　　昌刻本，上海：上海古籍出版社，2002 年，第 1567 册。

〔清〕孙宝瑄：《忘山庐日记》，《续修四库全书》影印上海图书馆
　　藏抄本，上海：上海古籍出版社，2002 年，第 579 册。

〔清〕崔适：《史记探源》，张烈点校，北京：中华书局，1986 年。

〔清〕崔适：《春秋复始》，《续修四库全书》影印民国七年北京大
　　学铅印本，上海：上海古籍出版社，2002 年，第 131 册。

〔清〕官修《清实录》，北京：中华书局，1985 年。

〔清〕毛文垫修，〔清〕张一炜纂：《（康熙）浦江县志》，《中国地
　　方志集成・善本方志辑》第 1 编影印清康熙十二年刻本，南
　　京：凤凰出版社、上海：上海书店、成都：巴蜀书社，2014 年，第
　　77 册。

〔清〕张荩等修，〔清〕沈麟趾等纂：《（康熙）金华府志》，《中国
　　地方志集成・浙江府县志辑》影印清宣统元年嵩连石印本，
　　南京：江苏古籍出版社、上海：上海书店、成都：巴蜀书社，
　　1993 年，第 49 册。

〔清〕王治国原纂，〔清〕赵泰甡增修：《（康熙）金华县志》，《中
　　国方志丛书》华中地方第 497 号影印清康熙三十四年增刊
　　本，台北：成文出版社有限公司，1983 年。

〔清〕沈藻等修，〔清〕朱谨等纂：《（康熙）永康县志》，《中国方
　　志丛书》华中地方第 528 号影印清康熙三十七年刊本，台北：

成文出版社有限公司,1983 年。

〔清〕阮元:《两浙金石志》,影印清光绪十六年刻本,杭州:浙江
　　古籍出版社,2012 年。

〔清〕黄金声修,〔清〕李松林纂:《(道光)金华县志》,《中国地
　　方志佛道教文献汇纂·诗文碑刻卷》影印道光三年刻本,北
　　京:国家图书馆出版社,2013 年,第 197 册。

〔清〕邓钟玉等纂:《(光绪)金华县志》,《中国地方志集成·浙
　　江府县志辑》影印民国二十三年铅印本,上海:上海书店,
　　1993 年,第 48 册。

〔民国〕梁启超:《饮冰室合集》,北京:中华书局,1994 年。

〔民国〕罗振玉:《鸣沙石室佚书》,罗氏宸翰楼影印本,1913 年,
　　《罗雪堂先生全集》第 4 编第 5 册,台北:台湾大通书局,
　　1972 年。

〔民国〕徐元诰:《国语集解》(修订本),王树民、沈长云点校,北
　　京:中华书局,2008 年。

〔民国〕赵尔巽等:《清史稿》,北京:中华书局,1976 年。

〔民国〕许维遹:《吕氏春秋集释》,梁运华整理,北京:中华书
　　局,2011 年。

〔民国〕蔡东藩、许廑父:《民国通俗演义》,北京:中华书局,
　　1973 年。

〔民国〕刘师培:《古历管窥》,《刘申叔遗书》,南京:江苏古籍出
　　版社,1997 年。

〔民国〕余嘉锡：《四库提要辨证》，北京：中华书局，1986年。

〔民国〕张立民：《袁观澜先生轶事》，《申报》中华民国十九年
（1930）9月17日第20644号第11版。

〔民国〕缪荃孙纂：《江苏通志稿·金石志》，《石刻史料新编》第
1辑，台北：新文丰出版公司，1982年。

〔民国〕张亘、萧光汉等纂修：《（民国）芮城县志》，《中国方志丛
书》华北地方第85号影印民国十二年铅印本，台北：成文出
版社有限公司，1968年。

〔民国〕耿兆栋修，〔民国〕张汝漪纂：《（民国）景县志》，《中国
方志丛书》华北地方第500号影印本，台北：成文出版社有限
公司，1976年。

〔民国〕曹刚等修，〔民国〕邱景雍纂：《（民国）连江县志》，《中
国方志丛书》华南地方第76号影印民国十六年铅印本，台
北：成文出版社有限公司，1967年。

〔民国〕崔正春修，〔民国〕尚西宾纂：《（民国）威县志》，《中国
方志丛书》华北地方第517号影印民国十八年铅印本，台北：
成文出版社有限公司，1976年。

〔民国〕杨世瑛等修，〔民国〕王锡祯等纂：《（民国）安泽县志》，
《中国方志丛书》华北地方第89号影印民国二十一年铅印
本，台北：成文出版社有限公司，1968年。

〔民国〕李世昌等纂：《（民国）邯郸县志》，《中国方志丛书》华
北地方第188号影印民国二十八年刊本，台北：成文出版社

有限公司,1969年。

〔日〕藤原佐世:《日本国见在书目录》,光绪十年刊《古逸丛书》本。

〔日〕高楠顺次郎等编:《大正新修大藏经》,台北:财团法人佛陀教育基金会,1990年。

〔日〕泷川资言:《史记会注考证》,上海:上海古籍出版社,1986年。

〔日〕安居香山、中村璋八辑:《纬书集成》,石家庄:河北人民出版社,1994年。

〔日〕中村璋八:《五行大义校注》,东京:汲古书院,1998年。

〔日〕河田罴编:《静嘉堂秘籍志》,杜泽逊等点校,上海:上海古籍出版社,2016年。

〔朝鲜〕郑麟趾:《高丽史》,韩国首尔大学奎章阁藏明万历四十一年太白山史库钞本。

〔朝鲜〕官修:《李朝实录》,东京:学习院东洋文化研究所影印本,1953—1966年。

〔朝鲜〕权近:《阳村先生文集》,《域外汉籍珍本文库》第二辑影印朝鲜前期刊本,重庆:西南师范大学出版社、北京:人民出版社,2011年,集部第9册。

〔朝鲜〕闵鼎重:《老峰先生文集》,《韩国汉文燕行文献选编》,上海:复旦大学出版社,2011年。

〔越南〕黎僖纂:《大越史记全书》,陈荆和编校,东京:日本东京

大学东洋文化研究所附属东洋学文献センター刊行委员会，
1984 年。

〔琉球〕《历代宝案》，台北：台湾大学影印本，1972 年。

吴则虞：《晏子春秋集释》，北京：中华书局，1962 年。

吴相湘主编：《天主教东传文献》，台北：台湾学生书局，1982 年。

王树民校证：《廿二史札记校证》，北京：中华书局，1984 年。

任乃强校注：《华阳国志校补图注》，上海：上海古籍出版社，
1987 年。

中华书局编辑部编：《宋元方志丛刊》，北京：中华书局，1990 年。

中国社会科学院历史研究所、中国敦煌吐鲁番学会敦煌古文献
编辑委员会、英国国家图书馆、伦敦大学亚非学院合编：《英
藏敦煌文献（汉文佛经以外部份）》，成都：四川人民出版社，
1991 年。

傅举有、陈松长编：《马王堆汉墓文物》，长沙：湖南出版社，
1992 年。

李步嘉：《越绝书校释》，武汉：武汉大学出版社，1992 年。

王利器：《盐铁论校注》，北京：中华书局，1992 年。

周振鹤编校：《王士性地理书三种》，上海：上海古籍出版社，
1993 年。

曹婉如等编：《中国古代地图集〔明代〕》，北京：文物出版社，
1995 年。

上海古籍出版社、法国国家图书馆编：《法国国家图书馆藏敦煌

西域文献》,上海:上海古籍出版社,1995—2005 年。

谢方:《职方外纪校释》,北京:中华书局,1996 年。

曹婉如等编:《中国古代地图集[战国—元]》,北京:文物出版社,1999 年。

王利器:《颜氏家训集解(增补本)》,北京:中华书局,2002 年。

李修生主编:《全元文》,南京:凤凰出版社,2004 年。

贺次君辑校:《括地志辑校》,北京:中华书局,2005 年。

陈桥驿:《水经注校证》,北京:中华书局,2007 年。

范祥雍:《战国策笺证》,上海:上海古籍出版社,2006 年。

钱建中辑:《无锡方志辑考》,北京:世界知识出版社,2006 年。

周梦江:《叶适年谱》,杭州:浙江古籍出版社,2006 年。

刘晴波主编:《杨度集》,长沙:湖南人民出版社,2008 年。

吴树平:《东观汉记校注》,北京:中华书局,2008 年。

潘鼐汇编:《崇祯历书(附西洋新法历书增刊十种)》,上海:上海古籍出版社,2009 年。

钟鸣旦等编:《法国国家图书馆明清天主教文献》,台北:利氏学社,2009 年。

银雀山汉墓竹简整理小组:《银雀山汉墓竹简(贰)》,北京:文物出版社,2010 年。

叶农整理:《艾儒略汉文著述全集》,桂林:广西师范大学出版社,2011 年。

齐连通编:《洛阳新获七朝墓志》,北京:中华书局,2012 年。

中国社会科学院历史研究所文化室编:《明代通俗日用类书集刊》,重庆:西南师范大学出版社,上海:东方出版社,2012 年。

朱维铮主编:《利玛窦中文著译集》,上海:复旦大学出版社,2012 年。

罗新、叶炜:《新出魏晋南北朝墓志疏证(修订本)》,北京:中华书局,2016 年。

关长龙辑校:《敦煌本数术文献辑校》,北京:中华书局,2019 年。

二、研究论著

（一）中文专著

陈望道:《修辞学发凡》,上海:大江书铺,1932 年。

钱穆:《国史大纲(修订本)》,北京:商务印书馆,2006 年(初版由商务印书馆刊印于 1940 年)。

陈遵妫:《中国古代天文学简史》,上海:上海人民出版社,1955 年。

陈垣:《二十史朔闰表》,北京:古籍出版社,1956 年。

郭沫若:《甲骨文字研究》,北京:科学出版社,1962 年。

孙同勋:《拓跋氏的汉化》,台北:"国立"台湾大学文学院,1962 年。

方豪:《李之藻研究》,北京:台湾商务印书馆,1966 年。

郑文光:《中国天文学源流》,北京:科学出版社,1979 年。

中国大百科全书总编辑委员会编:《中国大百科全书·天文学卷》,北京:中国大百科全书出版社,1980 年。

中国社会科学院考古研究所编:《中国古代天文文物图集》,北京:文物出版社,1980 年。

中国天文学史整理研究小组编:《中国天文学史》,北京:科学出版社,1981 年。

岑仲勉:《隋唐史》,北京:中华书局,1982 年。

陈遵妫:《中国天文学史》,上海:上海人民出版社,1982 年。

吴九龙:《银雀山汉简释文》,北京:文物出版社,1985 年。

靳生禾:《中国历史地理文献概论》,太原:山西人民出版社,1987 年。

邢义田:《秦汉史论稿》,台北:东大图书股份有限公司,1987 年。

方豪:《中国天主教史人物传》,北京:中华书局,1988 年。

冯禹:《天与人——中国历史上的天人关系》,重庆:重庆出版社,1990 年。

顾颉刚:《顾颉刚读书笔记》,台北:联经出版事业公司,1990 年。

江晓原:《天学真原》,沈阳:辽宁教育出版社,1991 年。

陈卫平:《第一页与胚胎——明清之际的中西文化比较》,上海:上海人民出版社,1992 年。

钱穆:《中国文化史导论》,北京:商务印书馆,1994 年。

张义德:《叶适评传》,南京:南京大学出版社,1994 年。

冯立升：《中国古代测量学史》，呼和浩特：内蒙古大学出版社，
　　1995年。

江晓原：《历史上的星占学》，上海：上海科技教育出版社，1995年。

刘镇伟主编：《中国古地图精选》，北京：中国世界语出版社，
　　1995年。

钟肇鹏：《谶纬论略》，沈阳：辽宁教育出版社，1995年。

李孝聪：《欧洲收藏部分中文古地图叙录》，北京：国际文化出版
　　公司，1996年。

骆兆平编：《新编天一阁书目》，北京：中华书局，1996年。

北京图书馆善本特藏部舆图组编：《舆图要录——北京图书馆
　　藏6827种中外文古旧地图目录》，北京：北京图书馆出版社，
　　1997年。

李学勤：《走出疑古时代》，沈阳：辽宁大学出版社，1997年。

李勇先：《〈舆地纪胜〉研究》，成都：巴蜀书社，1998年。

余英时：《现代儒学论》，上海：上海人民出版社，1998年。

北京大学图书馆编：《北京大学图书馆藏古籍善本书目》，北京：
　　北京大学出版社，1999年。

顾颉刚、史念海：《中国疆域沿革史》，北京：商务印书馆，1999年。

江晓原：《天学外史》，上海：上海人民出版社，1999年。

胡文辉：《中国早期方术与文献丛考》，广州：中山大学出版社，
　　2000年。

李开元：《汉帝国的建立与刘邦集团——军功受益阶层研究》，

北京:生活・读书・新知三联书店,2000 年。

刘俊男:《华夏上古史研究》,延吉:延边大学出版社,2000 年。

徐俊:《中国古代王朝和政权名号探源》,武汉:华中师范大学出版社,2000 年。

周子美编:《嘉业堂钞校本目录》,上海:华东师范大学出版社,2000 年。

邹振环:《晚清西方地理学在中国——以 1815 至 1911 年西方地理学译著的传播与影响为中心》,上海:上海古籍出版社,2000 年。

陈松长:《马王堆帛书〈刑德〉研究论稿》,台北:台湾古籍出版有限公司,2001 年。

李学勤:《简帛佚籍与学术史》,南昌:江西教育出版社,2001 年。

杨杭军:《走向近代化:清嘉道咸时期中国社会走向》,郑州:中州古籍出版社,2001 年。

陈文寿:《近世初期日本与华夷秩序研究》,香港:香港社会科学出版社有限公司,2002 年。

《中国测绘史》编辑委员会编:《中国测绘史》,北京:测绘出版社,2002 年。

陈美东:《中国科学技术史・天文学卷》,北京:科学出版社,2003 年。

刘乐贤:《简帛数术文献探论》,武汉:湖北教育出版社,2003 年。

黄时鉴、龚缨晏:《利玛窦世界地图研究》,上海:上海古籍出版社,2004 年。

黄一农:《社会天文学史十讲》,上海:复旦大学出版社,2004 年。

江晓原:《星占学与传统文化》,桂林:广西师范大学出版社,
2004 年。

李孝聪:《美国国会图书馆藏中文古地图叙录》,北京:文物出版
社,2004 年。

李云泉:《朝贡制度史论——中国古代中外关系体制研究》,北
京:新华出版社,2004 年。

刘乐贤:《马王堆天文书考释》,广州:中山大学出版社,2004 年。

王锺翰:《王锺翰清史论集》,北京:中华书局,2004 年。

郭双林:《西潮激荡下的晚清地理学》,北京:北京大学出版社,
2005 年。

胡宝国:《汉唐间史学的发展》,北京:商务印书馆,2005 年。

江晓原、钮卫星:《中国天文学》,上海:上海人民出版社,2005 年。

赵益:《古典术数文献述论稿》,北京:中华书局,2005 年。

邹逸麟:《椿庐史地论稿》,天津:天津古籍出版社,2005 年。

刘宗迪:《失落的天书:〈山海经〉与古代华夏世界观》,北京:商
务印书馆,2006 年。

钱建中辑:《无锡方志辑考》,北京:世界知识出版社,2006 年。

孙宏年:《清代中越宗藩关系研究》,哈尔滨:黑龙江教育出版
社,2006 年。

吴宇虹等编:《古代两河流域楔形文字经典举要》,哈尔滨:黑龙

江人民出版社,2006年。

陈美东:《中国古代天文学思想》,北京:中国科学技术出版社,
　　2007年。

雷虹霁:《秦汉历史地理与文化分区研究——以〈史记〉〈汉书〉
　　〈方言〉为中心》,北京:中央民族大学出版社,2007年。

孙小淳、曾雄生主编:《宋代国家文化中的科学》,北京:中国科
　　学技术出版社,2007年。

王卡:《道教经史论丛》,成都:巴蜀书社,2007年。

杨新勋:《宋代疑经研究》,北京:中华书局,2007年。

陈久金主编:《中国古代天文学家》,北京:中国科学技术出版
　　社,2008年。

陈廷湘、周鼎:《天下·世界·国家——近代中国对外观念演变
　　史论》,上海:上海三联书店,2008年。

姜国柱:《中国认识论史》,武汉:武汉大学出版社,2008年。

卢央:《中国古代星占学》,北京:中国科学技术出版社,2008年。

陶晋生:《宋辽关系史研究》,北京:中华书局,2008年。

天津图书馆编:《天津图书馆古籍善本书目》,北京:国家图书馆
　　出版社,2008年。

席泽宗:《科学史十论》,上海:复旦大学出版社,2008年。

殷善培:《谶纬思想研究》,新北:花木兰文化出版社,2008年。

张显清:《明代后期社会转型研究》,北京:中国社会科学出版
　　社,2008年。

葛兆光:《中国思想史》,上海:复旦大学出版社,2009 年。

潘鼐:《中国古天文图录》,上海:上海科技教育出版社,2009 年。

潘鼐:《中国恒星观测史(增订版)》,上海:学林出版社,2009 年。

陈万成:《中外文化交流探绎:星学·医学·其他》,北京:中华书
　　局,2010 年。

冯时:《中国天文考古学》,北京:中国社会科学出版社,2010 年。

顾宏义:《宋朝方志考》,上海:上海古籍出版社,2010 年。

刘迎胜主编:《〈大明混一图〉与〈混一疆理图〉研究——中古时
　　代后期东亚的寰宇图与世界地理知识》,南京:凤凰出版社,
　　2010 年。

刘再复、林岗:《传统与中国人》,北京:中信出版社,2010 年。

葛兆光:《宅兹中国:重建有关"中国"的历史论述》,北京:中华
　　书局,2011 年。

姜望来:《谣谶与北朝政治研究》,天津:天津古籍出版社,2011 年。

江晓原:《随缘集》,上海:复旦大学出版社,2011 年。

赖正维:《清代中琉关系研究》,北京:海洋出版社,2011 年。

唐晓峰:《从混沌到秩序:中国上古地理思想史述论》,北京:中
　　华书局,2011 年。

虞云国:《两宋历史文化丛稿》,上海:上海人民出版社,2011 年。

宫宝利:《术数活动与明清社会》,天津:天津古籍出版社,2012 年。

霍四通:《中国现代修辞学的建立——以陈望道〈修辞学发凡〉
　　考释为中心》,上海:上海人民出版社,2012 年。

李扬帆:《涌动的天下:中国世界观变迁史论(1500—1911)》,北京:知识产权出版社,2012年。

李扬帆:《走出晚清——涉外人物及中国的世界观念之研究》,北京:北京大学出版社,2012年。

于逢春:《时空坐标、形成路径与奠定:构筑中国疆域的文明板块研究》,哈尔滨:黑龙江教育出版社,2013年。

黄正建:《敦煌占卜文书与唐五代占卜研究(增订版)》,北京:中国社会科学出版社,2014年。

陈侃理:《儒学、数术与政治:灾异的政治文化史》,北京:北京大学出版社,2015年。

蒋金治主编:《国家级历史文化名城金华历史街区之八咏楼》,杭州:西泠印社出版社,2015年。

罗建新:《谶纬与两汉政治及文学之关系研究》,上海:上海古籍出版社,2015年。

饶宗颐:《中国史学上之正统论》,北京:中华书局,2015年。

孙猛:《日本国见在书目录详考》,上海:上海古籍出版社,2015年。

孙英刚:《神文时代:谶纬、术数与中古政治研究》,上海:上海古籍出版社,2015年。

余欣主编:《中古异相:写本时代的学术、信仰与社会》,上海:上海古籍出版社,2015年。

王焕然:《谶纬与魏晋南北朝文学研究》,郑州:河南人民出版社,2016年。

杨国富主编:《浙江大学图书馆古籍善本书目》,北京:国家图书馆出版社,2016 年。

赵贞:《唐宋天文星占与帝王政治》,北京:北京师范大学出版社,2016 年。

胡鸿:《能夏则大与渐慕华风——政治体视角下的华夏与华夏化》,北京:北京师范大学出版社,2017 年。

刘浦江:《正统与华夷:中国传统政治文化研究》,北京:中华书局,2017 年。

胡阿祥:《吾国与吾名:中国历代国号与古今名称研究》,南京:江苏人民出版社,2018 年。

韩琦:《通天之学:耶稣会士和天文学在中国的传播》,北京:生活·读书·新知三联书店,2018 年。

仇鹿鸣:《长安与河北之间——中晚唐的政治与文化》,北京:北京师范大学出版社,2018 年。

郑嘉励:《考古者说》,桂林:广西师范大学出版社,2020 年。

桂始馨:《宋代方志考证与研究》,上海:上海人民出版社,2021 年。

陈熙:《美国哈佛大学图书馆藏中国古旧地图提要》,桂林:广西师范大学出版社,2022 年。

（二）中文论文

《照会城区董事会清查宝婺观公产酌助修齐女校文》,《金华县公报》第 1 卷第 11 期,1912 年。

翁文灏:《中国山脉考》,原载《科学》第 9 卷第 10 期,1925 年,收入《锥指集》,北平地质图书馆,1930 年。

林奉若:《星野疑问》,《中国天文学会会务年报》1926 年第 3 期。

顾颉刚:《五德终始说下的政治和历史》,原载《清华学报》第 6 卷第 1 期,1930 年,收入《古史辨》第 5 册,上海:上海古籍出版社,1982 年。

顾颉刚:《州与岳的演变》,燕京大学《史学年报》第 1 卷第 5 期,1933 年 8 月。

陈寅恪:《三论李唐氏族问题》,原载《中央研究院历史语言研究所集刊》第 5 本第 2 分,1935 年,收入氏著《金明馆丛稿二编》,北京:生活·读书·新知三联书店,2001 年。

王重民:《金山国坠事零拾》,原载《北平图书馆馆刊》第 9 卷第 6 期,1935 年,收入氏著《敦煌遗书论文集》,北京:中华书局,1984 年。

钱宝琮:《甘石星经源流考》,原载《浙江大学季刊》第 1 期,1937 年,收入《钱宝琮科学史论文选集》,北京:科学出版社,1983 年。

竺可桢:《论通志星野存废问题》,原载《浙江省通志馆馆刊》第 1 卷第 1 期,1945 年,收入《竺可桢全集》第 2 卷,上海:上海科技教育出版社,2004 年。

陈乐素:《〈四库提要〉与〈宋史·艺文志〉之关系》,原载《图书季刊》第 7 卷第 3、4 期，1946 年，收入陈智超编：《陈乐素史学文存》，广州：广东人民出版社，2012 年。

钱宝琮：《论二十八宿之来历》，原载《思想与时代》第 43 期，1947 年，收入《钱宝琮科学史论文选集》，北京：科学出版社，1983 年。

杨希枚：《古籍神秘性编撰型式补证》，原载《"国立编译馆"馆刊》第 1 卷第 3 期，1972 年，收入氏著《先秦文化史论集》，北京：中国社会科学出版社，1995 年。

杨希枚：《中国古代的神秘数字论稿》，原载台湾《"中央研究院"民族学研究所集刊》第 33 卷，1972 年，收入氏著《先秦文化史论集》，北京：中国社会科学出版社，1995 年。

杨希枚：《论神秘数字七十二》，原载台湾大学《考古人类学集刊》第 35、36 卷合刊，1974 年，收入氏著《先秦文化史论集》，北京：中国社会科学出版社，1995 年。

夏鼐：《从宣化辽墓的星图论二十八宿和黄道十二宫》，《考古学报》1976 年第 2 期。

刘金沂、王健民：《陈卓和甘、石、巫三家星官》，《科技史文集》第 6 辑，上海：上海科技出版社，1980 年。

饶宗颐：《论七曜与十一曜——记敦煌开宝七年（974）康遵批命课》，《选堂集林·史林》中册，香港：中华书局，1982 年。

陈秉仁：《第一部〈台湾府志〉考辨》，《图书馆杂志》1983 年第 1 期。

严敦杰：《一行禅师年谱》,《自然科学史研究》1984 年第 1 期。

邢庆鹤：《试论〈天下山河两戒考〉中的天文学》,《安徽大学学报(自然科学版)》1985 年第 1 期。

郭永芳：《西方地圆说在中国》,《中国天文学史文集》第 4 集,北京:科学出版社,1986 年。

刘金沂：《李淳风的〈历象志〉和〈乙巳元历〉》,《自然科学史研究》第 6 卷第 2 期,1987 年。

毛汉光：《李渊崛起之分析——论隋末"李氏当王"与三李》,《"中央研究院"历史语言研究所集刊》第 59 本第 4 分,1988 年。

卢央、薄树人等：《明〈赤道南北两总星图〉简介》,中国社会科学院考古研究所编:《中国古代天文文物论集》,北京:文物出版社,1989 年。

吕季明：《"分野"考辨》,《语海新探》第 2 辑,济南:山东教育出版社,1989 年。

潘鼐：《敦煌卷子中的天文材料》,中国社会科学院考古研究所编:《中国古代天文文物论集》,北京:文物出版社,1989 年。

庞朴：《火历钩沉——一个遗失已久的古历之发现》,原载《中国文化》创刊号,1989 年,收入氏著《三生万物——庞朴自选集》,北京:首都师范大学出版社,2011 年。

何幼琦：《"岁在"纪年辨伪》,《西北大学学报(哲学社会科学版)》1990 年第 3 期。

严军:《八咏楼考略》,《浙江学刊》1990 年第 5 期。

李勇:《中国古代的分野观》,《南京大学学报（哲学人文社会科学版）》1990 年第 5、6 期合刊。

伊世同:《河北宣化辽金墓天文图简析——兼及邢台铁钟黄道十二宫图像》,《文物》1990 年第 10 期。

吕建福:《一行著述叙略》,《文献》1991 年第 2 期。

李勇:《从"〈左传〉所言星土事"看中国古代星占术》,《天文学报》第 32 卷第 2 期,1991 年 6 月。

黄一农:《星占、事应与伪造天象——以"荧惑守心"为例》,《自然科学史研究》第 10 卷第 2 期,1991 年。

徐传武:《"分野"略说》,《文献》1991 年第 3 期。

王胜利:《楚国的分野与楚人的星神崇拜》,《东南文化》1991 年第 3、4 期合刊。

吕季明:《〈"分野"考辨〉续》,吕季明、杨克定、张传曾主编:《中国成人教育语文论集》,济南:济南出版社,1991 年。

陈久金:《华夏族群的图腾崇拜与四象概念的形成》,《自然科学史研究》1992 年第 1 期。

李勇:《对中国古代恒星分野和分野式盘研究》,《自然科学史研究》第 11 卷第 1 期,1992 年。

何德章:《北魏国号与正统问题》,《历史研究》1992 年第 3 期。

江晓原:《古埃及天学三问题及其与巴比伦及中国之关系》,《大自然探索》第 11 卷第 40 期,1992 年。

邱久荣:《〈十六国春秋〉之亡佚及其辑本》,《中央民族大学学报》1992 年第 6 期。

周生春:《〈越绝书〉成书年代及作者新探》,《中华文史论丛》第 49 辑,1992 年。

崔振华:《分野说探源》,陈美东等主编:《中国科学技术史国际学术讨论会论文集》,北京:中国科学技术出版社,1992 年。

江晓原:《谈历朝"私习天文"之厉禁》,《中国典籍与文化》1993 年第 1 期。

周国林:《魏晋南北朝禅让模式及其政治文化背景》,《社会科学家》1993 年第 2 期。

胡宝国:《〈史记〉、〈汉书〉籍贯书法与区域观念变动》,编委会编:《周一良先生八十生日纪念论文集》,北京:中国社会科学出版社,1993 年。

孙小淳:《汉代石氏星官研究》,《自然科学史研究》第 13 卷第 2 期,1994 年。

刘乐贤:《马王堆汉墓星占书初探》,《华学》第 1 期,广州:中山大学出版社,1995 年。

胡宝国:《汉代齐地政治文化说略》,《学人》第 9 辑,南京:江苏文艺出版社,1996 年。

罗新:《从依傍汉室到自立门户——刘氏汉赵历史的两个阶段》,《原学》第 5 辑,北京:中国广播电视出版社,1996 年。

范家伟:《受禅与中兴:魏蜀正统之争与天象事验》,《自然辩证法通讯》第 18 卷第 6 期,1996 年。

罗志田:《先秦的五服制与古代的天下中国观》,原载《学人》第
10 辑,1996 年,收入氏著《民族主义与近代中国思想》,台北:
三民书局,2011 年。

何丙郁:《太乙术数与〈南齐书·高帝本纪上〉史臣曰章》,原载
《"中央研究院"历史语言研究所集刊》第 67 本第 2 分,1996
年,收入《何丙郁中国科技史论集》,沈阳:辽宁教育出版社,
2001 年。

刘永明:《S.2729 背〈悬象占〉与蕃占时期的敦煌道教》,《敦煌
学辑刊》1997 年第 1 期。

刘复生:《宋朝"火运"论略——兼谈"五德转移"政治学说的终
结》,《历史研究》1997 年第 3 期。

李锦绣:《论"李氏将兴"——隋末唐初山东豪杰研究之一》,
《山西师大学报(社会科学版)》第 24 卷第 4 期,1997 年。

鲁子健:《中国历史上的占星术》,《社会科学研究》1998 年第
2 期。

唐晓峰:《两幅宋代"一行山河图"及僧一行的地理观念》,《自
然科学史研究》第 17 卷第 4 期,1998 年。

唐晓峰:《跋宋版"唐一行山河两戒图"》,于炳文主编:《跋涉
集——北京大学历史系考古专业七五届毕业生论文集》,北
京:北京图书馆出版社,1998 年。

陶文钊:《费正清与美国的中国学》,《历史研究》1999 年第

1 期。

孙家洲:《论汉代的"区域"概念》,《北京社会科学》1999 年第
　　2 期。

何晋:《秦称"虎狼"考》,《文博》1999 年第 5 期。

陈美东、陈晖:《明末清初西方地圆说在中国的传播与反响》,
　　《中国科技史料》第 21 卷第 1 期,2000 年。

高翔:《论清前期中国社会的近代化趋势》,《中国社会科学》
　　2000 年第 4 期。

陈乃华:《从汉简〈占书〉到〈晋书·天文志〉》,《古籍整理研究
　　学刊》2000 年第 5 期。

胡阿祥:《杨隋国号考说》,《东南文化》2000 年第 9 期。

夏鼐:《中国考古学和中国科技史》,《夏鼐文集》,北京:社会科
　　学文献出版社,2000 年。

田余庆:《〈代歌〉、〈代记〉和北魏国史——国史之狱的史学史
　　考察》,原载《历史研究》2001 年第 1 期,收入氏著《拓跋史
　　探》,北京:生活·读书·新知三联书店,2003 年。

郭声波:《〈历代地理指掌图〉作者之争及我见》,《四川大学学
　　报(哲学社会科学版)》2001 年第 3 期。

关增建:《李淳风及其〈乙巳占〉的科学贡献》,《郑州大学学报
　　(哲学社会科学版)》2001 年第 3 期。

张西平:《利玛窦的著作》,《文史知识》2002 年第 12 期。

严耀中:《关于陈文帝祭"胡公"——陈朝帝室姓氏探讨》,《历

史研究》2003 年第 1 期。

宋京生：《旧志"分野"考——评古代中国人的地理文化观》，
　　《中国地方志》2003 年第 4 期。

王梅堂：《廉阿年八哈考述》，《西域研究》2003 年第 4 期。

胡阿祥：《"芒芒禹迹，画为九州"述论》，《九州》第 3 辑，北京：
　　商务印书馆，2003 年。

邹振环：《利玛窦世界地图的刊刻与明清士人的"世界意识"》，
　　复旦大学历史学系、复旦大学中外现代化进程研究中心编：
　　《近代中国的国家形象与国家认同》，上海：上海古籍出版社，
　　2003 年。

赵贞：《敦煌遗书中的唐代星占著作：〈西秦五州占〉》，《文献》
　　2004 年第 1 期。

罗新：《十六国北朝的五德历运问题》，《中国史研究》2004 年第
　　3 期。

牛汝辰：《地图测绘与中国疆域变迁》，《测绘科学》第 29 卷第 3
　　期，2004 年 6 月。

仲伟民：《从知识史的视角看明清之际的"西学东渐"》，《文史
　　哲》2004 年第 4 期。

李智君：《分野的虚实之辨》，《中国历史地理论丛》第 20 卷第 1
　　辑，2005 年。

赵贞：《"九曜行年"略说——以 P.3779 为中心》，《敦煌学辑
　　刊》2005 年第 3 期。

钮卫星:《〈梵天火罗九曜〉考释及其撰写年代和作者问题探讨》,《自然科技史研究》2005 年第 4 期。

周振鹤:《从天下观到世界观的第一步——读〈利玛窦世界地图研究〉》,《中国测绘》2005 年第 4 期。

陈长琦、周群:《〈十六国春秋〉散佚考略》,《学术研究》2005 年第 7 期。

叶炜:《隋国号小考》,《北大史学》第 11 辑,北京:北京大学出版社,2005 年。

徐光台:《明末清初西学对中国传统占星气的冲击与反应:以熊明遇〈则草〉与〈格致草〉为例》,《暨南史学》第 4 辑,广州:暨南大学出版社,2005 年。

刘浦江:《"五德终始"说之终结——兼论宋代以降传统政治文化的嬗变》,《中国社会科学》2006 年第 2 期。

乔治忠、崔岩:《清代历史地理学的一次科学性跨越——乾隆帝〈题毛晃《禹贡指南》六韵〉的学术意义》,《史学月刊》2006 年第 9 期。

王玉民:《中国古代二十八宿分野地理位置分析》,《自然科学与博物馆研究》第 2 卷,北京:高等教育出版社,2006 年。

韦兵:《星占历法与宋代政治文化》,四川大学博士学位论文,2006 年。

游自勇:《天道人妖:中古〈五行志〉的怪异世界》,首都师范大学博士学位论文,2006 年。

钱国盈：《十六国时期的星占学》，（台湾）《嘉南学报》第 33 期，2007 年。

辛德勇：《两汉州制新考》，原载《文史》2007 年第 1 辑，收入氏著《秦汉政区与边界地理研究》，北京：中华书局，2009 年。

罗志田：《天下与世界：清末士人关于人类社会认知的转变——侧重梁启超的观念》，《中国社会科学》2007 年第 5 期。

江晓原：《科学史：是科学还是历史——以天文学史及星占学为例》，《上海交通大学学报（哲学社会科学版）》2007 年第 6 期。

孙果清：《以中国为主的世界地图——〈乾坤万国全图古今人物事迹〉》，《地图》2007 年第 6 期。

连劲名：《银雀山汉简〈占书〉述略》，《考古》2007 年第 8 期。

曾蓝莹：《星占、分野与疆界：从"五星出东方利中国"谈起》，甘怀真编：《东亚历史上的天下与中国概念》，台北：台湾大学出版中心，2007 年。

甘怀真：《"天下"观念的再检讨》，吴展良编：《东亚近世世界观的形成》，台北：台湾大学出版中心，2007 年。

葛兆光：《古代中国人的天下观念》，唐晓峰主编：《九州》第 4 辑中国地理学史专号，北京：商务印书馆，2007 年。

刘俊男：《上古星宿与地域对应之科学性考释》，《农业考古》2008 年第 1 期。

牛润珍、张慧：《〈大清一统志〉纂修考述》，《清史研究》2008 年第 1 期。

赵贞:《唐哀帝〈禅位册文〉"彗星三见"发微》,《中国典籍与文化》2008 年第 1 期。

仇鹿鸣:《"攀附先世"与"伪冒士籍"——以渤海高氏为中心的研究》,《历史研究》2008 年第 2 期。

刘国石:《清代以来屠本〈十六国春秋〉研究综述》,《中国史研究动态》2008 年第 8 期。

陈松长:《帛书〈刑德〉分野说略考》,卜宪群、杨振红主编:《简帛研究(2006)》,桂林:广西师范大学出版社,2008 年。

高寿仙:《刘基与术数》,何向荣主编:《刘基与刘基文化研究》,北京:人民出版社,2008 年。

韩道英:《〈大明清类天文分野之书〉考释与历代"星野"变迁》,暨南大学硕士学位论文,2008 年。

李维宝、陈久金:《论中国十二星次名称的含义和来历》,《天文研究与技术》第 6 卷第 1 期,2009 年。

孟凡松:《清代贵州郡县志"星野"叙述中的观念与空间表达》,《清史研究》2009 年第 1 期。

王广超:《明清之际中国天文学关于岁差理论之争议与解释》,《自然科学史研究》第 28 卷第 1 期,2009 年。

郜积意:《释〈汉书·五行志〉中的〈左氏〉日食说》,《中国史研究》2009 年第 2 期。

王立民、余彦焱:《钱曾藏书之来源概述》,《图书馆杂志》2009

年第 4 期。

桂始馨:《宋代方志学成立史论》,北京大学博士学位论文,
2009 年。

王尚义、张慧芝:《从"畿服"到"瀛环"——晚清对世界地理空
间认识的转变》,虞和平、孙丽萍主编:《穿越时空的目光——
徐继畬及其开放思想与实践》,北京:中国社会科学出版社,
2009 年。

王颋:《躔次十二——分星与明中期以前的分野划分》,徐少华
主编:《荆楚历史地理与长江中游开发:2008 年中国历史地理
国际学术研讨会论文集》,武汉:湖北人民出版社,2009 年。

金霞:《天文星占与魏晋南北朝政治》,《青岛大学师范学院学
报》2010 年第 1 期。

田天:《因袭与调整:晚期方志中的分野叙述——以山东方志为
例》,《中国历史地理论丛》第 25 卷第 2 辑,2010 年。

林岗:《从古地图看中国的疆域及其观念》,《北京大学学报(哲
学社会科学版)》第 47 卷第 3 期,2010 年。

邹逸麟:《论清一代关于疆土版图观念的嬗变》,《历史地理》第
24 辑,上海:上海人民出版社,2010 年。

孙险峰:《北魏土德运次的制定》,《华南师范大学学报(社会科
学版)》2010 年第 6 期。

张金龙:《高欢家世族属真伪考辨》,《文史哲》2011 年第 1 期。

仇鹿鸣:《五星会聚与安史起兵的政治宣传——新发现燕〈严复

墓志〉考释》,《复旦学报(社会科学版)》2011 年第 2 期。

田天:《西汉山川祭祀格局考——五岳四渎的成立》,《文史》
　　2011 年第 2 辑。

李维宝、陈久金:《二十八宿分野暨轸宿星名含义考证》,《天文
　　研究与技术》第 8 卷第 4 期,2011 年。

陈廷湘:《中国传统天下观的断裂与现代性国家意识的形成及
　　其变异》,《史学月刊》2011 年第 5 期。

余欣:《唐宋之际"五星占"的变迁:以敦煌文献所见辰星占辞
　　为例》,《史林》2011 年第 5 期。

李静:《〈中兴馆阁书目〉成书与流传考》,《山东图书馆学刊》
　　2011 年第 5 期。

陈久金:《中国十二星次、二十八宿星名含义的系统解释》,《自
　　然科学史研究》第 31 卷第 4 期,2012 年。

徐光台:《西学对科举的冲激与回响——以李之藻主持福建乡
　　试为例》,《历史研究》2012 年第 6 期。

周亮、李勇:《中国古代分野理论中分星变化的原因考究》,《天文
　　研究与技术》网络优先出版论文,2012 年 11 月,http://www.
　　cnki.net/kcms/detail/53.1189.P.20121113.1644.002.html。

陈鹏:《"辰星正四时"暨辰星四仲躔宿分野考》,《自然科学史
　　研究》第 32 卷第 1 期,2013 年。

田阡、孟凡松:《空间表达与地域认同——以武陵地区清代方志
　　星野为例》,《文化遗产》2013 年第 1 期。

孟凡松:《清代贵州方志的星野岐论与政区认同》,《中国历史地理论丛》第 28 卷第 4 辑,2013 年。

吴洪琳:《十六国"汉"、"赵"国号的取舍与内迁民族的认同》,《陕西师范大学学报(哲学社会科学版)》第 42 卷第 4 期,2013 年。

蒋金治:《金华子城考》,《东方博物》第 51 辑,北京:中国书店,2014 年。

张兆裕:《〈大明清类天文分野之书〉索隐》,《明史研究论丛》第 12 辑,北京:中国广播电视出版社,2014 年。

孟凡松:《晚清知识、观念及其叙事转型——基于贵州五府名志星野志的考察》,《贵州社会科学》2015 年第 3 期。

邓文宽:《敦煌 S. 3326 号星图新探》,《敦煌吐鲁番研究》第 15 卷,上海:上海古籍出版社,2015 年。

楼劲:《谶纬与北魏建国》,《历史研究》2016 年第 1 期,收入氏著《北魏开国史探》,北京:中国社会科学出版社,2017 年。

陈研:《星次分野与西厢姻缘——闵齐伋刊〈会真图〉第四图考》,《新美术》2016 年第 3 期。

杨湛:《由北齐国号窥探东魏北齐统治集团的抟合》,《陕西学前师范学院学报》第 32 卷第 3 期,2016 年。

冯渝杰:《天命史观与汉魏禅代的神学逻辑》,《人文杂志》2016 年第 8 期。

韦胤宗:《加拿大英属哥伦比亚大学亚洲图书馆藏〈九州分野舆

图古今人物事迹〉》,台湾中国明代研究学会编《明代研究》第 27 期,2016 年。

甄尽忠:《论汉代十二次及二十八宿分野模式的发展及其政治功能》,《邯郸学院学报》第 27 卷第 1 期,2017 年。

楼劲:《魏晋以来的"禅让革命"及其思想背景》,《华东师范大学学报(哲学社会科学版)》2017 年第 3 期。

郭万青:《〈士礼居藏书题跋记〉"〈国语〉二十一卷校宋本"辑证》,《国学》第五集,成都:巴蜀书社,2017 年。

吕传益:《中国古代占星术中的分野》,宋亚平主编:《长江文史论丛》2017 卷,武汉:湖北人民出版社,2017 年。

李霖:《郑氏〈诗谱〉考原》,《中华文史论丛》2018 年第 1 期。

马楠:《〈新唐书·艺文志〉增补修订〈旧唐书·经籍志〉的三种文献来源》,《中国古籍与文化》2018 年第 1 期。

吕宗力:《谶纬与曹魏的政治与文化》,《许昌学院学报》2018 年第 3 期。

曾广敏:《两〈唐书·天文志〉十二次分野考校》,《古典文献研究》第 21 辑下卷,南京:凤凰出版社,2018 年。

付玉凤:《天文星占与南北朝政治》,南京大学硕士学位论文,2018 年。

陈鹏:《"黄星"天象与北魏立国》,香港浸会大学孙少文伉俪人文中国研究所主办:《学灯》第 3 辑,上海:上海古籍出版社,2019 年。

王焦:《〈历代地理指掌图〉研究》,陕西师范大学硕士学位论文,2019年。

赵贞:《李渊建唐中的"天命"塑造》,《唐研究》第25卷,北京:北京大学出版社,2020年。

刘雪璁:《明代人的海外异国想象——以〈天下九边分野人迹路程全图〉为中心》,《形象史学》2021年春之卷。

金晓刚:《浙江地名"金华"并非源于"金星与婺女争华"》,《中国历史地理论丛》第38卷第4辑,2023年。

（三）外文论著及译著

〔英〕艾约瑟(Joseph Edkins):《论二十八宿五行星》,连载于《万国公报》1890年11、12月,第22、23期。

〔日〕饭岛忠夫:《漢代の暦法より見たる左伝の偽作》,连载于《东洋学报》第2卷1、2号,1912年。

〔日〕饭岛忠夫:《再び左伝著作の時代を論ず》,《东洋学报》第9卷2号,1919年。

〔日〕新城新藏:《东洋天文学史研究》,沈璿译,上海:中华学艺出版社,1933年。

〔日〕小岛祐马:《分野説と古代支那人の信仰》,《东方学报》（京都）第6册,1936年,收入氏著《古代支那研究》,东京:弘文堂,1943年。

〔美〕G. R. Hughes, "A Demotic Astrological Text", *Journal of Near*

Eastern Studies, Vol. 10, 1951.

〔美〕Ssu-yü Teng, John K. Fairbank, with E-tu Zen Sun, Chaoying Fang and others, *China's Response to the West: A Documentary Survey, 1839-1923*, Cambridge: Harvard University Press, 1954.

〔日〕安部健夫:《中国人の天下観念——政治思想史的試論》,京都:ハーバード・燕京・同志社东方文化讲座委员会,1956年。

〔日〕宫川尚志:《六朝史研究・政治社會篇》,东京:日本学术振兴会,1956年。

〔德〕黑格尔(Georg Wilhelm Friedrich Hegel):《历史哲学》,王造时译,北京:生活・读书・新知三联书店,1957年。

〔法〕Philippe Derchain, *Le Papyrus Salt 825 (B. M. 10. 051) et la Cosmologie Égyptienne*, Cairo: Institut Francais D'arche'ologie Orientale, 1959.

〔日〕薮内清:《漢代における観測技術と石氏星経の成立》,原载《东方学报》(京都)第30册,1959年,收入氏著《中国の天文暦法》,东京:平凡社,1969年。

〔日〕涩川春海:《渋川春海の星図》,仙台:平山谛,1959年。

〔美〕R. A. Parker, *A Vienna Demotic Papyrus on Eclipse and Lunar-Omina*, Providence, R. I. 1959.

〔日〕渡边敏夫:《保井春海星図考》,《東京商船大学研究報告(自然科学)》第14号,1963年9月。

〔韩〕全海宗:《韩中朝贡关系概观——韩中关系史鸟瞰》,原载韩国《东洋史学研究》第 1 辑,1966 年 10 月,收入氏著《中韩关系史论集》,全善姬译,北京:中国社会科学出版社,1997 年。

〔美〕约瑟夫·塞比斯(Joseph Sebes):《耶稣会士徐日升关于中俄尼布楚谈判的日记》,王立人译,北京:商务印书馆,1973 年。

〔美〕R. A. Parker,"Ancient Egyptian Astronomy",in *the Place of Astronomy in the Ancient World*,F. R. Hodson ed. *Philosophical Transactions of the Royal Society of London*. Series A, Vol. 276, London: Oxford University Press, 1974.

〔美〕O. Neugebauer, *A History of Ancient Mathematical Astronomy*, Part 2, Book Ⅲ Egypt, Berlin－Heidelberg－New York : Springer－Verlag, 1975.

〔日〕早川庄八:《「律令制の形成」に「令制国と国宰」の見出しがある》,朝尾直弘編:《岩波講座日本歴史》第 2 卷,東京:岩波书店,1975 年。

〔韩〕全海宗:《试论东亚古代文化中心与周边问题》,原载韩国《东洋史学研究》第 8、9 辑,1975 年,收入氏著《中韩关系史论集》,全善姬译,北京:中国社会科学出版社,1997 年。

〔日〕安居香山:《緯書の分野説について》,《森三樹三郎博士頌壽紀念·東洋學論集》,京都:朋友书店,1979 年。

〔希腊〕Ptolemy, *Tetrabiblos*, Book Ⅱ. 3, Cambridge: Harvard University Press, 1980.

〔美〕R. A. Parker,"Egyptian Astronomy, Astrology, and Calendrical Reckoning", in *Dictionary of Scientific Biography*, C. C. Gillispie ed. Vol. 16, New York: Scribner, 1981.

〔日〕真锅俊照:《火羅図の図像と成立》,《印度學仏教學研究》第 30 卷 2 号,1982 年 3 月。

〔英〕李约瑟:《中国之科学与文明》,郑子政等译,台北:台湾商务印书馆,1985 年。

〔意〕德礼贤（Pasquale M. D'Elia）编:《利玛窦中国传教史》,《利玛窦全集》,刘俊余、王玉川译,台北:台湾光启出版社、辅仁大学出版社,1986 年。

〔美〕J. B. Harley and David Woodward eds, *The History of Cartography*, Vol. 2, Chicago: the University of Chicago Press, 1987.

〔日〕西内雅:《澁川春海の研究》,东京:锦正社,1987 年。

〔日〕荒野泰典:《近世日本と東アジア》,东京:东京大学出版会社,1988 年。

〔日〕坂本太郎:《上代道路制度の一考察》,《坂本太郎著作集》第 8 卷《古代の駅と道》,东京:吉川弘文馆,1989 年。

〔美〕柯文（Paul A. Cohen）:《在中国发现历史——中国中心观在美国的兴起》,林同奇译,北京:中华书局,1989 年。

〔美〕Angela Howard,"Planet Worship: Some Evidence, Mainly Textual, in Chinese Esoteric Buddhism", *Asiatische Studien*, 37: 2, 1983. 译文见《敦煌研究》1993 年第 3 期。

〔美〕费正清（John K. Fairbank）:《剑桥中国晚清史 1800—1911》，中国社会科学院历史研究所编译室译，北京:中国社会科学出版社,1993 年。

〔英〕Louise Cochrane, *Adelard of Bath : The First English Scientist*, London : British Museum Press, 1994.

〔日〕平势隆郎:《新编史記東周年表——中國古代紀年の研究序章》，东京:东京大学东洋文化研究所,1995 年。

〔日〕沟口雄三:《日本人视野中的中国学》，李甦平等译，北京:中国人民大学出版社,1996 年。

〔法〕福柯（Michel Foucault）:《权力的眼睛——福柯访谈录》，严锋译，上海:上海人民出版社,1997 年。

〔日〕滨下武志:《近代中国的国际契机——朝贡贸易体系与近代亚洲经济圈》，朱荫贵、欧阳非译，北京:中国社会科学出版社,1999 年。

〔美〕David W. Pankenier, "Applied Field-Allocation Astrology in Zhou China : Duke Wen of Jin and the Battle of Chengpu（632 B. C.）", *Journal of the American Oriental Society*, Vol. 119 No. 2, 1999.

〔德〕弗兰克（Andre Gunder Frank）:《白银资本——重现经济全球化中的东方》，刘北成译，北京:中央编译出版社,2000 年。

〔美〕列文森（Joseph R. Levenson）:《儒教中国及其现代命运》，郑大华、任菁译，北京:中国社会科学出版社,2001 年。

〔英〕斯诺（C. P. Snow）:《两种文化》,陈克艰、秦小虎译,上海:上海科学技术出版社,2003 年。

〔葡〕安文思（Gabriel de Magalhaes）:《中国新史》,何高济、李申译,郑州:大象出版社,2004 年。

〔德〕恩斯特·卡西尔（Ernst Cassirer）:《人论》,甘阳译,上海:上海译文出版社,2004 年。

〔日〕山下克明:《若杉家文書"三家簿讚"の研究》,东京:大东文化大学东洋研究所编,2004 年。

〔美〕David W. Pankenier, "Characteristics of Field Allocation(fenye) Astrology in Early China", In J. W. Fountain and R. M. Sinclair (Eds.), *Current Studies in Archaeoastronomy: Conversations across Time and Space*, Durham: Carolina Academic Press, 2005.

〔日〕海野一隆:《地图的文化史》,王妙发译,北京:新星出版社,2005 年。

〔韩〕李燦:《韩国の古地图》,韩国汎友社,2005 年。

〔英〕杰里米·布莱克（Jeremy Black）:《地图的历史》,张澜译,太原:希望出版社,2006 年。

〔法〕阿兰·佩雷菲特（Alain Peyrefitte）:《停滞的帝国——两个世界的撞击》,王国卿等译,北京:生活·读书·新知三联书店,2007 年。

〔日〕宫纪子:《モンゴル帝国が生んだ世界図》,东京:日本经济新闻出版社,2007 年。

〔美〕班大为（David W. Pankenier）:《中国上古史实揭秘:天文考古学研究》,徐凤先译,上海:上海古籍出版社,2008 年。

〔日〕渡边信一郎:《中国古代的王权与天下秩序——从日中比较史的视角出发》,徐冲译,北京:中华书局,2008 年。

〔日〕夫马进:《朝鲜燕行使与朝鲜通信使——使节视野中的中国·日本》,伍跃译,上海:上海古籍出版社,2010 年。

〔美〕席文（Nathan Sivin）:《科学史方法论讲演录》,任安波译,北京:北京大学出版社,2011 年。

〔美〕马克·蒙莫尼尔（Mark Monmonier）:《会说谎的地图》,黄义军译,北京:商务印书馆,2012 年。

〔意〕利玛窦（Matteo Ricci）、〔比〕金尼阁（Nicolas Trigault）:《利玛窦中国札记》,何高济等译,北京:中华书局,2012 年。

后 记

终于将我的博士学位论文增订修改完毕,可备付梓了。此刻回首自北大求学以来的学术经历,感慨良多,脑海中不禁浮现出一幕幕难忘的场景,愈加怀念我的授业恩师刘浦江教授。

2007年考研,我跨专业考入北京大学历史学系,当时尚对历史学懵懂无知,承蒙刘老师不弃,将我收入门下。刘老师以研治辽金史名家,所以我入学后在先生引导下也逐渐进入了辽金史研究领域。2010年,我又继续跟随刘老师攻读博士学位。然而我的博士论文却选定了一个与辽金史完全无关的题目,可能许多师友会感到有些诧异,其实这背后有刘老师对于指导学生的深邃思考和长远规划。

博士论文作为青年学者的起家之作,对今后一生的学术发展和研究领域的确立往往具有奠基性的意义,因此博士论文的选题不能只盯着毕业、求职的眼前利益,而必须深思熟虑,要有长远的学术眼光和发展规划。在刘老师看来,博士论文选题可分为两类:其一是比较一般性的题目,此类选题往往针对性强,四平八稳,时代、问题和材料的边界都很清楚,难度较低,只要肯下功夫全面搜集史料,认真写作,基本可以确保顺利毕业,但不容易出彩;其二是具有挑战性的题目,这里所说的"挑战性"可有多种表现形式,如采用全新的视角研究某一传统议题,或是在前人已有充分讨论、形成定论的领域继续开拓进取、推陈出新,或是就某一宏观问题开展长时段、多面相的具体研究,等等。此类选题往往具有跨断代、跨区域、跨领域、跨学科的特点,时代、问题和材料的边界相对模糊,并不确定,这就对研究者的学术能力提出更高要求,难度和风险都比较大,有可能延期毕业,甚至完全失败,但如果研究成功,则必定是一篇出类拔萃的博士论文。刘老师指导学生因材施教,会根据学生的禀赋特点、兴趣专长和学术能力选择适宜的论文题目,我与陈晓伟同届读博,大概先生觉得我们两人的研究能力尚可,故倾向于让我们做有挑战性的博士论文选题。不过,在具体的选题方向上,我俩又有所不同。

刘老师认为,中国古代史学者最理想的学术成长路径是首先成为某个领域(如某一断代史或专门史)的专家,占据自己的学术阵地,然后再逐步向外扩展学术视野和研究领域,最终在某方面研究中贯通整个中国古代史(乃至中国史)。若针对我等辽金史方向的青年学人来说,则应先在辽金史研究领域站稳脚跟,然后根据个人兴趣打通宋史或者蒙元史,最后再开辟一个能够贯穿中国古代史的全新领域作为兼治对象,而这种开拓精神和贯通意识又必须在博士研究生阶段即开始着力培养,那么博士论文的选题便是决定能否达到这一学术训练目的的关键。我与陈晓伟长期参加刘老师主持的中华书局点校本《辽史》修订项目,共同研读《辽史》,硕士论文做的也是辽史方面的题目,已具备独立从事辽金史研究的能力,因鉴于此,刘老师并不打算让我们再做纯辽金史方向的选题,而是希望能够走出辽金,开辟更为广阔的学术空间。具体而言,陈晓伟专擅民族史,博士期间曾前往内蒙古大学学习蒙语,有一定的民族语文基础,故刘老师对他的学术规划是打通辽、金、元,进而研治北方民族史,后来他的博士论文选题定为北族王朝行国政治研究,即由辽金入蒙元,且兼及其他游牧民族,做出了很好的研究成果。而我因为花费一年时间做《辽史·历象志》研究,对中国古代天文历法有所涉猎,并撰写发表了两篇与此有关的文章,所以刘老师觉得我不妨趁热打铁,选择与科技史相关的题目,以后可将科技史发展为一个新的研究领域。回想起来,定下这一选题方向,已是博士一年级末,既然先生如此交代,我自然惟命是从,但当时我对具体的研究题目尚无任何概念,对于能否做出博士论文也缺乏信心。

2011 年暑假,我大量阅读了天文历法方面的论著,希望从中找出一个合适的研究题目。在此期间,我与刘老师也有过数次邮件或电话讨论,但始终未能落实明确的选题。直至秋季开学后,记得 9 月下旬某天中午,刘老师与我坐在北大图书馆北侧的长椅上又谈起论文选题一事,我向他汇报了暑期读书的情况,他突然提到天文分野,问我有没有了解。我急忙回答道,之前看书主要都集中在天文历法方面,对于分野虽略知一二,但并未查看过相关论著。刘老师随即说,纯天文历法的研究需要有理科背景,掌握推算技术,此非我所长,建议我应当从历史学的视角去研究科技史,天文分野涉及历史地理,不妨去仔细了解一下,看看有没有研究余地。于是我谨遵师命,赶紧回去查阅有关天文分野的论著,一个月后,我回复刘老师说,目前已有的分野研究都比较简略,缺乏系统论述,迄今尚无专著问世,我想可以将天文分野作为研究主题。至此,我的博士论文选题才最终得以大致确定。当时,刘老师给我定立了三个基本要求:第一,一定要从历史学的视角出发,利用尽可能丰富的各种文献材料;第二,做长时段的通代研究,但不要面面俱到,突出问题意识;第三,采用跨学科的研究方法,将科技史与历史地理、政治文化等相结合。他希望我通过做这篇博士论文,拓宽知识面,扩展学术视野,锻炼思辨能力,熟悉各个断代的基本文献史料,今后将古代科技文化史作为长期兼治的对象。这番期许其实就是我博士论文研究的主要宗旨,在努力践行的过程中,我感到获益无穷。

后来,在具体的研究与写作中,刘老师亦给予我极大的鼓励和帮助,每当我遇到困惑,都会向先生请教,尽管他并不研究天文分野,但仍会给出重要的建议和可能的解决方案。当我写出各章初稿后,刘老师都会仔细审阅,提出非常细致的修改意见,包括我的论文标题《天地之间:天文分野的历史学研究》也是先生亲自拟定的。可以说,我的博士论文从选题到最后成稿无不浸透着刘老师的心血。然而不幸的是,2014年4月刘老师查出癌症,接受治疗,以致无法参加我的论文答辩。不过,当年我与陈晓伟的论文双双被评为北京大学优秀博士学位论文,或可说明先生用心指导学生论文选题的成功。2015年初,先生与世长辞,无法见到本书出版,成为一个永远的遗憾。此时此刻,我心中充盈着对刘老师无尽的感激和思念。

在做博士论文期间,我还很荣幸地得到了校内外诸多老师的指点和赐教。邓小南、辛德勇、张帆、党宝海、叶炜、李新峰、赵冬梅诸位老师参加了我的论文开题、预答辩或正式答辩,给予我许多有益的指导和启示。我曾登门拜访李孝聪教授,请教天文分野方面的问题,李老师提出了很宝贵的意见,并惠赐相关天文分野的图像资料。此外需特别提到的是,经军事科学院钟少异老师介绍,我联系上时为中国科学院自然科学史研究所研究员的孙小淳老师(现为中国科学院大学人文学院教授、常务副院长)。孙老师是从事天文学史研究的著名学者,他慨然允许我参加他的天文学史研讨班,并引荐我参与天文史学界的学术活动,后又担任我的论文答辩委员会主席。孙老师非常注重科学逻辑思维的训练、问题意识的培养以及跨学科视野的开拓,令我受益匪浅。中国科学院国家天文台李勇研究员是国内研究天文分野的专家,他欣然接受邀请,参加我的论文答辩,并对我的研究给予鼓励,提出重要意见。我谨在此向以上诸位师长表示衷心的感谢。

同时,北京大学中国古代史研究中心史睿、方平老师为我查阅文献、复印资料提供了诸多便利。康鹏、林鹄、桂始馨、曹流、高宇、陈晓伟、任文彪、肖乃铖、陈捷、苗润博、张良、乐日乐、赵宇、张思远等诸位同门,以及孙昊、魏聪聪等学友,在我北大期间的学习生活中给予很大支持和帮助。当时在中国科学院自然科学史研究所就读的吕传益、储姗姗、杨帆、石爱洁、李伟霞、刘宜林、吴玉梅、肖尧等同学也为我学习天文学史提供了很多帮助。在此一并向以上诸位师友致以诚挚的谢意。

本书是在我博士论文的基础上增订修改而来的。其中,第四章和余论部分为新增内容,主要写成于 2018—2019 年在美国哈佛大学访学期间,感谢包弼德(Peter K. Bol)教授的访学邀请,使我得以利用哈佛燕京图书馆的丰富馆藏开展研究。附录《李淳风〈乙巳占〉的成书与版本研究》则撰写于 2020 年夏新冠肺炎疫情期间。其余各章在原有基础上均有不同程度的修订,第二、三、五、六章的部分内容此前已在学术刊物上发表,但有大幅删减,本书则保存全文。第七章原为我博士论文的代结语,介绍中国以外古代世界诸文明中类似于分野的天地对应学说,并尝试比较东西方世界观之差异,老实说,这一部分只是提供了一些很粗浅的分析思考，并无深度，原本我打算在毕业后对世界古代诸文明中的天地学说进行深入研究，重新撰写，但工作后却发现时间和精力严重不足，很难再像研究生时期那样可以鼓足勇气、集中全力去钻研一个完全陌生的领域，于是只好暂且作罢。最近在整理文稿时，我曾一度想删去这部分内容，但又转念一想，当时我的确是下了一些功夫做相关研究，如为解释古埃及《维也纳世俗体交食征兆纸草书》残卷所记星占学说，我专门旁听了一学期颜海英教授的古埃及史课程，且对托勒密星占学著作《四书》(*Tetrabiblos*)记载的分野说也有所研读，故删之又觉可惜。后来决定将此部分列为本书第七章，其意旨在提出问题，提示一个天文分野研究可供延展的新方向，以引起学界注意，就此话题展开讨论，希望感兴趣的学者能做出更好的研究。此外，我的博士论文原本还附有一份《传世天文分野图录》，收录历代天文分野图一百六十余幅，今本书删此附录，容日后另行整理。

本书由中华书局推荐申请 2018 年国家社科基金后期资助项目，获得立项资助，感谢徐俊、罗华彤先生对本书的大力支持以及责编樊玉兰老师付出的辛劳。书中论述恐有不周及疏失之处，敬请海内外方家批评指正。

最后还要感谢我的外婆、父母和妻子骆文长期以来对我学习、工作和学术研究的理解与支持，书中有多幅插图系由骆文帮助绘制而成。

2020年秋季学期,我幸运地成为北京大学人文社会科学研究院第九期邀访学者,重回北大静园二院,本书的出版和校对工作恰巧进行于此时,这令我十分感慨。拙著始于北大,又终于北大,可谓是给我的博士学业画上了一个圆满的句号,然而斯人已去,不能再聆听刘老师的耳提面命,不禁唏嘘潸然。伤感之余,回想起刘老师对我的学术规划和期望,吾惟觉"任重而道远"。

2020年10月12日
写定于北大静园二院

再版后记

2020 年底，我的这本小书经由国家社科基金后期资助项目出版，这个图书系列一般印量都比较少，拙著上市后很快即告售罄。有许多人对天文分野这个研究主题很感兴趣，其中既有专业学者，也有喜好中国传统文化的普通读者。我想自己的一点学术研究能够引起圈内外人士的广泛关注，无疑是一件值得高兴的事情，也希望能有更多的朋友了解中国古代的天文分野思想。因此，经与出版社多次沟通，终于确定再版发行。

拙著出版后，引发了许多学者对天文分野问题的研究兴趣，近年来相关讨论逐渐热络。我也一直有持续关注，并新写了三篇文章，算是拙著的续作。

2021 年初，我接受《澎湃新闻·上海书评》黄晓峰先生的书面采访，完成一篇讲"天文分野与中国古代政治文化"的访谈文章，于 4 月 11 日在澎湃新闻网上登载。

　　2022 年 11 月至 2023 年 1 月，我在浙江大学人文高等研究院访学期间，写了一篇讲稿《从星占秘术到地理常识——知识史视野下的天文分野说之传衍》，并作学术报告。此文在拙著余论部分的基础上加以扩展，从知识史的视角，梳理天文分野学说如何融入中国传统地理学，并走向社会大众的普及化、常识化过程，这有助于我们更好地理解分野之说为何在古代社会和士民思想世界具有长久的生命力。

　　我还受德国马克斯·普朗克科学史研究所（Max Planck Institute for the History of Science）第三部门主任薛凤（Dagmar Schäfer）教授的邀请，参与其下由陈诗沛研究员组织的"地方志中的分野"研究小组，并有幸于 2023 年 11 月至 2024 年 1 月到马普所交流访学，受益匪浅。天文分野是中国古代地方志记述地理沿革的常规性内容，所以地方志中有很丰富的分野记载，我在此前的研究中亦多有征引，早就想以某一地区为中心主要利用地方志材料写一篇专题论文。此次借参加马普所项目之机，我得以聚焦于地方志中的分野记载研究，选择很有代表性的金华地区作个案分析，撰成《分野·信仰·景观:宝婺星辉祐金华》一文。金华古称婺州，乃因其地上应婺女星的天文分野说而得名，这一星土对应关系使得当地出现了婺女星君的民间信仰，民众立祠供奉，历代官民兴修营建，婺星祠后又称宝婺观、星君楼，成为金华极具代表性的地理景观，甚至还将当地另一文化名胜八咏楼包纳其中，以致一楼双名，世人莫辨。通过这个研究案例，我们可以了解唐宋以降分野学说在民间区域基层社会的传播和流变，以及对人们知识、思想与信仰的深远影响。在此文研究过程中，我曾在浙江师范大学人文学院陈彩云教授的陪同下，对金华子城及八咏楼做过实地考察。拙文写出后，于2023年10月在葛兆光教授召集的"眼光向下：流动的思想史"第三届复旦大学中国思想史研讨会上报告讨论，得到许多有益的指点和反馈。在此谨向给我提供帮助的师友表示衷心的感谢！

此次拙著再版，除订正若干文字讹误之外，内容亦有相应增订。正文部分，增补拙稿《从星占秘术到地理常识——知识史视野下的天文分野说之传衍》，列为第七章，原第七章《天文分野的全球视阈——东西方世界观之比较》改为第八章。余论部分，删去原本讲"天文分野说与传统地理学的结合"内容，改换为谈"天文分野与中国古代政治文化"。附录部分，增补新作《分野·信仰·景观：宝婺星辉祐金华》①。

最后，感谢中华书局对拙著再版的大力支持以及责编樊玉

---

① 本文改题为《分野与信仰：金华地区的星神崇拜与景观建筑》，刊于《浙江师范大学学报（社会科学版）》2024年第3期。笔者受浙江师范大学人文学院陈彩云教授邀请，就此文内容于2024年6月11日在浙江师范大学作学术报告，金晓刚老师提出宝贵意见，谨致谢忱！本书收录稿有新的文字修订。

兰老师的辛勤付出。

2024 年 1 月 30 日

初记于德国柏林马普所

2025 年 3 月 10 日

改定于北京回龙观家中